流麗な
Eloquent JavaScript

第3版

現代のプログラミング入門

マリン・ハーバーベーク　著
イノウ　訳

ソシム

本書のサポートページについて

本書のサポートページは、次のURLよりアクセスできます。

https://www.socym.co.jp/1337

諸注意

CONTENTS

Chapter

14 ドキュメントオブジェクトモデル…………… 249

Chapter

15 イベント処理………………………… 269

Chapter
16 プロジェクト：プラットフォームゲーム …… 289

Chapter
17 canvasによる描画 …… 313

Chapter

18 HTTPとフォーム …………………………… 339

Chapter

19 プロジェクト：ピクセル・アート・エディター… 363

PART III node ··· 383

練習問題のヒント…… 442

"私たちは、自分たちの目的のためにシステムを作り、自分のイメージで作っていると思っています。しかし実際には、コンピュータは私たちと同じではありません。それは私たちの非常にスリムな部分の投影であり、論理、秩序、規則、明快さに捧げられた部分なのです"

— エレン・ウルマン
『機械に近い：テクノフィリアとその不満足』

はじめに

この本は、コンピュータを操作するための本です。コンピュータはドライバーと同じくらい一般的ですが、非常に複雑で、自分のやりたいことを実現するのは必ずしも容易ではありません。

「メールを表示する」「電卓のように動作する」など、よく理解されている一般的なタスクであれば、適当なアプリケーションを起動して作業に取り掛かれるでしょう。しかし、ユニークで自由度の高いタスクの場合、アプリケーションは存在しません。

そこで登場するのがプログラミングです。プログラミングとは、コンピュータに何をすべきかを正確に指示するプログラムを作成することです。コンピュータは頭が悪く、几帳面な生き物なので、プログラミングは基本的に面倒で、イライラするものです。

幸運なことに、その事実を克服し、馬鹿なマシンが扱える言葉で考えることの厳しさを楽しめれば、プログラミングはやりがいのあるものになるでしょう。手作業では永遠にかかるようなことが、数秒でできるようになるのです。今までできなかったことをコンピュータツールにさせられます。そして、抽象的な思考の素晴らしい練習にもなるでしょう。

ほとんどのプログラミングは、プログラミング言語を使って行われます。プログラミング言語とは、コンピュータに指示を与えるために人為的に作られた言語です。面白いことに、私たちが見つけたコンピュータとの最も効果的なコミュニケーション方法は、私たちが互いにコミュニケーションを取る方法を大いに利用しています。コンピュータ言語は、人間の言語と同様に、単語やフレーズを新しい方法で組み合わせることができ、これまでにない新しい概念を表現することができるのです。

1980年代から1990年代にかけては、BASICやDOSにおけるプロンプトのような言語ベースのインターフェイスが、コンピュータとの対話の主な方法でした。これは現在、習得が容易で自由度の低いビジュアルインターフェイスに取って代わられています。しかし、コンピュータ言語はまだあります。プログラミング言語の1つであるJavaScriptは、最近のWebブラウザに組み込まれているので、ほとんどのデバイスで利用できます。

この本では、JavaScriptを使って便利で楽しいことができるようになるため、この言語に慣れることを目指しています。

プログラミングについて

ここでは、JavaScriptの説明に加えて、プログラミングの基本原理を紹介します。プログラミングというのは難しいものです。基本的なルールは単純明快なのですが、そのルールの上に作られたプログラムは複雑になりがちで、独自のルールや複雑さが出てしまいます。ある意味、自分で迷路を作っているようなもので、迷子になってしまうかもしれません。

この本を読んでいて、ひどくイライラすることもあるでしょう。プログラミングを始めたばかりの人にとっては、消化しなければならない新しい材料がたくさんあるでしょう。また、これら材料の多くは、さらに接続して組み合わせて使用されます。

その努力をするのは、あなた自身です。本の内容を理解するのに苦労しても、自分の能力について早合点してはいけません。大丈夫です。ただ頑張ればいいのです。休憩を取り、材料を読み直し、サンプルプログラムや練習問題をしっかりと読んで理解してください。学ぶのは大変ですが、学んだことはすべて自分のものになり、次の学習を容易にしてくれます。

> "行動が採算に合わなくなったら、情報を集め、情報が採算に
> 合わなくなったら、眠りなさい"
> *— アーシュラ・K・ルグイン『闇の左手』より*

プログラムには様々なものがあります。プログラマによって入力されたテキストであり、コンピュータに動作させるための指令であり、コンピュータのメモリ内のデータでありながら、そのメモリ上で行われる動作を制御するものです。プログラムを身近なものに例えようとする類推は失敗しがちでしょう。表面的には、マシンの例えが当てはまります。多くの別々の部品が関係しがちであり、全体を動かすには、これらの部品が相互につながり、全体の動作に貢献する方法を考えなければなりません。

コンピュータは、これらの非物質的なマシンのホストとして機能する物理的なマシンです。コンピュータ自体は、バカみたいに単純なことしかできません。コンピュータが便利なのは、これらを信じられないほどの速さで行うことができるからです。プログラムは、この単純な動作を膨大な数、組み合わせて、非常に複雑なことをしているのです。

プログラムは思考の構築物です。コストをかけずに作れて、重さもなく、タイプする手の中で簡単に成長していきます。

しかし、気をつけないと、プログラムの大きさや複雑さはコントロールできなくなり、作った人さえも混乱させてしまいます。プログラムをコントロールするのは、プログラミングの最大の問題です。プログラムは動くと美しいのです。プログラミングの技術とは、複雑さをコントロールする技術です。優れたプログラムは、その複雑さを抑えてシンプルにしたものなのです。

プログラマの中には、この複雑さをコントロールするには、よく理解されている限られた技術だけを使ってプログラムを作成するのが良いと考える人がいます。彼らは、プログラムがどのような形であるべきかを定めた厳密なルール（「ベストプラクティス」）を作り、その安全地帯に注意深くとどまるのです。

これでは退屈なだけでなく、効果が上がりません。新しい問題には新しい解決策が必要です。プログラミングの分野は歴史が浅く、現在も急速に発展しているため、様々なアプローチが可能です。プログラムの設計には、とんでもない間違いがたくさんありますが、それを理解する

にはどんどん作っていくべきです。良いプログラムとはどのようなものかという感覚は、ルールのリストから学ぶのではなく、実践の中で培われるのです。

なぜ言語が重要なのか

コンピュータが誕生した当初は、プログラミング言語がありませんでした。プログラムは次のようなものだったのです。

```
00110001 00000000 00000000
00110001 00000001 00000001
00110011 00000001 00000010
01010001 00001011 00000010
00100010 00000010 00001000
01000011 00000001 00000000
01000001 00000001 00000001
00010000 00000010 00000000
01100010 00000000 00000000
```

これは、1から10までの数字を足して、1 + 2 + … + 10 = 55という結果を出力するプログラムです。このプログラムは、単純な仮想マシン上で動作します。初期のコンピュータのプログラムは、大量のスイッチを正しい位置にセットしたり、厚紙に穴を開けてコンピュータに送り込む必要がありました。この作業がいかに面倒で、ミスをしやすいかは想像に難くありません。簡単なプログラムを書くだけでも、かなりの工夫と鍛錬が必要でした。複雑なプログラムは考えられないほどでした。

もちろん、難解なビット（1と0）のパターンを手で入力することで、プログラマは自分が偉大な魔法使いであることを深く実感することができました。仕事のやりがいという点では、それなりの価値があるはずです。

先ほどのプログラムは、1行に1つの命令が書かれています。英語では次のように書くことができるでしょう。

1. 数字の "0 " をメモリロケーション0に格納する
2. メモリロケーション1に番号1を格納する
3. メモリロケーション1の値をメモリロケーション2に格納する
4. メモリロケーション2の値から数字の11を引く
5. メモリロケーション2の値が数字の0であれば、手順9に進む
6. メモリロケーション1の値をメモリロケーション0に加える
7. メモリロケーション1の値に数字の1を加える
8. 命令3を続ける

9. メモリロケーション0の値を出力する

ビットの羅列よりは読みやすくなりましたが、まだまだわかりづらいですね。命令やメモリロケーションに数字ではなく名前を使うのが効果的でしょう。

```
 Set "total" to 0.
 Set "count" to 1.
[loop]
 Set "compare" to "count".
 Subtract 11 from "compare".
 If "compare" is zero, continue at [end].
 Add "count" to "total".
 Add 1 to "count".
 Continue at [loop].
[end]
 Output "total".
```

この時点でのプログラムの動きがわかりますか。最初の2行は、2つのメモリロケーションに開始値を与えています。total は計算結果を構築するために使用され、count は現在見ている数字を追跡します。compare を使用している行は、おそらく最も奇妙なものです。プログラムは count が11になっているかを確認して、実行を停止できるかを判断します。この仮想マシンはかなり原始的なものなので、ある数字がゼロかをテストし、それに基づいて判断することしかできません。そこで、compare と書かれたメモリロケーションを使って、count - 11 の値を計算し、その値に基づいて判断しています。次の2行は、count の値を結果に加え、count がまだ11ではないとプログラムが判断するたびに、count を1ずつ増やしています。

同じプログラムを JavaScript で書いてみましょう。

```
let total = 0, count = 1;
while (count <= 10) {
  total += count;
  count += 1;
}
console.log(total);
// → 55
```

このバージョンでは、さらにいくつかの改良が加えられています。最も重要なのは、プログラムが前後に移動する方法を指定する必要がなくなったことです。while 構文がそれを行っています。while 構文は、与えられた条件が成立する限り、その下のブロック（{} で囲まれたもの）を実行し続けます。その条件とは count <= 10、つまり「count が10以下である」ということです。

一時的な値を作り、それをゼロと比較するという、面白みのない細かい作業はもう必要ありません。プログラミング言語の威力の1つは、面白みのない細部にまで気を配ってくれることです。

プログラムの最後に、while構文が終了した後、コンソールの.log操作を使って結果を書き出します。

最後に、範囲内の数の集まりを作ったり、数の集まりの和を計算したりする便利な演算であるrangeとsumがたまたま利用できたら、このプログラムは次のようになるでしょう。

```
console.log(sum(range(1, 10)));
// → 55
```

この話の教訓は、同じプログラムでも長いものと短いもの、読めないものと読めるものの両方で表現できるということです。最初のバージョンのプログラムは非常にわかりにくいものでしたが、最後のバージョンは、"log the sum of the range of numbers from 1 to 10." と比較しても、ほとんど英語のようです（後の章でsumやrangeなどの演算を定義する方法を見ていきましょう）。

優れたプログラミング言語は、コンピュータが実行しなければならない動作をより高いレベルで書けるようにすることで、プログラマを助けます。詳細を省き、便利な構成要素（whileやconsole.logなど）を提供し、独自の構成要素（sumやrangeなど）を定義でき、それらの構成要素を簡単に組み立てられるのです。

JavaScriptとは

JavaScriptは、1995年にNetscape Navigatorというブラウザで、Webページにプログラムを追加するための手段として登場しました。以来、この言語は他の主要なグラフィックWebブラウザに採用されています。これにより、アクションのたびにページをリロードすることなく、直接対話できる最新のWebアプリケーションが実現されました。また、従来のWebサイトでも、JavaScriptは様々な形のインタラクティビティや巧妙さを提供するために使用されています。

重要なのは、JavaScriptはJavaというプログラミング言語とはほとんど関係がないということです。似たような名前になったのは、良識というよりもマーケティング的な配慮からです。JavaScriptが導入された頃、Java言語が盛んに宣伝され、人気を博していました。誰かがこの成功に乗っかるのは良いアイデアだと考え、結果、この名前になってしまったのです。

Netscape以外でも採用されるようになると、JavaScriptをサポートしていると主張する様々なソフトウェアが同じ言語について話すようにするため、JavaScript言語がどのように動作すべきかを説明する標準規格が記されました。これは、標準化したEcma Internationalの組織名を取って、ECMAScriptと呼ばれています。実際には、ECMAScriptとJavaScriptという言葉は、同じ言語に対する2つの名前として使い分けられています。

JavaScriptについてひどいことを言う人がいます。その多くは事実です。私が初めてJavaScriptで何かを書かされたとき、すぐに嫌悪感を抱くようになりました。私が入力したものはほとんど受け入れられるものの、私が意図したのとはまったく違う方法で解釈されてしまうからです。もちろん、自分が何をしているのかわからなかったこともありますが、ここには本質的な問題も潜んでいます。というのも、JavaScriptはとんでもなく自由度が高いのです。こうした言語設計の背景には、初心者にとってJavaScriptによるプログラミングを容易にするという考えがありました。しかし実際には、システムが指摘してくれないため、プログラムの問題点を見つけるのが難しくなっているのです。

しかし、この柔軟性には利点もあります。堅苦しい言語では不可能な多くのテクニックを可能にしてくれますし、(たとえば10章では) JavaScriptの欠点を克服するために利用することもできます。実際、この言語をきちんと学び、しばらく使ってみて、私はJavaScriptが好きになりました。

JavaScriptにはいくつかのバージョンがあります。ECMAScript version 3は、JavaScriptが優位に立っていた時代、およそ2000年から2010年の間に広くサポートされていたバージョンです。この間、言語の抜本的な改善と拡張を計画した野心的なバージョン4の開発が進められていました。現存し、広く使われている言語をこのような急進的な方法で変更するのは、政治的に困難であることが判明し、2008年にバージョン4の開発は中止され、2009年には、議論の余地のないいくつかの改良のみを行った、より野心的なバージョン5が登場しました。そして2015年には、バージョン4で計画されていたアイデアの一部を盛り込んだメジャーアップデートのバージョン6が登場しました。それ以来、毎年のように新しい小さなアップデートが行われています。

言語が進化しているため、ブラウザもつねに追随しなければならず、古いブラウザを使っていると、すべての機能をサポートしていない可能性があります。言語設計者は、既存のプログラムを壊すような変更を加えないように注意しているので、新しいブラウザでも古いプログラムを動かすことができます。この本では、2017年版のJavaScriptを使用しています。

JavaScriptが使われているプラットフォームはWebブラウザだけではありません。MongoDBやCouchDBといった一部のデータベースは、スクリプト言語やクエリ言語としてJavaScriptを使用しています。20章で取り上げるNode.jsプロジェクトを筆頭に、デスクトップやサーバサイドプログラミングのためのいくつかのプラットフォームは、ブラウザ以外の場所でJavaScriptをプログラミングするための環境を提供しています。

コードとその扱い方

コードとは、プログラムを構成するテキストです。この本のほとんどの章には、かなり多くのコードが含まれています。コードを読むこと、コードを書くことは、プログラムを学ぶ上で欠かせないことだと思います。例題に目を通すだけでなく、じっくりと読んで理解するようにしてください。最初は戸惑うかもしれませんが、すぐにコツがつかめるはずです。練習問題も同様です。実際に解答を書いてみるまでは、理解したと思わないでください。

練習問題の解答は、実際のJavaScriptインタプリタで試してみることをお勧めします。そうすれば、自分がやっていることがうまくいっているか、すぐにフィードバックを得られますし、また、練習問題を超えた実験をしてみたくなるでしょう。

この本に掲載されているサンプルコードを実行したり、実験したりする最も簡単な方法は、オンライン版（https://eloquentjavascript.net）で調べることです。ここでは、コード例をクリックして編集、実行し、生成される出力を確認できます。練習問題に取り組むには、https://eloquentjavascript.net/code にアクセスしてください。ここでは、各練習演習の開始コードが提供され、解答が見られます。

本書で定義されているプログラムを、本書のWebサイト以外で実行する場合には、いくつかの注意が必要です。多くの例題はそれ自体独立しており、どのようなJavaScript環境でも動作するはずです。しかし、後の章に出てくるコードは、特定の環境（ブラウザやNode.js）用に書かれていることが多く、そこでしか実行できません。また、多くの章において大規模なプログラムが定義されており、そこに登場するコードは互いに依存していたり、外部ファイルに依存していたりします。Webサイトのサンドボックスには、特定の章のコードを実行するために必要なスクリプトやデータファイルをすべて含むZipファイルへのリンクが用意されています。

本書の概要

本書は、大きく分けて3つのパートで構成されています。最初の12章では、JavaScript言語について説明しています。次の7章では、Webブラウザと、そのプログラミングに使われるJavaScriptについて説明しています。最後に、JavaScriptをプログラムするためのもう1つの環境であるNode.jsについて2章が割かれています。

この本の中には、プロジェクトの章が5つあります。これらの章では、実際のプログラミングを体験していただくために、より大きなサンプルプログラムを説明しています。登場順に、配達ロボット、プログラミング言語、プラットフォーム・ゲーム、ピクセル・ペイント・エディター、動的なWebサイトの構築を進めていきます。

言語編には、まずJavaScriptの基本構造を紹介する4つの章があります。この章では、制御構造（この導入部で見たwhileなど）、関数（自分のビルディングブロックを書く）、データ構造を紹介しています。これらを経れば、基本的なプログラムが書けるようになります。次に、5章と6章では、関数やオブジェクトを使って、より抽象的なコードを書き、複雑さを抑えるテクニックを紹介しています。

最初のプロジェクトの章の後、言語パートでは、エラー処理とバグ修正、正規表現（テキストを扱うための重要なツール）、モジュール化（複雑さに対するもう1つの防御策）、非同期プログラミング（時間のかかるイベントの処理）の章が続きます。2つ目のプロジェクトの章で、本書の第1部が終わります。

第2部の13章から19章では、ブラウザのJavaScriptが利用できるツールについて説明しています。画面に何かを表示したり（14 章と 17 章)、ユーザーの入力に応答したり（15 章)、ネットワーク上で通信したり（18 章）する方法を学びます。このパートには、再び 2 つのプロジェクトの章があります。

20 章では Node.js について説明し、21 章ではそのツールを使って小さな Web サイトを作ります。

タイポグラフィの規則

この本では、等幅フォントで書かれたテキスト（日本語版では英語表記）は、プログラムの要素を表しています。プログラム（すでにいくつか見たことがあると思いますが）は次のように書かれています。

```
function factorial(n) {
  if (n == 0) {
    return 1;
  } else {
    return factorial(n - 1) * n;
  }
}
```

プログラムが出力する内容を示すために、期待される出力を後ろに書き、その前にスラッシュ 2 つと矢印をつけることがあります。

```
console.log(factorial(8));
// → 40320
```

頑張ってください。

PART I

言語

"マシンの中では、プログラムが動いています。何の努力もせずに伸びたり縮んだりしているのです。大きな調和の下で、電子は散らばり、再集合します。モニターに映し出される形は、水面の波紋に過ぎません。本質は目に見えないところにあるのです"

—— マスター・ユアン・マ『プログラミングの本』

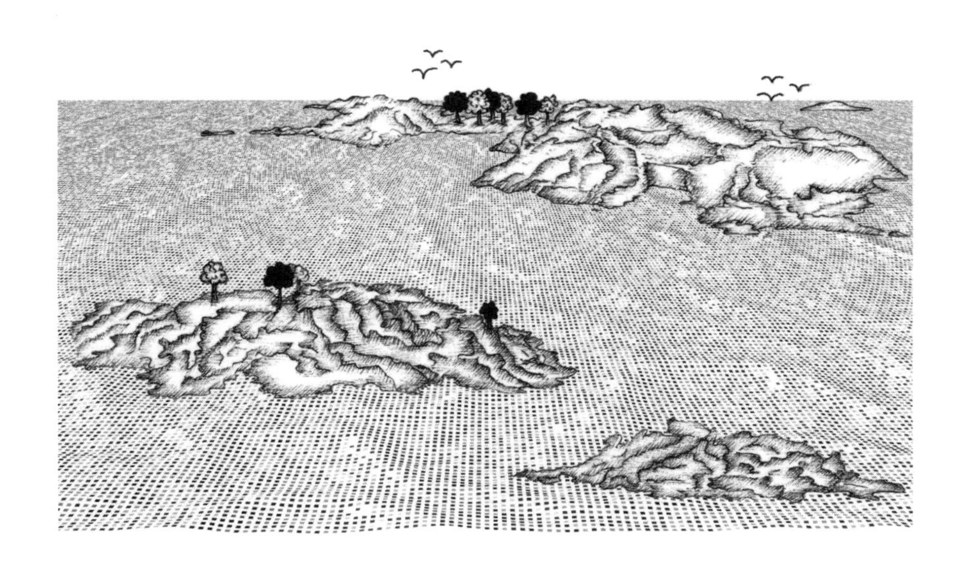

Chapter

1 値、型、演算子

コンピュータの世界には、データしかありません。データを読んだり、変更したり、新しいデータを作ったりすることはできますが、データでないものは触れられません。これらのデータはすべて、長いビット列として保存されており、基本的によく似ています。

ビットは、0と1の2つの値を持ち、通常は0と1で表現されます。コンピュータの中では、電荷の高低、信号の強弱、CD表面の光沢または鈍色の点などの形を取っています。すべての個別情報は、0と1の並びに変換できるので、ビットで表現できるわけです。

たとえば、13という数字はビットで表現できます。これは10進法の数字と同じですが、10種類の桁がある代わりに2種類の桁しかなく、それぞれの重みは右から左に向かって2倍ずつ大きくなります。ここで、13という数字を構成するビットと、その下に表示されている各桁の重みを示しましょう。

```
  0    0    0    0    1    1    0    1
128   64   32   16    8    4    2    1
```

つまり、2進数の00001101です。0でない桁は8、4、1を表し、足すと13になります。

値

ビットの海、すなわち海のようにたくさんのビットを想像してください。典型的な現代のコンピュータは、揮発性のデータストレージ（ワーキングメモリ）に300億ビット以上のビットを持っています。不揮発性ストレージ（ハードディスクやそれに準ずるもの）には、さらに数桁のビットが存在する傾向にあります。

このような大量のビットを迷うことなく扱うには、情報の断片である「チャンク（塊）」に分けなければなりません。JavaScriptの環境では、その塊は「値」と呼ばれます。すべての値はビットで構成されていますが、その役割は異なります。すべての値には、その役割を決める型があります。いくつかの値は数字であり、ある値はテキスト、ある値は関数、という具合です。

値を作成するには、名前を呼び出すだけです。これは便利でしょう。値を作成するために、材料を集めたり、対価を払ったりする必要はありません。呼び出せば、すぐに手に入るのです。もちろん、何もないところから作成されるわけではありません。値はどこかに保存しておかなければならず、同時に大量に使おうとすると、メモリ不足に陥ることもあります。幸いなことに、これが問題になるのは、すべての値を同時に必要とするときだけです。値は使われなくなるとすぐに消滅し、ビットが残されて次の値の材料として再利用されます。

この章では、JavaScript プログラムの原初の要素、すなわち単純な値の型と、そうした値に作用する演算子を紹介します。

数値

数字型の値は、当然のことながら、数値です。JavaScript のプログラムでは、以下のように記述します。

```
13
```

これをプログラムの中で使うと、コンピュータのメモリの中に 13 という数字のビットパターンが存在することになります。

JavaScript では、1 つの数値を格納するのに、64 ビットという決まった数のビットを使います。64 ビットで作れるパターンは限られているので、表現できる数字の種類も限られることになります。10 進法の N 桁では、10^N 個の数字を表現できます。同じように、2 進法の 64 桁では 2^{64} 種類の数字を表現できます。これは、約 18 垓（18 に 0 を 18 個つけたもの）であり、大変な数です。

しかし、かつてのコンピュータのメモリはもっと小さく、8 ビットや 16 ビットのグループで数字を表現することがほとんどでした。このような小さな数字は、誤ってメモリ領域のオーバーフローを発生させてしまうことさえありました。現在では、ポケットに入る程度のコンピュータでも十分なメモリがあるため、64 ビット単位で自由に使うことができます。オーバーフローを気にする必要があるのは、本当に天文学的な数字を扱うときだけです。

ただし、18 垓（がい）以下の整数がすべて JavaScript に収まるわけではありません。これらのビットには負の数も格納されているので、1 ビットで数の符号を表すことになります。さらに大きな問題は、整数ではない数字も表現しなければならないことです。そのために、いくつかのビットは小数点の位置を格納するために使用されます。実際に格納できる整数の最大値は、9 兆（0 が 15 個）程度ですが、これでも十分に大きいでしょう。小数点以下の数字はドットで表します。

```
9.81
```

非常に大きな数字や小さな数字の場合は、e（指数）を付けた後に、その数字の指数を加えて科学的記数法を使うこともできます。

```
2.998e8
```

つまり、$2.998 \times 10^8 = 299{,}800{,}000$ となるわけです。

前述の9兆円よりも小さな整数を使った計算は、つねに正確であることが保証されています。しかし、残念なことに、分数を使った計算は一般にはできません。π（円周率）が有限の10進数では正確に表現できないように、多くの数は64ビットでは精度が落ちてしまいます。これは非常に残念なことですが、実際に問題になるのは特定の状況に限られます。重要なのは、これを意識して、小数のデジタル数値を正確な値ではなく、近似値として扱うことです。

算術

数字を扱うのは主に算術です。加算や乗算などの算術演算は、2つの数値を受け取り、そこから新しい数値を生成します。JavaScriptでは次のように表示されます。

```
100 + 4 * 11
```

記号は演算子と呼ばれています。最初の記号は加算を、2番目の記号は乗算を表します。演算子を2つの値の間に置くと、それらの値に演算子が適用され、新しい値が生成されます。

しかし、この例では「4と100を足して、その結果に11を掛ける」という意味でしょうか、それとも足し算の前に掛け算が行われているのでしょうか。お察しの通り、掛け算が先に行われています。しかし、数学のように、足し算を括弧で囲むことでこれは変えられます。

```
(100 + 4) * 11
```

引き算には－演算子、割り算には／演算子があります。

演算子が括弧なしで一緒に出てくる場合、適用される順序は演算子の優先順位によって決まります。この例では、乗算が加算よりも先に行われます。／演算子の優先順位は＊と同じです。同様に、＋と－の優先順位も同じです。1 － 2 ＋ 1のように、同じ優先順位を持つ複数の演算子が隣り合っている場合は、左から右へと適用されます。すなわち、(1 － 2) ＋ 1と同じになるのです。

このような優先順位のルールは、特に気にする必要はありません。迷ったら括弧を付ければいいのです。

算術演算子はもう1つありますが、これはすぐには理解できないかもしれません。%記号は、剰余演算を表すのに使われます。X % Yは、XをYで割った余りです。たとえば、314 % 100は14、144 % 12は0となります。剰余演算子は、優先順位が乗算や除算と同じで、モジュロゥ（modulo）とも呼ばれます。

特殊な数値

JavaScriptには、数字として扱われるものの、通常の数字とは異なる3つの特殊な値があります。

最初の2つはInfinityと-Infinityで、正と負の無限大を表します。Infinity - 1はInfinityであり、以下同様です。しかし、無限大を使った計算を信用しすぎてはいけません。数学的に正しいとは言えず、すぐに特殊な数字、NaNになってしまいます。

NaNとは「not a number」の略で、数値型の値であるにもかかわらず、「数字ではない」という意味です。たとえば、0 / 0（ゼロをゼロで割る）、Infinity - Infinityといった意味のない計算をすると、このような結果となります。

文字列

次の基本的なデータ型は、文字列です。文字列は、テキストを表現するために使われ、内容は引用符で囲んで記述されます。

```
`Down on the sea` (海に降りる)
"Lie on the ocean" (海の上に寝る)
'Float on the ocean' (海に浮く)
```

文字列の最初と最後の引用符が一致していれば、文字列をマークするのに、一重引用符、二重引用符、バックスティックが使用可能です。

引用符の間にはほぼ何でも入れられて、JavaScriptはそれを文字列の値とします。しかし、いくつかの文字についてはより困難です。引用符の間に引用符を入れることがいかに難しいかは想像に難くないでしょう。改行（Enterキーを押したときに出てくる文字）は、文字列がバッククオート（`）で引用されている場合に限り、エスケープせずに含めることができます。

このような文字を文字列に含められるようにするため、次のような記法が用いられています。引用符で囲まれた文字列の中にバックスラッシュ（\）がある場合、それ以降の文字が特別な意味を持つことを示します。これは「エスケープ」と呼ばれます。バックスラッシュの前にある引用符は、文字列の終わりではなく、文字列の一部となります。バックスラッシュの後にn文字があると、それは改行として解釈されます。同様に、バックスラッシュの後のtは、タブ文字を意味します。たとえば、次のような文字列があります。

```
"This is the first line\nAnd this is the second"
```

実際に含まれている文字列は以下の通りです。

```
This is the first line
And this is the second
```

もちろん、文字列中のバックスラッシュを特殊なコードではなく、単なるバックスラッシュにしたいときもあるでしょう。2つのバックスラッシュが続いた場合、それらは一緒にされ、結果として得られる文字列の値には1つしか残りません。"A newline character is written like "\n"." という文字列は、以下のように表現されるわけです。

```
"A newline character is written like \"\\n\"."
```

文字列も、コンピュータの中に存在するには、ビットの集まりとしてモデル化する必要があります。JavaScript では、Unicode（ユニコード）という規格に基づいて、文字列をモデル化しています。この規格では、ギリシャ語、アラビア語、日本語、アルメニア語など、必要とされるほぼすべての文字に番号が割り当てられています。すべての文字に数字があれば、文字列は数字の羅列で表現できるのです。

それを実現しているのが JavaScript です。しかし、問題があります。JavaScript の表現では、文字列の要素ごとに 16 ビットを使用するため、最大で 2 の 16 乗の種類の文字しか表現できません。しかし、Unicode にはそれ以上の文字、現時点で約 2 倍の文字が定義されています。そのため、多くの絵文字のように、JavaScript の文字列の中で 2 つの「文字位置」を占める文字があります。これについては 5 章で説明します。

文字列は分割、乗算、減算することはできませんが、+演算子を使うことはできます。これは足し算ではなく、連結（2 つの文字列をくっつけること）です。次の行は、"concatenate" という文字列を生成します。

```
"con" + "cat" + "e" + "nate"
```

文字列の値には、それに関連した多くの関数（メソッド）があり、それらを使って他の操作を行うことができます。これについては、4 章の「メソッド」で詳しく説明します。

一重引用符と二重引用符で書かれた文字列の動作はほとんど同じです。唯一の違いは、文字列の中でどちらの引用符をエスケープする必要があるかです。後方引用符で囲まれた文字列は、通常、テンプレートリテラル（テンプレート文字列）と呼ばれ、さらにいくつかのトリックが可能です。行をまたぐことができるだけでなく、他の値を埋め込むこともできます。

```
`half of 100 is ${100 / 2}` (100の半分は ${100 / 2} です)
```

テンプレート・リテラルの ${} 内に何かを書くと、その結果は計算され、文字列に変換されて、その位置に組み込まれます。この例では、half of 100 is 50（100 の半分は 50）となります。

単項演算子

すべての演算子が記号ではありません。単語として書かれるものもあります。たとえば、

typeof 演算子は、与えられた値の型を示す文字列を生成します。

```
console.log(typeof 4.5)
// → 数字
console.log(typeof "x")
// → 文字列
```

サンプルコードでは、console.log を使って、何かを評価した結果を見たいことを示しています。これについては、次の章で詳しく説明します。

ここで紹介した他の演算子はすべて2つの値を操作しますが、typeof は1つの値しか取りません。2つの値を利用する演算子は2項演算子、1つの値を利用する演算子は単項演算子と呼ばれます。マイナス演算子は、2項演算子としても単項演算子としても使用できます。

```
console.log(- (10 - 2))
// → -8
```

boolean値(真偽値)

「イエス」と「ノー」、「オン」と「オフ」のように、2つの可能性だけを区別する値があると、便利なケースがあります。そのため、JavaScript には boolean 型が用意されています。boolean 型は、true と false の2つの値だけを持ち、これらの単語で記述されます。

比較

ここでは、ブール値を生成する方法を1つ紹介します。

```
console.log(3 > 2)
// → true
console.log(3 < 2)
// → false
```

>と<の記号は、それぞれ「より大きい」「より小さい」を表す伝統的な記号です。これらは二項演算子であり、適用すると、この場合に真であるかを示す boolean 値が得られます。

文字列も同じように比較できます。

```
console.log("Aardvark" < "Zoroaster")
// → true
```

文字列の並び方は、大まかにはアルファベットですが、辞書のようにはいきません。大文字はつねに小文字よりも「小さい」ので、「Z」<「a」となりますし、アルファベット以外の文字（！、- など）も並び方に含まれます。文字列を比較する際、JavaScript は文字を左から右へと並べ、Unicode コードを 1 つずつ比較していきます。

似たような演算子には、>=（以上）、<=（以下）、==（等しい）、!=（等しくない）があります。

```
console.log("Itchy" != "Scratchy")
// → true
console.log("Apple" == "Orange")
// → false
```

JavaScript では、自分自身と等しくない値は NaN（「not a number」）の 1 つだけです。

```
console.log(NaN == NaN)
// → false
```

NaN は、意味のない計算結果を表すため、他の意味のない計算の結果とは等しくならないのです。

論理演算子

boolean 値そのものに適用できる演算もあります。JavaScript は 3 つの論理演算子、and、or、not をサポートしています。これらを使って、boolean 値を「推論」できるのです。

論理的な and を表すのが && 演算子です。これは二項演算子で、与えられた値が両方とも真である場合にのみ、その結果が真となります。

```
console.log(true && false)
// → false
console.log(true && true)
// → true
```

|| 演算子は論理和を表します。与えられた値のどちらかが真であれば、真を生成します。

```
console.log(false || true)
// → true
console.log(false || false)
// → false
```

Not はエクスクラメーションマーク（！）で表記されます。これは、与えられた値を反転させる単項演算子で、「！ true」は「false」を、「！ false」は「true」を表します。

これらのブール演算子と算術演算子やその他の演算子を混ぜて使う場合、どのような場合に括弧が必要になるかは必ずしも明確ではありません。実際のところ、これまで見てきた演算子において、||は最も優先順位が低く、次に &&、比較演算子（>、== など）、その他の演算子の順であることを理解しておけば、たいていは大丈夫です。この順序は、次のような典型的な表現において、できるだけ少ない括弧で済むという観点から選ばれています。

```
1 + 1 == 2 && 10 * 10 > 50
```

最後に紹介する論理演算子は、単項でも二項でもなく、3つの値で動作する三項演算子です。これはクエスチョンマークとコロンを使って、次のように書きます。

```
console.log(true ? 1 : 2);
// → 1
console.log(false ? 1 : 2);
// → 2
```

これは、条件演算子と呼ばれています（言語上唯一の演算子なので、単に三項演算子と呼ばれることもあります）。クエスチョンマークの左にある値が、他の2つの値のどちらが出てくるかを「選ぶ」のです。真の場合は真ん中の値を選び、偽の場合は右の値を選びます。

空の値

null と undefined と書かれる2つの特別な値は、意味のある値がないことを示すために使われます。これらの値は、それ自体は値ですが、何の情報も持っていません。

意味のある値を生成しない言語の多くの操作（後述）では、何らかの値を生成しなければならないため、undefined が生成されます。

undefined と null の意味の違いは、JavaScript 設計上の偶然であり、ほとんどの場合、問題になりません。これらの値を気にする必要があるときには、ほとんど互換性があるものとして扱うことをお勧めします。

自動型変換

「はじめに」で、JavaScript は、与えられたほぼすべてのプログラムを、たとえ奇妙なことをするプログラムであっても、わざわざ受け入れてくれると述べました。このことは、次のような表現で見事に示されています。

```
console.log(8 * null)
// → 0
console.log("5" - 1)
// → 4
console.log("5" + 1)
// → 51
console.log("5" * 2)
// → NaN
console.log(false == 0)
// → true
```

演算子が「間違った」型の値に適用された場合、JavaScriptは静かにその値を必要な型に変換します。これは「型強制」と呼ばれます。最初の式のnullは0になり、2番目の式の"5"は5になります（文字列から数値へ）。しかし、3つ目の式では、+は数値の加算よりも先に文字列の連結を試みるため、1は「1」に変換されます（数値から文字列へ）。

明らかに数字に対応していないもの（「5」や「undefined」など）を数字に変換すると、NaNという値が得られます。NaNに対する算術演算を続けてもNaNが生成されるので、思いがけないところでNaNが生成された場合は、誤った型変換が行われていないかを確認してください。

同じ型の値を==で比較する場合、結果は簡単に予測できます。両方の値が同じならば、NaNの場合を除いてtrueを得るはずです。しかし、型が異なる場合、JavaScriptは複雑で混乱したルールを使って何をすべきかを決定します。ほとんどの場合、一方の値をもう一方の値の型に変換しようとするのです。しかし、演算子のどちらか一方にnullやundefinedがある場合、両方がnullかundefinedである場合にのみtrueを生成します。

```
console.log(null == undefined);
// → true
console.log(null == 0);
// → false
```

このような動作は、しばしば役に立ちます。ある値がnullやundefinedではなく実在の値を持つかをテストしたい場合、==（または!=）演算子でnullと比較できるからです。

しかし、ある値が正確な値であるfalseを指しているかをテストしたい場合はどうでしょう。0 == falseや"" == falseといった表現も、自動的に型変換されるために真となります。型変換したくない場合には、さらに===と!==という2つの演算子が用意されています。前者はある値がもう一方の値と正確に等しいかを調べ、後者は正確には等しくないかを調べます。ですから、"" === falseは予想通りfalseです。

3文字の比較演算子は、予想外の型変換でつまずかないように、防御的に使うことをお勧めします。しかし、双方の型が確実に同じである場合は、短い演算子を使っても問題はありません。

論理演算子のショートサーキット

論理演算子の「&&」と「||」は、異なる型の値を特異な方法で扱います。これらの演算子は、左辺の値を boolean 型に変換して、何をすべきかを決定しますが、演算子とその変換結果に応じて、元の左辺の値か右辺の値のどちらかを返します。

たとえば、|| 演算子は、それが true に変換できる場合は左の値を返し、そうでない場合は右の値を返します。これは、値が boolean 値の場合に期待される効果があり、他の型の値に対しても同様の効果が望めます。

```
console.log(null || "user")
// → user
console.log("Agnes" || "user")
// → Agnes
```

この機能は、デフォルトの値にフォールバックする方法として使うことができます。空になりそうな値があれば、その後ろに || を付けて代替の値を入れることができます。初期値が false に変換できる場合は、代わりに置換値が得られます。文字列や数値を boolean 値に変換するルールでは、0、NaN、空の文字列（""）は false と数え、それ以外の値は true と数えます。つまり、0 || -1 は -1 を、"" || "!?" は "!?" を意味するのです。

また、&& 演算子も似たような逆の働きをします。左側の値が false に変換されるものであれば、その値を返し、そうでなければ右側の値を返します。

この 2 つの演算子のもう 1 つの重要な特性は、右隣の部分は必要なときだけ評価されるということです。true || X の場合、X がどんなものであっても（たとえそれが何か恐ろしいことをするプログラムの一部であっても）、結果は true となり、X は評価されません。false && X の場合も同様で、結果は false となり、X は無視されます。これは短絡評価（short-circuit evaluation）と呼ばれます。

条件演算子も似たような働きをします。2 番目と 3 番目の値のうち、選択されたものだけが評価されるのです。

まとめ

この章では、JavaScript の値の種類として、数値、文字列、ブール値、未定義値の 4 つを見てきました。

これらの値は、名前（true、null）や値（13 , "abc"）を入力することで作成されます。演算子を使って値を組み合わせたり変換したりできます。ここでは、算術演算（+、−、*、/、%)、文字列連結（+)、比較（==、!=、===、!==、<、>、<=、>=)、論理演算（&&、||）などの二項演算子と、いくつかの単項演算子（数値を否定する (-、論理的に否定する！、値の型を求める

typeof)、3つ目の値に基づいて2つの値のうち1つを選択する三項演算子（?:）を紹介しました。

これで、JavaScriptをポケット電卓として使うには十分な情報が得られましたが、それ以上ではありません。次の章では、これらの表現を基本的なプログラムに結びつけていきます。

"そして私の心臓は膜のように透き通った皮膚の下で真っ赤に光り、彼らは私を取り戻すためにJavaScriptを10cc投与しなければなりません（私は血液中の毒素によく反応するのです)。こりゃあ、エラから桃を蹴り出すようなものですよ"

— _why『Whyの（痛快な）Rubyガイド』

Chapter

2 プログラムの構造

この章では、たしかにプログラミングと呼べるようなことを始めていきましょう。これまでに見てきた名詞や文の断片を超えて、意味のある散文を表現できるところまで、JavaScript 言語のコマンドを拡張していきます。

式とステートメント

1章では、値を作り、それに演算子を適用して新しい値を得ました。このように値を作ることが、JavaScript プログラムの主要な実体です。しかし、役に立つようにするには、その実体がより大きな構造の中に組み込まれなければなりません。それが、次に取り上げることです。

値を生成するコードの断片は「式」と呼ばれます。22 や "psychoanalysis" のように、文字として書かれた値はすべて式です。2つの式に適用される2項演算子や1つの式に適用される単項演算子と同様に、カッコで囲まれた表現も式なのです。

これは言語ベースインターフェイスの優れた点の1つです。式は、人間の言語のサブセンテンスが入れ子になっているのと同じように、他の式を含むことができます。これにより、任意の複雑な計算を記述する式を構築できるのです。

表現が文の断片に相当するとすれば、JavaScript の「ステートメント（文）」は文全体に相当します。プログラムは、ステートメントのリストなのです。

最も単純なステートメントは、セミコロンを後ろにつけた式です。これはプログラムです。

```
1;
!false;
```

しかし、これは役に立たないプログラムです。式は単に値を生成するだけの内容にすることができ、その値を囲んでいるコードで使用できます。ステートメントはそれだけで成立するため、世の中に影響を与えて初めて意味を持ちます。あるいは、マシンの内部状態を変化させて、後続のステートメントに影響を与えることもあります。このような変化は「サイドエフェクト（副作用）」と呼ばれます。先ほどの例では、1 と true という値を生成しただけです。これでは、世の中に何の影響も与えません。このプログラムを実行しても、観察可能なことは何も起こらないのです。

なお JavaScript では、ステートメントの最後のセミコロンを省略できる場合もあれば、セミコロンがないと次の行が同じ文の一部として扱われてしまう場合もあります。セミコロンを安全に省略できる場合のルールはやや複雑で、しばしばエラーが発生しがちです。そのため本書では、セミコロンが必要な文には必ずセミコロンを付けています。セミコロンの省略できる場合とできない場合の微妙な違いを理解するまでは、あなたにも同様のことをお勧めします。

バインディング

プログラムはどのようにして内部状態を保つのでしょう。どのように物事を記憶するのでしょう。古い値から新しい値を生成する方法を見てきましたが、これでは古い値は変わりませんし、新しい値はすぐに使わないと消えてしまいます。値を掴まえて保持するため、JavaScriptはバインディング（変数）と呼ばれる仕組みを用意しています。

```
let caught = 5 * 5;
```

これは2種類目のステートメントです。letという特殊な単語（キーワード）は、この文がバインディングを定義するものであることを示しています。この後には、バインディングの名前と、すぐに値を与えたい場合は、= 演算子と式が続きます。

前の文では、caughtというバインディングを作り、それを使って、5と5を掛け合わせてできた数字を掴みます。

バインディングが定義されると、その名前を式として使うことができます。このような式の値は、バインディングが現在保持している値です。以下はその例です。

```
let ten = 10;
console.log(ten * ten);
// → 100
```

バインディングがある値を指し示していても、その値に永遠に結び付くわけではありません。既存のバインディングに対していつでも = 演算子を使って、現在の値から切り離し、新しい値を指すようにできます。

```
let mood = "light";
console.log(mood);
// → light
mood = "dark";
console.log(mood);
// → dark
```

バインディングは箱というよりも触手のようなものだと思ってください。バインディングは値を含むのではなく、値を把握します。プログラムがアクセスできるのは、現状参照している値だけです。何かを覚えておく必要があるときは、それを保持するために触手を成長させるか、既存の触手の1つをそれに再接続します。

別の例を見てみましょう。ルイージがまだあなたに借りているドルの金額を覚えておくために、あなたはバインディングを作ります。そして、ルイージが35ドルを返済したら、このバインディングに新しい値を与えます。

```
let luigisDebt = 140;
luigisDebt = luigisDebt - 35;
console.log(luigisDebt);
// → 105
```

値を与えずにバインディングを定義すると、触手は掴むものがないため、何もないところで終わってしまいます。また空のバインディングに値を求めれば、undefinedという値が返ってきます。

1つのlet文で複数のバインディングを定義できます。その場合、定義をカンマで区切らなければなりません。

```
let one = 1, two = 2;
console.log(one + two);
// → 3
```

varやconstという単語もletと同じようにバインディングの作成に使えます。

```
var name = "Ayda";
const greeting = "Hello ";
console.log(greeting + name);
// → Hello Ayda
```

1つ目のvar（"variable"の略）は、2015年以前のJavaScriptでのバインディングの宣言方法です。letとの正確な違いについては、次の章で説明します。今のところ、ほとんど同じですが、紛らわしい特性があるので、本書ではほとんど使わないことを覚えておいてください。

constはconstantの略です。これは、定数のバインディングを定義するものであり、生きている限り同じ値を指し示します。これは、値に名前を付けて後で簡単に参照できるようにする場合のバインディングに便利です。

バインディングの名前

バインディングの名前は、どのような単語でも構いません。名前の先頭に数字は使えません(たとえば、chatch22は有効な名前です)。バインディング名には、ドル記号($)やアンダースコア(_)を含められますが、その他の句読点や特殊文字は使用できません。

letのような特別な意味を持つ単語はキーワードであり、バインディングの名前として使用できません。また、将来のバージョンのJavaScriptで使用するため、「予約語」となっている単語も多数あり、これらもバインディング名として使用できません。こうしたキーワードと予約語の全リストはかなり長くなっています。

```
break case catch class const continue debugger default
delete do else enum export extends false finally for
function if implements import interface in instanceof let
new private protected public return static super
switch this throw true try typeof var void while with yield
```

このリストを暗記する必要はありません。バインディングの作成で予期せぬ構文エラーが発生したときは、予約語を定義しようとしていないかなどを、確認してください。

環境

ある時点で存在するバインディングとその値の集まりは、「環境」と呼ばれます。プログラムが起動したとき、その環境は空ではありません。環境には必ず言語標準のバインディングが含まれていますし、たいていの場合、周囲のシステムとのやりとりするためのバインディングも含まれます。たとえば、ブラウザであれば、現在読み込んでいるWebサイトとのやりとりや、マウスやキーボードの入力を読み取るための機能を備えています。

関数

デフォルト環境で提供されている値の多くは、「関数（function)」という型を持っています。関数とは、プログラムの一部を値で包んだものです。このような値は、ラップされたプログラムを実行するために適用することができます。たとえば、ブラウザ環境では、バインディングpromptは、ユーザーの入力を求める、小さなダイアログボックスを表示する関数を持っています。これは次のように使われます。

```
prompt("Enter passcode");
```

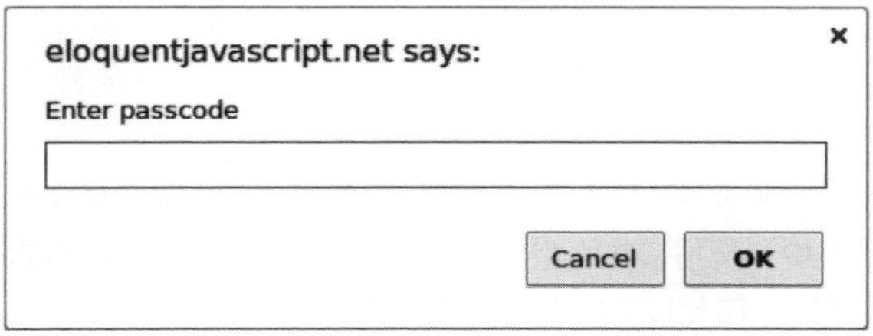

eloquentjavascript.net says:

Enter passcode

Cancel OK

関数を実行することは、「起動する（invoking）」「呼び出す（calling）」「適用する（applying）」などと呼ばれます。関数を呼び出すには、関数値を生成する式の後に括弧を付けます。通常は、関数を保持するバインディングの名前は直接使用します。括弧の間の値は、関数内のプログラムに与えられます。この例では、prompt 関数が、ダイアログボックスに表示するテキストとして、与えられた文字列を使用しています。関数に与える値は引数と呼ばれます。関数によって、必要な引数の数や種類は異なります。

prompt 関数は、最近の Web プログラミングではあまり使われていません。その理由は、ダイアログの表示方法をコントロールできないからですが、おもちゃのプログラムや実験では役に立つことがあります。

console.log関数について

これまでの例では、値を出力するのに console.log を使用しました。最近の Web ブラウザや Node.js を含むほとんどの JavaScript システムは、引数を何らかのテキスト出力デバイスに書き出す console.log 関数を提供しています。ブラウザでは、JavaScript コンソールに出力が表示されます。ブラウザの JavaScript コンソールは、デフォルトでは非表示になっていますが、ほとんどのブラウザでは、F12 キーを押すか、Mac の場合、コマンド・オプション・I キーを押すと開きます。それでもダメな場合は、メニューから「開発者ツール」などの項目を探してください。

バインディングの名前にはピリオドを含めることはできませんが、console.log にはピリオドがあります。これは、console.log が単なるバインディングではないからです。console.log は単純なバインディングではなく、console バインディングが持つ値から log プロパティを取得する式になっています。これが何を意味するかは、4 章で詳しく説明します。

戻り値

ダイアログボックスを表示したり、画面にテキストを書き込んだりするのは、サイドエフェクトです。多くの関数が便利なのは、サイドエフェクトがあるからなのです。関数は値を生成することもありますが、その場合はサイドエフェクトがなくても便利です。たとえば、Math.max という関数は、任意の数の引数を取り、最大の値を返します。

```
console.log(Math.max(2, 4));
// → 4
```

関数が値を生成するとき、その値を返すでしょう。JavaScript では、値を生成するのはすべて式であり、関数呼び出しはより大きな式の中で使用できます。ここでは、Math.max の反対語である Math.min の呼び出しを、プラスの式の一部として使用しています。

```
console.log(Math.min(2, 4) + 100);
// → 102
```

次の章では、独自の関数を作成する方法について説明しましょう。

制御フロー

プログラムに複数の文が含まれている場合、それらの文はあたかも 1 つの物語のように上から下へと実行されます。以下のサンプルプログラムには、2 つのステートメントがあります。最初のステートメントはユーザーに数字を尋ね、2 番目のステートメントは 1 番目のステートメントの後に実行され、その数字の 2 乗を表示します。

```
let theNumber = Number(prompt("Pick a number"));
console.log("Your number is the square root of " +.
            theNumber * theNumber);
```

関数 Number は、値を数値に変換します。この変換が必要なのは、prompt の結果が文字列の値であり、我々は数字が欲しいからです。似たような関数に String や Boolean があり、値をこれらの型に変換します。

ここでは、この直線的な制御の流れを、かなりつまらない形で表現しておきましょう。

条件付き実行

すべてのプログラムがまっすぐな道ではありません。たとえば、状況に応じて適切に分岐する道を作りたいこともあるでしょう。これは、条件付き実行と呼ばれます。

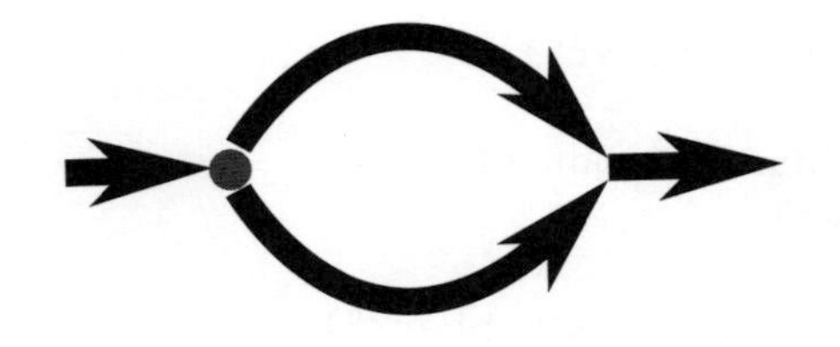

条件付き実行は、JavaScriptのifキーワードを使って行います。単純なケースでは、ある条件が成立した場合にのみ、あるコードを実行するとします。たとえば、入力が数字である場合にのみ、入力の2乗を表示したいとしましょう。

```
let theNumber = Number(prompt("Pick a number"));
if (!Number.isNaN(theNumber)) {
  console.log("Your number is the square root of " +
              theNumber * theNumber);
}
```

この修正により、"parrot"と入力しても、何も出力されなくなりました。

ifキーワードは、boolean式の値に応じて文を実行したりスキップしたりします。判定式は、キーワードの後、括弧内に記述し、その後に実行するステートメントを記述します。

Number.isNaN関数は、与えられた引数がNaNである場合にのみ真を返す、JavaScriptの標準的な関数です。Number関数は、有効な数値を表さない文字列を与えると、ときとしてNaNを返します。したがって、この条件は「theNumberが数字でない限り、これを実行する」という意味になります。

この例では、ifの後の文が中括弧（{and}）で囲まれています。中括弧は、任意の数のステートメントを、ブロックと呼ばれる1つの状態にまとめるために使用できるのです。この例では、中括弧は1つのステートメントを保持するだけなので、省略することもできますが、中括弧が必要かを考えなくて済むように、ほとんどのJavaScriptプログラマは、このように中括弧を使用しています。本書では、たまにone-liner（中身が1行しかないプログラム）を使う場合を除いて、ほぼこの慣習に従うことにしています。

```
if (1 + 1 == 2) console.log("It's true");
// → It's true
```

ある条件が真であるケースに実行されるコードだけでなく、それ以外のケースを処理するコードもよく使われます。この代替パスは、前述の図の2番目の矢印によって表されています。ifと一緒にelseキーワードを使うと、2つの別の実行経路を作ることができるのです。

```
let theNumber = Number(prompt("Pick a number"));
if (!Number.isNaN(theNumber)) {
  console.log("Your number is the square root of " +
              theNumber * theNumber);
} else {
  console.log("Hey. Why didn't you give me a number?");
}
```

2つ以上、パスがある場合は、複数のif/elseペアを「連鎖」させることができます。以下にその例を示します。

```
let num = Number(prompt("Pick a number"));

if (num < 10) {
  console.log("Small");
} else if (num < 100) {
  console.log("Medium");
} else {
  console.log("Large");
}
```

このプログラムでは、まずnumが10より小さいかをチェックします。10未満であれば、そのブランチを選択し、「Small」と表示して終了します。10未満でなければ、elseブランチを選択します。elseブランチには2つ目のifが含まれます。2つ目の条件（< 100）が成立すると、その数字は10から100の間であることを意味し、「Medium」が表示されます。そうでない場合は、2番目で最後のelse分岐が選択されます。

このプログラムのスキーマは次のようなものです。

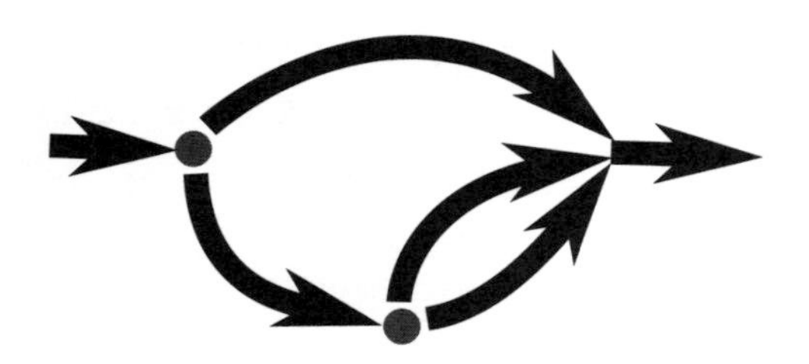

whileとdoのループ

0から12までのすべての偶数を出力するプログラムを考えてみましょう。1つの書き方として、以下のようなものがあります。

```
console.log(0);
console.log(2);
console.log(4);
console.log(6);
console.log(8);
console.log(10);
console.log(12);
```


これは動作しますが、プログラムを書くというのは、動作するものを増やすのではなく、減らすことです。もし、1,000 以下のすべての偶数が必要だったら、この方法は使えないでしょう。必要なのは、1 つのコードを複数回実行する方法です。このような制御の流れはループと呼ばれます。

ループ制御フローでは、プログラムのどこかの時点に戻って、現在のプログラムの状態でそれを繰り返すことができます。これをカウントするバインディングと組み合わせると、次のようなことができます。

```
let number = 0;
while (number <= 12) {
  console.log(number);
  number = number + 2;
}
// → 0
// → 2
// ......etcetera
```

キーワード while で始まる文は、ループを作ります。while の後には、if と同じように、括弧内の式、そしてステートメントが続きます。ループは、式が boolean 値に変換されたときに true を与える値を生成する限り、そのステートメントを入力し続けます。

number バインディングは、バインディングがプログラムの進捗状況を把握する方法を示しています。ループが繰り返されるたびに、number は前の値よりも 2 つ多い値を取得します。繰り返すたびに、number は 12 という値と比較され、プログラムの作業が終了したかが判断されます。

実際に役立つ例として、2^{10}（2 の 10 乗）の値を計算して表示するプログラムを書いてみましょう。ここでは2つのバインディングを使っています。1つは計算結果を記録するため、もう1つはこの計算結果に2をかけた回数を数えるためです。このループでは、2番目のバインディングがまだ10に達していないかをテストし、達していなければ、両方のバインディングを更新します。

```
let result = 1;
let counter = 0;
while (counter < 10) {
  result = result * 2;
  counter = counter + 1;
}
console.log(result);
// → 1024
```

カウンタを1から始めて、<=10であることをチェックすることもできますが、4章で明らかになる理由から、0から数えることに慣れておくのが良いでしょう。

doループは、whileループと似た制御構造です。doループは、つねに最低1回は本体を実行し、その最初の実行の後にのみ、停止すべきかのテストを開始します。これを反映して、ループ本体の後にテスト結果が表示されるのです。

```
let yourName;
do {
  yourName = prompt("Who are you?");
} while (!yourName);
console.log(yourName);
```

このプログラムでは、名前の入力を強制します。空の文字列ではないものを得るまで、何度も何度も尋ねてきます。!演算子を適用すると、値をboolean型に変換してから否定するので、" "以外の文字列はすべてtrueに変換されます。つまり、空でない名前を入力するまで、ループは回り続けるのです。

コードのインデント

例題では、より大きなステートメントの一部であるステートメントの前にスペースを入れています。これらのスペースは必須ではありません。スペースがなくてもコンピュータはプログラムを正常に受け入れます。実際、プログラム中の改行も任意です。その気になれば、プログラムを1つの長い行として書くこともできます。

このブロック内のインデントの役割は、コードの構造を目立たせることです。他のブロックの中に新しいブロックが開かれているコードでは、あるブロックがどこで終わり、別のブロックがどこから始まるのかがわかりにくくなってしまいます。インデントが適切であれば、プログラムの視覚的な形状は内部のブロックの形状と一致します。私はブロックを開くたびにスペースを2つ使いたいと思っていますが、4つのスペースを使う人もいれば、タブを使う人もいるなど、好みは様々です。重要なのは、それぞれの新しいブロックが同じ量のスペースを追加することです。


```
if (false != true) {
  console.log("That makes sense.");
  if (1 < 2) {
    console.log("No surprise there.");
  }
}
```

なお、ほとんどのコードエディタは、新しい行を自動的かつ適切にインデントしてくれます。

for ループ

多くのループは while の例で示したようなパターンを取ります。まず、ループの進行状況を把握するために "counter" というバインディングを作成します。次に while ループが作られますが、通常はカウンターが終了値に達したかをチェックするテスト式が付いています。ループ本体の終わりには、カウンタが更新されて進行状況が把握されます。

このパターンは非常に一般的であるため、JavaScript や類似の言語では、少し短くてより包括的な形式である for ループを提供しています。

```
for (let number = 0; number <= 12; number = number + 2) {
  console.log(number);
}
// → 0
// → 2
// ......etcetera
```

このプログラムは、先ほどの偶数印刷の例とまったく同じです。唯一の変更点は、ループの「状態」に関係するすべてのステートメントが for の後にまとめられていることです。

for キーワードの後の括弧内にはセミコロンを2つ入れなければなりません。最初のセミコロンの前で、通常はバインディングを定義することにより、ループを初期化します。2番目の部分は、ループを継続する必要があるかをチェックするための式です。最後の部分では、反復のたびにループの状態を更新します。ほとんどの場合、while 構文よりも短くてわかりやすいのです。

以下は、while の代わりに for を使って 2^{10} を計算するコードです。

```
let result = 1;
for (let counter = 0; counter < 10; counter = counter + 1) {
  result = result * 2;
}
console.log(result);
// → 1024
```

ループからの脱却

ループが終了する方法は、ループの条件がfalseを生成するだけではありません。breakという特殊な文があり、これを使うと、ループからすぐに抜け出せます。

以下のプログラムはbreak文の例です。20以上かつ7で割り切れる最初の数字を見つけます。

```
for (let current = 20; ; current = current + 1) {
  if (current % 7 == 0) {
    console.log(current);
    break;
  }
}
// → 21
```

ある数値が他の数値で割り切れるかを調べるには、剰余演算子（%）を使うのが簡単です。割り切れる場合は、その余りはゼロになります。

例題のfor構文には、ループの終わりをチェックする部分がありません。つまり、内部のbreak文が実行されない限り、ループは止まらないということです。

もし、break文を削除してしまったり、誤ってつねにtrueを生成する終了条件を書いてしまったりすると、プログラムは無限ループに陥ってしまいます。無限ループに陥ったプログラムはいつまでたっても終了しませんが、これはたいてい悪いことです。

continueキーワードは、ループの進行に影響を与えるという点でbreakと似ています。ループ本体の中にcontinueが出てくると、制御は本体から飛び出し、ループの次の繰り返しを行います。

バインディングの簡潔な更新

特にループしているとき、プログラムはしばしばバインディングを「更新」して、そのバインディングの以前の値に基づいて値を保持する必要があります。

```
counter = counter + 1;
```

JavaScriptはそのためのショートカットを提供しています。

```
counter += 1;
```

同様のショートカットは他の多くの演算子でも使えます。たとえば、result *= 2で結果を倍にしたり、counter -= 1で下向きに数えたりします。
これにより、数え方の例をもう少し短くできます。

```
for (let number = 0; number <= 12; number += 2) {
  console.log(number);
}
```

counter += 1とcounter -= 1には、さらに短いショートカットが用意されています。すなわち、counter++とcounter--です。

switchによる値のディスパッチ

以下のようなコードは珍しくありません。

```
if (x == "value1") action1();
else if (x == "value2") action2();
else if (x == "value3") action3();
else defaultAction();
```

このような「ディスパッチ」をより直接的な方法で表現するために、switchという構文が用意されています。残念ながら、JavaScriptが使用しているswitchの構文（C/Java系のプログラミング言語から継承したもの）はやや不便で、if文の連鎖の方が見栄えがいいかもしれません。例をあげてみましょう。

```
switch (prompt("What is the weather like?")) {
  case "rainy":
    console.log("Remember to bring an umbrella.");
    break;
  case "sunny":
    console.log("Dress lightly.");
  case "cloudy":
    console.log("Go outside.");
    break;
```

```
    default:
      console.log("Unknown weather type!");
      break;
  }
```

switchで開いたブロックの中には、いくつでもケースラベルを入れることができます。プログラムはswitchで指定された値に対応するラベルから実行を開始し、一致する値が見つからない場合はdefaultで実行されます。break文に到達するまで、他のラベルに渡っても実行し続けます。例の「晴れ」のケースのように、これを利用してケース間でコードを共有することもできます（晴れの日も曇りの日も外に出ることを推奨しています）。しかし、注意が必要です。このようなbreakを忘れてしまうと、実行してほしくないコードがプログラムで実行されてしまうことがあるのです。

キャピタリゼーション

バインディングの名前にはスペースを含めることはできませんが、バインディングが何を表すのかを明確に表現するには、複数の単語を使用するのが有効です。このように、複数の単語を含むバインディングの名前を書く方法には、以下のようにかなり多くの選択肢があります。

```
fuzzylittleturtle
fuzzy_little_turtle
FuzzyLittleTurtle
fuzzyLittleTurtle
```

最初のスタイルは読みづらいかもしれません。私はアンダースコアの見た目が好きなのですが、このスタイルは入力に少し苦労します。標準的なJavaScriptの関数や、ほとんどのJavaScriptプログラマは、最初の単語を除いてすべての単語を大文字にするボトムスタイルを採用しています。このような些細なことに慣れるのは難しくありませんし、名前のスタイルが混在するコードは読んでいて違和感があるので、私たちはこの規則に従いましょう。

Number関数のように、いくつかのケースでは、結合の最初の文字も大文字にしています。これは、この関数がコンストラクタであることを示すためです。コンストラクタとは何かについては、6章で明らかになります。今のところ、重要なのは、このような見かけ上の一貫性のなさを気にしないでいいことです。

コメント

生のコードでは、人間の読者に伝えたい情報がすべて伝わらなかったり、人には理解できないような不可解な方法で伝えられたりすることがよくあります。また、プログラムの一部として、関連する考えを書き加えたいこともあるでしょう。そのためにあるのがコメントです。

コメントとは、プログラムの一部でありながら、コンピュータにはまったく無視されるテキストのことです。JavaScriptには、2種類のコメントの書き方があります。1行のコメントを書くには、スラッシュ文字（//）を2つ使い、その後ろにコメントテキストを記述します。


```
let accountBalance = calculateBalance(account);
// それは川が歌う緑の窪地
accountBalance.adjust();
// 狂ったように草むらで白いボロ衣をとらえる
let report = new Report();
// 誇り高き山の太陽が鳴り響く場所
addToReport(accountBalance, report);
// グラスの中で光のように泡立っている小さな谷間です
```

//のコメントは行末までしか表示されません。/* と */ の間にあるテキストのセクションは、改行が含まれているかに関わらず、全体として無視されます。これは、ファイルやプログラムに関する情報ブロックを追加するのに便利です。

```
/*
  この数字を最初に見つけたのは、古いノートの裏に書かれていたものでした。それ
  以来、電話番号や購入した製品のシリアルナンバーなどでよく目にするようになり
  ました。私のことを気に入ってくれているようなので、取っておくことにしました。
*/
const myNumber = 11213;
```

まとめ

すでに理解されているように、プログラムはステートメントで構成されており、ステートメントの中にさらにステートメントが含まれています。ステートメントには式が含まれることも多く、式の中にはさらに小さな式が含まれます。

ステートメントを次々と並べることで、上から下へと実行されるプログラムができあがります。条件文（if、else、switch）やループ文（while、do、for）を使うことで、制御の流れを乱すことができます。

バインディングは、データの断片に名前を付けてファイルするために使用され、プログラムの状態を追跡するのに役立ちます。環境とは、定義されたバインディングのセットのことです。JavaScript のシステムでは、便利な標準バインディングがいくつもの環境に組み込まれています。

関数とは、プログラムの一部をカプセル化した特別な値です。関数を呼び出すには、

functionName(argument1, argument2) と書きます。このような関数の呼び出しは式であり、値を生成できます。

練習問題

練習問題の解答をどのように検証したらいいかがわからないときは、「はじめに」を参照してください。

各練習問題は、問題の説明から始まります。この説明を読んで、問題を解いてみてください。問題が解けないときは、巻末のヒントを参照しましょう。練習問題の完全な解答は本書には含まれていませんが、オンライン（https://eloquentjavascript.net/code）で確認できます。練習問題から何かを学びたいのであれば、解答を見るのは、その練習問題を解いた後か、少なくとも少し頭が痛くなるほど長時間、一生懸命に取り組んだ後にすることをお勧めします。

三角形をループさせる

console.log を 7 回呼び出して、次のような三角形を出力するループを書いてみましょう。

```
#
##
###
####
#####
######
#######
```

文字列の後に .length と書けば、その文字列の長さがわかることを知っておくと便利かもしれません。

```
let abc = "abc";
console.log(abc.length);
// → 3
```

FizzBuzz

console.log を使って、1 から 100 までのすべての数字を、2 つの例外を除いて表示するプログラムを書いてください。3 で割り切れる数字には、数字の代わりに「Fizz」と表示し、5（3 ではない）で割り切れる数字には、代わりに「Buzz」と表示します。

これができたら、3 と 5 の両方で割り切れる数字には「FizzBuzz」と表示するようにプログラムを修正してください（ただし、どちらか一方でしか割り切れない数字には「Fizz」または「Buzz」と表示します）。

ちなみに、これは実際、プログラマー候補者のかなりの割合を排除できると言われている面接の質問です。つまり、これを解いた人は労働市場での価値が上がったことになります。

チェスボード

8×8のグリッドを表す文字列を、改行文字を使って行を区切って作成するプログラムを書いてください。グリッドの各位置には、スペースか「#」の文字があります。これらの文字がチェスボードを形成します。

この文字列を console.log に渡すと、次のように表示されます。

```
 # # # #
# # # #
 # # # #
# # # #
 # # # #
# # # #
 # # # #
# # # #
```

このパターンを生成するプログラムができたら、「size = 8」というバインディングを定義し、任意のサイズで動作するようにプログラムを変更し、与えられた幅と高さのグリッドを出力するようにします。

"コンピュータサイエンスは天才の芸術だと思われていますが、実際のところはその逆で、多くの人が石積みの壁のように物事を互いに積み重ねているだけです。"

— ドナルド・クヌース

Chapter

3 関数

関数は、JavaScript プログラミングの基本中の基本です。プログラムの一部を値で包むという概念には、多くの用途があります。大きなプログラムを構造化したり、繰り返しを減らしたり、サブプログラムに名前を付けたり、サブプログラムを互いに分離したりする方法を提供するのです。

関数の最もわかりやすい応用例は、新しい語彙の定義です。散文の中で新しい単語を作るのは、通常、悪いスタイルです。しかし、プログラミングでは必要不可欠なのです。

一般的な大人の英語話者は、約 20,000 の単語を使っています。プログラミング言語には、2 万個のコマンドが組み込まれているものはほとんどありません。また、その語彙は人間の言語よりも厳密に定義されているため、柔軟性に欠ける傾向があります。そのため、同じことを繰り返さないように、新しい概念を導入する必要があるのです。

関数の定義

関数の定義とは、その値が関数であることを示す、通常のバインディングです。たとえば、以下のコードでは、与えられた数値の 2 乗を生成する関数を指すように square を定義しています。

```
const square = function(x) {
  return x * x;
};

console.log(square(12));
// → 144
```

関数は、キーワード「function」で始まる式で作成します。関数には、パラメータのセット（ここでは x のみ）と、関数が呼び出されたときに実行されるステートメントを含むボディがあります。このようにして作成された関数の本体は、たとえ 1 つのステートメントだけで構成されていても、必ず中括弧で囲む必要があるのです。

関数は、複数のパラメータを持つことも、パラメータを持たないことも可能です。以下の例では、makeNoise にはパラメータ名がないのに対し、power には 2 つのパラメータがあります。

```
const makeNoise = function() {
  console.log("Pling!");
};

makeNoise();
// → Pling!

const power = function(base, exponent) {
  let result = 1;
  for (let count = 0; count < exponent; count++) {
    result *= base;
  }
  return result;
};

console.log(power(2, 10));
// → 1024
```

関数の中には、power や square のように値を生成するものもあれば、makeNoise のように結果がサイドエフェクトだけで値を生成しないものもあります。return ステートメント（return 文）は、関数が返す値を決定します。制御は、このようなステートメントに遭遇すると、即座に現在の関数から飛び出して、関数を呼び出したコードに戻り値を渡します。return キーワードの後に式がない場合、関数は undefined を返します。makeNoise のように return 文を持たない関数も同様に undefined を返します。

関数のパラメータは通常のバインディングと同じように動作しますが、その初期値は関数内のコードではなく、関数の呼び出し元によって与えられるのです。

バインディングとスコープ

それぞれのバインディングにはスコープがあります。すなわち、バインディングを確認できるプログラム部分です。関数やブロックの外側でバインディングが定義されれば、プログラム全体がスコープとなり、どこからでも参照できるようになります。このようなバインディングは、グローバルバインディングと呼ばれます。

しかし、関数のパラメータとして作られたバインディングや、関数内で宣言されたバインディングは、その関数内でしか参照できません。これはローカルバインディングと呼ばれます。

関数が呼び出されるたびに、これらバインディングのインスタンスが新たに作成されます。これにより、関数間の分離が実現されます。各関数の呼び出しはそれぞれの小さな世界（ローカル環境）で行われ、しばしばグローバル環境で何が起こっているかを知らなくても理解できるのです。

let や const で宣言されたバインディングは、実際には宣言されたブロック内だけのものなので、ループの中でこれらのバインディングを作成しても、ループ前後のコードはそれを「確認」できません。2015 年以前の JavaScript では、新しいスコープを作るのは関数だけだったので、var キーワードで作られた古いスタイルのバインディングは、スコープが出てくる関数全体に表示されます。つまり、バインディングが関数の中にない場合には、グローバルスコープ全体に表示されるのです。


```
let x = 10;
if (true) {
  let y = 20;
  var z = 30;
  console.log(x + y + z);
  // → 60
}
// y is not visible here
console.log(x + z);
// → 40
```

各スコープは周囲のスコープを「見渡す」ことができるので、例では x はブロック内に見えています。ただし、同じ名前のバインディングが複数ある場合は例外で、その場合は一番内側のバインディングしか見ることができません。たとえば、halve 関数内のコードが n を参照している場合、グローバルな n ではなく、自分自身の n を見ていることになります。

```
const halve = function(n) {
  return n / 2;
};

let n = 10;
console.log(halve(100));
// → 50
console.log(n);
// → 10
```

ネストしたスコープ

JavaScript では、グローバルバインディングとローカルバインディングを区別するだけではありません。ブロックや関数は、他のブロックや関数の内部に作成でき、複数の局所性を持つことができます。

たとえば、フムス（ゆでたヒヨコマメに、ニンニク、練り胡麻、オリーブオイル、レモン汁などを加えてすりつぶし、塩で調味したペースト状の中東料理）を作るのに必要な材料を出力するこの関数は、その中に別の関数を保持しています。

```
const hummus = function(factor) {
  const ingredient = function(amount, unit, name) {
    let ingredientAmount = amount * factor;
    if (ingredientAmount > 1) {
      unit += "s";
    }
    console.log(`${ingredientAmount} ${unit} ${name}`);
  };
  ingredient(1, "can", "chickpeas");
  ingredient(0.25, "cup", "tahini");
  ingredient(0.25, "cup", "lemon juice");
  ingredient(1, "clove", "garlic");
  ingredient(2, "tablespoon", "olive oil");
  ingredient(0.5, "teaspoon", "cumin");
};
```

ingredient 関数内のコードは、外側の関数から factor のバインディングを見ることができます。しかし、unit や ingredientAmount などのローカルバインディングは、外側の関数からは見えません。

ブロック内で見えるバインディングのセットは、プログラムテキスト内のそのブロックの位置によって決まります。各ローカルスコープは、それを含むすべてのローカルスコープも見ることができ、すべてのスコープはグローバスコープを見ることができます。このようにバインディングを可視化する方法はレキシカルスコープと呼ばれます。

値としての関数

関数のバインディングは、通常、プログラムの特定部分の名前として機能します。このようなバインディングは一度定義されると、変更されることはありません。そのため、関数とその名称を混同しがちです。

しかし、この 2 つは異なります。関数値は、他の値ができることをすべて行うことができ、単に呼び出すだけではなく、任意の式で使用できます。関数値を新しいバインディングに格納したり、関数の引数として渡したりすることができるのです。同様に、関数を保持しているバインディングは通常のバインディングであり、定数でない場合は、次のように新しい値を割り当てられるのです。

```
let launchMissiles = function() {
  missileSystem.launch("now");
```

```
};
if (safeMode) {
  launchMissiles = function() {/* 何もしない */};
}
```

5章では、関数の値を他の関数に渡すことで実現できる面白いことを説明しましょう。

宣言の表記

関数バインディングを作成するには、もう少し短い方法があります。ステートメントの最初にfunction キーワードが使われている場合は、動作が異なるのです。

```
function square(x) {
  return x * x;
}
```

これは関数宣言です。このステートメントは square バインディングを定義し、それを与えられた関数に指定します。書き方はやや簡単で、関数の後にセミコロンを入れる必要もありません。

この形式の関数定義には1つだけ微妙な点があります。

```
console.log("The future says:", future());

function future() {
  return "You'll never have flying cars";
}
```

上記のコードは、関数がそれを使用するコードの下に定義されているにもかかわらず、動作しています。関数宣言は、上から下という通常の制御の流れの一部となっていません。概念的には、関数はスコープの一番上に移動し、そのスコープ内のすべてのコードで使用できます。これは、使用する前にすべての関数を定義しなければならないことを気にせずに、意味のある方法でコードを自由に並べられるので、ときとして便利です。

アロー関数

関数には、他の記法とは大きく異なる3つ目の記法もあります。関数キーワードの代わりに、等号と大なり記号を組み合わせた矢印（⇒）を使うのです（大なり小なりの演算子である >= とは混同しないでください）。

```
const power = (base, exponent) => {
  let result = 1;
  for (let count = 0; count < exponent; count++) {
    result *= base;
  }
  return result;
};
```

矢印は、パラメータのリストの後に来て、関数のボディが続きます。これは、「この入力（パラメータ）からこの結果（本体）が得られる」ことを表しています。

パラメータ名が1つだけの場合、パラメータリストを囲む括弧は省略できます。本体が中括弧で囲まれたブロックではなく単一の式の場合、その式が関数から返されます。つまり、次の2つの square の定義は、同じことをしていることになるのです。

```
const square1 = (x) => { return x * x; };
const square2 = x => x * x;
```

アロー関数にパラメータがまったくない場合、そのパラメータリストは単なる空の括弧の集合です。

```
const horn = () => {
  console.log("Toot");
};
```

プログラミング言語にアロー関数と関数の両方があることに、深い理由はありません。6章で説明する些細な理由を除けば、これらは同じことをしています。2015年に追加されたアロー関数は、主に小さな関数式をあまり冗長でない方法で書けるようにするためのものです。5章では、これらを多用します。

コールスタック

関数の中で制御がどのように流れるかは、少し複雑です。もう少し詳しく見てみましょう。ここでは、いくつかの関数を呼び出す簡単なプログラムを紹介します。

```
function greet(who) {
  console.log("Hello " + who);
}
greet("Harry");
```

```
console.log("Bye");
```

このプログラムを実行すると、だいたい次のようになります。 greetの呼び出しにより、制御がその関数の先頭にジャンプします（2行目)。この関数はconsole.logを呼び出し、制御を受けて処理した後、制御を 2 行目に戻します。そこではgreet関数の終わりに達しているので、呼び出した場所、つまり4行目に戻ります。その次の行では、再びconsole.logを呼び出します。それが戻ると、プログラムは終了します。

制御の流れは以下のように、模式的に示すことができます。

```
not in function
   in greet
        in console.log
   in greet
not in function
   in console.log
not in function
```

関数は再起動するときに呼び出した場所にジャンプして戻らなければならないので、コンピュータは呼び出しが起こったときのコンテキストを覚えていなければなりません。あるケースでは、console.logはgreet関数の処理が終わったら、そこに戻らなければなりません。別のケースでは、console.logはプログラムの最後に戻ります。

コンピュータがこのコンテキストを保存する場所は、コールスタック（call stack）です。関数が呼ばれるたびに、現在のコンテキストはこのスタックの一番上に保存されます。関数が戻るときには、スタックから一番上のコンテキストを削除し、そのコンテキストを使って実行を継続します。

このスタックを格納するには、コンピュータのメモリにスペースが必要です。スタックが大きくなりすぎると、"out of stack space"や"too much recursion"などのメッセージを表示してエラーが発生します。次のコードでは、コンピュータに非常に難しい質問をして、2つの関数の間で無限に行き来させることで、このことを説明しています。コンピュータが無限のスタックを持っていれば、それは無限になります。今のままでは、スペースが足りなくなる、つまり「スタックが吹っ飛ぶ」ことになるでしょう。

```
function chicken() {
  return egg();
}
function egg() {
  return chicken();
 }
console.log(chicken() + " came first.");
```

```
// → ??
```

任意の引数

以下のコードは許可され、問題なく実行されます。

```
function square(x) { return x * x; }
console.log(square(4, true, "hedgehog"));
// → 16
```

square 関数はパラメータ 1 つで定義しました。しかし、3 つのパラメータで呼び出しても、文句は言われません。余分な引数を無視して、最初の引数の 2 乗を計算するのです。

JavaScript は、関数に渡す引数の数について非常に寛大です。多すぎる引数を渡しても余分な引数は無視され、少なすぎる場合は、不足している引数に undefined という値が割り当てられます。

悪い点は、間違った数の引数を誤って関数に渡してしまう可能性があることです。そして、そのことを誰も教えてくれません。

良い点は、この動作を利用して、1 つの関数を異なる数の引数で呼び出せることです。たとえば、次の minus 関数は、1 つまたは 2 つの引数で動作することで、- 演算子を真似ようとしています。

```
function minus(a, b) {
  if (b === undefined) return -a;
  else return a - b;
}

console.log(minus(10));
// → -10
console.log(minus(10, 5));
// → 5
```

引数の後に = 演算子を書き、その後に式を記述すると、引数が与えられていない場合は、その式の値が引数の代わりになります。たとえば、このバージョンの power 関数では、2 番目の引数は省略可能です。

省略した場合や未定義の値を渡した場合は、デフォルトで 2 となり、関数は square 関数のように動作します。

```
function power(base, exponent = 2) {
```

```
  let result = 1;
  for (let count = 0; count < exponent; count++) {
    result *= base;
  }
  return result;
}

console.log(power(4));
// → 16
console.log(power(2, 6));
// → 64
```


次の章では、関数本体が渡された引数のリスト全体を取得する方法を見てみましょう（4章の「残りのパラメータ」を参照）。これは、関数が任意の数の引数を受け付けられるようになるので便利です。たとえば、console.log は、与えられたすべての値を出力します。

```
console.log("C", "O", 2);
// → C O 2
```

クロージャ

関数を値として扱えるようになったことと、関数が呼ばれるたびにローカルバインディングが再び作成されることを併せて考えると、興味深い問題が浮かび上がってきます。ローカルバインディングを生成した関数の呼び出しがなくなったとき、ローカルバインディングはどうなるのでしょう。

次のコードはその一例です。wrapValue という関数を定義して、ローカルバインディングを作成しています。そして、このローカルバインディングをアクセスして返す関数を返してくるのです。

```
function wrapValue(n) {
  let local = n;
  return () => local;
}

let wrap1 = wrapValue(1);
let wrap2 = wrapValue(2);
console.log(wrap1());
// → 1
console.log(wrap2());
```

```
// → 2
```

これは許可され、期待通りに動作するため、バインディングの両方のインスタンスにアクセスできるようになります。この状況は、呼び出しのたびにローカルバインディングが新たに作成され、異なる呼び出しが互いのローカルバインディングを踏みにじれないという事実をよく表しています。

このように、あるローカルバインディングの特定のインスタンスを、それを囲む範囲で参照できる機能はクロージャと呼ばれます。つまり、自分の周りのローカルスコープのバインディングを参照する関数はクロージャと呼ばれるのです。この動作により、バインディングの寿命を気にする必要がなくなるだけでなく、関数の値を独創的な方法で使用できるようになります。

先ほどの例を少し変更すれば、任意の量を掛ける関数を作れるようになります。

```
function multiplier(factor) {
  return number => number * factor;
}

let twice = multiplier(2);
console.log(twice(5));
// → 10
```

wrapValue の例のような明示的なローカルバインディングは、パラメータ自体がローカルバインディングである場合には、実際には必要ありません。

このようなプログラムを考えるには、少し練習が必要です。関数の値が、その本体のコードと、関数が生成される環境の両方を含んでいると考えるといいでしょう。呼び出されたときに関数本体は、呼び出された環境ではなく、作成された環境を見るのです。

この例では、multiplier が呼び出され、その factor パラメータが 2 を引数とする環境を作成します。twice に格納されているこの関数が返す値は、この環境を記憶しています。そのために呼び出されると、その引数に 2 を掛けるのです。

再帰（recursion）

関数が自分自身を呼び出すことは、スタックをオーバーフローさせるほど頻繁でない限り、まったく問題ありません。自分自身を呼び出す関数は再帰関数と呼ばれます。再帰によって、いくつかの関数を別のスタイルで書くことができます。たとえば、power 関数の別の実装を見てみましょう。

```
function power(base, exponent) {
  if (exponent == 0) {
```

```
    return 1;
  } else {
    return base * power(base, exponent - 1);
  }
}

console.log(power(2, 3));
// → 8
```


これは数学者が指数関数を定義する方法にかなり近く、ループ型よりも概念をより明確に表していると言えるでしょう。この関数は、繰り返しの乗算を実現するために、これまでよりも小さな指数で自分自身を何度も呼び出します。

しかし、この実装には1つ問題があります。一般的なJavaScriptの実装では、ループ型よりも約3倍遅くなってしまうのです。一般には、関数を何度も呼び出すよりも、単純なループを実行した方がいいでしょう。

スピードとエレガンスのジレンマには興味深いものがあります。これは、人間にとっての使いやすさと機械にとっての使いやすさの間に横たわる、一種の連続性のようなものかもしれません。どのようなプログラムも、より大きく、より複雑にすれば速くなります。プログラマは、その適切なバランスを決定しなければならないのです。

べき乗関数の場合、(ループを使った)不完全なバージョンでもかなりシンプルで読みやすいでしょう。これを再帰的なものに置き換えることにはあまり意味がありません。しかし、プログラムが複雑な概念を扱っている場合、効率性を犠牲にしてプログラムをよりわかりやすくするのが有効な場合もあります。

効率を気にすると気が散ります。効率を気にすることは、プログラム設計を複雑にする別の要因であり、ただでさえ難しいことをしているときに、余計な心配事が増えると、心が折れてしまいます。

ですから、まず、正しく、わかりやすいものを書くことから始めましょう。もし、遅すぎるのではないかと心配になったとしても、ほとんどのコードは時間がかかるほど頻繁に実行されるわけではないので、後から計測して必要に応じて改善することができます。

再帰は、必ずしもループの代替となる非効率な手段とは限りません。問題によっては、ループよりも再帰の方が解決しやすいものもあります。そのような問題は、いくつかの「分岐」を探ったり、処理したりする必要があり、それぞれの「分岐」がさらに多くの「分岐」に分かれる可能性があることがほとんどです。

次のようなパズルを考えてみましょう。数字の1から始めて、5を加えたり、3を掛けたりといったことを繰り返すと、無限の数が生成されます。ある数字が与えられたときに、その数字を生み出すための足し算や掛け算の順序を求める関数は、どのように書けばよいでしょう。

たとえば、13という数字は、最初に3を掛けて、次に5を2回加えることで作成できますが、15という数字にはまったく到達できません。

ここでは再帰的な解法を紹介しましょう。

```
function findSolution(target) {
  function find(current, history) {
    if (current == target) {
      return history;
    } else if (current > target) {
      return null;
    } else {
      return find(current + 5, `(${history} + 5)`) ||
             find(current * 3, `(${history} * 3)`);
    }
  }
  return find(1, "1");
}

console.log(findSolution(24));
// → (((1 * 3) + 5) * 3)
```

このプログラムは、必ずしも最短の処理の並びを見つけるわけではないことに注意してください。どのような解答列でも見つかれば満足します。

すぐに仕組みがわからなくても大丈夫です。このプログラムは再帰的思考の素晴らしい練習になるので、やり遂げてみましょう。

実際に再帰を行うのは内部関数の find です。現在の数字と、その数字に到達した経緯を記録した文字列という 2 つの引数を取ります。解決策が見つかった場合は、ターゲットへの到達方法を示す文字列を返します。現在の番号から出発して解が見つからない場合は、null を返します。

これを行うために、この関数は 3 つのアクションのうちの 1 つを実行します。現在の数字が目標の数字であれば、現在の履歴はその目標に到達するための方法なので、それを返します。現在の数値が目標値よりも大きい場合は、足し算も掛け算も数値を大きくするだけなので、これ以上この分岐を探る意味がないので、null を返します。最後に、まだ目標とする数値よりも小さい場合、この関数は現在の数値を出発点として、加算と乗算の 2 回、自分自身を呼び出すことで、両方の可能性を試します。最初の呼び出しが null ではないものを返した場合、それが返されます。それ以外の場合は、文字列か null かに関わらず、2 回目の呼び出しが返されるのです。

この関数がどのようにして求める効果を生み出すのかを理解するために、数字 13 の解を探すときに行われる find のすべての呼び出しを見てみましょう。

```
find(1, "1")
```

```
find(6, "(1 + 5)")
  find(11, "((1 + 5) + 5)")
    find(16, "(((1 + 5) + 5) + 5)")
      too big
    find(33, "(((1 + 5) + 5) * 3)")
      too big
  find(18, "((1 + 5) * 3)")
    too big
find(3, "(1 * 3)")
  find(8, "((1 * 3) + 5)")
    find(13, "(((1 * 3) + 5) + 5)")
      found!
```


インデントはコールスタックの深さを示しています。最初にfindが呼ばれたとき、まず自分自身を呼び出して、(1 + 5)で始まる解を探索します。この呼び出しは、さらに再帰して、目標数以下の数をもたらすすべての連続した解を探索します。目標数に当たるものが見つからないので、最初の呼び出しにnullを戻します。ここで||演算子により、(1 * 3)を探索する呼び出しが行われます。最初の再帰的な呼び出しから、さらに別の再帰的な呼び出しを経て、ターゲットの数字にヒットしました。一番内側の呼び出しが文字列を返し、中間の呼び出しの中の各||演算子がその文字列を渡して、最終的に解を返すのです。

関数の成長

プログラムに関数を導入するやり方には、少なくとも2つの自然な流れがあります。

1つ目は、同じようなコードを何度も書いていることに気付くことです。このようなことはしたくありません。コードが増えれば増えるほど、ミスの隠れる場所が増え、プログラムを理解するために読むべき資料が増えることになります。

そこで、繰り返されている機能を、適切な名前を付けて、関数としてまとめます。

2つ目は、まだ書いていない機能が必要になり、それが自分の関数にふさわしいと思える場合です。まず関数に名前を付けて、その本体を書きます。関数を定義する前に、その関数を使うコードを書き始めることもあるでしょう。

関数の良い名前を見つけるのがどれだけ難しいかは、あなたが包含しようとしているコンセプトがどれだけ明確かを示す良い指標となります。例を見てみましょう。

2つの数字を表示するプログラムを書くとします。牧場の牛と鶏の数を表示し、その後ろにCowsとChickensの文字を入れ、両方の数字の前にゼロを詰めて、つねに3桁の数字になるようにします。

```
007 Cows
011 Chickens
```

これは、2つの引数、すなわち牛の数と鶏の数の関数を求めています。さっそくコーディングしてみましょう。

```
function printFarmInventory(cows, chickens) {
  let cowString = String(cows);
  while (cowString.length < 3) {
    cowString = "0" + cowString;
  }
  console.log(`${cowString} Cows`);
  let chickenString = String(chickens);
  while (chickenString.length < 3) {
    chickenString = "0" + chickenString;
  }
  console.log(`${chickenString} Chickens`);
}
printFarmInventory(7, 11);
```

文字列式の後に .length と書くと、その文字列の長さが表示されます。このように while ループでは、数字の文字列が3文字以上になるまで、その前にゼロを追加し続けます。

任務完了です。しかし、(高額な請求書とともに) 農家の方にコードを送ろうとしたところ、彼女から電話があり、「豚も飼い始めたので、豚の数も印刷できるようにソフトウェアを拡張してもらえませんか」と言われました。

もちろん、できます。しかし、その4行をもう一度コピー&ペーストしている最中に、私たちは立ち止まって考え直しました。もっと良い方法があるはずです。最初の試みは以下のとおりです。

```
function printZeroPaddedWithLabel(number, label) {
  let numberString = String(number);
  while (numberString.length < 3) {
    numberString = "0" + numberString;
  }
  console.log(`${numberString} ${label}`);
}

function printFarmInventory(cows, chickens, pigs) {
  printZeroPaddedWithLabel(cows, "Cows");
  printZeroPaddedWithLabel(chickens, "Chickens");
  printZeroPaddedWithLabel(pigs, "Pigs");
}

printFarmInventory(7, 11, 3);
```

動作しました！ しかし、printZeroPaddedWithLabelという名前は、少し不自然です。印刷、ゼロパディング、ラベルの追加という3つを1つの関数にまとめてしまっているのです。

プログラムの繰り返し部分を丸ごと持ち出すのではなく、1つのコンセプトを選び出してみましょう。

```
function zeroPad(number, width) {
  let string = String(number);
  while (string.length < width) {
    string = "0" + string;
  }
  return string;
}

function printFarmInventory(cows, chickens, pigs) {
  console.log(`${zeroPad(cows, 3)} Cows`);
  console.log(`${zeroPad(chickens, 3)} Chickens`);
  console.log(`${zeroPad(pigs, 3)} Pigs`);
}

printFarmInventory(7, 16, 3);
```

zeroPadのようなわかりやすい名前の関数は、コードを読んだ人が何をしているのかを簡単に理解できます。また、このような関数は、特定のプログラムだけでなく、より多くの場面で役立ちます。たとえば、数字の表をきれいに並べて印刷するのにも使えるでしょう。

関数はどれだけ賢く、多機能であるべきでしょうか。数字を3文字分の幅に詰めるだけの非常にシンプルな関数から、分数や負の数、小数点の位置合わせ、別の文字で詰めるなど、複雑で汎用的な数値フォーマットシステムまで、何でもコーディングできます。

便利な原則は、絶対に必要だと確信できる場合を除いて、巧妙さを加えないことです。ちょっとした機能のために、一般的な「フレームワーク」を書きたくなることがあります。しかし、その衝動は抑えてください。使わないコードを書いているだけで、本当の意味での仕事につながりません。

関数とサイドエフェクト

関数は、大きく分けて、サイドエフェクトのために呼び出されるものと、戻り値のために呼び出されるものがあります。(ただし、サイドエフェクトがあっても値を返すことも確かに可能です)。

ファームの例では、最初のヘルパー関数であるprintZeroPaddedWithLabelは、サイドエフェクトとして呼び出されます。2番目のバージョンであるzeroPadは、その戻り値のために呼び出されます。2番目の関数が1番目の関数よりも多くの場面で役立つのは偶然ではありません。値を生成する関数は、サイドエフェクトを直接実行する関数よりも、新しい方法で組み合わせるのが簡単なのです。

純粋関数とは、サイドエフェクトがないだけでなく、他のコードからのサイドエフェクトに依存しない、特定の種類の価値を生み出す関数です。純粋な関数は、同じ引数で呼び出された場合、つねに同じ値を生成する（そして他のことは何もしない）という楽しい特性を持っています。このような関数の呼び出しは、コードの意味を変えることなく、その戻り値で置き換えることができます。純粋な関数が正しく動作しているかについて確信が持てないときは、単にその関数を呼び出してテストでき、そのコンテキストで動作するならば、どのようなコンテキストでも動作することがわかります。純粋でない関数の場合、テストするための足場が必要になる傾向があります。

しかし、純粋ではない関数を書いたときに嫌な気分になったり、コードから排除するために聖戦を繰り広げたりする必要はありません。サイドエフェクトはしばしば有用です。たとえば、console.logの純粋なバージョンを書くことはできませんが、console.logはあったほうがいいでしょう。また、サイドエフェクトを利用すると、効率的な方法で表現しやすくなる操作もあるので、計算速度もまた純粋さを避ける理由になります。

まとめ

この章では、自分で関数を書く方法を学びました。関数のキーワードは、式として使用すると、関数の値を作成できます。ステートメントとして使うと、バインディングを宣言して、その値として関数を与えることができます。アロー関数は、関数を作成するもう1つの方法です。

```
// Define f to hold a function value
const f = function(a) {
  console.log(a + 2);
};

// Declare g to be a function
function g(a, b) {
  return a * b * 3.5;
}

// A less verbose function value
let h = a => a % 3;
```

関数を理解する上で重要な点は、スコープを理解することです。ブロックごとに新しいスコープが作られます。あるスコープで宣言されたパラメータやバインディングはローカルなもので、外部からは見えません。varで宣言されたバインディングは挙動が異なり、最終的には最も近い関数スコープかグローバルスコープに入ります。

プログラムが実行するタスクをそれぞれの関数に分けることは、とても有効です。同じことを何度も繰り返す必要はありませんし、関数はコードを特定の動作をする部分にまとめてプログラムを整理するのに役立ちます。

練習問題

最小値

前章では、最小の引数を返す標準関数 Math.min を紹介しました。今回はそのようなものを作ってみましょう。2 つの引数を取り、それらの最小値を返す関数 min を書いてみましょう。

再帰

2 で割り切れるかを調べるために % 2 を使うことで、%（剰余演算子）を使って数が偶数か奇数かを調べられることを見てきました。ここでは、正の整数が偶数か奇数かを定義する別の方法を紹介します。

- ゼロは偶数
- 1 は奇数
- その他の数 N については、その偶数性は N － 2 と同じ

この記述に対応する再帰関数 isEven を定義します。この関数は 1 つのパラメータ (正の整数) を受け取り、boolean 値を返すものとしましょう。

50 と 75 でテストしてみましょう。1 ではどうなるか見てみます。なぜでしょう。これを修正する方法を思いつきますか。

豆の数え方

"string"[N] と書くと、文字列から N 番目の文字を取り出すことができます。返される値は、1 文字だけを含む文字列です（たとえば、"b"）。つまり、2 文字の文字列の長さは 2 で、文字の位置は 0 と 1 です。

文字列を唯一の引数として受け取り、その文字列に含まれる大文字の "B" 文字の数を示す数値を返す関数 countBs を書きましょう。

次に、countBs と同様の動作をする countChar という関数を書きます。この関数は、（大文字の "B" 文字だけを数えるのではなく）数える文字を示す第 2 引数を取ることを除いては、countBs と同様の動作をします。この新しい関数を使うように countBs を書き換えましょう。

"「バベッジさん、機械に間違った数字を入れても、正しい答えが出てくるでしょうか」と聞かれたことが2度あります。そのような質問を引き起こすような考えの混乱を、私は正しく理解することができません"

— チャールズ・バベッジ

『ある哲学者の人生からの抜粋』(1864年)

Chapter

4 データ構造:オブジェクトと配列

数値、ブール、文字列は、データ構造を構築するための原子です。しかし、多くの情報は1つ以上の原子を必要とします。オブジェクトは、他のオブジェクトも含めて値をまとめ、より複雑な構造を作ることができます。

これまで作ってきたプログラムは、単純なデータ型だけで動作していたために、限界がありました。この章では、基本的なデータ構造を紹介します。この章を終える頃には、有用なプログラムを書き始めるのに十分な知識が得られるでしょう。

本章では、かなり現実的なサンプルプログラムを取り上げ、目の前の問題に適用される概念を紹介していきます。例題のコードは、多くの場合、本文中で紹介されている関数やバインディングをベースにしています。

この本のコーディング・サンドボックス（https://eloquentjavascript.net/code）では、特定の章の内容に沿ったコードを実行することができます。別の環境で例題に取り組む場合は、まずサンドボックスのページからこの章の全コードをダウンロードしてください。

ウェルス・リス

時々、たいてい午後8時から10時の間に、ジャックは自分がふさふさした尾を持つ小さな毛むくじゃらの齧歯類に変身していることに気づきます。

ジャックは、古典的なライカンスローピィ（狼男などになる変身病に感染すること）でなくてよかったと思っています。リスに変身するのは、オオカミに変身するよりも問題が少ないでしょう。誤って隣人を食べてしまうことを心配する代わりに（それは気まずい）、彼は隣人の猫に食べられることを心配しています。樫の樹冠の不安定な細い枝の上で目覚め、裸で混乱したことが2度あったので、夜は部屋のドアと窓に鍵をかけ、床にクルミをいくつか置いて退屈しのぎをするようになりました。

これで猫と木の問題は解決です。しかし、ジャックは自分の状態を完全に解消したいと思っています。変身が不定期で起こることから、何かが引き金になっているのではないかと疑っているのです。しばらくの間、彼は樫の木の近くにいた日にだけ起こると信じていました。しかし、樫の木を避けても、問題は解決しませんでした。

より科学的なアプローチに切り替えたジャックは、その日に行ったすべてのことと、変身したかどうかを毎日記録し始めました。このデータをもとに、変化のきっかけとなる条件を絞り込んでいきたいと考えたのです。

そのためにまず必要なのは、これらの情報を保存するためのデータ構造です。

データセット

デジタルデータの塊を扱うには、まず機械のメモリに表現する方法を見つけなければなりません。たとえば、2、3、5、7、11という数字の集まりを表現するとします。

文字列を使って表現することもできるでしょう。文字列はどのような長さでも構わないので、たくさんのデータを入力して"2 3 5 7 11"と表現できます。しかし、これは厄介です。数字にアクセスするには、何らかの方法でその桁を抽出し、数字に変換し直さなければなりません。

幸いなことに、JavaScriptには一連の値を格納するためのデータ型が用意されています。これは配列と呼ばれ、角括弧で囲まれた値のリストをカンマで区切って記述します。

```
let listOfNumbers = [2, 3, 5, 7, 11];
console.log(listOfNumbers[2]);
// → 5
console.log(listOfNumbers[0]);
// → 2
console.log(listOfNumbers[2 - 1]);
// → 3
```

配列内の要素を取得するための記法にも角括弧が使われています。式の直後に角括弧を置き、その中に別の式を入れると、左の式の中で、角括弧の中の式で指定されたインデックスに対応する要素が検索されます。

配列の最初のインデックスは1ではなく0です。そのため、最初の要素はlistOfNumbers[0]で検索されます。ゼロベースの数え方は、技術的には長い伝統があり、ある意味ではとても理にかなっていますが、慣れるまでは少し大変です。インデックスは、配列の先頭から数えて、スキップするアイテムの量と考えてください。

プロパティ

これまでの章では、myString.length（文字列の長さを取得する）やMath.max（最大値を求める関数）など、怪しげな式をいくつか見てきました。これらは、ある値のプロパティにアクセスする式です。最初のケースでは、myStringの値のlengthプロパティにアクセスしています。2つ目は、Mathオブジェクト（数学関連の定数や関数を集めたもの）のmaxというプロパティにアクセスしています。

ほとんどのJavaScriptの値はプロパティを持っています。例外はnullとundefinedです。これらの値ではないプロパティにアクセスしようとすると、エラーが発生します。

```
null.length;
// → TypeError: null has no properties
```

JavaScriptでプロパティにアクセスするには、ドットまたは角括弧を使うという主に2つの方法があります。value.xとvalue[x]のどちらもvalueのプロパティにアクセスしますが、必ずしも同じプロパティにアクセスするわけではありません。その違いは、xがどのように解釈されるかにあります。ドットを使用した場合、ドットの後の単語がプロパティのリテラル名となります。角括弧を使用している場合は、括弧の間の式が評価されてプロパティ名が得られます。value.xが"x"という値のプロパティを取得するのに対し、value[x]はxという式を評価し、文字列に変換した結果をプロパティ名として使用するのです。

つまり、興味のあるプロパティがcolorという名前だとわかっていれば、value.colorとするのです。また、バインディングiに保持されている値で指定されたプロパティを抽出する場合は、value[i]とします。プロパティ名は文字列です。どのような文字列でも構いませんが、ドット記法は有効なバインディング名のように見える名前でのみ機能します。つまり、2やJohn Doeという名前のプロパティにアクセスする場合は、角括弧を使ってvalue[2]やvalue["John Doe"]とする必要があります。

配列の要素は、配列のプロパティとして格納され、プロパティ名には数字が使われます。数字にはドット記法が使えず、通常はインデックスを保持するバインディングを使用するため、ブラケット記法を使って要素を取得する必要があります。

配列のlengthプロパティは、配列の要素数を表しています。このプロパティ名は有効なバインディング名であり、事前にその名前を知っています。配列の長さを調べるには、array["length"]よりも書きやすいため、通常はarray.lengthと書きます。

メソッド

文字列や配列のオブジェクトには、長さを表すプロパティのほか、関数値を表すプロパティがいくつかあります。

```
let doh = "Doh";
console.log(typeof doh.toUpperCase);
// → function
console.log(doh.toUpperCase());
// → DOH
```

すべての文字列にはtoUpperCaseプロパティがあります。このプロパティが呼ばれると、すべての文字が大文字に変換された文字列のコピーが返されます。また、逆にtoLowerCaseもあります。

面白いことに、toUpperCase の呼び出しでは引数を渡さないにもかかわらず、この関数は、プロパティを呼び出した値である文字列 "Doh" に何らかの形でアクセスしています。この仕組みについては、6章の「メソッド」で説明します。

"toUpperCase is a method of a string" のように、関数を含むプロパティは、通常、そのプロパティが属する値のメソッドと呼ばれます。

以下の例では、配列を操作するのに使える2つのメソッドを紹介しています。

```
let sequence = [1, 2, 3];
sequence.push(4);
sequence.push(5);
console.log(sequence);
// → [1, 2, 3, 4, 5]
console.log(sequence.pop());
// → 5
console.log(sequence);
// → [1, 2, 3, 4]
```

push メソッドは配列の最後に値を追加し、pop メソッドは逆に、配列の最後の値を削除して返します。

これらの少々くだけた名前は、スタックに対する操作を表す伝統的な用語です。プログラミングにおけるスタックとは、最後に追加されたものが最初に取り除かれるように、逆の順序で値を押し込み、再び取り出すことができるデータ構造です。前章の関数呼び出しスタックを思い出すかもしれませんが、これも同じ考え方です。

オブジェクト

ウェルス・リスに戻りましょう。日報のエントリのセットは、配列で表現できます。しかし、エントリは単なる数字や文字列で構成されているわけではなく、各エントリにはアクティビティのリストと、ジャックがリスになったかを示す boolean 値を格納する必要があります。理想的には、これらを1つの値にまとめて、その値をログエントリの配列にしたいところです。

オブジェクト型の値は、任意のプロパティの集まりです。オブジェクトを作成する1つの方法は、中括弧を使って式を作ることです。

```
let day1 = {
  squirrel: false,
  event: ["work", "touchched tree", "pizza", "running"]
};
console.log(day1.squirrel);
```

```
// → false
console.log(day1.wolf);
// → undefined
day1.wolf = false;
console.log(day1.wolf);
// → false
```

中括弧の中には、カンマで区切られたプロパティのリストが入っています。各プロパティには、名前の後にコロンと値があります。オブジェクトが複数行に渡って書かれている場合は、例のようにインデントを入れると読みやすくなります。名前が有効なバインディング名や有効な数字ではないプロパティは、引用符で囲わなければなりません。

```
let descriptions = {
  work: "Went to work",
  "touched tree": "Touched a tree"
};
```

つまり、JavaScriptでは中括弧には2つの意味があるのです。文章の最初にあると、文のブロックを開始します。それ以外の位置では、オブジェクトを記述します。幸いなことに、オブジェクトを中括弧で囲んでステートメントを開始することはめったにないので、この2つの意味の曖昧さはあまり問題になりません。

存在しないプロパティを読み取ると、undefinedという値が得られます。これにより、プロパティの値がすでに存在している場合は置き換えられ、存在していない場合はオブジェクトに新しいプロパティが作成されます。

バインディングの触手モデルに、プロパティのバインディングも似ています。プロパティは値を把握しますが、他のバインディングやプロパティも同じ値を把握している可能性があります。オブジェクトは、触手が何本もあるタコのようなもので、それぞれの触手には名前が彫られていると考えるといいでしょう。

delete演算子は、そんなタコの触手を切り落とします。この演算子は単項演算子で、オブジェクトのプロパティに適用すると、その名前のプロパティをオブジェクトから削除します。これは一般的ではありませんが、可能なのです。

```
let anObject = {left: 1, right: 2};
console.log(anObject.left);
// → 1
delete anObject.left;
console.log(anObject.left);
// → undefined
console.log("left" in anObject);
```

```
// → false
console.log("right" in anObject);
// → true
```

演算子内のバイナリは、文字列とオブジェクトに適用されると、そのオブジェクトがその名前のプロパティを持っているかを教えてくれます。プロパティを undefined に設定することと、実際に削除することの違いは、前者の場合、オブジェクトはまだそのプロパティを持っている（あまり興味深い値を持っていないだけ）のに対し、後者の場合、プロパティはもはや存在せず、in には false が返されます。

オブジェクトがどのようなプロパティを持っているかを調べるには、Object.keys という関数を使います。この関数にオブジェクトを渡すと、オブジェクトのプロパティ名を表す文字列の配列が返されます。

```
console.log(Object.keys({x: 0, y: 0, z: 2}));
// → ["x", "y", "z"]
```

Object.assign 関数は、あるオブジェクトのすべてのプロパティを別のオブジェクトにコピーします。

```
let objectA = {a: 1, b: 2};
Object.assign(objectA, {b: 3, c: 4});
console.log(objectA);
// → {a: 1, b: 3, c: 4}
```

つまり、配列とは、一連のものを格納することに特化したオブジェクトの一種であると言えます。typeof [] を評価すると、"object" と表示されます。それは、すべての触手が整然と並んでいて、数字でラベル付けされている、長くて平らなタコのように見えるでしょう。

ここでは、ジャックがつけている日記を、オブジェクトの配列として表現します。

```
let journal = [
  {events: ["work", "touched tree", "pizza",
            "running", "television"],
   squirrel: false},
  {events: ["work", "ice cream", "cauliflower",
            "lasagna", "touched tree", "brushed teeth"],
   squirrel: false},
  {events: ["weekend", "cycling", "break", "peanuts",
            "beer"],
```

```
      squirrel: true},
    /* and so on... */
  ];
```

同一性

もうすぐ実際のプログラミングに入ります。その前に、もう1つ理論的なことを理解しておきましょう。

オブジェクト値が変更可能であることを確認しました。これまでの章で説明してきた数値、文字列、booleanなどの値の種類はすべて不変であり、これらの値を変更することはできません。組み合わせたり、新たな値を導き出したりすることはできますが、特定の文字列の値を取ると、その値はつねに同じになります。文字列内のテキストも変更できません。"cat"を含む文字列があったとして、他のコードが文字列内の一文字を変更して"rat"という綴りにすることはできません。

一方、オブジェクトの場合は異なります。オブジェクトのプロパティを変更することで、1つのオブジェクト値が異なるタイミングで異なる内容になります。

120と120という2つの数字があったとき、それらが物理的に同じビットを指しているかに関わらず、正確には同じ数字であると考えられます。オブジェクトの場合、同じオブジェクトを2つ参照していることと、同じプロパティを持つ2つの異なるオブジェクトがあることは異なるのです。次のようなコードを考えてみましょう。

```
let object1 = {value: 10};
let object2 = object1;
let object3 = {value: 10};

console.log(object1 == object2);
// → true
console.log(object1 == object3);
// → false

object1.value = 15;
console.log(object2.value);
// → 15
console.log(object3.value);
// → 10
```

object1とobject2のバインディングは同じオブジェクトをつかんでいるので、object1を変更するとobject2の値も変更されます。こうした状態は、「同一性を持っている」と呼ばれます。object3というバインディングは別のオブジェクトを指しており、最初はobject1と同じプロパティですが、別の人生を歩むことになります。

バインディングには変更可能なものと不変のものがありますが、これは値の振る舞いとは別ものです。数字の値は変化しませんが、let バインディングを使って、バインディングが指し示す値を変化させることで、変化する数字を追跡できます。同様に、オブジェクトへの const バインディングは、それ自体は変更できず、同じオブジェクトを指し続けますが、そのオブジェクトの内容は変わる可能性があるのです。

```
const score = {visitors: 0, home: 0};
// This is okay
score.visitors = 1;
// This isn't allowed
score = {visitors: 1, home: 1};
```

JavaScript の == 演算子でオブジェクトを比較する場合、同一性によって比較されます。つまり、両方のオブジェクトが正確に同じ値である場合にのみ true を返すのです。異なるオブジェクトを比較すると、たとえそれらのプロパティが同一でも、false を返します。JavaScript には、オブジェクトを内容で比較するような「深い」比較演算は組み込まれていませんが、自分で書くことは可能です（この章の最後にある練習問題の 1 つです）。

リス人間の日誌

さて、ジャックは JavaScript インタプリタを起動して、日記を書くために必要な環境を整えます。

```
let journal = [];

function addEntry(events, squirrel) {
  journal.push({events, squirrel});
}
```

journal に追加されたオブジェクトは、少し変わっていることに注意してください。events: events のようにプロパティを宣言するのではなく、プロパティ名を指定しています。これは同じ意味の略語で、ブレース（波括弧）の省略記法のプロパティ名の後に値が付いていない場合、その値は同じ名前のバインディングから取得されます。

毎晩 10 時、時には翌朝、本棚の一番上の棚から降りてきたジャックは、その日のことを記録します。

```
addEntry(["work", "touched tree", "pizza", "running",
          "television"], false);
addEntry(["work", "ice cream", "cauliflower", "lasagna",
          "touched tree", "brushed teeth"], false);
addEntry(["weekend", "cycling", "break", "peanuts",
          "beer"], true);
```

十分なデータポイントが得られたら、統計学を使って、これらのイベントのうち、どのイベントがリス化に関連している可能性があるかを調べようと考えているのです。

「相関関係」は、統計的変数間の依存性の尺度です。統計的な変数は、プログラミングの変数とはまったく異なります。統計学では、通常、一連の測定があり、各変数は測定ごとに調べられます。変数間の相関関係は、通常、－１から１の範囲の値で表されます。相関がゼロの場合は変数が関連していないことを意味し、相関が１の場合は２つの変数が完全に関連していることを意味します（一方を知っていれば、もう一方も知っている）。また、負の相関は２つの変数が完全に関連しているが、一方が true であればもう一方は false であることを意味します。

２つのブール変数間の相関を計算するには、ファイ係数（ϕ）を使用します。これは、変数の異なる組み合わせが観測された回数を含む頻度表を入力とする式です。この式の出力は、相関関係を表す－１から１の間の数値です。

ピザを食べるというイベントを次のような頻度表にして、それぞれの数字が、測定でその組み合わせが発生した回数を示しています。

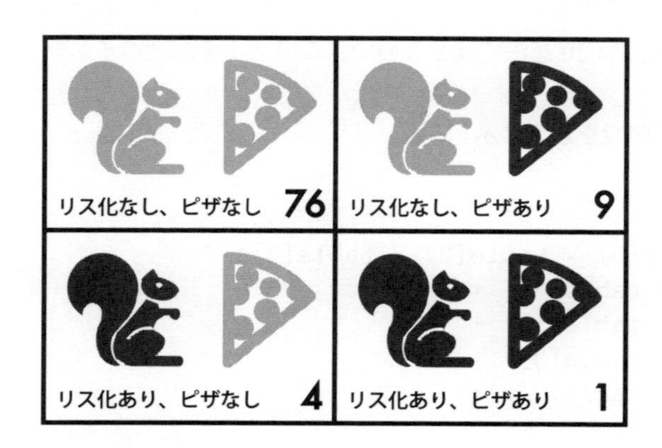

そのテーブルを n とすると、次の式でϕを計算することができます。

$$\phi = \frac{n_{11}n_{00} - n_{10}n_{01}}{\sqrt{n_{1\bullet}n_{0\bullet}n_{\bullet 1}n_{\bullet 0}}} \tag{4.1}$$

Chapter 4 データ構造：オブジェクトと配列

もしあなたがこの時点で、10 年生（日本で言うと、高校 1 年生にあたる）の数学の授業を思い出して、本を置いてしまったのなら、ちょっと待ってください！　私は、延々と暗号のような表記であなたを苦しめるつもりはありません。今回はこの 1 つの式だけです。そして、この 1 つの式であっても、私たちがすることは、それを JavaScript に変えることだけなのです。

n_{01} という表記は、第 1 の変数（リス化）が false（0）で、第 2 の変数（ピザ）が true（1）である測定値の数を示しています。ピザの表では、n_{01} は 9 です。

値 $n_{1.}$ は、第 1 の変数が true であるすべての測定値の合計を意味し、例の表では 5 です。同様に、$n_{.0}$ は、第 2 の変数が false である場合の測定値の合計を意味します。

つまり、ピザの表の場合、分割線より上の部分（配当）は $1 \times 76 - 4 \times 9 = 40$、下の部分（除数）は $5 \times 85 \times 10 \times 80$ の平方根、つまり $\sqrt{340000}$ となります。これは、$\phi \fallingdotseq 0.069$ となり、わずかです。ピザを食べても変身には影響しないようです。

相関関係の計算

JavaScript では、2 × 2 の表を 4 要素の配列 ([76, 9, 4, 1]) で表すことができます。2 つの要素を持つ配列 ([[76, 9]、[4, 1]]) や、"11" や "01" といったプロパティ名を持つオブジェクトなど、他の表現も可能ですが、平板な配列はシンプルで、表にアクセスするための表現を快適に短くできます。ここでは、配列のインデックスを 2 ビットの 2 進数として解釈し、左端（最上位）の桁が squirrel 変数を、右端（最下位）の桁が event 変数を指します。たとえば、2 進数の 10 は、ジャックがリスに変身したが、イベント（たとえば「ピザ」）が発生しなかった場合を表しています。これが 4 回ありました。2 進法の 10 は 10 進法では 2 なので、この数字を配列のインデックス 2 に格納します。

このような配列から ϕ 係数を計算する関数を以下に示します。

```
function phi(table) {
  return (table[3] * table[0] - table[2] * table[1]) /
    Math.sqrt((table[2] + table[3]) *
              (table[0] + table[1]) *
              (table[1] + table[3]) *
              (table[0] + table[2]));
}

console.log(phi([76, 9, 4, 1]));
// → 0.068599434
```

これは、ϕ 式を JavaScript に直訳したものです。Math.sqrt は、標準的な JavaScript 環境で Math オブジェクトが提供する平方根関数です。$n_{1.}$ のようなフィールドを得るには、テーブルから 2 つのフィールドを追加する必要があります。これは、行や列の合計がデータ構造に直接保存されていないためです。

ジャックは3ヶ月間、日記を書き続けました。結果として得られたデータセットは本章のコーディング・サンドボックス（https://eloquentjavascript.net/code#4）において、JOURNALバインディングとダウンロード可能なファイルの中に保存されています。

日記から特定のイベントの2×2の表を抽出するには、すべてのエントリをループして、リスの変身に関連してイベントが何回発生したかを集計する必要があります。

```
function tableFor(event, journal) {
  let table = [0, 0, 0, 0];
  for (let i = 0; i < journal.length; i++) {
    let entry = journal[i], index = 0;
    if (entry.events.includes(event)) index += 1;
    if (entry.squirrel) index += 2;
    table[index] += 1;
  }
  return table;
}

console.log(tableFor("pizza", JOURNAL));
// → [76, 9, 4, 1]
```

配列には、与えられた値が配列内に存在するかを調べるincludesメソッドがあります。この関数はそれを利用して、目的のイベント名がある日のイベントリストに含まれているかを判断します。

tableForのループ本体は、各journalエントリがテーブルのどのボックスに入るかを、エントリに興味のある特定のイベントが含まれているかと、そのイベントがリスの事件と一緒に起こるかをチェックすることで判断しています。そして、ループはテーブルの正しいボックスに1つ追加します。

これで、個々の相関関係を計算するために必要なツールが揃いました。あとは、記録されたイベントの種類ごとに相関関係を求め、何か目立ったものがないかを確認するだけです。

配列のループ

tableFor関数の中には、このようなループがあります。

```
for (let i = 0; i < JOURNAL.length; i++) {
  let entry = JOURNAL[i];
  // Do something with entry
}
```

この種のループは古典的なJavaScriptではよく見られます。配列の要素を1つずつ調べていくのはよくある処理で、そのためには配列の長さに応じてカウンタを走らせ、各要素を順番に取り出します。

最近のJavaScriptでは、このようなループをもっと簡単に書く方法があります。

```
for (let entry of JOURNAL) {
  console.log(`${entry.events.length} events.`);
}
```

このように、変数の定義の後にofをつけてforループを書くと、ofの後に与えられた値の要素をループします。これは、配列だけでなく、文字列やその他のデータ構造でも機能します。その仕組みについては6章で説明します。

最終的な分析

データセット内で発生した全タイプのイベントの相関を計算する必要があります。そのためには、まず、全タイプのイベントを見つける必要があります。

```
function journalEvents(journal) {
  let events = [];
  for (let entry of journal) {
    for (let event of entry.events) {
      if (!events.includes(event)) {
        events.push(event);
      }
    }
  }
  return events;
}

console.log(journalEvents(JOURNAL));
// → ["carrot", "exercise", "weekend", "bread", ...]
```

全イベントを調べて、まだ入っていないものをevents配列に追加することで、この関数はあらゆる種類のイベントを収集します。

これを使って、すべての相関関係を確認できます。

```
for (let event of journalEvents(JOURNAL)) {
  console.log(event + ":", phi(tableFor(event, JOURNAL)));
```

```
}
// → carrot:   0.0140970969
// → exercise: 0.0685994341
// → weekend:  0.1371988681
// → bread:   -0.0757554019
// → pudding: -0.0648203724
// and so on...
```

ほとんどの相関関係はゼロに近いところにあるようです。人参を食べても、パンを食べても、プリンを食べても、リス化は起こらないようです。しかし、週末にはより頻繁に発生しているようですね。結果をフィルタリングして、相関が 0.1 より大きいか、-0.1 より小さいものだけを表示してみましょう。

```
for (let event of journalEvents(JOURNAL)) {
  let correlation = phi(tableFor(event, JOURNAL));
  if (correlation > 0.1 || correlation < -0.1) {
    console.log(event + ":", correlation);
  }
}
// → weekend:        0.1371988681
// → brushed teeth: -0.3805211953
// → candy:          0.1296407447
// → work:          -0.1371988681
// → spaghetti:      0.2425356250
// → reading:        0.1106828054
// → peanuts:        0.5902679812
```

なるほど、他の要素よりも明らかに強い相関関係を持つ 2 つの要素があります。ピーナッツを食べることは、リスに変身する確率に対して強い正の効果があるのに対し、歯磨きは大きな負の効果があります。

面白いですね。何かやってみましょう。

```
for (let entry of JOURNAL) {
  if (entry.events.includes("peanuts") &&
     !entry.events.includes("brushed teeth")) {
    entry.events.push("peanut teeth");
  }
}
console.log(phi(tableFor("peanut teeth", JOURNAL)));
// → 1
```

これは強力な結果です。この現象は、ジャックがピーナッツを食べて、歯を磨かなかったときに正確に起こります。彼が歯磨きに無頓着でなければ、自分の苦悩に気づくこともなかったでしょう。

それを知ったジャックがピーナッツを食べるのを一切やめたところ、変身しなくなってしまいました。

数年間、ジャックは順調に過ごしていました。しかし、ある時、彼は仕事を失ってしまいます。仕事がなければ医療サービスも受けられないという嫌な国に住んでいるため、やむを得ずサーカスに就職し、ショーの前にピーナッツバターを口に詰め込んで「信じられないほどのリスマン」としてパフォーマンスをしていました。

ある日、ジャックは人間の姿に戻れず、サーカスのテントの隙間から森の中に消えてしまいました。そして、二度と姿を現さなかったのです。

さらなる配列学

この章を終える前に、オブジェクトに関連する概念をもう少し紹介したいと思います。まず、一般的で便利な配列メソッドを紹介しましょう。

配列の最後に要素を追加したり削除したりする push と pop は、この章の「メソッド」で紹介しました。これに対応する、配列の先頭に要素を追加したり削除したりするメソッドは、unshift と shift と呼ばれます。

```
let todoList = [];
function remember(task) {
  todoList.push(task);
}
function getTask() {
  return todoList.shift();
}
function rememberUrgently(task) {
  todoList.unshift(task);
}
```

このプログラムでは、タスクのキューを管理しています。remember("groceries") を呼び出してキューの最後にタスクを追加し、何かをする準備ができたら、getTask() を呼び出してキューから先頭のアイテムを取得（および削除）します。rememberUrgently 関数もタスクを追加しますが、キューの後ろではなく前に追加されます。

特定の値を検索するために、配列には indexOf メソッドが用意されています。このメソッドは、配列の先頭から末尾までを検索し、要求された値が見つかったインデックスを返します（見つからない場合は -1）。最初ではなく最後から検索するために、lastIndexOf という似たようなメソッドが用意されています。

```
console.log([1, 2, 3, 2, 1].indexOf(2));
// → 1
console.log([1, 2, 3, 2, 1].lastIndexOf(2));
// → 3
```

indexOfとlastIndexOfは、どちらもオプションで第2引数を取ることで、どこから検索を始めるかを指定します。

もう1つの基本的な配列メソッドであるsliceは、開始インデックスと終了インデックスを受け取り、それらの間の要素のみを持つ配列を返します。開始インデックスは包含的、終了インデックスは排他的です。

```
console.log([0, 1, 2, 3, 4].slice(2, 4));
// → [2, 3]
console.log([0, 1, 2, 3, 4].slice(2));
// → [2, 3, 4]
```

終了インデックスが与えられていない場合、sliceは開始インデックス以降のすべての要素を取ります。開始インデックスを省略して配列全体をコピーすることもできます。

concatメソッドは、文字列に対する+演算子と同じように、配列を結合して新しい配列を作成する上で使用できます.

次の例では、concatとsliceの両方を使用しています。この例では、配列とインデックスを受け取り、元の配列のコピーからインデックスの要素を削除した新しい配列を返しています。

```
function remove(array, index) {
  return array.slice(0, index)
    .concat(array.slice(index + 1));
}
console.log(remove(["a", "b", "c", "d", "e"], 2));
// → ["a", "b", "d", "e"]
```

concatに配列ではない引数を渡した場合、その値は1要素の配列であるかのように新しい配列に追加されます。

文字列とそのプロパティ

文字列の値からlengthやtoUpperCaseなどのプロパティを読み取ることができます。しかし、新しいプロパティを追加しようとしても、それが定着しません。

```
let kim = "Kim";
kim.age = 88;
console.log(kim.age);
// → undefined
```

文字列、数値、ブール型の値はオブジェクトではなく、それらに新しいプロパティを設定しようとしても、言語は文句を言いませんが、実際にはそれらのプロパティは保存されません。前述のように、このような値は不変であり、変更できないのです。

しかし、これらの型には組み込みのプロパティがあり、すべての文字列値にはいくつかのメソッドがあります。その非常に便利なものに slice と indexOf がありますが、これは同名の配列メソッドに似ています。

```
console.log("coconuts".slice(4, 7));
// → nut
console.log("coconut".indexOf("u"));
// → 5
```

1つの違いは、文字列の indexOf は複数の文字を含む文字列を検索できるのに対し、対応する配列メソッドは1つの要素のみを検索することです。

```
console.log("one two three".indexOf("ee"));
// → 11
```

trim メソッドは、文字列の最初と最後にあるホワイトスペース（スペース、改行、タブなど）を削除します。

```
console.log(" okay \n ".trim());
// → okay
```

前の章で紹介した zeroPad 関数は、メソッドとしても存在します。これは padStart という名前で、引数として希望の長さとパディング文字を受け取ります。

```
console.log(String(6).padStart(3, "0"));
// → 006
```

splitで文字列を他の文字列の出現ごとに分割し、joinで再び結合することができます。

```
let sentence = "Secretarybirds specialize in stomping";
let words = sentence.split(" ");
console.log(words);
// → ["Secretarybirds", "specialize", "in", "stomping"]
console.log(words.join(". "));
// → Secretarybirds. specialize. in. stomping
```

文字列を繰り返すにはrepeatメソッドを使います。
これは、元の文字列の複数のコピーを糊付けした新しい文字列を作成します。

```
console.log("LA".repeat(3));
// → LALALA
```

文字列型のlengthプロパティについては、すでに説明しました。文字列に含まれる個々の文字にアクセスする方法は、配列の要素にアクセスするのと同じです（ただし、5章で説明するように注意点があります）。

```
let string = "abc";
console.log(string.length);
// → 3
console.log(string[1]);
// → b
```

残りのパラメータ

関数が任意の数の引数を受け付けると便利なことがあります。たとえば、Math.maxは、与えられたすべての引数のうち最大のものを計算します。
このような関数を書くには、次のように関数の最後のパラメータの前に3つのドットを置きます。

```
function max(...numbers) {
  let result = -Infinity;
  for (let number of numbers) {
    if (number > result) result = number;
  }
  return result;
}
```

```
console.log(max(4, 1, 9, -2));
// → 9
```

このような関数が呼び出されると、残りのパラメータは、それ以降のすべての引数を含む配列に束縛されます。もしその前に他のパラメータがあっても、その値はその配列には含まれません。max のように、唯一のパラメータである場合は、すべての引数が格納されます。

同様の 3 点表記を使って、引数の配列を持つ関数を呼び出すことができます。

```
let numbers = [5, 1, 7];
console.log(max(...numbers));
// → 7
```

これは、配列を関数呼び出しに「拡散」させ、その要素を別の引数として渡すものです。max(9, ...numbers, 2) のように、他の引数と一緒に配列を含めることも可能です。

角括弧による配列表記も同様に、3 点演算子によって、別の配列を新しい配列の中に入れることができます.

```
let words = ["never", "fully"];
console.log(["will", ...words, "understand"]);
// → ["will", "never", "fully", "understand"].
```

Mathオブジェクト

Math は、Math.max（最大値)、Math.min（最小値)、Math.sqrt（平方根）など、数字に関連するユーティリティ関数の集合体です。

Math オブジェクトは、関連する関数群をまとめるためのコンテナとして使用されます。Math オブジェクトは 1 つしかありませんが、値としてはほとんど役に立ちません。むしろ、名前空間を提供することで、これらすべての関数や値がグローバルバインディングである必要がないようにしています。

あまりに多くのグローバルバインディングを持つと、名前空間が「汚染」されます。名前が増えれば増えるほど、ある既存のバインディングの値を誤って上書きしてしまう可能性が高くなるのです。たとえば、プログラムの中で何かに max という名前をつけたいと思うことはよくあるでしょう。JavaScript に組み込まれた max 関数は Math オブジェクトの中に安全に収められているので、上書きの心配はありません。

多くの言語では、すでに使われている名前のバインディングを定義すると、それを止めたり、少なくとも警告したりします。JavaScript では let や const で宣言したバインディングにはこの機能がありますが、逆に標準的なバインディングや var や function で宣言したバインディングにはこの機能がありません。

Math オブジェクトの話に戻ります。三角測量が必要な場合、Math が役に立ちます。Math には、cos（余弦）、sin（正弦）、tan（正接）と、それぞれの逆関数である acos、asin、atan が含まれています。数字の π（パイ、少なくとも JavaScript の数値に収まる最も近い近似値）は、Math .PI として提供されています。プログラミングでは、定数の名前をすべて大文字で書くという伝統があります。

```
function randomPointOnCircle(radius) {.
  let angle = Math.random() * 2 * Math.PI;
  return {x: radius * Math.cos(angle),
          y: radius * Math.sin(angle)};
}
console.log(randomPointOnCircle(2));
// → {x: 0.3667, y: 1.966}
```

sin や cos に馴染みがないという方も、ご安心ください。本書の 14 章において使用するときに、説明します。

前の例では、Math.random を使いました。これは、呼び出すたびに 0（含む）から 1（除く）の間の新しい疑似乱数を返す関数です。

```
console.log(Math.random());
// → 0.36993729369714856
console.log(Math.random());
// → 0.727367032552138
console.log(Math.random());
// → 0.40180766698904335
```

コンピュータは、同じ入力を与えればつねに同じ反応をする決定論的なマシンですが、ランダムに見える数字を生成させることができます。そのためには、マシンは何か隠された値を持っていて、新しい乱数を求められるたびに、この隠された値に複雑な演算を施して新しい値を作ります。新しい値を記憶し、それを元にした何らかの数値を返します。このようにして、予測困難な新しい数字を、ランダムに見えるように作り出すことができるのです。

小数点以下の乱数ではなく整数の乱数が欲しい場合は、Math.random の結果に Math.floor（最も近い整数に切り捨てる）を使用します。

```
console.log(Math.floor(Math.random() * 10));
// → 2
```

乱数を 10 倍すると、0 以上 10 以下の数値が得られます。Math.floor は切り捨てなので、この式からは 0 から 9 までの任意の数字が同じ確率で得られます。

他にも、Math.ceil（「天井」の意、整数に切り上げる）、Math.round（直近の整数に切り上げる）、Math.abs（数値の絶対値を取る、つまり負の値を否定して正の値をそのままにする）という関数があります。

分割代入

phi 関数に戻って、ちょっとコメントしましょう。

```
function phi(table) {
  return (table[3] * table[0] - table[2] * table[1])
    Math.sqrt((table[2] + table[3]) *
              (table[0] + table[1]) *
              (table[1] + table[3]) *
              (table[0] + table[2]));
}
```

この関数が読みにくい理由の 1 つは、配列を指定するバインディングがあるからですが、配列の要素を指定するバインディングがあったほうがいいと思います。つまり、n00 = table[0] などとするのです。幸いなことに、JavaScript にはこれを実現する簡潔な方法があります。

```
function phi([n00, n01, n10, n11]) {
  return (n11 * n00 - n10 * n01) /
    Math.sqrt((n10 + n11) * (n00 + n01) *
              (n01 + n11) * (n00 + n10));
}
```

これは let、var、const で作られたバインディングでも使えます。結合する値が配列であることがわかっている場合は、角括弧を使って値の「中を見る」ことで、その内容を結合できるのです。

オブジェクトの場合も同様で、角括弧の代わりに中括弧を使います。

```
let {name} = {name: "Faraji", age: 23};
console.log(name);
// → Faraji
```

なお、null や undefined を分割代入しようとすると、それらの値のプロパティに直接アクセスしようとした場合と同様に、エラーが発生します。

JSON

プロパティは値を含むのではなく、値をつかんでいるだけなので、オブジェクトや配列は、その内容のメモリ上の位置を示すアドレスを持つビット列としてコンピュータのメモリに格納されます。つまり、配列内に別の配列がある場合、少なくとも、内側の配列用のメモリ領域と外側の配列用のメモリ領域があり、内側の配列の位置を表す2進数などが格納されています。

データをファイルに保存したり、ネットワークを介して他のコンピュータに送信したりするには、これらのメモリアドレスのもつれを、保存や送信が可能な記述に何らかの形で変換する必要があります。コンピュータのメモリ全体を、目的の値のアドレスと一緒に送ることもできるでしょうが、それはベストな方法とは思えません。

私たちにできるのは、データをシリアル化することです。つまり、フラットな記述に変換するのです。一般的なシリアライズフォーマットは、JavaScript Object Notationの略であるJSON（発音は「ジェイソン」）と呼ばれます。JSONは、JavaScript以外の言語でも、Web上のデータ保存・通信フォーマットとして広く利用されています。

JSONは、JavaScriptの配列やオブジェクトの書き方に似ていますが、いくつかの制限があります。すべてのプロパティ名は二重引用符で囲む必要があります。また、単純なデータ表現のみが許可されており、関数の呼び出しやバインディングなど、実際の計算を伴うものは認められていません。また、JSONではコメントは使用できません。

journalエントリをJSONデータとして表現すると、次のようになります。

```
{
  "squirrel": false,
  "events": ["work", "touchched tree", "pizza", "running"].
}
```

JavaScriptには、データをこの形式に変換するための関数JSON.stringifyとJSON.parseが用意されています。1つ目の関数は、JavaScriptの値を受け取り、JSONにエンコードされた文字列を返します。2つ目は、そのような文字列を受け取り、それをエンコードした値に変換します。

```
let string = JSON.stringify({squirrel: false,
                             events: ["weekend"]});
console.log(string);
// → {"squirrel":false, "events":["weekend"]}
console.log(JSON.parse(string).events);
// → ["weekend"]
```

まとめ

オブジェクトや配列（オブジェクトの一種である）は、複数の値を1つの値にまとめる方法を提供します。概念的には、関連性のあるものをまとめて袋に入れ、その袋を持って走り回ることができるのです。

JavaScriptのほとんどの値はプロパティを持っていますが、その例外にnullとundefinedがあります。プロパティにアクセスするには、value.propまたはvalue["prop"]を使用します。オブジェクトはそのプロパティに名前を使い、多かれ少なかれ固定のセットを保存する傾向があります。一方、配列は、ほぼ同一の値を様々に格納するのが一般的で、プロパティの名前には（0から始まる）数字を使用します。

配列には、lengthなどの名前付きのプロパティや、いくつかのメソッドがあります。メソッドとは、プロパティに含まれる関数で、（通常は）プロパティである値に作用します。

配列の反復処理には、特殊なforループ、for (let element of array)を使用します。

練習問題

範囲の和

本書の序文では、ある範囲の数値の和を計算する良い方法として、次のようなものが紹介されていました。

```
console.log(sum(range(1, 10)));
```

startとendの2つの引数を取り、startからendまでのすべての数字を含む配列を返すrange関数を書きましょう。

次に、数値の配列を受け取り、それらの数値の合計を返すsum関数を書きます。例題のプログラムを実行して、実際に55を返すかを確認してみてください。

ボーナス課題として、range関数を修正し、配列を構築する際に使用する「ステップ」の値を示すオプションの第3引数を取るようにします。ステップが指定されない場合は、以前の動作に対応して、要素は1ずつ増えていきます。関数呼び出しrange(1, 10, 2)は、[1, 3, 5, 7, 9]を返すべきです。range(5, 2, -1)が[5, 4, 3, 2]を返すように、負のステップ値でも動作することを確認してください。

配列を反転させる

配列には、その要素の表示順を反転させて配列を変更するreverseメソッドがあります。この演習では、reverseArrayとreverseArrayInPlaceという2つの関数を書きます。1つ目のreverseArrayは、配列を引数として受け取り、同じ要素を逆順に並べた新しい配列を生成します。2つ目のreverseArrayInPlaceは、reverseメソッドと同じように、引数として与えられた配列の要素を逆にします。どちらも標準のreverseメソッドは使えません。

前章の副作用や純粋関数についての注意点を思い返してみて、より多くの場面で役に立つと思われるのはどちらのバリエーションでしょうか。また、実行速度はどちらが速いでしょうか。

リスト

値の塊であるオブジェクトは、あらゆる種類のデータ構造を構築するのに使用できます。一般的なデータ構造はリストです（配列とは異なります）。リストはオブジェクトの入れ子構造で、最初のオブジェクトが2番目のオブジェクトへの参照を持ち、2番目のオブジェクトが3番目のオブジェクトへの参照を持つ、というようになっています。

```
let list = {
  value: 1,
  rest: {
    value: 2,
    rest: {
      value: 3,
      rest: null
    }
  }
};
```

できあがったオブジェクトは、このようにチェーンを形成しています。

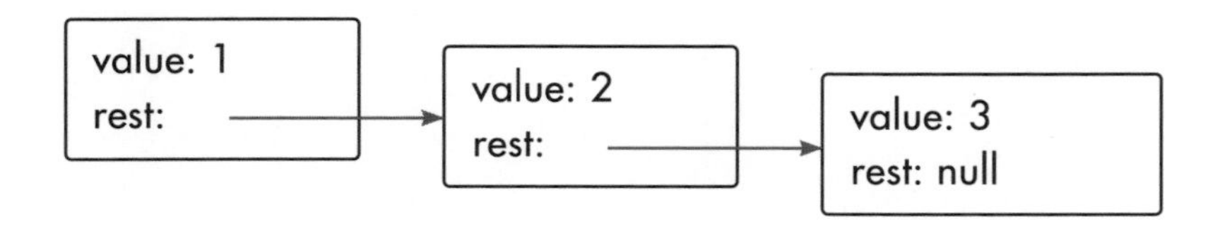

リストの良いところは、その構造の一部を共有できることです。たとえば、2つの新しい値{value: 0, rest: list}と{value: -1, rest: list}を作ったとします（listは先に定義したバインディングを参照しています）。これらはどちらも独立したリストですが、最後の3つの要素を構成する構造を共有しています。また、元のリストも有効な3要素リストです。

引数に[1, 2, 3]が与えられたときに、図のようなリスト構造を構築する関数arrayToListを書いてください。また、リストから配列を生成するlistToArray関数も書きましょう。さらに、要素とリストを受け取り、その要素を入力リストの先頭に追加する新しいリストを作成するヘルパー関数prependと、リストと数字を受け取り、リストの指定された位置にある要素（ゼロは最初の要素を指す）を返すnth、そのような要素がない場合は未定義を返すnthを追加します。

まだ書いていなければ、nth の再帰関数も書いてみましょう。

厳格な等価性比較

== 演算子は、オブジェクトを同一性によって比較します。しかし、実際のプロパティの値を比較したい場合もあります。

2 つの値を受け取り、それらが同じ値であるか、同じプロパティを持つオブジェクトである場合にのみ true を返す関数 deepEqual を書きましょう（deepEqual の再帰呼び出しで比較した場合、プロパティの値は等しくなります）。

値を直接比較すべきか（そのためには === 演算子を使います）、プロパティを比較すべきかを調べるには、typeof 演算子を使います。両方の値に対して "object" と出力された場合、厳格な等価性比較を行うべきです。しかし、1 つのおろかな例外を考慮に入れなければなりません。歴史的な事故により、typeof null も "object" を生成するのです。

なお、Object.keys 関数は、オブジェクトの特性を調べて比較したいときに便利です。

"ソフトウェアの設計には２つの方法があります。１つは、明らかに欠陥がないように単純にする方法、もう１つは、明らかに欠陥がないように複雑にする方法です"

— アントニー・ホーア

「1980年、ACMチューリング賞受賞講演」

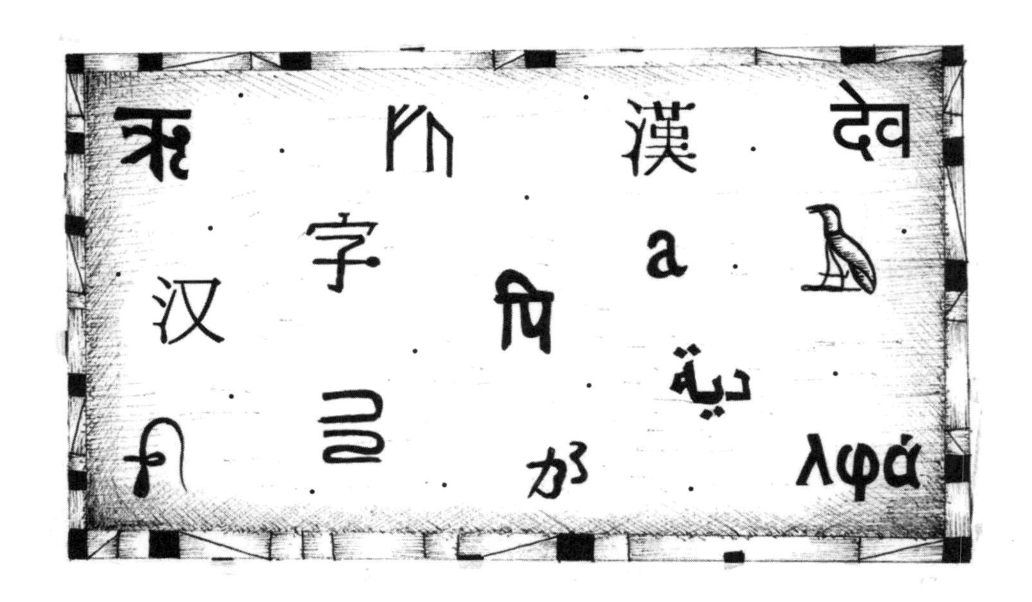

Chapter

5 高階関数

大規模なプログラムはコストがかかります。大規模なプログラムはほとんどの場合、複雑さを伴い、複雑さはプログラマを混乱させます。混乱したプログラマは、プログラムに間違い（バグ）を持ち込みます。大規模なプログラムは、そのようなバグの隠れる場所が多く、その発見が困難になるのです。

冒頭の２つのプログラム例に少し戻ってみましょう。最初のプログラムは自己完結型で長さ６行です。

```
let total = 0, count = 1;
while (count <= 10) {
  total += count;
  count += 1;
}
console.log(total);
```

２つ目は、２つの外部関数に依存しており、長さ１行です。

```
console.log(sum(range(1, 10)));
```

どちらに、バグの含まれている可能性が高いでしょう。

sum と range の定義の大きさを数えれば、２番目のプログラムも大きいことがわかります。１番目のプログラムよりも大きいのです。しかしそれでも、バグの含まれている可能性が低いことは間違えなさそうです。

プログラムが正しい可能性が高いのは、解答が問題に対応した語彙で表現されているからです。数字の範囲を合計しているのは、ループやカウンターについてではなく、範囲と和についてです。

この語彙（関数 sum と range）の定義には、ループやカウンター、その他の付随的な詳細が含まれます。しかし、それらはプログラム全体よりも単純な概念を表現しているので、正しく理解するのは簡単なのです。

抽象化

プログラミングの世界では、こうした語彙は「抽象化」と呼ばれます。抽象化は、詳細を隠し、問題をより高い（またはより抽象的な）レベルで語る能力を与えます。

たとえば、豆スープの２つのレシピを比較してみましょう。１つ目のレシピは、次のようなものです。

> １人当たり１カップの乾燥エンドウを容器に入れ、エンドウが隠れる程度に水を加えます。12時間以上水につけておいた上で、エンドウ豆を水から取り出して調理用の鍋に入れ、１人あたり４カップの水を加えます。鍋に蓋をして、エンドウ豆を２時間ほど煮込みます。１人あたり玉ねぎ半個をナイフで切り分けて、それをエンドウ豆に加えます。１人あたりセロリ１本を用意して包丁で切り分けて、エンドウ豆に加えます。人参を１人１本取り、適当な大きさに切ってください。包丁で！　それをエンドウ豆に加えて、さらに10分ほど煮込みます。

そして、これが２つ目のレシピです。

> １人あたりの分量：乾燥スプリットエンドウ１カップ、みじん切りのタマネギ半分、セロリ１本、ニンジン１本
>
> エンドウ豆を12時間浸す。4カップの水（1人分）で２時間煮る。野菜を切って加える。さらに10分間煮る。

２つ目の方が短く、解釈も容易です。しかし、浸す、煮る、切る、そしてもしかして、野菜といったいくつかの料理関連用語を理解しておかなくてはなりません。

プログラミングでは、必要な言葉がすべて辞書に載っているとは限りません。そのため、最初のレシピのように、コンピュータが実行しなければならない正確な手順を、それが表現している上位概念を無視して１つひとつ作っていくというパターンに陥りがちです。

プログラミングにおいて、抽象度が低すぎる作業をしていることに気づくのは有用なスキルなのです。

繰り返しの抽象化

これまで見てきたようなプレーンな関数は、抽象化するのには適した方法です。しかし、ときにはそれでは不十分です。

あるプログラムが、ある回数だけ何かを行うことはよくあります。そのために、次のような for ループを書くことができるでしょう。

```
for (let i = 0; i < 10; i++) {
  console.log(i);
}
```

「何かをN回行う」ことを関数として抽象化できるでしょうか。それなら、console.logをN回呼び出す関数を書くのが簡単です。

```
function repeatLog(n) {
  for (let i = 0; i < n; i++) {
    console.log(i); };
  }
}
```

しかし、数字を記録するだけでなく、何かをしたい場合はどうでしょう。「何かをする」ということは関数で表現でき、関数は単なる値なので、アクションを関数の値として渡すことができます。

```
function repeat(n, action) {
  for (let i = 0; i < n; i++) {
    action(i);
  }
}

repeat(3, console.log);
// → 0
// → 1
// → 2
```

repeatに定義済みの関数を渡す必要はありません。多くの場合、代わりにその場で関数値を作成する方が簡単です。

```
let labels = [];
repeat(5, i => {
  labels.push(`Unit ${i + 1}`);
});
console.log(labels);
// → ["Unit 1", "Unit 2", "Unit 3", "Unit 4", "Unit 5"]
```

最初にループの種類を記述し、次に本体を提供するという、forループと少し似た構造になっています。しかし、本体は関数値として記述されており、repeat の呼び出しの括弧内に収められています。そのため、閉じ括弧と閉じ括弧で閉じる必要があるのです。この例のように、ボディが 1 つの小さな式の場合は、中括弧を省略してループを 1 行で書くこともできます。

高階関数

他の関数を引数に取ったり、返したりして、その関数を操作する関数は高階関数と呼ばれます。関数が規則的な値であることはすでに見た通りなので、このような関数が存在することに特に不思議はないでしょう。この言葉自体は、関数とそれ以外の値の区別をより重視する数学から来ています。

高階関数は、単なる値ではなく、動作を抽象化できます。高階関数には、新しい関数を作る関数など、いくつかの形があります。

```
function greaterThan(n) {
  return m => m > n;
}
let greaterThan10 = greaterThan(10);
console.log(greaterThan10(11));
// → true
```

また、機能を変える機能を持つこともできます。

```
function noisy(f) {
  return (...args) => {
    console.log("calling with", args);
    let result = f(...args);
    console.log("called with", args, ", returned", result);
    return result;
  };
}
noisy(Math.min)(3, 2, 1);
// → calling with [3, 2, 1]
// → called with [3, 2, 1] , returned 1
```

新しいタイプの制御フローを提供する関数を書くこともできます。

```
function unless(test, then) {
  if (!test) then();
}
```

```
repeat(3, n => {
  unless(n % 2 == 1, () => {
    console.log(n, "is even");
  });
});
// → 0 is even
// → 2 is even
```

配列の組み込みメソッドであるforEachは、高階関数としてfor/ofループのようなものを提供しています。

```
["A", "B"].forEach(l => console.log(l));
// → A
// → B
```


スクリプトデータセット

高階関数が光輝く分野の1つに、データ処理があります。データを処理するには、実際のデータが必要になります。本章では、ラテン語やキリル文字、アラビア語などの文字体系であるスクリプトに関するデータセットを使用します。

1章で紹介したUnicodeは、文字に数字を割り当てるシステムです。これらの文字のほとんどは、特定のスクリプトに関連付けられています。現在使われているものが81種類、歴史的なものが59種類、合計140種類の文字が登録されているのです。

私が流暢に読めるのはラテン文字だけですが、少なくとも80種類以上の文字体系で人々が文章を書いているという事実に感謝していますし、その多くは私が認識できないものです。たとえば、これはタミル語の手書き文字のサンプルです。

இன்னா செய்தாரை ஒறுத்தல் அவர்நாண
நன்னயம் செய்து விடல்.

このサンプルデータセットには、Unicodeで定義されている140の文字に関する情報がいくつか含まれています。このデータセットは、本章のコーディング・サンドボックス（https://eloquentjavascript.net/code#5）でSCRIPTSバインディングとして利用できます。このバインディングにはオブジェクトの配列が含まれており、それぞれがスクリプトを表しています。

```
{
  name: "Coptic",
  ranges: [[994, 1008], [11392, 11508], [11513, 11520]],
  direction: "ltr",
  year: -200,
  living: false,
  link: "https://en.wikipedia.org/wiki/Coptic_alphabet"
}
```

このようなオブジェクトは、スクリプトの名前、それに割り当てられたUnicodeの範囲、それが書かれた方向、（おおよその）起源の時間、それがまだ使用されているか、そしてより多くの情報へのリンクを教えてくれます。方向は、左から右を表す "ltr"、右から左を表す "rtl"（アラビア語やヘブライ語のテキストの書き方）、または上から下を表す "ttb"（モンゴル語の書き方）となります。

rangesプロパティには、Unicode 文字範囲の配列が含まれています。これらの範囲内の文字コードがスクリプトに割り当てられます。下限は包括的であり（コード994はコプト文字）、上限は非包括的です（コード1008は包括的）。

配列のフィルタリング

データセットの中で、まだ使用されているスクリプトを見つけるには、次の関数が役に立つかもしれません。この関数は、テストに合格しなかった配列の要素をフィルタリングします。

```
function filter(array, test) {
  let passed = [];
  for (let element of array) {
    if (test(element)) {
      passed.push(element);
    }
  }
  return passed;
}

console.log(filter(SCRIPTS, script => script.living));
// → [{name: "Adlam", ...}, ...]
```

この関数は、関数値であるtestという引数を使って、どの要素を収集するかという計算の「隙間」を埋めています。

filter関数は、元の配列から要素を削除するのではなく、テストに合格した要素だけを集めて新しい配列を作成していることに注目してください。この関数は純粋です。与えられた配列を変更することはありません。

forEachと同様、filterも標準的な配列メソッドです。この例では、この関数が内部で何をしているかを示すためだけに定義しました。今後は、このようにして使います。

```
console.log(SCRIPTS.filter(s => s.direction == "ttb"));
// → [{name: "Mongolian", ...}, ...]
```

マップによる変換

SCRIPTSの配列を何らかの方法でフィルタリングして、スクリプトを表すオブジェクトの配列ができたとします。しかし、検査しやすいように名前の配列にしたいのです。

mapメソッドは、配列のすべての要素に関数を適用し、返された値から新しい配列を作成することで、配列を変換します。新しい配列は、入力配列と同じ長さですが、その内容は関数によって新しい形にマッピングされています。

```
function map(array, transform) {
  let mapped = [];
  for (let element of array) {
    mapped.push(transform(element));
  }
  return mapped;
}

let rtlScripts = SCRIPTS.filter(s => s.direction == "rtl");
console.log(map(rtlScripts, s => s.name));
// → ["Adlam", "Arabic", "Imperial Aramaic", ...]
```

forEachやfilterと同様、mapも標準的な配列メソッドです。

reduceによる要約

配列を使って行う、もう1つの一般的なことは配列からの1つの値の計算です。先ほどの例では、数字の集まりの総和を計算していましたが、これはその一例です。また、文字数の多いスクリプトを見つけることもその一例でしょう。

このパターンを表す高次の演算はreduceと呼ばれます(foldと呼ばれることもあります)。配列から1つの要素を取り出し、それを現在の値と繰り返し組み合わせることで、値を構築するのです。数字の和を、0から始めて、要素ごとに足していくようなイメージです。

reduceのパラメータは、配列のほか、結合関数と開始値です。この関数は、filterやmapよりも少しわかりにくいので、よく見てみてください。

```
function reduce(array, combine, start) {
  let current = start;
  for (let element of array) {
    current = combine(current, element);
  }
  return current;
}

console.log(reduce([1, 2, 3, 4], (a, b) => a + b, 0));
// → 10
```

標準的な配列メソッド reduce は、もちろんこの関数に対応していますが、さらに便利なことがあります。配列に少なくとも 1 つの要素が含まれている場合、開始引数を省略できるのです。このメソッドは、配列の最初の要素を開始値とし、2 番目の要素から reduce を開始します。

```
console.log([1, 2, 3, 4].reduce((a, b) => a + b));
// → 10
```

reduce（2 回）を使って、最も文字数の多いスクリプトを見つけるには、次のように書きます。

```
function characterCount(script) {
  return script.rances.reduce((count, [from, to]) => {
    return count + (to - from);
  }, 0);
}

console.log(SCRIPTS.reduce((a, b) => {
  return characterCount(a) < characterCount(b) ? b : a;
}));
// → {name: "Han", ...}
```

characterCount 関数は、スクリプトに割り当てられた範囲の大きさを合計して減らす関数です。reducer 関数のパラメータリストに分割代入が使われていることに注目してください。reduce の 2 回目の呼び出しでは、これを利用して、2 つのスクリプトを繰り返し比較し、大きい方を返すことで、最大のスクリプトを見つけます。

漢文は、Unicode 規格で 89,000 文字以上が割り当てられており、データセットの中で最大の文字体系となっています。漢文は、中国語、日本語、韓国語のテキストに使用される（ことがある）文字です。これらの言語は多くの文字を共有していますが、その書き方は異なる傾向にあります。米国のUnicodeコンソーシアムは、文字コードを節約するために、これらの言語を1つの文字体系として扱うことを決定しました。これは「漢文の統一」と呼ばれていますが、いまだに怒りを覚えている人がいます。

合成（composability）

先ほどの例（最大のスクリプトを見つける）を、高階関数を使わずに書く場合を考えてみましょう。コードはそれほど悪化しません。

```
let biggest = null;
for (let script of SCRIPTS) { 。
  if (bigest == null ||
      characterCount(bigest) < characterCount(script)) {
    biggest = script;
  }
}
console.log(bigest);
// → {name: "Han", ...}。
```

Chapter 5 高階関数

縛りがいくつか増えて、プログラムが4行長くなりました。しかし、それでも非常に読みやすくなっています。

高階関数が活躍するのは、操作を合成する必要があるときです。例として、データセットに含まれる、生きているスクリプトと死んでいるスクリプトの平均生成年を求めるコードを書いてみましょう。

```
function average(array) {
  return array.reduce((a, b) => a + b) / array.length;
}

console.log(Math.round(average(
  SCRIPTS.filter(s => s.living).map(s => s.year))));
// → 1188
console.log(Math.round(average(
  SCRIPTS.filter(s => !s.living).map(s => s.year))));
// → 188
```

つまり、Unicodeに登録されている、死んだスクリプトは、生きているスクリプトよりも平均して古いということになります。

これは特に意味のある統計でもなければ、驚くべき統計でもありません。しかし、この統計を計算するためのコードが読みにくいものではないことには同意していただけると思います。すべてのスクリプトから始めて、生きている（または死んでいる）スクリプトをフィルタリングし、それらから年数を取り、平均し、結果を丸める、という一連の流れとして見ることができます。

この計算を１つの大きなループとして書くこともできます。

```
let total = 0, count = 0;
for (let script of SCRIPTS) {
  if (script.living) {
    total += script.year;
    count += 1;
  }
}
console.log(Math.round(total / count));
// → 1188
```

しかしこれだと、何をどのように計算しているのかがわかりにくくなります。また、中間結果がまとまった値として表現されていないため、平均値などを別の関数に抽出するのは大変な作業になるでしょう。

コンピュータが実際に何をしているかという点でも、この２つのアプローチはまったく異なります。前者は filter や map を実行する際に新しい配列を構築しますが、後者はいくつかの数値を計算するだけで、作業量は少なくて済みます。通常は可読性の高いアプローチを取ることができますが、巨大な配列を何度も処理する場合は、抽象度の低いスタイルの方が速度を向上させる上で価値があるのかもしれません。

文字列と文字コード

このデータセットの用途の１つに、あるテキストがどのようなスクリプトを使っているかを把握することがあります。これを行うプログラムを見てみましょう。

各スクリプトには、それに関連した文字コード範囲の配列があることを覚えておいてください。つまり、文字コードが与えられれば、次のような関数を使って、対応するスクリプトを見つけられるのです。

```
function characterScript(code) {
  for (let script of SCRIPTS) {
    if (script.ranges.some(([from, to]) => {
      return code >= from && code < to;
```

```
    })) {
      return script;
    }
  }
  return null;
}

console.log(characterScript(121));
// → {name: "Latin", ...}
```

someメソッドも高階関数です。テスト関数を受け取り、その関数が配列のいずれかの要素に対して真を返すかを教えてくれます。

では、文字列中の文字コードはどうやって取得するのでしょうか。

1章では、JavaScriptの文字列は16ビットの数値の羅列としてエンコードされていると述べました。これはコードユニットと呼ばれます。Unicodeの文字コードは、当初はこの単位に収まるようになっていました（65,000文字強）。しかし、それだけでは足りないことが明らかになると、1文字あたりのメモリ使用量が増えることに多くの人が反発するようになりました。そこで考案されたのが、JavaScriptの文字符号化方式であるUTF-16です。この方式では、ほとんどの一般的な文字を1つの16ビットコードユニットで記述しますが、その他の文字については、2つのコードユニットのペアを使用します。

今日、UTF-16は一般的に良くないとされています。意図的にミスを誘うように設計されているというのです。符号単位と文字を同じと見なしてプログラムを書くのは簡単です。そして、もしあなたの言語が2単位文字を使わないのであれば、それはうまくいくように見えます。しかし、そのようなプログラムを、あまり一般的ではない漢字で使おうとすると、すぐに壊れてしまうのです。幸いなことに、絵文字の登場で誰もが2単位文字を使うようになり、このような問題に対処する負担がより公平になっています。

残念なことに、JavaScriptの文字列に対する明らかな操作、例えばlengthプロパティによる長さの取得や、角括弧を使った内容へのアクセスなどは、コード単位でしか扱えません。

```
// 2つの絵文字、馬と靴
let horseShoe = "🐴👟";
console.log(horseShoe.length);
// → 4
console.log(horseShoe[0]);
// → （無効な半角文字）
console.log(horseShoe.charCodeAt(0));
// → 55357（半角文字のコード）
console.log(horseShoe.codePointAt(0));
// → 128052（馬の絵文字のコード）
```

Chapter 5 高階関数

JavaScriptのcharCodeAtメソッドは、全文字のコードではなく、コード単位を与えます。しかし、後から追加されたcodePointAtメソッドは、Unicodeの完全な文字を与えます。ですから、これを使って文字列から文字を取り出すことができます。しかし、codePointAtに渡される引数は、コードユニットのシーケンスへのインデックスです。そのため、文字列内のすべての文字を取得するには、ある文字が1つのコードユニットを占めるのか、2つのコードユニットを占めるのかという問題を処理する必要があります。

前章では、文字列にもfor/ofループが使えると書きました。codePointAtと同様に、このタイプのループは、UTF-16の問題を強く認識していた時期に導入されました。このループを使って文字列をループさせると、コード単位ではなく実際の文字が得られるのです。

```
let roseDragon = "🌹🐉";
for (let char of roseDragon) {
  console.log(char);
}
// → 🌹
// → 🐉
```

文字（1つまたは2つのコード単位の文字列になります）があれば、codePointAt(0)を使ってそのコードを得ることができます。

テキストの認識

characterScript関数と、文字列を正しくループさせる方法はわかりました。次のステップでは、各スクリプトに属する文字を数えます。そのためには、次のようなカウントの抽象化が役に立ちます。

```
function countBy(items, groupName) {
  let counts = [];
  for (let item of items) {
    let name = groupName(item);
    let known = counts.findIndex(c => c.name == name);
    if (known == -1) {
      counts.push({name, count: 1});
    } else {
      counts[known].count++;
    }
  }
  return counts;
}
```

```
console.log(countBy([1, 2, 3, 4, 5], n => n > 2));
// → [{name: false, count: 2}, {name: true, count: 3}]
```

countBy 関数は、コレクション（for/of でループできるもの）と、与えられた要素のグループ名を計算する関数を想定しています。この関数はオブジェクトの配列を返し、各オブジェクトはグループ名とそのグループ内で見つかった要素の数を示します。

この関数では、もう 1 つの配列メソッドである findIndex を使用しています。このメソッドは indexOf と似ていますが、特定の値を探すのではなく、与えられた関数が true を返す最初の値を探します。indexOf と同様に、そのような要素が見つからない場合は -1 を返します。

countBy を使えば、あるテキストにどのスクリプトが使われているかを知るための関数を書くことができます。

```
function textScripts(text) {
  let scripts = countBy(text, char => {
    let script = characterScript(char.codePointAt(0));
    return script ? script.name : "none";
  }).filter(({name}) => name != "none");

  let total = scripts.reduce((n, {count}) => n + count, 0);
  if (total == 0) return "No scripts found";

  return scripts.map(({name, count}) => {
    return `${Math.round(count * 100 / total)}% ${name}`;
  }).join(", ");
}
console.log(textScripts('英国的狗说 "woof", 俄罗斯的狗说 "тяв"'));
// → 漢語 61%、ラテン語 22%、キリル文字 17%
```

この関数は、まず文字を名前で数え、characterScript を使って名前を割り当て、どのスクリプトにも含まれていない文字については文字列「none」にフォールバックします。フィルタ呼び出しでは、結果の配列から「none」のエントリを削除しています。

パーセンテージを計算するには、まずスクリプトに属するキャラクターの総数が必要で、これは reduce で計算できます。そのような文字が見つからなかった場合、この関数は特定の文字列を返します。それ以外の場合は、map でカウントエントリを読みやすい文字列に変換し，join で結合します。

まとめ

関数の値を他の関数に渡すことができるのは、JavaScript の非常に便利な点です。これにより、計算のモデルとなる関数の中に「隙間」を作ることができます。これらの関数を呼び出すコードは、関数値を提供することで、その隙間を埋めることができるのです。

配列には、便利な高階関数のメソッドがたくさん用意されています。forEachを使えば、配列の要素をループすることができます。filterメソッドは、predicate関数に合格した要素だけを含む新しい配列を返します。各要素を関数に通して配列を変換するには、mapを使います。配列のすべての要素を1つの値にまとめるにはreduceを使います。someメソッドは、任意の要素が与えられたpredicate関数にマッチするかをテストします。また、findIndexは、述語にマッチする最初の要素の位置を求めます。

練習問題

平坦化

reduceメソッドとconcatメソッドを組み合わせて、配列の配列を元の配列のすべての要素を持つ単一の配列に「平坦化」しましょう。

独自のループ

forループ文のような高階関数ループを書きましょう。このループは、値、test関数、update関数、body関数を受け取ります。反復のたびに、まず現在のループの値に対してtest関数を実行し、それがfalseを返したら停止します。その後、body関数を呼び出し、現在の値を与えます。最後に、update関数を呼び出して新しい値を生成し、最初からやり直すのです。

関数を定義する際に、実際のループ処理を行うために通常のループを使用することができます。

すべて

someメソッドと同様に、配列にもeveryメソッドがあります。このメソッドは、与えられた関数が配列のすべての要素に対してtrueを返すときにtrueを返します。ある意味、someメソッドは配列に作用する||演算子のようなものであり、everyメソッドは&&演算子のようなものなのです。

配列と述語関数を引数に取る関数としてeveryを実装してみましょう。ループを使ったバージョンと、someメソッドを使ったバージョンの2つを書いてみます。

優位な書き込み方向

テキスト文字列において優位な書き込み方向を計算する関数を書いてください。各スクリプトオブジェクトは、"ltr"（左から右）、"rtl"（右から左）、"ttb"（上から下）のいずれかの方向のプロパティを持っていることを覚えておいてください。

優位な書き方とは、スクリプトが関連付けられている文字の大部分の方向です。ここでは、この章の前半で定義したcharacterScriptとcountByの関数が役に立つでしょう。

"抽象データ型は、その型に対して実行できる操作の観点から型を定義する特別な種類のプログラムを書くことによって実現されます……。これは、データ型に対して実行可能な操作の観点からデータ型を定義するものです"

— バーバラ・リスコフ
『抽象データ型によるプログラミング』

Chapter

6 オブジェクトの秘密の生活

4章では、JavaScriptのオブジェクトを紹介しました。プログラミング文化の中には、オブジェクト指向プログラミングと呼ばれるものがあります。

その正確な定義については誰も同意していませんが、オブジェクト指向プログラミングは、JavaScriptを含む多くのプログラミング言語のデザインを形成してきました。本章では、これらの考え方をJavaScriptに適用する方法を説明します。

カプセル化

オブジェクト指向プログラミングの基本的な考え方は、プログラムを小さな断片に分割し、それぞれのピースが自身の状態を管理するようにすることです。

この方法では、プログラムの一部がどのように動作するかについての知識を、その部分だけに留めておくことができます。プログラムの残りの部分で作業している人は、その知識を覚えたり、意識したりする必要はありません。これら一部の詳細が変更されるたびに、その周辺のコードだけを更新すればいいのです。

このようなプログラムの異なる断片は、インターフェイスを介して相互に作用します。インターフェイスとは、より抽象的なレベルで有用な機能を提供する限定された関数やバインディングのセットのことで、その正確な実装は隠蔽されています。

このようなプログラムの断片は、オブジェクトを使ってモデル化されます。そのインターフェイスは、特定のメソッドとプロパティのセットで構成されています。インターフェイスの一部であるプロパティはpublicと呼ばれます。その他のプロパティは、外部のコードが触れるべきではないため、privateと呼ばれます。

多くの言語では、publicプロパティとprivateプロパティを区別し、外部のコードがprivateプロパティに完全にアクセスできないようにする方法を提供しています。最小限のアプローチを取るJavaScriptには、少なくとも今のところ、こうした方法は用意されていません。現在、この機能を言語に追加する作業が行われています。

言語に区別する方法が組み込まれていなくても、JavaScriptのプログラマはこのアイデアをうまく利用しています。一般に、利用可能なインターフェイスはドキュメントやコメントに記述されています。また、プロパティ名の最初にアンダースコア（_）を付けて、そのプロパティがprivateであることを示すのも一般的です。

インターフェイスと実装を分離するのは、素晴らしいアイデアです。通常、これはカプセル化と呼ばれます。

メソッド

メソッドは、関数の値を保持するプロパティに過ぎません。これは簡単なメソッドです。

```
let rabbit = {};
rabbit.speak = function(line) {
  console.log(`The rabbit says '${line}'`);
};

rabbit.speak("I'm alive.");
// → うさぎが「私は生きています」と言う
```

通常、メソッドは、呼び出されたオブジェクトに対して何かをする必要があります。関数がメソッドとして呼び出された場合、object.method() のようにプロパティとして検索されてすぐに呼び出されるため、関数本体で this と呼ばれるバインディングは、自動的に呼び出されたオブジェクトを指し示します。

```
function speak(line) {
  console.log(`The ${this.type} rabbit says '${line}'`);
}
let whiteRabbit = {type: "white", speak};
let hungryRabbit = {type: "hungry", speak};

whiteRabbit.speak("Oh my ears and whiskers, " +
                  "how late it's getting!");
// → 白ウサギが「ああ、私の耳とヒゲ、なんと
// 遅くなったわね！」と言う
hungryRabbit.speak("I could use a carrot right now.");
// → 空腹のウサギが「今すぐニンジンが欲しい」と言う
```

これは、別の方法で渡される追加のパラメータと考えることができます。明示的に渡したい場合は、関数の call メソッドを使います。call メソッドは this の値を第 1 引数に取り、それ以降の引数は通常のパラメータとして扱います。

```
speak.call(hungryRabbit, "Burp!");
// → 空腹のウサギが「げっぷ！」と言う
```

関数はそれぞれ独自の this バインディングを持ち、その値は呼び出し方に依存するため、

function キーワードで定義された通常の関数では、隠蔽された範囲の this を参照することはできません.

しかし、アロー関数は違います。アロー関数は自分の this を束縛しませんが、周辺の this を見ることができます。そのため、以下のように、ローカル関数の中から this を参照できます。

```
function normalize() {
  console.log(this.coords.map(n => n / this.length));
}
normalize.call({coords: [0, 2, 3], length: 5});
// → [0, 0.4, 0.6]
```

もし、map の引数を function キーワードで書いていたら、このコードは動かないでしょう。

プロトタイプ

以下を、よく見てください。

```
let empty = {};
console.log(empty.toString);
// → function toString(){...}
console.log(empty.toString());
// → [object Object]
```

空のオブジェクトからプロパティを取り出しています。これは、手品でしょうか。

いや、そうでもないのです。これまで私は、JavaScript のオブジェクトの仕組みについて、単に情報を隠していました。ほとんどのオブジェクトは、プロパティに加えて、プロトタイプを持っています。プロトタイプとは、プロパティの予備的なソースとして使われる別のオブジェクトです。あるオブジェクトが持っていないプロパティの要求を受けると、そのオブジェクトのプロトタイプがプロパティを探し、次にそのプロトタイプのプロトタイプを探し、というように探していきます。

では、その空のオブジェクトのプロトタイプとは誰なのでしょう。それは、偉大なる祖先のプロトタイプであり、ほとんどすべてのオブジェクトを支える存在である Object.prototype なのです。

```
console.log(Object.getPrototypeOf({}) ==
            Object.prototype);
// → true
```

```
console.log(Object.getPrototypeOf(Object.prototype));
// → null
```

ご推察の通り、Object.getPrototypeOf はオブジェクトのプロトタイプを返します。

JavaScript オブジェクトのプロトタイプ関係はツリー状の構造をしていて、その根元には Object.prototype があります。Object.prototype は、オブジェクトを文字列表現に変換する toString のような、すべてのオブジェクトに現れるいくつかのメソッドを提供します。

多くのオブジェクトは、そのプロトタイプとして Object.prototype を直接持っているわけではなく、異なるデフォルトのプロパティセットを提供する別のオブジェクトを持っています。関数は Function.prototype から派生し、配列は Array.prototype から派生しています。

```
console.log(Object.getPrototypeOf(Math.max) ==
            Function.prototype);
// → true
console.log(Object.getPrototypeOf([]) ==
            Array.prototype);
// → true
```

このようなプロトタイプオブジェクトは、それ自体がプロトタイプ（多くの場合、Object.prototype）を持っているので、toString のようなメソッドを間接的に提供できます。

Object.create を使用すると、特定のプロトタイプを持つオブジェクトを作成することが可能です。

```
let protoRabbit = {
  speak(line) {
    console.log(`The ${this.type} rabbit says '${line}'`);
  }
};
let killerRabbit = Object.create(protoRabbit);
killerRabbit.type = "killer";
killerRabbit.speak("SKREEEE!");
// → キラーラビットが「SKREEEE！」と言う
```

オブジェクト式の speak(line) のようなプロパティは、メソッドを定義するための略式法です。speak というプロパティを作成し、その値として関数を与えるのです。

「プロト」ラビットは、すべてのラビットで共有されるプロパティのコンテナとして機能します。キラーラビットのような個々のウサギのオブジェクトは、自分自身にのみ適用されるプロパティ（この場合は型）を含み、共有されるプロパティはそのプロトタイプから派生します。

クラス

JavaScriptのプロトタイプシステムは、クラスと呼ばれるオブジェクト指向の概念をやや非公式に取り入れたものと解釈できます。クラスとは、ある種のオブジェクトの形（どのようなメソッドやプロパティを持つか）を定義するものです。このようなオブジェクトは、クラスのインスタンスと呼ばれます。

プロトタイプは、メソッドのようにクラスのすべてのインスタンスが同じ値を持つプロパティを定義するのに便利です。ウサギのtypeプロパティのように、インスタンスごとに値が異なるプロパティは、オブジェクト自体に直接格納する必要があります。

つまり、あるクラスのインスタンスを作成するには、適切なプロトタイプを継承したオブジェクトを作成する必要がありますが、同時に、そのクラスのインスタンスが持つべきプロパティを、そのオブジェクト自身が持つようにしなければなりません。これが、コンストラクタ関数の役割です。

```
function makeRabbit(type) {
  let rabbit = Object.create(protoRabbit);
  rabbit.type = type;
  return rabbit;
}
```

JavaScriptには、この種の関数を簡単に定義する方法があります。関数の呼び出しの前にキーワードnewを置くと、その関数はコンストラクタとして扱われます。つまり、正しいプロトタイプを持つオブジェクトが自動的に生成され、関数内でこれにバインドされ、関数の最後に返されます。

オブジェクトを構築する際に使用されるプロトタイプオブジェクトは、コンストラクタ関数のprototypeプロパティを取得することでわかります。

```
function Rabbit(type) {
  this.type = type;
}
Rabbit.prototype.speak = function(line) {
  console.log(`The ${this.type} rabbit says '${line}'`);
};

let weirdRabbit = new Rabbit("weird");
```

コンストラクタ関数（実際にはすべての関数）は、prototypeというプロパティを自動的に取得します。これはデフォルトでは、Object.prototypeから派生したプレーンで空のオブジェクトを保持します。必要があれば、新しいオブジェクトで上書きすることもできます。また、この例のように、既存オブジェクトにプロパティを追加することも可能です。

慣習上、コンストラクタ関数の名前は他の関数と簡単に区別できるように大文字になっています。

プロトタイプをコンストラクタ関数に関連付ける方法（prototypeプロパティを通じて）と、オブジェクトにプロトタイプを持たせる方法（Object.getPrototypeOfで確認）の違いを理解しておくことは重要です。コンストラクタは関数であるため、コンストラクタの実際のプロトタイプはFunction.prototypeです。そのprototypeプロパティには、コンストラクタで生成されたインスタンスに使用されるプロトタイプが格納されています。

```
console.log(Object.getPrototypeOf(Rabbit) ==
            Function.prototype);
// → true
console.log(Object.getPrototypeOf(weirdRabbit) ==
            Rabbit.prototype);
// → true
```

クラスの表記法

JavaScriptのクラスは、prototypeプロパティを持つコンストラクタ関数です。2015年まではそのように記述しなければなりませんでした。最近では、それほど厄介ではない表記法が採用されています。

```
class Rabbit {
  constructor(type) {
    this.type = type;
  }
  speak(line) {
    console.log(`The ${this.type} rabbit says '${line}'`);
  }
}

let killerRabbit = new Rabbit("killer");
let blackRabbit = new Rabbit("black");
```

classキーワードは、クラス宣言を開始し、コンストラクタと一連のメソッドを一度に定義することができます。宣言の中括弧内にはいくつでもメソッドを書くことができます。コンストラクタという名前のメソッドは特別に扱われます。これは実際のコンストラクタ関数を提供するものであり、Rabbitという名前にバインドされます。その他のメソッドは、そのコンストラクタのプロトタイプにまとめられます。したがって、先ほどのクラス宣言は、前のセクションのコンストラクタの定義と同じです。見た目がきれいになっただけなのです。

現在、クラス宣言では、プロトタイプに追加できるのは、関数を保持するプロパティであるメソッドだけです。これでは、関数ではない値を保存したいときには、少々不便です。次のバージョンの言語ではこの点が改善するでしょう。今のところ、クラスを定義した後に、プロトタイプを直接操作することで、このようなプロパティを作成できます。

関数と同様に、クラスは文の中でも式の中でも使うことができます。式の中で使われた場合、バインディングは定義されず、コンストラクタを値として生成するだけです。クラス式では、クラス名を省略することができます。

```
let object = new class { getWord() { return "hello"; }. };
console.log(object.getWord());
// → hello
```

派生プロパティのオーバーライド

オブジェクトにプロパティを追加すると、それがプロトタイプに存在するかに関わらず、そのプロパティはオブジェクト自体に追加されます。プロトタイプに同じ名前のプロパティがすでに存在していた場合、このプロパティはオブジェクト自身のプロパティの後ろに隠れてしまうため、オブジェクトに影響を与えなくなります。

```
Rabbit.prototype.teeth = "small";
console.log(killerRabbit.teeth);
// → 小さい
killerRabbit.teeth = "long, sharp, and bloody";
console.log(killerRabbit.teeth);
// → 長くて、鋭くて、血の通ったもの
console.log(blackRabbit.teeth);
// → 小さい
console.log(Rabbit.prototype.teeth);
// → 小さい
```

次の図は、このコードが実行された後の状況をスケッチしたものです。killerRabbit の背後には、Rabbit と Object のプロトタイプが背景のように存在しており、オブジェクト自体にはないプロパティを調べることができます。

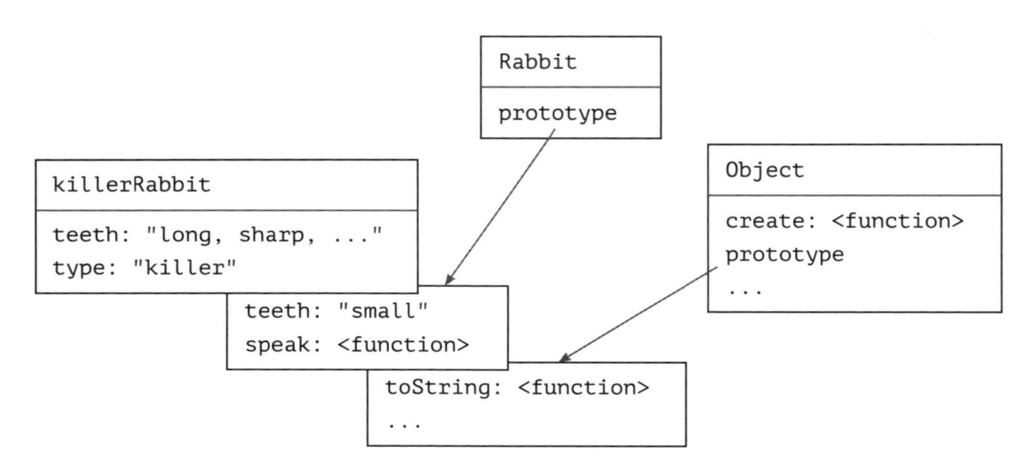

プロトタイプに存在するプロパティをオーバーライドするのは、有益です。ウサギの歯の例が示すように、オーバーライドは、例外的なプロパティをより一般的なクラスのオブジェクトのインスタンスで表現するために、例外的でないオブジェクトにはプロトタイプから標準的な値を取得させるために使用できます。

またオーバーライドは、標準的な関数や配列のプロトタイプに、基本的なオブジェクトのプロトタイプとは異なる toString メソッドを与えるためにも使用されます。

```
console.log(Array.prototype.toString ==
            Object.prototype.toString);
// → false
console.log([1, 2].toString());
// → 1,2
```

配列に対して toString を呼び出すと、配列に対して .join(",") を呼び出したのと同じような結果になり、配列の値の間にカンマが置かれます。Object.prototype.toString を配列で直接呼び出すと、異なる文字列が生成されます。この関数は配列を知らないので、単にオブジェクトという単語と型の名前を角括弧で囲んでいます。

```
console.log(Object.prototype.toString.call([1, 2]));
// → [object Array].
```

マップ

map という言葉は、5 章の「map による変換」で、データ構造の要素に関数を適用して変換する操作で使われています。紛らわしいですが、プログラミングの世界では、同じ言葉が、関連しているようでいて、ちょっと違うことにも使われます。

ここでのmap（名詞）とは、値（キー）と他の値を関連付けるデータ構造です。たとえば、名前と年齢を対応させることが可能です。これには、オブジェクトを使うことができます。

```
let ages = {
  Boris: 39,
  Liang: 22,
  Júlia: 62
};

console.log(`Júlia is ${ages["Júlia"]}`);
// → ジュリアは62歳
console.log("Is Jack's age known?", "Jack" in ages);
// → ジャックの年齢は知られているか？ false
console.log("Is toString's age known?", "toString" in ages);
// → toStringの年齢がわかっているか？ true
```

ここでは、オブジェクトのプロパティ名が人の名前で、プロパティ値が彼らの年齢になっています。しかし、確かにmapにはtoStringという名前の人は載っていませんでした。しかし、プレーンなオブジェクトはObject.prototypeから派生しているので、そのプロパティがあるように見えます。

このように、プレーンなオブジェクトをmapとして使用するのは危険です。この問題を回避するには、いくつかの方法が考えられます。まず、プロトタイプを持たないオブジェクトを作ることができるでしょう。Object.createにnullを渡すと、生成されるオブジェクトはObject.prototypeから派生しないため、安全にmapとして使用できます。

```
console.log("toString" in Object.create(null));
// → false
```

オブジェクトのプロパティ名は文字列でなければなりません。オブジェクトのように、キーを簡単に文字列に変換できないmapが必要な場合は、オブジェクトをmapとして使用することはできません。

幸いなことに、JavaScriptにはこのような目的のために書かれたMapというクラスが用意されています。Mapはマッピングを保存し、どのようなタイプのキーでも使用できます。

```
let ages = new Map();
ages.set("Boris", 39);
ages.set("Liang", 22);
ages.set("Júlia", 62);
```

```
console.log(`Júlia is ${ages.get("Júlia")}`);
// → Júlia は 62 歳
console.log("Is Jack's age known?", ages.has("Jack"));
// → Jack の年齢は知られているか？ false
console.log(ages.has("toString"));
// → false
```

set、get、has の各メソッドは、Map オブジェクトのインターフェイスの一部です。大きな値のセットを素早く更新したり検索したりするデータ構造を書くのは簡単ではありませんが、心配する必要はありません。誰かがやってくれたことを、このシンプルなインターフェイスを介して利用できます。

何らかの理由で map として扱う必要があるプレーンなオブジェクトがある場合は、Object.keys がオブジェクト自身のキーのみを返し、プロトタイプのキーは返さないことを知っておくと便利です。in 演算子の代わりに、オブジェクトのプロトタイプを無視する hasOwnProperty メソッドを使用することもできます。

```
console.log({x: 1}.hasOwnProperty("x"));
// → true
console.log({x: 1}.hasOwnProperty("toString"));
// → false
```

ポリモーフィズム

オブジェクトで String 関数（値を文字列に変換する関数）を呼び出すと、そのオブジェクトの toString メソッドが呼び出され、オブジェクトから意味のある文字列を作成しようとします。標準的なプロトタイプの中には、独自のバージョンの toString を定義して、"[object Object]" よりも有用な情報を含む文字列を作成できるようにしているものがあると述べました。自分でそれを行うこともできます。

```
Rabbit.prototype.toString = function() {
  return `a ${this.type} rabbit`;
};
console.log(String(blackRabbit));
// → 黒いウサギ
```

これは、強力なアイデアの簡単な例です。あるコードが、特定のインターフェイス（この場合は toString メソッド）を持つオブジェクトを扱うように書かれている場合、そのインターフェイスをたまたまサポートしているあらゆる種類のオブジェクトをコードに差し込むことができるのです。コードは、そのまま動作します。

こうした手法は、ポリモーフィズム（多相性）と呼ばれます。ポリモーフィックな（多様な形を持つ）コードは、インターフェイスさえサポートしていれば、さまざまな形状の値を扱えます。

4章の「配列のループ」では、変数の定義の後にofをつけてforループを書くと、複数の種類のデータ構造をループできると書きました。

これも一種のポリモーフィズムです。このようなループは、データ構造が特定のインターフェイスを公開することを期待しており、配列や文字列がそれにあたります。そして、このインターフェイスを自分のオブジェクトに追加することもできます。しかし、その前に、シンボルとは何かを理解しておく必要があるでしょう。

シンボルについて

複数のインターフェイスで、同じプロパティ名を異なるものに使用することは可能です。たとえば、toStringメソッドがオブジェクトをyarn（node.jsの代表的なパッケージマネージャで、サーバーサイドの処理を担う）に変換するようなインターフェイスを定義できます。あるオブジェクトが、そのインターフェイスと標準的なtoStringの使い方の両方に準拠することはできません。

これは良くないことですが、この問題はそれほど知られていません。ほとんどのJavaScriptプログラマは考慮していないでしょう。しかし、こうした問題を考えるのが仕事である言語デサイナーは解決策を提示してくれました。

「プロパティ名は文字列である」と言いましたが、これは完全に正確ではありません。通常は文字列ですが、シンボルであることもあります。シンボルはシンボル関数によって作られた値です。文字列とは異なり、新しく作成されたシンボルは一意であり、同じシンボルを2度作成することはできません。

```
let sym = Symbol("name");
console.log(sym == Symbol("name"));
// → false
Rabbit.prototype[sym] = 55;
console.log(blackRabbit[sym]);
// → 55
```

Symbolに渡した文字列は、文字列に変換するときに含まれ、たとえばコンソールでシンボルを表示するときにシンボルを認識しやすくすることができます。しかし、それ以上の意味はなく、複数のシンボルが同じ名前を持つこともあります。

シンボルは、ユニークであると同時に、プロパティ名として使用できるので、他のプロパティと共存できるインターフェイスを定義するのに適しています。

```
const toStringSymbol = Symbol("toString");
Array.prototype[toStringSymbol] = function() {
      return `${this.length} cm of blue yarn`;
};

console.log([1, 2].toString());
// → 1,2
console.log([1, 2][toStringSymbol]());
// → 2cmの青い毛糸
```

symbolプロパティをオブジェクト式やクラスに含めるのは、プロパティ名を角括弧で囲むことにより可能です。これによって、角括弧によるプロパティアクセス記法と同様に、プロパティ名が評価され、シンボルを保持するバインディングを参照することができます。

```
let stringObject = {
  [toStringSymbol]() { return "a jute rope"; }
};
console.log(stringObject[toStringSymbol]());
// → 麻縄
```

イテレータのインターフェイス

for/ofループに与えられるオブジェクトはイテレート可能であることが期待されます。これはSymbol.iteratorシンボル（言語で定義されたシンボル値で、Symbol関数のプロパティとして格納されています）で名付けられたメソッドを持っていることを意味しています。

このメソッドは、呼ばれたときに、2番目のインターフェイスであるイテレータを提供するオブジェクトを返す必要があります。これは、実際に繰り返し行われます。イテレータは次の結果を返すnextメソッドを持っていて、その結果は、次の値がある場合はその値を提供するvalueプロパティ、それ以上の結果がない場合はtrue、それ以外の場合はfalseを返す、doneプロパティを持つオブジェクトでなければなりません。

next、value、doneのプロパティ名はシンボルではなく、プレーンな文字列であることに注意してください。多くの異なるオブジェクトに追加される可能性のあるSymbol.iteratorだけが、実際のシンボルです。

このインターフェイスは、直接利用可能です。

```
let okIterator = "OK"[Symbol.iterator]();
```

```
console.log(okIterator.next());
// → {value: "O", done: false}
console.log(okIterator.next());
// → {value: "K", done: false}
console.log(okIterator.next());
// → {value: undefined, done: true}
```

イテレート可能なデータ構造を実装してみましょう。ここでは、2次元の配列として動作するmatrixクラスを作ります。

```
class Matrix {
  constructor(width, height, element = (x, y) => undefined) {
    this.width = width;
    this.height = height;
    this.content = [];

    for (let y = 0; y < height; y++) {
      for (let x = 0; x < width; x++) {
        this.content[y * width + x] = element(x, y);
      }
    }
  }

  get(x, y) {
    return this.content[y * this.width + x];
  }
  set(x, y, value) {
    this.content[y * this.width + x] = value;
  }
}
```

このクラスは、コンテンツをwidth × heightの要素を持つ1つの配列に格納します。要素は行ごとに格納されるので、たとえば5行目の3番目の要素は、(ゼロベースのインデックスを使用して) 4 × width + 2の位置に格納されます。

コンストラクタには、幅、高さ、および初期値を埋めるために使用されるオプションのcontent関数が渡されます。行列の要素を取得したり更新したりするために、getメソッドおよびsetメソッドが用意されています。

行列をループするときには、通常、要素自体だけでなく、要素の位置も重要になるため、イテレータにx、y、valueプロパティを持つオブジェクトを生成させましょう。

```
class MatrixIterator {
```

```
  constructor(matrix) {
    this.x = 0;
    this.y = 0;
    this.matrix = matrix;
  }

  next() {
    if (this.y == this.matrix.height) return {done: true};

    let value = {x: this.x,
                 y: this.y,
                 value: this.matrix.get(this.x, this.y)};
    this.x++;
    if (this.x == this.matrix.width) {
      this.x = 0;
      this.y++;
    }
    return {value, done: false};
  }
}
```

このクラスは、行列の x と y のプロパティで反復処理の進行状況を追跡します。次のメソッドは、まず行列の底に到達したかをチェックします。到達していない場合は、現在の値を保持するオブジェクトを作成した上で、必要に応じて次の行に移動して位置を更新します。

Matrix クラスを反復可能に設定しましょう。本書では、個々のコードが小さく自己完結するように、クラスにメソッドを追加するため、事後的なプロトタイプ操作を使うことがあります。通常のプログラムでは、コードを小さく分割する必要はないので、代わりにこれらのメソッドをクラス内で直接宣言します。

```
Matrix.prototype[Symbol.iterator] = function() {
  return new MatrixIterator(this);
};
```

これで for/of を使って行列をループすることができます。

```
let matrix = new Matrix(2, 2, (x, y) => `value ${x},${y}`);
for (let {x, y, value} of matrix) {
  console.log(x, y, value);
}
// → 0 0 value 0,0
```

```
// → 1 0 value 1,0
// → 0 1 value 0,1
// → 1 1 value 1,1
```

getter、setter、そしてstatic

インターフェイスは主にメソッドで構成されることが多いのですが、関数以外の値を保持するプロパティを含めることも可能です。たとえば、Map オブジェクトには、何個のキーが格納されているかを示す size プロパティがあります。

このようなオブジェクトでは、プロパティを計算してインスタンスに直接格納する必要もありません。直接アクセスされるプロパティであっても、メソッドコールが隠されている場合があります。そのようなメソッドは getter と呼ばれ、オブジェクト式やクラス宣言のメソッド名の前に get と書くことで定義されます。

```
let varyingSize = {
  get size() {
    return Math.floor(Math.random() * 100);
  }
};

console.log(variingSize.size);
// → 73
console.log(variingSize.size);
// → 49
```

このオブジェクトの size プロパティから読み取るたびに、関連するメソッドが呼び出されます。プロパティが書き込まれたときも、setter を使って同様のことができます。

```
class Temperature {
  constructor(celsius) {
    this.celsius = celsius;
  }
  get fahrenheit() {
    return this.celsius * 1.8 + 32;
  }
  set fahrenheit(value) {
    this.celsius = (value - 32) / 1.8;
  }
```

```
  static fromFahrenheit(value) {
    return new Temperature((value - 32) / 1.8);
  }
}

let temp = new Temperature(22);
console.log(temp.fahrenheit);
// → 71.6
temp.fahrenheit = 86;
console.log(temp.celsius);
// → 30
```

Temperature クラスでは、温度を摂氏または華氏のいずれかで読み書きできますが、内部的には摂氏のみを保存し、fahrenheit の getter と setter の中で自動的に変換されます。

場合によっては、プロトタイプではなく、コンストラクタ関数に直接プロパティを付加したいことがあります。このようなメソッドは、クラスのインスタンスにアクセスすることはできませんが、たとえばインスタンスを作成する追加の方法を提供するために使用できます。

クラス宣言の中で、名前の前に static と書かれたメソッドは、コンストラクタに格納されます。そのため、Temperature クラスでは、Temperature.fromFahrenheit(100) と書くことで、華氏を使って温度を作成できるのです。

継承

ある種の行列は対称であることが知られています。対称行列をその左上から右下の対角線を中心にミラーリングすると、同じ値になります。つまり、x、y に格納されている値は、つねに y、x に格納されている値と同じになるのです。

Matrix のようなデータ構造が必要であると想像してみてください。Matrix が対称であること、そして対称であり続けることを強制するデータ構造です。最初から書くこともできますが、しかし、すでに書いたものとよく似たコードを繰り返し書くことになります。

JavaScript のプロトタイプシステムでは、古いクラスとよく似た新しいクラスを作成できますが、そのクラスのプロパティのいくつかは新しく定義されます。新しいクラスのプロトタイプは、古いプロトタイプから派生しますが、たとえば set メソッドに新しい定義を追加します。

オブジェクト指向プログラミングの用語では、これは「継承」と呼ばれます。新しいクラスは、古いクラスのプロパティと振る舞いを継承します。

```
class SymmetricMatrix extends Matrix {
  constructor(size, element = (x, y) => undefined) {
    super(size, size, (x, y) => {
```

```
      if (x < y) return element(y, x);
      else return element(x, y);
    });
  }

  set(x, y, value) {
    super.set(x, y, value);
    if (x != y) {
      super.set(y, x, value);
    }
  }
}

let matrix = new SymmetricMatrix(5, (x, y) => `${x},${y}`);
console.log(matrix.get(2, 3));
// → 3,2
```

extendsという言葉が使われているのは、このクラスがデフォルトのObjectプロトタイプを直接ベースにしたものではなく、他のクラスをベースにしたものであるべきだということを示しています。これは、スーパークラスと呼ばれます。派生クラスはサブクラスです。

SymmetricMatrixのインスタンスを初期化するために、コンストラクタはsuperキーワードを使ってスーパークラスのコンストラクタを呼び出します。これが必要なのは、この新しいオブジェクトが（大まかに）行列のように振る舞う場合、行列が持つインスタンスプロパティが必要になるからです。行列が対称的になるように、コンストラクタはcontentメソッドをラップして、対角線より下の値の座標を入れ替えます。

setメソッドは再びsuperを使用しますが、今回はコンストラクタを呼び出すのではなく、スーパークラスのメソッドセットから特定のメソッドを呼び出します。setを再定義していますが、元の動作を使用したいと考えています。this.setは新しいsetメソッドを参照しているので、これを呼び出しても動作しません。クラスのメソッドの中で、superはスーパークラスで定義されたメソッドを呼び出す方法を提供しています。

継承することで、既存のデータ型からわずかに異なるデータ型を比較的少ない作業で構築できます。継承は、カプセル化やポリモーフィズムと並んで、オブジェクト指向の基本的な伝統です。しかし、後者2つが一般に素晴らしいアイデアであると評価されているのに対し、継承には賛否両論があります。

カプセル化やポリモーフィズムは、コードの断片を互いに分離し、プログラム全体のもつれを軽減するために使われますが、継承は基本的にクラスを結び付け、さらにもつれを生じさせます。クラスを継承する際には、そのクラスがどのように動作するかについて、単に使用する場合よりも多くの知識が必要となります。継承は便利なツールであり、私も自分のプログラムで時々使っていますが、最初に手を出すべきツールではありませんし、クラス階層（クラスのファミリーツリー）を構築する機会を積極的に探すべきではないでしょう。

instanceof 演算子

あるオブジェクトが特定のクラスから派生したものであるかを知ることは、時に有用です。そのために、JavaScript は instanceof という 2 項演算子を用意しています。

```
console.log(
  new SymmetricMatrix(2) instanceof SymmetricMatrix);
// → true
console.log(new SymmetricMatrix(2) instanceof Matrix);
// → true
console.log(new Matrix(2, 2) instanceof SymmetricMatrix);
// → false
console.log([1] instanceof Array);
// → true
```

演算子は継承された型を見分けられるので、SymmetricMatrix は Matrix のインスタンスとなります。また、この演算子は Array のような標準的なコンストラクタにも適用できます。ほとんどすべてのオブジェクトは Object のインスタンスです。

まとめ

オブジェクトは単に自分のプロパティを保持するだけではありません。オブジェクトにはプロトタイプがあり、それは別のオブジェクトです。プロトタイプがそのプロパティを持っている限り、オブジェクトは自分が持っていないプロパティを持っているかのように振る舞います。単純なオブジェクトは、そのプロトタイプとして Object.prototype を持ちます。

コンストラクタは、通常、名前が大文字で始まる関数で、new 演算子と一緒に使用することで新しいオブジェクトを作成できます。新しいオブジェクトのプロトタイプは、コンストラクタの prototype プロパティで指定されたオブジェクトになります。このことを利用して、ある型の値に共通するプロパティをプロトタイプに入れることができます。クラス記法では、コンストラクタとそのプロトタイプを明確に定義できます。

getter や setter を定義することで、オブジェクトのプロパティにアクセスするたびに密かにメソッドを呼び出すことができます。static メソッドとは、クラスのプロトタイプではなく、クラスのコンストラクタに格納されているメソッドのことです。

instanceof 演算子は、オブジェクトとコンストラクタを与えると、そのオブジェクトがそのコンストラクタのインスタンスであるかを教えてくれます。

オブジェクトの便利な使い方の 1 つに、オブジェクトのインターフェイスを指定し、そのインターフェイスを通してのみオブジェクトと対話するように伝えることがあります。オブジェクトを構成する残りの詳細は、インターフェイスの後ろに隠され、カプセル化されています。

複数の型が同じインターフェイスを実装することもできます。インターフェイスを使用するように書かれたコードは、そのインターフェイスを提供するいくつもの異なるオブジェクトをどのように扱うかを自動的に知っています。これは、ポリモーフィズム（多相性）と呼ばれます。

細部が異なるだけの複数のクラスを実装する場合、時として、新しいクラスを既存のクラスのサブクラスとして記述し、そのクラスの動作の一部を継承するのが有効です。

練習問題

ベクトルの型

2次元空間のベクトルを表すクラスVecを書きましょう。Vecクラスは、xとyのパラメータ（数値）を受け取り、同名のプロパティに保存します。

Vecのプロトタイプにplusとminusという2つのメソッドを与えます。これらのメソッドは、他のベクトルをパラメータとして受け取り、2つのベクトル（このベクトルとパラメータ）のxとyの値の和または差を持つ新しいベクトルを返します。

ベクトルの長さ、つまり原点(0, 0)から点(x, y)への距離を計算するgetterプロパティのlengthをプロトタイプに追加します。

group

標準的なJavaScript環境には、Setというデータ構造が用意されています。Mapのインスタンスのように、Setは値のコレクションを保持します。Mapとは異なり、他の値とそれらの値を関連付けることはなく、どの値がセットの一部であるかを追跡するだけです。値は一度だけセットの一部になることができ、再度追加しても何の効果もありません。

Groupと呼ばれるクラスを書きましょう（Setはすでに使われているので）。Setのように、Groupにはadd、delete、hasのメソッドが用意されています。Groupのコンストラクタは空のグループを作成し、addは値をグループに追加し（まだメンバーでない場合のみ）、deleteは引数をグループから削除し（メンバーである場合）、hasは引数がグループのメンバーであるかを示すboolean値を返します。

2つの値が同じかを判断するには、===演算子、またはindexOfなどの同等の演算子を使用します。

クラスに、反復可能なオブジェクトを引数として受け取り、それを反復して生成されたすべての値を含むグループを作成する静的なfromメソッドを与えます。

イテレート可能なgroup

前の演習で使用したGroupクラスを反復可能にします。インターフェイスの正確な形式がわからない場合は、この章の前半にある「イテレータのインターフェイス」のセクションを参照してください。

グループのメンバーを表すのに配列を使用した場合、配列に対してSymbol.iteratorメソッドを呼び出して作成したイテレータを返すだけでは駄目です。うまくいくかもしれませんが、この練習問題の意図に反するからです。

反復処理中にグループが変更されたとき、イテレータの動作がおかしくなっても構いません。

メソッドの借用

この章の前半で、オブジェクトのhasOwnPropertyは、プロトタイプのプロパティを無視したいときに、in演算子の代わりに、より強固な方法として使用できると述べました。しかし、mapに"hasOwnProperty"という単語を含める必要がある場合はどうでしょう。オブジェクト自身のプロパティがメソッドの値を隠してしまうため、そのメソッドを呼び出すことができなくなってしまいます。

hasOwnPropertyという名前のプロパティを持っているオブジェクトに対して、hasOwnPropertyを呼び出す方法を考えてみてください。

"マシンが考えられるかという問題は、潜水艦が泳げるかという問題と同じくらい重要です"

— エドガー・ダイクストラ『計算機科学への脅威』

Chapter

7 プロジェクト:ロボット

「プロジェクト」の章では、しばらくの間、新しい理論の説明をするのをやめて、一緒にプログラムを作ってみましょう。プログラムを学ぶためには理論も必要ですが、実際のプログラムを読んで理解することも同様に重要です。

この章では、オートマトンを作ります。オートマトンとは、仮想世界でタスクを実行する小さなプログラムです。このオートマトンは、小包を受け取り、送り届ける郵便配達ロボットです。

メドウフィールド

メドウフィールドの村はあまり大きくありません。村は 11 の場所で構成され、場所の間には 14 の道路があります。次のような道路の配列で表現されるわけです。

```
const roads = [
  "Alice's House-Bob's House",   "Alice's House-Cabin",
  "Alice's House-Post Office",   "Bob's House-Town Hall",
  "Daria's House-Ernie's House", "Daria's House-Town Hall",
  "Ernie's House-Grete's House", "Grete's House-Farm",
  "Grete's House-Shop",          "Marketplace-Farm",
  "Marketplace-Post Office",     "Marketplace-Shop",
  "Marketplace-Town Hall",       "Shop-Town Hall"
];
```

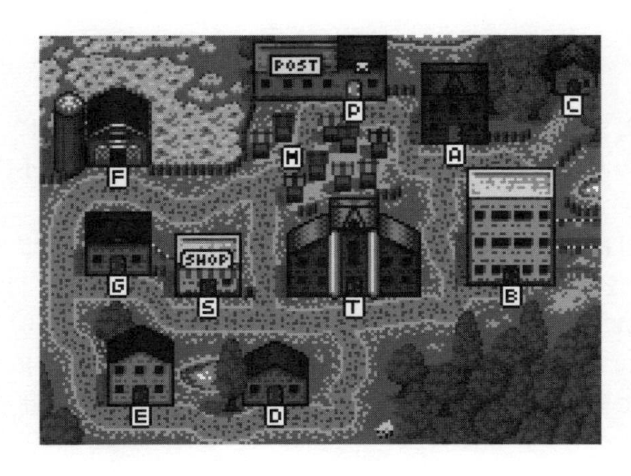

村の道路のネットワークは、グラフを形成しています。グラフとは、点（村の建物）とその間を結ぶ線（道路）の集まりです。このグラフが、ロボットが移動する世界になります。

文字列の配列は、あまり扱いやすくありません。私たちが興味を持っているのは、ある建物からたどり着ける目的地です。道路のリストをデータ構造に変換して、各建物について、そこからどこへ到達できるかを教えてあげましょう。

```
function buildGraph(edges) {
  let graph = Object.create(null);
  function addEdge(from, to) {
    if (graph[from] == null) {
      graph[from] = [to];
    } else {
      graph[from].push(to);
    }
  }
  for (let [from, to] of edges.map(r => r.split("-"))) {
    addEdge(from, to);
    addEdge(to, from);
  }
  return graph;
}

const roadGraph = buildGraph(roads);
```

辺の配列が与えられると、buildGraph は各ノードに対して、接続されたノードの配列を格納する map オブジェクトを作成します。

split メソッドを使って、"Start-End" という形式の道路の文字列から、開始と終了を別々の文字列として含む 2 要素の配列に変換します。

課題について

私たちのロボットは、村の中を移動します。様々な建物に小包があり、それぞれがどこかに宛てられています。ロボットは、小包のある場所に来ると小包を拾い、目的地に到着すると小包を届けます。

オートマトンは、それぞれの地点で、次にどこに行くかを決めなければなりません。すべての小包を配達すると、ロボットはタスクを終了します。

このプロセスをシミュレーションするには、それを記述できる仮想世界を定義しなければなりません。このモデルは、ロボットがどこにいて小包がどこにあるかを教えてくれます。ロボットがどこかに移動することになったら、モデルを更新して新しい状況を反映させる必要があります。

もしあなたがオブジェクト指向プログラミングの観点から考えているのであれば、最初の衝動は、世界の様々な要素のためにオブジェクトを定義し始めることかもしれません。これらのオブジェクトは現在の状態を表すプロパティを持ち、たとえばある場所にある小包の山のように、世界を更新する際に変更できます。

これは間違っています。

少なくとも、通常はそうです。何かがオブジェクトのようだからといって、プログラムの中で自動的にオブジェクトになるとは限りません。アプリケーション内のすべての概念に対して反射的にクラスを書くと、それぞれが内部で変化する状態を持つ、相互に接続されたオブジェクトの集まりになってしまいがちです。そのようなプログラムは、理解するのが難しく、壊れやすいのです。

その代わりに、村の状態を定義する最小限の値のセットにまとめてみましょう。ロボットの現在地と、肝心の小包の集まりがあり、それぞれが現在地と目的地の住所を持っています。これだけです。

ついでに、ロボットが移動してもこの状態を変えずに、移動後の状況に合わせて新しい状態を計算するようにしましょう。

```
class VillageState {
  constructor(place, parcels) {
    this.place = place;
    this.parcels = parcels;
  }

  move(destination) {
    if (!roadGraph[this.place].includes(destination)) {
      return this;
    } else {
      let parcels = this.parcels.map(p => {
        if (p.place != this.place) return p;
        return {place: destination, address: p.address};
      }).filter(p => p.place != p.address);
      return new VillageState(destination, parcels);
    }
  }
}
```

move メソッドはアクションを起こすところです。まず、現在の場所から目的地に行く道があるかをチェックし、ない場合は有効な移動ではないので、古い状態を返します。

そして、目的地をロボットの新しい場所として、新しい状態を作成します。ロボットが運んでいる（現在の場所にある）小包は、新しい場所に一緒に移動させなくてはなりません。そして、新しい場所を宛先とする小包は配達する必要があります。つまり、未配達の小包のセットから取り除く必要があるのです。移動はmapの呼び出しが行い、配送はfilterの呼び出しが行います。

小包オブジェクトは移動しても変更されず、再作成されます。moveメソッドは、新しい村の状態を与えますが、古い村の状態は完全にそのまま残します。

```
let first = new VillageState(
  "Post Office",
  [{place: "Post Office", address: "Alice's House"}]
);
let next = first.move("Alice's House");

console.log(next.place);
// → Alice's House
console.log(next.parcels);
// → []
console.log(first.place);
// → Post Office
```

この動作により、小包は配達され、次の状態に反映されます。しかし、初期状態では、ロボットが郵便局にいて、小包が届いていないという状況が描かれています。

永続データ

変化しないデータ構造は「不変」または「永続」と呼ばれます。これらは文字列や数字のように、時と場合に応じて異なる内容を含むことなく、あるがままの状態を維持するように振る舞います。

JavaScriptでは、あらゆるものが変更可能であるため、永続的であるはずの値を扱うには多少の抑制が必要です。Object.freezeという関数があります。これは、オブジェクトを変更して、そのプロパティへの書き込みを無視するものです。この関数を使って、オブジェクトが変更されないように注意することができます。フリーズすると、コンピュータは余分な作業をしなければなりませんし、更新を無視されることは、間違ったことをされるのと同じくらい、人を混乱させる可能性があります。ですから、私は通常、あるオブジェクトをいじってはいけないということを伝え、それを覚えておいてもらうようにしています。

```
let object = Object.freeze({value: 5});
object.value = 10;
console.log(object.value);
// → 5
```

言語が明らかにオブジェクトの変更を期待しているのに、なぜ私はわざわざオブジェクトを変更しないようにしているのでしょう。

それが自分のプログラムを理解する上で役立つからです。これも複雑さの管理です。私のシステムのオブジェクトが固定された安定したものであれば、それらに対する操作を分離して考えることができます。たとえば、ある開始状態からアリスの家に移動すると、つねに同じ新しい状態が生成されます。しかし、オブジェクトが時間とともに変化すると、この種の推論にはまったく新しい次元の複雑さが加わることになります。

この章で紹介するような小さなシステムであれば、そのような複雑さにも対応できます。しかし、どのようなシステムを作れるかについての最も重要な制限は、どれだけ理解できるかということです。コードを理解しやすくすることで、より野心的なシステムを構築できるのです。

永続的なデータ構造に基づいたシステムを理解するのは簡単ですが、設計するのは、特にプログラミング言語が役に立たない場合は、残念ながら少し難しくなります。本書では、永続的なデータ構造を使用する機会を探していますが、変更可能なデータ構造も使用する予定です。

シミュレーション

配達ロボットは、世界を見て、どの方向に移動したいかを決めます。つまり、ロボットとは、VillageState オブジェクトを受け取り、近くにある場所の名前を返す関数であると言えます。

ロボットには、計画を立てて実行するための記憶力を持たせたいので、メモリを渡して、新しいメモリを返すようにしています。したがって、ロボットが返すのは、移動したい方向と、次に呼ばれたときに返されるメモリの値を含んだオブジェクトです。

```
function runRobot(state, robot, memory) {
  for (let turn = 0;; turn++) {
    if (state.parcels.length == 0) {
      console.log(`Done in ${turn} turns`);
      break;
    }
    let action = robot(state, memory);
    state = state.move(action.direction);
    memory = action.memory;
    console.log(`Moved to ${action.direction}`);
  }
}
```

与えられた状態を「解決」するために、ロボットが何をしなければならないかを考えてみましょう。ロボットは、小包がある場所をすべて訪れてすべての小包を拾い、小包が宛てられた場所をすべて訪れて小包を届けなければなりませんが、それは小包を拾った後でなければなりません。

最も馬鹿げた、機能するかもしれない戦略は何でしょう。ロボットは、毎ターン、ランダムな方向に歩くことができます。つまり、かなりの確率で、最終的にはすべての小包に遭遇し、さらにある時点で、小包を届けるべき場所に到達することになります。

その様子はこんな感じです。

```
function randomPick(array) {
  let choice = Math.floor(Math.random() * array.length);
  return array[choice];
}

function randomRobot(state) {
  return {direction: randomPick(roadGraph[state.place])};
}
```

Math.random() は、0 から 1 の間の数を返しますが、つねに 1 以下であることを覚えておいてください。このような数値に配列の長さを掛けて Math.floor を適用すると、配列のランダムなインデックスが得られます。

このロボットは何も記憶する必要がないので、2 番目の引数を無視し（JavaScript の関数は余分な引数を指定しても悪影響がないことを覚えておいてください）、返されるオブジェクトの memory プロパティも省略しています。

この洗練されたロボットを動作させるには、まずいくつかの小包で新しい状態を作成する方法が必要です。static メソッド（ここではコンストラクタに直接プロパティを追加して記述しています）は、その機能を実装するのに適した場所でしょう。

```
VillageState.random = function(parcelCount = 5) {
  let parcels = [];
  for (let i = 0; i < parcelCount; i++) {
    let address = randomPick(Object.keys(roadGraph));
    let place;
    do {
      place = randomPick(Object.keys(roadGraph));
    } while (place == address);
    parcels.push({place, address});
  }
  return new VillageState("Post Office", parcels);
};
```

宛先と同じ場所から小包が送られてくるようなことがあってはいけません。このため、do ループでは、宛先と同じ場所が見つかると、新しい場所を選び続けます。

仮想世界を立ち上げてみましょう。

```
runRobot(VillageState.random(), randomRobot);
// → Moved to Marketplace
// → Moved to Town Hall
// → ...
// → Done in 63 turns
```

ロボットが小包を届けるのに何度も交代しているのは、計画性がないからです。これはすぐに解決しましょう。

郵便車のルート

ランダムなロボットよりもはるかに良い結果が得られるはずです。簡単な改善策としては、現実の郵便配達の仕組みからヒントが得られます。村のすべての場所を通過するルートを見つけて、ロボットはそのルートを2回走らせれば、その時点で作業が完了するはずです。ここでは、そうしたルートを紹介しましょう（郵便局からスタート）。

```
const mailRoute = [
  "Alice's House", "Cabin", "Alice's House", "Bob's House",
  "Town Hall", "Daria's House", "Ernie's House",
  "Grete's House", "Shop", "Grete's House", "Farm",
  "Marketplace", "Post Office"
];
```

ルートをたどるロボットを実現するには、ロボットのメモリを利用する必要があります。ロボットはルートの残りの部分をメモリに保持し、毎ターン、最初の要素をドロップします。

```
function routeRobot(state, memory) {
  if (memory.length == 0) {
    memory = mailRoute;
  }
  return {direction: memory[0], memory: memory.slice(1)};
}
```

このロボットはすでにかなり速くなっています。最大で26ターン（13ステップのルートの2倍）かかりますが、通常はそれ以下です。

経路探索

ただ、決まったルートをやみくもにたどるのは、知的な行動とは言えません。ロボットは、実際の作業に合わせて行動を変えることで、より効率的に働くことができます。

そのためには、意図的に小包のある場所、あるいは小包を届けるべき場所に向かって移動できなければなりません。それには、目的地へは複数回の移動と、何らかの経路探索機能が必要になります。

グラフを通るルートの発見は、典型的な探索問題です。与えられた解（ルート）が有効な解であるかはわかりますが、2 + 2 のように解を直接計算することはできません。その代わり、有効な解が見つかるまで、解の候補を作り続ける必要があります。

グラフを通る可能なルートの数は無限大です。しかし、A から B へのルートを探すとき、気にするべきは A から始まるルートだけです。また、同じ場所を 2 回通るようなルートは、絶対に効率の良いルートではないので、気にしません。そのため、経路探索者が検討すべき経路の数を減らせます。

実際、私たちの関心は最短ルートにあります。だから、長いルートを探す前に、短いルートを探すようにしたいのです。良い方法は、出発点からルートを「成長」させ、まだ訪れていない到達可能な場所をすべて探索し、ゴールに到達するまでのルートを作ることです。そうすれば、興味を引きそうなルートだけを探索し、ゴールまでの最短ルート（複数のルートがある場合は最短ルートの 1 つ）を見つけることができます。

これを行う関数を紹介しましょう。

```
function findRoute(graph, from, to) {
  let work = [{at: from, route: []}];
  for (let i = 0; i < work.length; i++) {
    let {at, route} = work[i];
    for (let place of graph[at]) {
      if (place == to) return route.concat(place);
      if (!work.some(w => w.at == place)) {
        work.push({at: place, route: route.concat(place)});
      }
    }
  }
}
```

探索は、先に到達した場所から順番に行わなければなりません。到達した場所をすぐに探索することはできません。なぜなら、そこから到達した場所もすぐに探索することになるからです。まだ探索されていない他の近道があるかもしれないのです。

そこで、この機能では「ワークリスト」を用意しています。これは、次に探索すべき場所と、そこに至るまでの経路を配列したものです。最初はスタート位置と空のルートだけでスタートします。

調査は、リストの次の項目を取って、それを探索することで行われます。つまり、その場所から行くすべての道が調べられるのです。その中の 1 つがゴールであれば、完成したルートを返すことができます。そうでなければ、その場所を見たことがなければ、新しいアイテムがリストに追加されます。以前に見たことがあれば、まず短いルートを見ているので、その場所へのより長いルートか、既存のルートと同じくらいの長さのルートを見つけたことになり、それを探索する必要はありません。

イメージとしては、スタート地点から既知のルートが網の目のように這い出て、四方八方に均等に伸びていくという感じでしょうか（ただし、自分自身には決して絡みつくことはありません）。最初のスレッドがゴール地点に到達するとすぐに、そのスレッドはスタート地点まで遡り、ルートが得られます。

私たちのコードでは、作業リストに作業項目がなくなった場合は処理しません。なぜなら、グラフは連結されていて、すべての場所が他のすべての場所から到達できることがわかっているからです。2点間のルートは必ず見つかりますし、調査が失敗することもありません。

```
function goalOrientedRobot({place, parcels}, route) {
  if (route.length == 0) {
    let parcel = parcels[0];
    if (parcel.place != place) {
      route = findRoute(roadGraph, place, parcel.place);
    } else {
      route = findRoute(roadGraph, place, parcel.address);
    }
  }
  return {direction: route[0], memory: route.slice(1)};
}
```

このロボットは、経路探索ロボットと同じように、メモリの値を移動方向のリストとして使用します。そのリストが空になると、次に何をすべきかを考えなければなりません。セットの中から最初の未配達の小包を取り出し、その小包がまだ受け取られていなければ、その小包に向かうルートを描きます。受け取り済みの場合は、まだ配達しなければならないので、代わりに配達先へのルートを作成します。

このロボットは通常、16ターンほどで5個の小包を配達するタスクを終えます。routeRobotよりは若干マシですが、それでも最適とは言えません。

練習問題

ロボットの測定

いくつかのシナリオを解かせただけでは、ロボットを客観的に比較することはできません。一方のロボットがたまたま簡単なタスクや得意なタスクを手に入れたのに対し、もう一方のロボットはそうではなかったのかもしれないからです。

2台のロボット（とそのスタートメモリ）を受け取る関数compareRobotsを書きましょう。この関数は100個のタスクを生成し、それぞれのロボットにそのタスクを解かせます。タスクが完了したら、各ロボットがタスクごとに要した平均ステップ数を出力してください。

公平を期すために、ロボットごとに異なるタスクを生成するのではなく、両方のロボットにそれぞれのタスクを与えるようにしてください。

ロボットの効率

goalOrientedRobotよりも早く配送タスクを完了するロボットを書くことができますか。そのロボットの行動を観察してみると、明らかに愚かなことをしていますか。それを改善するにはどうしたらいいでしょう。

もし前の練習問題を解いたのであれば、ロボットが改善されたを確認するために、compareRobots関数を使いたいと思うかもしれません。

永続的なグループ

標準的なJavaScript環境で提供されているほとんどのデータ構造は、永続的な使用にはあまり適していません。配列にはsliceメソッドやconcatメソッドがあり、古い配列を壊すことなく簡単に新しい配列を作れます。しかし、たとえばSetには、項目を追加または削除して新しいセットを作成するためのメソッドがありません。

6章のGroupクラスに似た、値のセットを格納する新しいクラスPGroupを書きましょう。Groupと同様に、addメソッド、deleteメソッド、hasメソッドを持っています。

ただし、そのaddメソッドは、与えられたメンバーが追加された新しいPGroupインスタンスを返し、古いものは変更しないようにする必要があります。同様に、deleteは与えられたメンバーがない新しいインスタンスを生成します。

このクラスは、文字列だけでなく、あらゆる型の値に対して動作するべきです。また、大量の値を扱う際に効率的である必要はありません。

コンストラクタはクラスのインターフェイスの一部であってはなりません（ただし、内部的には必ず使用したいものです）。その代わりに、空のインスタンスであるPGroup.emptyを用意し、それを開始値として使用することができます。

毎回新しい空のマップを作成する関数を持つのではなく、なぜ1つのPGroup.empty値だけが必要なのでしょうか。

"デバッグは、そもそもコードを書くことの2倍難しい。したがって、可能な限りコードを賢く書いたとしても、定義上、デバッグできるほど賢くはないのだ"

— *ブライアン・カーニガン、P.J. プラウガー*
『プログラミング・スタイル入門』

Chapter

8 バグとエラー

コンピュータプログラムの欠陥は通常、バグと呼ばれます。プログラマにとっては、たまたま自分の作品の中に入り込んできた小さなものと考えば、気分がましになるかもしれません。もちろん、実際には、自分で入れているのですが……。

プログラムが思考の結晶であるとすれば、バグは思考の混乱によるものと、思考をコードに変換する際のミスによるものに大別されます。一般に、前者は後者に比べて診断や修正が難しいと言われています。

言語

多くの間違いは、私たちが何をしようとしているかを十分に知っていれば、コンピュータが自動的に指摘してくれるでしょう。しかし、ここでJavaScriptのゆるさが邪魔になります。バインディングやプロパティの概念が曖昧なので、実際にプログラムを実行する前にタイプミスを発見することはほとんどありません。true * "monkey"を計算するなど、明らかに無意味なことが文句なくできてしまうのです。

JavaScriptが文句を言うこともあります。言語の文法に従わないプログラムを書くと、すぐに文句を言います。ほかにも、関数ではないものを呼び出したり、未定義の値のプロパティを調べたりすると、プログラム実行時にエラーが報告されます。

しかし多くの場合、あなたの無意味な計算は単にNaN（not a number）やundefinedの値を生成するのに、プログラムは何か意味のあることをしていると確信して楽しそうに続けています。誤りが明らかになるのは、偽の値がいくつかの関数を通過した後です。エラーは発生しないが、プログラムの出力が間違っているということもあります。このような問題の原因を突き止めるのは難しいのです。

プログラム中のミス、すなわちバグを発見するプロセスはデバッグと呼ばれます。

ストリクトモード

JavaScriptは、「ストリクトモード」を有効にすることで、「少し」厳密に動作させることができます。これは、ファイルや関数の先頭に"use strict"という文字列を記述することで可能です。以下にその例を示しましょう。

```
function canYouSpotTheProblem() {
  "use strict";
  for (counter = 0; counter < 10; counter++) {
    console.log("Happy happy");
  }
}

canYouSpotTheProblem();
// → ReferenceError: counter is not defined
```

通常、この例におけるcounterのように、バインディングの前にletを置き忘れた場合、JavaScriptは静かにグローバルバインディングを作成し、それを使用します。ストリクトモードでは、代わりにエラーが報告されるのです。これはとても便利です。ただし、問題のバインディングがすでにグローバルバインディングとして存在している場合には、この方法は使えません。その場合、ループはバインディングの値を静かに上書きします。

ストリクトモードにおけるもう1つの変更点は、このバインディングがメソッドとして呼び出されていない関数の中ではundefinedの値を保持することです。ストリクトモード以外でこのような呼び出しを行う場合、thisはグローバルスコープオブジェクトを参照します。これは、グローバルバインディングをプロパティとするオブジェクトです。そのため、ストリクトモードで誤ってメソッドやコンストラクタを呼び出してしまった場合、JavaScriptは喜んでグローバルスコープに書き込むのではなく、ここから何かを読み取ろうとした時点でエラーを発生させます。

たとえば、次のようなコードを考えてみましょう。このコードではnewキーワードを使わずにコンストラクタ関数を呼び出しているので、thisが新しく構築されたオブジェクトを参照することはありません。

```
function Person(name) { this.name = name; }
let ferdinand = Person("Ferdinand"); // oops
console.log(name);
// → Ferdinand
```

そのため、Personへの偽の呼び出しは成功しましたが、undefinedの値を返し、グローバルバインディングのnameを作成したのです。ストリクトモードでは、結果が異なります。

```
"use strict";
function Person(name) { this.name = name; }
let ferdinand = Person("Ferdinand"); // forgot new
// → TypeError: Cannot set property 'name' of undefined
```

すぐに「何かがおかしい」と言われるのです。これは役に立つでしょう。

幸いなことに、クラス記法で作成されたコンストラクタは、newを伴わずに呼ばれた場合には必ず文句を言うので、非ストリクトモードであっても、この問題は少なくなります。

ストリクトモードには、さらにいくつかの機能があります。関数に同じ名前の複数のパラメータを与えるのを禁止したり、問題のある言語機能を完全に削除したりします（たとえば、with文は大きく間違っているので、この本ではこれ以上説明しません）。

要するに、プログラムの先頭に"use strict"と書いておいても、ほとんど支障はなく、問題を発見するのに役立つかもしれないのです。

型

一部の言語では、プログラムを実行する前に、すべてのバインディングや式の型を知りたがります。型が矛盾した形で使われているとすぐに教えてくれるのです。JavaScriptではプログラムを実際に実行するときにのみ型を考慮しますが、その際にも暗黙のうちに値を期待する型に変換しようとすることが多いので、あまり役に立ちません。

しかし、型はプログラムを語る上で有用なフレームワークとなります。多くの間違いは、関数に入る値と関数から出る値の種類について混乱していることに起因します。その情報を書き留めておけば、混乱することは少なくなるでしょう。

前章のgoalOrientedRobot関数の前に次のようなコメントを付ければ、その型を説明することができます。

```
// (VillageState, Array) → {direction: string, memory: Array}
function goalOrientedRobot(state, memory) {
  // ...
}
```


JavaScriptのプログラムに型で注釈をつける方法には、さまざまな慣習があります。

型についての1つ言えるのは、有用なコードを記述できるようにするには、型自身の複雑さを導入する必要があるということです。配列からランダムな要素を返すrandomPick関数の型はどのようになると思いますか。randomPick関数に([T]) → T（Tの配列からTへの関数）のような型を与えられるように、任意の型を代用できるTという型変数を導入する必要があるのです。

プログラムの型がわかっていれば、プログラムを実行する前にコンピュータが型をチェックして間違いを指摘することができます。JavaScriptには、言語に型を追加してそれをチェックする方言がいくつかあります。最もポピュラーなのはTypeScriptと呼ばれるものです。自分のプログラムにもっと厳密さを加えたいと思っている人は、ぜひ試してみてください。

本書では、引き続き生の危険な型付けされていないJavaScriptコードを使用していきます。

テスト

言語が間違いを見つける手助けをしてくれないのであれば、プログラムを実行して正しい動作をするかを確認するという、難しい方法で間違いを見つけるしかありません。

この作業を手作業で何度も行うのは、本当に良くないことです。煩わしいだけでなく、変更を加えるたびにすべてを徹底的にテストするのは時間がかかりすぎて、効果的ではありません。

コンピュータは反復作業を得意としており、テストは理想的な反復作業なのです。自動テストでは、他のプログラムをテストするプログラムを作成します。テストを書くのは、手動でテストするよりも少し手間がかかりますが、一度やってしまえば、ある種の超能力を手に入れられます。つまり、テストを書いたすべての状況において、自分のプログラムがまだ正しく動作しているかを数秒で確認できるのです。何かを壊してしまっても、後からランダムに遭遇するのではなく、すぐに気づくことができるでしょう。

テストは通常、コードのある側面を検証する小さなラベル付きのプログラムの形をしています。たとえば、（標準的で、おそらく他の人がすでにテストしている）toUpperCase メソッドのテストは次のようになります。

```
function test(label, body) {
  if (!body()) console.log(`Failed: ${label}`);
}

test("convert Latin text to uppercase", () => {
  return "hello".toUpperCase() == "HELLO";
});
test("convert Greek text to uppercase", () => {
  return "Χαίρετε".toUpperCase() == "ΧΑΊΡΕΤΕ";
});
test("don't convert case-less characters", () => {
  return "你好".toUpperCase() == "你好";
});
```

このようにテストを書くと、どうしても繰り返しの多い不便なコードになってしまいます。幸いなことに、テストを表現するのに適した言語（関数やメソッド）を提供したり、テストが失敗したときに情報を出力したりすることで、テストの集合体（「テストスイート」）を構築・実行するのに役立つソフトウェアがあります。これらは通常、「テストランナー」と呼ばれます。

テストしやすいコードとそうでないコードがあります。一般に、コードと相互作用する外部のオブジェクトが多いほど、テストするためのコンテキストを設定するのが難しくなります。オブジェクトを変化させるのではなく、自己完結型の永続的な値を使用するプログラミングスタイル（前章で紹介しました）は、テストしやすい傾向にあります。

デバッグ

プログラムの動作がおかしい、エラーが発生しているなど、プログラムに問題があることに気づいたら、次のステップは問題が何であるかを把握することです。

問題が明らかな場合もあります。エラーメッセージはプログラムの特定の行を示しており、エラーの説明とその行のコードを見れば、多くの場合、問題がわかります。

しかし、必ずしもそうとは限りません。問題のきっかけとなった行が、他の場所で生成された欠陥のある値が不正な方法で使用される最初の場所であることもあります。これまでの章の練習問題を解いてきた方は、おそらくそうした状況をすでに経験しているでしょう。

次のプログラム例では、最後の1桁を取り出し、その1桁を取り除くために割り算を繰り返すことで、整数を指定された基数（10進数、2進数など）の文字列に変換しようとしています。しかし、このプログラムが現在出している奇妙な出力は、バグがあることを示唆しています。

```
function numberToString(n, base = 10) {
  let result = "", sign = "";
  if (n < 0) {
    sign = "-";
    n = -n;
  }
  do {
    result = String(n % base) + result;
    n /= base;
  } while (n > 0);
  return sign + result;
}
console.log(numberToString(13, 10));
// → 1.5e-3231.3e-3221.3e-3211.3e-3201.3e-3191.3e-3181.3...
```

問題がわかっていても、少しの間、わからないふりをしてみましょう。プログラムが誤動作していることはわかっているので、その原因を突き止めたいのです。

ここでは、コードを無造作に変更して、それがより良いものになるかを確かめたいという衝動に駆られてはいけません。そうではなく、考えるのです。何が起きているのかを分析し、それがなぜ起きているのかを理論的に考えてみましょう。

そして、その仮説を検証するための観測を行います。もし、まだ仮説がない場合は、仮説を立てるための観測を行います。

プログラムが何をしているかについて追加の情報を得るには、プログラムにいくつかの戦略的な console.log 呼び出しを入れるのが良いでしょう。ここでは、n が 13、1、0 の順に値を取るようにします。

```
13
1.3
0.13
0.013
...
1.5e-323
```

いいでしょう。13を10で割っても、整数にはなりません。n /= baseではなく、実際にはn = Math.floor(n / base)として、数値が正しく右に「シフト」されるようにします。

console.logを使ってプログラムの動作を覗き見る代わりに、ブラウザのデバッガ機能を使うこともできます。ブラウザには、コードの特定の行にブレークポイントを設定する機能があります。プログラムの実行がブレークポイントのある行に到達すると一時停止し、その時点でのバインディングの値を調べられます。デバッガはブラウザによって異なるので、詳細は省きますが、ブラウザの開発者ツールを見るか、ウェブで検索してみてください。

ブレークポイントを設定するもう1つの方法は、プログラムの中にデバッガステートメント（単にそのキーワードだけで構成されています）を入れることです。ブラウザの開発者ツールが有効であれば、そのようなステートメントに到達するたびにプログラムが一時停止します。

エラーの伝搬

残念ながら、すべての問題をプログラマが防げるわけではありません。プログラムが何らかの形で外部と通信している場合、不正な入力があったり、作業が過負荷になったり、ネットワークが故障したりする可能性があります。

自分のためだけのプログラミングであれば、そのような問題が発生するまで無視することもできるでしょう。しかし、他人が使うものを作る場合は、プログラムがクラッシュするのではなく、もっと良い結果を出したいと思うのが通常です。時には、悪い入力を受け入れ、実行し続けるのが正しいこともあります。あるいは、何が悪かったのかをユーザーに報告して、あきらめた方がいいこともあるでしょう。しかし、どちらのケースでも、プログラムは問題に対して積極的に対処しなければなりません。

たとえば、ユーザーに整数を聞いてそれを返す関数promptIntegerがあるとします。ユーザーが"orange"と入力した場合、何を返すべきでしょう。

1つの選択肢は、特別な値を返すようにすることです。このような値の一般的な選択肢は、null、undefined、または-1です。

```
function promptNumber(question) {
  let result = Number(prompt(question));
  if (Number.isNaN(result)) return null;
  else return result;
```

```
}

console.log(promptNumber("How many trees do you see?"));
```

promptNumberを呼び出したコードは、実際の数字が読み込まれたかをチェックし、それに失敗した場合は、再質問するか、デフォルト値を入力するなどして、何とか回復しなければなりません。あるいは、要求されたことを実行できなかったことを示すために、呼び出し元に特別な値を再び返すこともできます。

エラーが発生しがちで、呼び出し側が明示的にエラーに対処する必要がある場合、特別な値を返すのはエラーを示す良い方法であることが多いでしょう。しかし、これには欠点もあります。まず、関数がすでにありとあらゆる種類の値を返せるとしたらどうでしょう。そのような関数では、成功と失敗を区別するために、結果をオブジェクトでラップするようなことをしなければなりません。

```
function lastElement(array) {
  if (array.length == 0) {
    return {failed: true};
  } else {
    return {element: array[array.length - 1]};
  }
}
```

特殊な値を返すことの2つ目の問題点は、コードが不自然になることです。あるコードがpromptNumberを10回呼び出すと、nullが返されたかを10回チェックしなければなりません。また、nullを見つけたときの対応として、単純にnullを返してしまうと、今度はその関数の呼び出し元がnullをチェックしなければならない、というようなことになります。

例外

関数が正常に動作しないとき、私たちは今やっていることをやめて、その問題を処理する方法を知っているところにすぐに飛び込みたいと思うでしょう。これが、例外処理がやっていることです。

例外とは、問題が発生したコードが例外を発生させる（または投げる）ことを可能にする仕組みです。例外はどのような値でも構いません。例外を発生させることは、関数からの超強力なリターンに似ています。それは、現在の関数だけでなく、その呼び出し元からも超えて、現在の実行を開始した最初の呼び出し元にまで至ります。これは、「スタックアンワインド（unwinding the stack）」と呼ばれます。3章の「コールスタック」で紹介した関数呼び出しのスタックを覚えているでしょうか。例外はこのスタックから離れ、遭遇したすべての呼び出しコンテキストを捨ててしまいます。

もし例外がつねにスタックの一番下に焦点を合わせるのであれば、それはあまり意味がありません。プログラムを爆発させる斬新な方法を提供するだけです。例外の威力は、スタックに沿って「障害物」を設定することで、例外がスタックから離れる際にそれをキャッチできることにあります。いったん例外をキャッチしたら、その例外を使って問題を解決してから、プログラムを継続して実行できるのです。

以下はその例です。

```
function promptDirection(question) {
  let result = prompt(question);
  if (result.toLowerCase() == "left") return "L";
  if (result.toLowerCase() == "right") return "R";
  throw new Error("Invalid direction: " + result);
}

function look() {
  if (promptDirection("Which way?") == "L") {
    return "a house";
  } else {
    return "two angry bears";
  }
}

try {
  console.log("You see", look());
} catch (error) {
  console.log("Something went wrong: " + error);
}
```

throw キーワードは、例外を発生させるために使用されます。例外をキャッチするには、コードの一部を try ブロックで囲み、その後に catch キーワードを記述します。try ブロック内のコードで例外が発生すると、catch ブロックが評価され、括弧内の名前と例外値が結び付けられます。catch ブロックが終了した後、あるいは try ブロックが問題なく終了した場合、プログラムは try/catch 文全体で進行します。

このケースでは、Error コンストラクタを使用して例外値を作成しています。これは JavaScript の標準的なコンストラクタで、message プロパティを持つオブジェクトを作成します。ほとんどの JavaScript 環境では、このコンストラクタのインスタンスは、例外が作成されたときに存在したコールスタックに関する情報、いわゆるスタックトレースも収集します。この情報は、スタックプロパティに保存され、問題をデバッグする際に役立ちます。

look 関数は、promptDirection がうまくいかない可能性を完全に無視していることに注意してください。これが例外処理の大きな利点です。エラー処理のコードは、エラーが発生した時点と、それを処理する時点でのみ必要なのです。

まあ、ほとんどの場合は……。

例外の後始末

例外の影響は、別種類の制御フローが生じるということです。例外を引き起こす可能性のあるすべてのアクション（ほとんどすべての関数呼び出しやプロパティアクセス）によって、制御が突然コードから離れてしまうかもしれません。

つまり、コードにいくつかのサイドエフェクトがある場合、「通常の」制御フローではそれらが必ず発生するように見えても、例外が発生するとそのうちいくつかが発生しなくなる可能性があるということです。

ここでは、かなりひどい銀行業務で使われるコードを紹介しましょう。

```
const accounts = {
  a: 100,
  b: 0,
  c: 20
};

function getAccount() {
  let accountName = prompt("Enter an account name");
  if (!accounts.hasOwnProperty(accountName)) {
    throw new Error(`No such account: ${accountName}`);
  }
  return accountName;
}

function transfer(from, amount) {
  if (accounts[from] < amount) return;
  accounts[from] -= amount;
  accounts[getAccount()] += amount;
}
```

transfer 関数は、指定された口座から別の口座に金額を送金し、その際に別の口座の名前をたずねます。無効な口座名を与えられた場合、getAccount は例外を投げます。

しかし、transfer 関数はまず口座からお金を削除し、getAccount を呼び出してから別の口座に追加します。その時に例外で途切れてしまうと、お金が消えてしまうだけになってしまいます。

このコードは、お金を動かし始める前に getAccount を呼び出すなど、もう少し賢く書くことができたはずです。しかし、このような問題はもっと巧妙な方法で起こることが多いのです。

一見、例外を発生させなさそうな関数でも、例外を発生させてしまったり、プログラマのミスで例外を発生させてしまったりすることがあります。

このような場合に、サイドエフェクトを少なくする方法があります。この例であれば、既存のデータを変更するのではなく、新しい値を計算するというプログラムスタイルが有効です。新しい値を作っている途中でコードが止まってしまっても、途中の値は誰にも見られないので問題ありません。

しかし、それは必ずしも現実的ではありません。そこで、try 文のもう 1 つの特徴を利用しましょう。すなわち、catch ブロックの代わりに、あるいは catch ブロックに加えて、finally ブロックを使うのです。finally ブロックは、「何が起こっても、try ブロックのコードを実行しようとした後に、このコードを実行してください」というものです。

```
function transfer(from, amount) {
  if (accounts[from] < amount) return;
  let progress = 0;
  try {
    accounts[from] -= amount;
    progress = 1;
    accounts[getAccount()] += amount;
    progress = 2;
  } finally {
    if (progress == 1) {
      accounts[from] += amount;
    }
  }
}
```

このバージョンの関数は進行状況を追跡し、退出時にプログラムの状態が一貫していないところで中止されたことに気づくと、そのダメージを修復します。

try ブロックで例外が発生したときに finally コードが実行されても、その例外には干渉しないことに注意してください。finally ブロックが実行された後も、スタックは巻き戻され続けます。

予期せぬところで例外が発生しても確実に動作するプログラムを書くのは大変です。多くの人は気にしませんし、例外は通常、例外的な状況のために用意されているので、問題が発生することは非常に稀で気づかれることもありません。それが良いことなのか、それとも本当に悪いことなのかは、ソフトウェアが失敗したときにどれだけ損害を与えるかによるのです。

選択的キャッチング

例外がキャッチされずにスタックの一番下まで来てしまった場合、その例外は環境によって処理されます。これが何を意味するかは、環境によって異なります。ブラウザでは、通常、エラーの説明がJavaScriptコンソール（ブラウザの「ツール」または「開発者」メニューからアクセス可能）に書き込まれます。20章で紹介するブラウザレスのJavaScript環境であるNode.jsは、データの破損についてより慎重です。扱われない例外が発生した場合、プロセス全体を中止します。

プログラマのミスの場合、エラーをそのままにしておくことが最善の方法であることが多いでしょう。ハンドリングされていない例外は、プログラムが壊れていることを知らせるための合理的な方法であり、最近のブラウザでは、JavaScriptのコンソールから、問題が発生したときにどの関数呼び出しがスタック上にあったかという情報を得られます。

日常的な使用の中で起こることが予想される問題に対しては、未処理例外でクラッシュさせるのはひどい戦略です。

存在しないバインディングを参照したり、nullのプロパティを調べたり、関数ではないものを呼び出したりするなど、言語の不正な使用も例外が発生する原因となります。このような例外はキャッチすることもできます。

catchボディが入ると、tryボディの何かが例外を引き起こしたことだけがわかります。しかし、何が原因なのか、どの例外が発生したのかはわかりません。

JavaScriptは、例外を選択的にキャッチするための直接的なサポートを提供していません（かなり顕著な省略があります）。このため、取得した例外はcatchブロックを書いたときに考えていたものだと思いたくなります。

しかし、そうではないかもしれません。他の仮定に違反しているかもしれませんし、例外の原因となるバグを持ち込んでいるかもしれません。次の例は、有効な答えを得るまでpromptDirectionを呼び続けようとしています。

```
for (;;) {
  try {
    let dir = promtDirection("Where?"); // ← typo!
    console.log("You chose ", dir);
    break;
  } catch (e) {
    console.log("Not a valid direction. Try again.");
  }
}
```

for(;;)構文は、自力では終了しないループを意図的に作るためのものです。有効な方向が与えられたときにのみ、ループから抜け出します。しかし、promptDirectionのスペルを間違えてしまい、"undefined variable" というエラーになってしまいます。catchブロックは例外値(e)を完全に無視して、何が問題なのかを知っていると思い込んでいるため、結合エラーを不正な入力を示すものとして誤って処理してしまいます。これは無限ループの原因となるだけでなく、綴りの間違ったバインディングに関する有用なエラーメッセージを「埋めて」しまいます。

一般的なルールとして、例外をどこかに「ルーティング」する目的でない限り、例外を包括的にキャッチしてはいけません。たとえば、ネットワークを介して、私たちのプログラムがクラッシュしたことを他のシステムに伝えるような場合です。その場合でも、どのように情報を隠しているかをよく考えてください。

そのために、特定の種類の例外を捕捉したいと思います。catch ブロックの中で、取得した例外が目的のものかをチェックし、そうでない場合は再び放り出せばよいのです。しかし、どのように例外を認識すればいいのでしょう。

例外の message プロパティと、たまたま期待していたエラーメッセージを比較することができるでしょう。しかしこれは、コードを書く上では不安定な方法です。人間が消費することを目的とした情報（メッセージ）を使って、プログラム上の判断をすることになるからです。誰かがメッセージを変更（翻訳）した時点で、コードは機能しなくなってしまいます。

そうではなく、新しいタイプのエラーを定義し、それを識別するために instanceof を使用しましょう。

```
class InputError extends Error {}

function promptDirection(question) {
  let result = prompt(question);
  if (result.toLowerCase() == "left") return "L";
  if (result.toLowerCase() == "right") return "R";
  throw new InputError("Invalid direction: " + result);
}
```

新しいエラークラスは Error を継承しています。このクラスは独自のコンストラクタを定義していません。文字列のメッセージを引数として受け取る Error コンストラクタを継承しています。実際、このクラスは何も定義していないので、空っぽです。InputError オブジェクトは、Error オブジェクトと同じように動作しますが、認識できるクラスが異なるだけです。

これで、ループはこれらをより注意深くキャッチできるでしょう。

```
for (;;) {
  try {
    let dir = promptDirection("Where?");
    console.log("You chose ", dir);
    break;
  } catch (e) {
    if (e instanceof InputError) {
      console.log("Not a valid direction. Try again.");
    } else {
      throw e;
```

```
      }
    }
  }
```

これにより、InputErrorのインスタンスのみがキャッチされ、関係のない例外はスルーされます。typoを再導入すると、未定義の結合エラーが適切に報告されます。

アサーション

アサーションとは、プログラム内のチェックであり、何かが想定通りであるかを検証します。アサーションは、通常の操作で起こり得る状況を処理するためではなく、プログラマのミスを見つけるためにも使用されます。

たとえば、firstElementが空の配列では絶対に呼び出してはいけない関数として記述されている場合、次のように書くことができます。

```
function firstElement(array) {
  if (array.length == 0) {
    throw new Error("firstElement called with []");
  }
  return array[0];
}
```

これにより、（存在しない配列プロパティを読み込んだときに得られる）undefinedを静かに返すのではなく、誤用した時点で大声でプログラムを吹き飛ばすことができます。ミスに気づかない可能性が低くなり、ミスが起きたときに原因を見つけやすくなるのです。

私は、ありとあらゆる種類の悪い入力に対してアサーションを書くことはお勧めしません。それは大変な作業であり、非常にノイズの多いコードになってしまうでしょう。アサーションは、簡単にできる（あるいは自分がやってしまいそうな）ミスのために用意しておくとよいでしょう。

まとめ

間違いや間違った入力は動かしがたい現実です。プログラミングの重要な部分は、バグを見つけ、診断し、修正することです。自動化されたテストスイートを持っていたり、プログラムにアサーションを追加したりすると、問題に気づきやすくなります。

プログラムがコントロールできない要因で発生した問題は、通常、潔く処理されるべきです。問題がローカルに処理できる場合には、特別な戻り値が問題を追跡する上で良い方法です。そうでなければ、例外処理が望ましいかもしれません。

例外を発生させると、コールスタックは次の囲んだ try/catch ブロックまで、またはスタックの一番下まで巻き戻されます。例外の値は、それをキャッチした catch ブロックに与えられます。catch ブロックは、それが実際に期待される種類の例外であることを検証し、その上で何かをしなければなりません。例外によって引き起こされる予測不可能な制御フローに対処するためには、finally ブロックを使用して、ブロックが終了したときにコードの一部がつねに実行されるようにすることができます。

練習問題

再試行

20% の確率で 2 つの数字を掛け合わせ、残りの 80% の確率で MultiplicatorUnitFailure 型の例外を発生させる primitiveMultiply という関数があるとします。この不便な関数をラップして、呼び出しが成功するまで試行を続け、その後結果を返す関数を書きましょう。

処理しようとしている例外だけを処理するようにしてください。

ロックされた箱

次のような（かなり作為的な）オブジェクトを考えてみましょう。

```
const box = {
  locked: true,
  unlock() { this.locked = false; },
  lock() { this.locked = true; },
  _content: [],
  get content() {
    if (this.locked) throw new Error("Locked!");
    return this._content;
  }
};
```

鍵のかかった箱です。箱の中には配列が入っていますが、箱のロックが解除されていないと手に入れることができません。プライベートな _content プロパティに直接アクセスすることは禁止されています。

withBoxUnlocked という関数を書いてください。この関数は、関数値を引数に取り、箱のロックを解除して関数を実行し、引数の関数が正常に戻ったか、例外が発生したかにかかわらず、箱が再びロックされたことを確認してから戻ります。

```
const box = {
```

```
  locked: true,
  unlock() { this.locked = false; },
  lock() { this.locked = true; },
  _content: [],
  get content() {
    if (this.locked) throw new Error("Locked!");
    return this._content;
  }
};

function withBoxUnlocked(body) {
  // Your code here.
}

withBoxUnlocked(function() {
  box.content.push("gold piece");
});

try {
  withBoxUnlocked(function() {
    throw new Error("Pirates on the horizon! Abort!");
  });
} catch (e) {
  console.log("Error raised:", e);
}
console.log(box.locked);
// → true
```


さらに、箱のロックが解除されているときにwithBoxUnlockedを呼び出すと、箱のロックが解除されたままになることを確認しておきましょう。

"問題に直面したとき、「そうだ、正規表現を使おう」と考える人がいます。今、彼らは2つの問題を抱えているのです"

— *ジェイミー・ザウィンスキー*

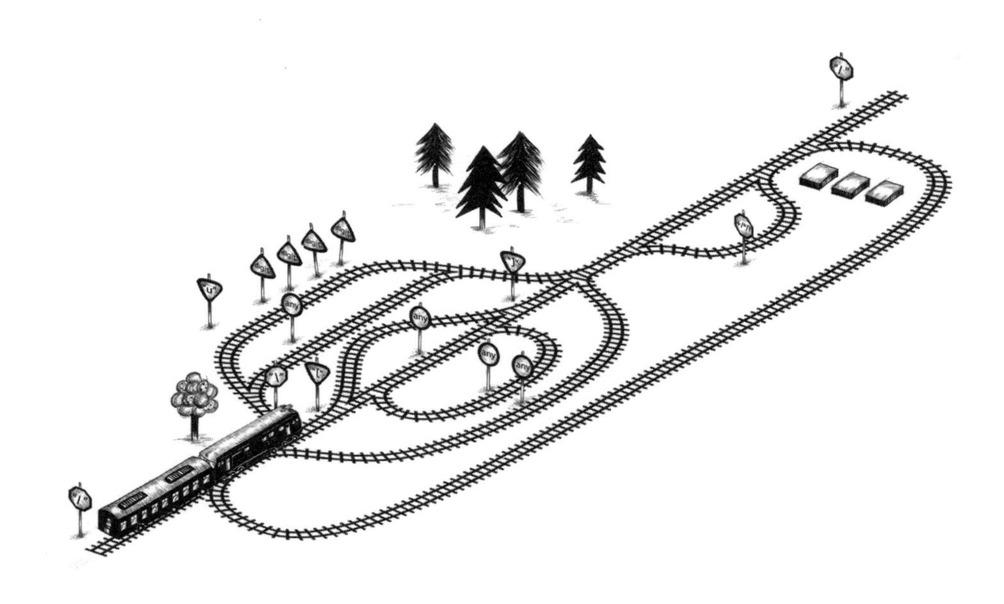

Chapter

9 正規表現

プログラミングのツールや技術は、混沌とした進化の中で生き残り、広がっています。勝利を収めるのは、いつもきれいなものや素晴らしいものではなく、適切にニッチで十分に機能するものや、たまたま成功した他の技術と統合されたものなのです。

この章では、そのようなツールの1つである正規表現について説明します。正規表現とは、文字列データのパターンを記述する方法です。正規表現は、JavaScriptをはじめとする多くの言語やシステムに組み込まれている、小さな独立した言語です。

正規表現は、非常に厄介であると同時に、非常に便利でもあります。その構文は不可解であり、JavaScriptが提供するプログラミングインターフェイスは不器用です。しかし、正規表現は文字列を検査し、処理するための強力なツールです。正規表現を正しく理解することで、より有能なプログラマになることができます。

正規表現の作成

正規表現はオブジェクトの一種です。正規表現はRegExpコンストラクタを使うか、パターンをスラッシュ（/）文字で囲んでリテラル値として記述することで作成できます。

```
let re1 = new RegExp("abc");
let re2 = /abc/;
```

これらの正規表現オブジェクトは、どちらも同じパターンを表しています。つまり、aの文字の後にbが続き、さらにcが続くというパターンです。

RegExpコンストラクタを使用する場合、パターンは通常の文字列として記述されるため、バックスラッシュについても通常のルールが適用されます。

2番目の表記法では、パターンがスラッシュの間に表示されますが、バックスラッシュの扱いが多少異なります。まず、フォワードスラッシュがパターンを終了させるので、パターンの一部としたいフォワードスラッシュの前にバックスラッシュを置く必要があります。また、特別な文字コードに含まれないバックスラッシュ（\nなど）は、文字列の中では無視されずに保存され、パターンの意味を変えてしまいます。クエスチョンマークやプラス記号などの一部の文字は、正規表現では特別な意味を持ち、その文字自体を表す場合には、前にバックスラッシュを付けなければなりません。

```
let eighteenPlus = /eighteen\+/;
```

マッチのテスト

正規表現オブジェクトにはいくつかのメソッドがあります。最も単純なものは test です。このメソッドに文字列を渡すと、その文字列が正規表現のパターンにマッチするかを示す boolean 値を返します。

```
console.log(/abc/.test("abcde"));
// → true
console.log(/abc/.test("abxde"));
// → false
```

特殊でない文字だけで構成された正規表現は、単にその文字列を表現するだけです。テストする文字列のどこかに abc が出現すれば（先頭だけでなく）、test は true を返します。

文字のセット

ある文字列に abc が含まれているかを調べることは、indexOf を呼び出すのと同じです。正規表現を使えば、より複雑なパターンを表現できます。

正規表現では、角括弧の間に一連の文字を入れると、その部分が角括弧の間の任意の文字にマッチします。

次の正規表現は、どちらも数字を含むすべての文字列にマッチします。

```
console.log(/[0123456789]/.test("in 1992"));
// → true
console.log(/[0-9]/.test("in 1992"));
// → true
```

角括弧の中で、2 つの文字の間にハイフン（-）を入れると、文字の範囲を示すことができ、その順序は文字の Unicode 番号によって決まります。Unicode の順序では、0 から 9 までの文字が隣り合っているので（コード 48 から 57）、[0-9] はすべての数字をカバーし、どの数字にもマッチするのです。

一般的な文字グループには、独自のショートカットが組み込まれているものがあります。数字もその 1 つです。たとえば、\d は [\0-9] と同じ意味になります。

\d　任意の桁の数字

\w　英数字（" 単語文字 "）
\s　ホワイトスペース（スペース、タブ、改行など）
\D　数字以外の文字
\W　英数字以外の文字
\S　ホワイトスペース以外の文字
.　改行を除くすべての文字

つまり、01-30-2003 15:20 のような日付と時刻のフォーマットには、次のような表現でマッチさせることができます。

```
let dateTime = /\d\d-\d\d-\d\d\d\d \d\d:\d\d/;
console.log(dateTime.test("01-30-2003 15:20"));
// → true
console.log(dateTime.test("30-jan-2003 15:20"));
// → false
```

まったくもってひどいですよね。半分はバックスラッシュで、背景にノイズが発生しているため、実際に表現されているパターンを見極めるのが難しくなっています。この表現を少し改良したものを後で見てみましょう。

このバックスラッシュコードは、角括弧の中でも使うことができます。たとえば、[\d.] は、任意の数字やピリオド文字を意味します。しかし、角括弧で囲まれたピリオド自体は、特別な意味を失います。他の特殊文字、たとえば +. も同様です。

文字のセットを反転させたい場合、つまり、セット内の文字以外の任意の文字にマッチさせたいときは、開き括弧の後にキャレット（^）を書きます。

```
let notBinary = /[^01]/;
console.log(notBinary.test("1100100010100110"));
// → false
console.log(notBinary.test("1100100010200110"));
// → true
```


パターンの一部を繰り返す

ここまでで、1 桁の数字を照合する方法がわかりました。では、数字全体（1 桁以上の連続した数字）にマッチさせたいときはどうすればよいのでしょう。

正規表現においていずれかの後にプラス記号（+）をつけると、その要素が 2 回以上繰り返される可能性があることを示します。したがって、/\d+/ は 1 つ以上の数字にマッチします。

```
console.log(/'\d+'/.test("'123'"));
// → true
console.log(/'\d+'/.test("''"));
// → false
console.log(/'\d*'/.test("'123'"));
// → true
console.log(/'\d*'/.test("''"));
// → true
```

星印（*）にも同様の意味があり、パターンのマッチング回数がゼロになることもあります。後ろに星印が付いていても、パターンのマッチを妨げることはありません。マッチする適切なテキストが見つからないときは、ゼロ回、マッチするだけなのです。

クエスチョンマークは、パターンの一部を任意にします。すなわち、0回または1回、出現することを意味します。次の例では、u文字の出現を許可していますが、u文字がない場合もパターンにマッチします。

```
let neighbor = /neighbou?r/;
console.log(neighbor.test("neighbour"));
// → true
console.log(neighbor.test("neighbor"));
// → true
```

あるパターンが正確な回数だけ出現することを示すには、中括弧を使います。たとえば、要素の後に{4}を置くと、その要素がちょうど4回出現することを要求します。また、この方法で範囲を指定することもできます。{2,4}は、その要素が少なくとも2回、最大で4回出現することを意味します。

ここでは、日付と時刻のパターンの別バージョンとして、1桁と2桁の両方の日、月、時間を指定できます。こちらの方が簡単に解読できるかもしれません。

```
let dateTime = /\d{1,2}-\d{1,2}-\d{4} \d{1,2}:\d{2}/;
console.log(dateTime.test("1-30-2003 8:45"));
// → true
```

また、中括弧を使う場合、コンマの後の数字を省略することで、範囲を自由に指定できます。つまり、{5,}は5回以上を意味します。

部分式のグループ化

一度に複数の要素に対して * や + などの演算子を使用するには、括弧を使用する必要があります。正規表現の中で括弧で囲まれた部分は、それに続く演算子を使う限り、1つの要素として数えられます。

```
let cartoonCrying = /boo+(hoo+)+/i;
console.log(cartoonCrying.test("Boohoooohoohooo"));
// → true
```

1番目と2番目の + 文字は、それぞれ boo と hoo の2番目の o にのみ適用されます。3番目の + はグループ全体（hoo+）に適用され、このような1つまたは複数の配列にマッチします。

式の最後にある i は、この正規表現が大文字と小文字を区別しないようにするもので、パターン自体がすべて小文字であっても、入力文字列の大文字の B にマッチさせることができます。

マッチとグループ

test メソッドは、正規表現をマッチさせる最もシンプルな方法です。マッチしたかだけがわかり、それ以外は何もわかりません。正規表現には exec（実行）メソッドもあり、マッチしなかった場合は null を返し、それ以外の場合はマッチに関する情報を持つオブジェクトを返します。

```
let match = /\d+/.exec("one two 100");
console.log(match);
// → ["100"]
console.log(match.index);
// → 8
```

exec から返されるオブジェクトには、マッチした文字列のどこから始まるかを示す index プロパティがあります。それ以外の点では、オブジェクトは文字列の配列のように見え（実際にそうです）、その最初の要素はマッチした文字列です。先ほどの例では、探していた数字の列です。

文字列値には、同様の動作をする match メソッドがあります。

```
console.log("one two 100".match(/\d+/));
// → ["100"]
```

正規表現の中に括弧で囲まれた部分式が含まれている場合、それらのグループにマッチしたテキストも配列に表示され、マッチした部分全体がつねに最初の要素となります。次の要素は、最初のグループ（式の中で最初に開いた括弧があるもの）にマッチした部分で、次に2番目のグループという順になります。

```
let quotedText = /'([^']*)'/;
console.log(quotedText.exec("she said 'hello'"));
// → ["'hello'", "hello"]
```

グループがまったくマッチしなかった場合（クエスチョンマークが付いている場合など）、出力配列におけるそのグループの位置はundefinedとなります。同様に、あるグループが複数回マッチした場合、最後にマッチしたものだけが配列に入ります。

```
console.log(/bad(ly)?/.exec("bad"));
// → ["bad", undefined]
console.log(/(\d)+/.exec("123"));
// → ["123", "3"]
```

グループは、文字列の一部を抽出するのに便利です。文字列に日付が含まれているかを確認するだけでなく、日付を抽出してそれを表すオブジェクトを構築したい場合は、数字のパターンを括弧で囲み、execの結果から直接日付を取り出すことができます。

しかし、その前に少し寄り道をして、JavaScriptで日付や時間の値を表現する方法について説明しましょう。

Dateクラス

JavaScriptには、日付や時間を表現するための標準的なクラスがあります。これはDateと呼ばれます。newを使って単純に日付オブジェクトを作成すると、現在の日付と時刻が表示されます。

```
console.log(new Date());
// → Sat Sep 01 2018 15:24:32 GMT+0200 (CEST)
```

また、特定の時間を指定してオブジェクトを作成することも可能です。

```
console.log(new Date(2009, 11, 9));
// → Wed Dec 09 2009 00:00:00 GMT+0100 (CET)
console.log(new Date(2009, 11, 9, 12, 59, 59, 999));
```

```
// → Wed Dec 09 2009 12:59:59 GMT+0100 (CET)
```

JavaScriptでは、月の数字は0から始まり（Decemberは11）、日の数字は1から始まるという規則を採用しています。これは紛らわしくて馬鹿げています。気をつけましょう。

最後の4つの引数（時、分、秒、ミリ秒）は任意であり、与えられていない場合はゼロとみなされます。

タイムスタンプは、UTCタイムゾーンにおいて、1970年の開始からのミリ秒数として格納されます。これは、同時期に発明された「Unix time」の慣例に従っています。1970年以前の時間には負の数を使うことができます。dateオブジェクトのgetTimeメソッドは、この数値を返します。想像できるように、大きな数字です。

```
console.log(new Date(2013, 11, 19).getTime());
// → 1387407600000
console.log(new Date(1387407600000));
// → Thu Dec 19 2013 00:00:00 GMT+0100 (CET)
```

Dateコンストラクタに1つの引数を与えると、その引数はそうしたミリ秒カウントとして扱われます。現在のミリ秒数を取得するには、新しいDateオブジェクトを作成してそのオブジェクトに対してgetTimeを呼び出すか、Date.now関数を呼び出します。

Dateオブジェクトには、getFullYear、getMonth、getDate、getHours、getMinutes、getSecondsといったメソッドが用意されており、それぞれのコンポーネントを抽出できます。getFullYearのほかにgetYearもありますが、これは1900年から98年または119年を引いた年を示すものであり、ほとんど役に立ちません。

式の気になる部分を括弧で囲むと、文字列から日付オブジェクトを作成できます。

```
function getDate(string) {
  let [_, month, day, year] =
    /(\d{1,2})-(\d{1,2})-(\d{4})/.exec(string);
  return new Date(year, month - 1, day);
}
console.log(getDate("1-30-2003"));
// → Thu Jan 30 2003 00:00:00 GMT+0100 (CET)
```

_（アンダースコア）の結合は無視され、execが返す配列の中で完全に一致する要素をスキップするためにのみ使用されます。

単語と文字列の境界

残念ながら、getDate は "100-1-30000" という文字列から "00-1-3000" という意味不明な日付を抽出してしまいます。マッチは文字列のどこでも起こり得るので、この場合は 2 文字目から始まり、最後から 2 番目の文字で終わります。

キャレットは入力文字列の先頭にマッチし、ドル記号は末尾にマッチします。したがって、/^\d+$/ は、1 桁以上の数字のみで構成される文字列にマッチし、/^!/ は、感嘆符で始まる文字列にマッチし、/x^/ は、どの文字列にもマッチしません（文字列の先頭に x があってはいけません）。

一方、日付の始まりと終わりが単語の境界上にあることを確認したいだけであれば、\b というマーカーを使います。単語の境界とは、文字列の開始点や終了点のほか、文字列の中で片側に単語の文字（\w のように）があり、もう片側に非単語の文字がある場所を指します。

```
console.log(/cat/.test("concatenate"));
// → true
console.log(/\bcat\b/.test("concatenate"));
// → false
```

境界線は実際の文字にはマッチしないことに注意してください。境界線は、パターンの中でそれが現れた場所で特定の条件が成立したときにのみ、正規表現がマッチすることを強制するのです。

選択肢パターン

あるテキストに、数字だけでなく、数字の後に pig、cow、chicken のいずれかの単語、またはそれらの複数形が含まれているかを知りたいとします。

3 つの正規表現を書いて順番にテストすることもできますが、もっと素敵な方法があります。パイプ文字（|）は、左にあるパターンと右にあるパターンの間の選択を表します。ですから、こう言えます。

```
let animalCount = /\b\d+ (pig|cow|chicken)s?\b/;
console.log(animalCount.test("15 pigs"));
// → true
console.log(animalCount.test("15 pigchickens"));
// → false
```

括弧を使うことで、パイプ演算子が適用されるパターンの一部を限定でき、複数のパイプ演算子を並べることで、2つ以上の選択肢からの選択を表現できます。

マッチングの仕組み

概念的には、exec や test を使用すると、正規表現エンジンは、「文字列の先頭から」「次に2番目の文字から」というように、マッチするものが見つかるか、文字列の最後に到達するまで、文字列の中でマッチするものを探します。そして、最初に見つかったマッチを返すか、マッチがまったく見つからないかのどちらかになるでしょう。

実際のマッチを行うために、エンジンは正規表現をフローダイアグラムのように扱います。これは先程の家畜の例の表現図です。

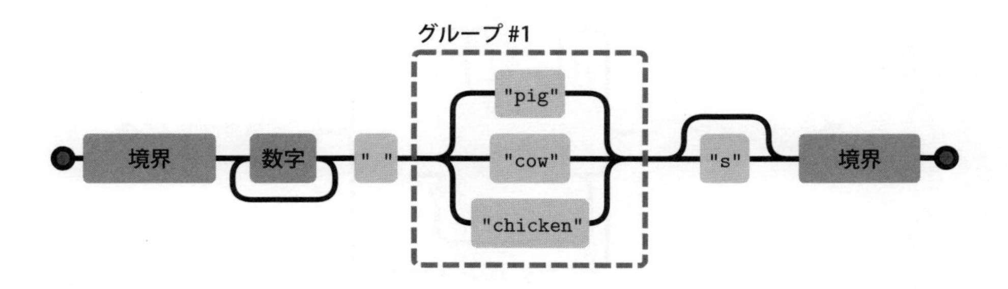

式は、図の左側から右側へのパスを見つけられればマッチします。文字列の現在の位置を保持し、ボックスを通過するたびに、現在の位置より後の文字列部分がそのボックスに一致するかを確認します。

つまり、4の位置にある "the 3 pigs" を照合しようとすると、フローチャートの進行は次のようになります。

- 4の位置には単語の境界があるので、最初のボックスを通過できる
- さらに4の位置には数字があるので、2番目のボックスを通過できる
- 5の位置では、1つのパスは2つ目の（数字の）ボックスの前に戻り、もう1つのパスは1つのスペース文字が入ったボックスを通過して前進する。ここには数字ではなくスペースがあるので、2番目のパスを取る必要がある
- 今、6の位置（豚の始まり）にいて、図の中の三叉路の分岐点にいる。ここには「牛」も「鶏」もありませんが、「豚」があるので、この分岐を通る
- 9の位置、三叉路の分岐の後、一方のパスはsのボックスをスキップして最後の単語の境界へ直行し、もう一方のパスはsにマッチする。ここには単語の境界ではなくsの文字があるので、sのボックスを通過する
- ここは10の位置（文字列の終わり）で、単語の境界にしかマッチしない。文字列の終わりは単語の境界とみなされるので、最後のボックスを通過して、この文字列のマッチングに

成功する

バックトラック

正規表現 /\b([01]+b|[adding-f]+h|\d+)\b/ は、2 進法の数字に b をつけたもの、16 進法の数字（16 進法で、a から f は 10 から 15 までの数字を表す）に h をつけたもの、または接尾語のない 10 進法の数字にマッチします。以下がその図です。

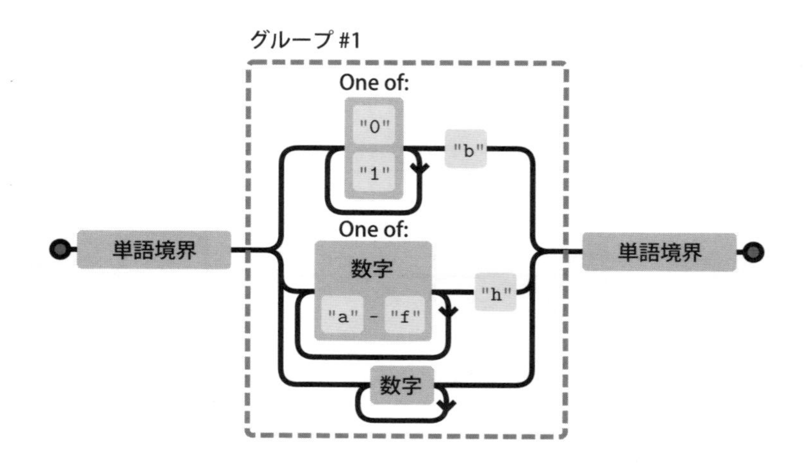

この式を照合すると、実際には 2 進数が入力されていないにもかかわらず、一番上の（2 進数の）分岐に入ってしまうことがよくあります。たとえば "103" という文字列にマッチした場合、3 の時点ではじめて間違ったブランチに入っていることがわかります。文字列は式と一致しますが、現在の分岐ではありません。

そこでマッチは後戻りします。分岐に入ると、現在の位置（この場合は文字列の先頭、図の最初の境界ボックスを過ぎたところ）を記憶し、現在の分岐がうまくいかなかった場合に戻って別の分岐を試せるようにします。文字列 "103" の場合、3 の文字を見つけた後、16 進数の分岐を試みますが、数字の後に h がないため、再び失敗します。そこで、10 進数のブランチを試します。これは適合するので、結局、一致が報告されます。

マッチは、完全に一致するものを見つけるとすぐに停止します。つまり、ある文字列に複数のブランチがマッチする可能性がある場合、最初のブランチ（正規表現でブランチが現れる場所の順）のみが使用されるのです。

バックトラックは、+ や * のような繰り返し演算子でも発生します。"abcxe" に対して /^.*x/ をマッチさせた場合、.* の部分はまず文字列全体を消費しようとします。その後、エンジンはパターンにマッチするには x が必要であると認識します。文字列の最後には x がないので、star 演算子は 1 文字少なくマッチさせようとします。しかしマッチは abcx の後にも x を見つけられないので、再び後退して star 演算子を abc だけにマッチさせます。これで、必要なところに x が見つかり、0 から 4 の位置でマッチしたことが報告されます。

多くのバックトラックを行う正規表現を書くことは可能です。この問題は、1 つのパターンが 1 つの入力に対して様々な方法でマッチする場合に発生します。たとえば、2 進数の正規表現を書いているときに、混乱すると、誤って /([01]+)+b/ のように書いてしまうことがあります。

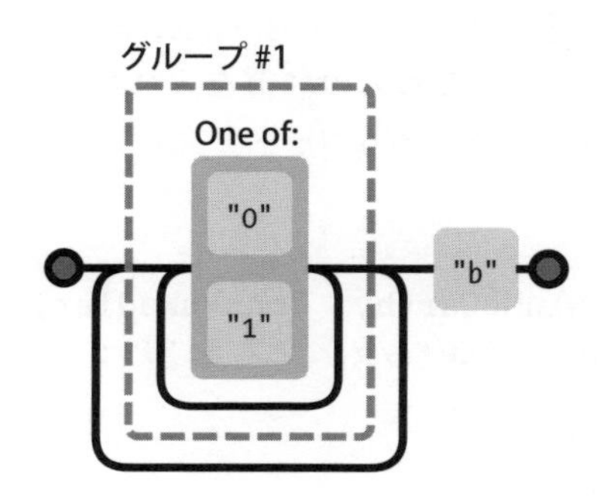

これが末尾に b 文字のない 0 と 1 の長い連続にマッチしようとすると、マッチはまず、桁数がなくなるまで内側のループを通過します。そして b がないことに気づくと、1 つ後退して外側のループを 1 回通過し、再びあきらめて内側のループからもう一度後退しようとします。このように、2 つのループであらゆるルートを試し続けます。つまり、文字数が増えるごとに作業量は 2 倍になるのです。ほんの数十文字でも、照合には永遠にかかってしまうのです。

replaceメソッド

文字列値には replace メソッドがあり、文字列の一部を別の文字列に置き換えるのに使用できます。

```
console.log("papa".replace("p", "m"));
// → mapa
```

第 1 引数には正規表現を指定でき、その場合は正規表現の最初のマッチが置き換えられます。正規表現に g オプション（グローバル）を付けると、最初のマッチだけでなく、文字列のすべてのマッチが置き換えられます。

```
console.log("Borobudur".replace(/[ou]/, "a"));
// → Barobudur
console.log("Borobudur".replace(/[ou]/g, "a"));
```

```
// → Barabadar
```

1つのマッチを置換するか、すべてのマッチを置換するかの選択は、replaceに引数を追加するか、replaceAllという別のメソッドを提供することで行うことができれば、理にかなっていたでしょう。しかし、残念なことに、この選択は正規表現のプロパティに依存しています。

正規表現をreplaceで使うことの真の威力は、マッチしたグループを置換文字列で参照できることにあります。たとえば、1行に1人ずつ、Lastname、Firstnameの形式で人の名前が書かれた大きな文字列があるとします。これらの名前を入れ替え、コンマを削除してFirstname Lastname形式にしたい場合は、次のようなコードを使用します。

```
console.log(
  "Liskov, Barbara\nMcCarthy, John\nWadler, Philip"
    .replace(/(\w+), (\w+)/g, "$2 $1"));
// → Barbara Liskov
//   John McCarthy
//   Philip Wadler
```

置換文字列の$1と$2は、パターンの括弧で囲まれたグループを指します。$1は最初のグループにマッチしたテキストに、$2は2番目のグループにマッチしたテキストに置き換えられ、さら$9まで置き換えられます。

置換する2番目の引数として、文字列ではなく関数を渡すこともできます。置換のたびに、マッチしたグループ（マッチ全体も含む）を引数として関数が呼び出され、その戻り値が新しい文字列に挿入されます。

簡単な例をあげてみましょう。

```
let s = "the cia and fbi";
console.log(s.replace(/\b(fbi|cia)\b/g,
            str => str.toUpperCase()));
// → the CIA and FBI
```

もっと面白いのがこちらです。

```
let stock = "1 lemon, 2 cabbages, and 101 eggs";
function minusOne(match, amount, unit) {
  amount = Number(amount) - 1;
  if (amount == 1) { // only one left, remove the 's'
    unit = unit.slice(0, unit.length - 1);
  } else if (amount == 0) {
    amount = "no";
```

```
  }
  return amount + " " + unit;
}
console.log(stock.replace(/(\d+) (\w+)/g, minusOne));
// → no lemon, 1 cabbage, and 100 eggs
```

これは、文字列を受け取り、数字の後に英単語が続くすべての出現箇所を見つけ、そのすべての出現箇所を1つずつ減らした文字列を返します。

(\d+) は関数の amount 引数になり、(\w+) は unit に結合されます。この関数は amount を数値に変換しますが、これは \d+ にマッチしていたのでつねに有効です.

貪欲

replace を使えば、JavaScript のコードからすべてのコメントを削除する関数を書くことができます。ここでは、その最初の試みを紹介します。

```
function stripComments(code) {
  return code.replace(/\/\/.*|\/\*[^]*\*\//g, "");
}
console.log(stripComments("1 + /* 2 */3"));
// → 1 + 3
console.log(stripComments("x = 10;// ten!"));
// → x = 10;
console.log(stripComments("1 /* a */+/* b */ 1"));
// → 1 1
```

or 演算子の前部分は、2つのスラッシュ文字と、それに続く任意の数の非改行文字にマッチします。複数行のコメント部分はもっと複雑です。任意の文字にマッチさせる方法としては、[^]（空の文字セットに含まれない任意の文字）を使用します。なぜなら、ブロックコメントは新しい行で続くことができ、ピリオド文字は改行文字とは一致しないからです。

しかし、最後の行の出力がおかしくなっているように見えます。なぜでしょう。

式の [^]* の部分は、バックトラックの項目で説明したように、まず可能な限りマッチさせます。それによってパターンの次の部分が失敗すると、マッチは1文字戻って、そこから再試行します。この例では、マッチはまず文字列の残りの部分全体にマッチするようにして、そこから戻っていきます。4文字戻ったところで */ の出現を見つけ、それにマッチすることになります。これは私たちが望んでいたことではありません。コードの最後まで行って最後のブロックコメントの終わりを見つけるのではなく、1つのコメントにマッチすることを意図していたのです。

このような動作から、繰り返し演算子（+、*、?、{}）は「貪欲」であると言われています。可能な限りマッチし、そこからバックトラックするからです。これらの演算子の後にクエスチョンマークを付けると (+?、*?、??、{}?)、これらの演算子は非貪欲型になり、できる限り少ないマッチングから始めて、残りのパターンが少ないマッチングに合わない場合にのみ、より多くのマッチングを行います。

そして、これこそがこのケースで私たちが望むことなのです。スターは */ にたどり着くまでの最小の文字列にマッチさせることで、1つのブロックコメントを消費し、それ以上は何もしません。

```
function stripComments(code) {
  return code.replace(/\/\/.*|\/\*[^]*?\*\//g, "");
}
console.log(stripComments("1 /* a */+/* b */ 1"));
// → 1 + 1
```

正規表現プログラムのバグの多くは、非貪欲な演算子の方がうまくいくところを、意図せずに貪欲な演算子を使ってしまったことに起因しています。反復演算子を使うときは、まず非貪欲型を検討してください。

RegExpオブジェクトの動的な作成

コードを書いているときに、照合する必要のある正確なパターンがわからないことがあります。たとえば、テキストの中からユーザーの名前を探し、それをアンダースコア文字で囲んで目立たせたいとします。名前がわかるのはプログラムが実際に実行されてからなので、スラッシュベースの記法は使えません。

しかし、文字列を作成して、その文字列に対して RegExp コンストラクタを使用することはできます。以下にその例を示しましょう。

```
let name = "harry";
let text = "Harry is a suspicious character.";
let regexp = new RegExp("\\b(" + name + ")\\b", "gi");
console.log(text.replace(regexp, "_$1_"));
// → _Harry_ is a suspicious character.
```

単語境界のマーカー（\b）を作成する際には、バックスラッシュを2つ使用する必要があります。これは、バックスラッシュで囲まれた正規表現ではなく、通常の文字列で記述しているからです。RegExp コンストラクタの2番目の引数には、正規表現のオプションが含まれています。ここでは、グローバルで大文字小文字の区別がないことを表す "gi" を指定しています。

しかし、ユーザーがオタク系の10代の若者だからといって、名前が"dea+hl[]rd"だったらどうでしょう。これでは意味のない正規表現になってしまい、実際にはユーザーの名前にマッチしません。

こうした状況を回避するために、特別な意味を持つ文字の前にバックスラッシュを追加することが可能です。

```
let name = "dea+hl[]rd";
let text = "This dea+hl[]rd guy is super annoying.";
let escaped = name.replace(/[\\[.+*?(){|^$]/g, "\\$&");
let regexp = new RegExp("\\b" + escaped + "\\b", "gi");
console.log(text.replace(regexp, "_$&_"));
// → This _dea+hl[]rd_ guy is super annoying.
```

検索方法

文字列のindexOfメソッドは、正規表現を使って呼び出すことはできません。しかし、正規表現を想定したsearchというメソッドがあります。indexOfと同様に、このメソッドは正規表現が見つかった最初のインデックスを返し、見つからなかった場合は-1を返します。

```
console.log("  word".search(/\S/));
// → 2
console.log("   ".search(/\S/));
// → -1
```

残念ながら、（indexOfの第2引数のように）指定されたオフセットからのマッチ開始を指示する方法はありません。

lastIndexプロパティ

execメソッドも同様に、文字列の任意の位置から検索を開始する便利な方法を提供していません。しかし、「不便な」方法は提供しています。

正規表現オブジェクトにはプロパティがあります。その1つがsourceで、これには正規表現が作成された文字列が含まれます。もう1つのプロパティはlastIndexで、これはいくつかの限られた状況下で、次のマッチがどこから始まるかを制御します。

限られた状況とは、正規表現がグローバル（g）またはスティッキー（y）オプションが有効で、マッチがexecメソッドを通して行われることです。繰り返しになりますが、より混乱を招かない解決策は、execに追加の引数を渡せるようにすることです。ただし、混乱はJavaScriptの正規表現インターフェイスの本質的な特徴なのです。

```
let pattern = /y/g;
pattern.lastIndex = 3;
let match = pattern.exec("xyzzy");
console.log(match.index);
// → 4
console.log(pattern.lastIndex);
// → 5
```

マッチが成功した場合は、exec の呼び出しによって lastIndex プロパティが自動的に更新され、マッチの後を指すようになります。一致しなかった場合、lastIndex はゼロに戻され、これは新しく構築された正規表現オブジェクトの値でもあります。

global オプションと sticky オプションの違いは、sticky が有効な場合、lastIndex から直接始まる場合にのみマッチが成功するのに対し、global の場合は、マッチが開始できる位置を先回りして検索します。

```
let global = /abc/g;
console.log(global.exec("xyz abc"));
// → ["abc"]
let sticky = /abc/y;
console.log(sticky.exec("xyz abc"));
// → null
```

複数の exec 呼び出しで共有の正規表現値を使用する場合、lastIndex プロパティの自動更新が問題を引き起こすことがあります。正規表現がときに誤って、以前の呼び出しで残ったインデックスから始まってしまうのです。

```
let digit = /\d/g;
console.log(digit.exec("here it is: 1"));
// → ["1"]
console.log(digit.exec("and now: 1"));
// → null
```

global オプションのもう 1 つの興味深い効果は、文字列に対する match メソッドの動作を変更することです。グローバルな式を指定して呼び出すと、exec が返すのと同じような配列を返すのではなく、match は文字列内のパターンのすべてのマッチを見つけ、マッチした文字列を含む配列を返します。

```
console.log("Banana".match(/an/g));
// → ["an", "an"]
```

そのため、グローバルな正規表現には注意が必要です。グローバルな正規表現が必要とされるケースは、replaceの呼び出しやlastIndexを明示的に使用したい場合などで、通常はこのような場合にのみ使用します。

マッチのループ処理

文字列内でパターンが出現する箇所をすべてスキャンして、loopボディ内のmatchオブジェクトにアクセスできるようにするのが一般的です。これにはlastIndexとexecを使うことができます。

```
let input = "A string with 3 numbers in it... 42 and 88.";
let number = /\b\d+\b/g;
let match;
while (match = number.exec(input)) {
  console.log("Found", match[0], "at", match.index);
}
// → Found 3 at 14
//   Found 42 at 33
//   Found 88 at 40
```

これは、代入式（=）の値が代入された値であることを利用しています。つまり、while文の条件にmatch = number.exec(input)を使うことで、各反復の最初にマッチを実行し、その結果をバインディングに保存し、それ以上マッチが見つからなかったらループを停止するのです。

INIファイルの解析

この章の締めくくりとして、正規表現を必要とする問題を見てみましょう。インターネット上の敵の情報を自動的に収集するプログラムを書いているとします（すみませんが、ここでは実際にそのプログラムを書くのではなく、設定ファイルを読み込む部分だけを書きます）。 設定ファイルは次のようになります。

```
searchengine=https://duckduckgo.com/?q=$1
spitefulness=9.7

; comments are preceded by a semicolon...
; each section concerns an individual enemy
[larry]
fullname=Larry Doe
type=kindergarten bully
website=http://www.geocities.com/CapeCanaveral/11451
```

```
[davaeorn]
fullname=Davaeorn
type=evil wizard
outputdir=/home/marijn/enemies/davaeorn
```

このフォーマット（広く使われているフォーマットで、通常はINIファイルと呼ばれます）の正確なルールは以下の通りです。

- 空白行やセミコロンで始まる行は無視される
- [と]で囲まれた行は、新しいセクションを開始する
- 英数字の識別子の後に=を付けた行は、現在のセクションに設定を追加する
- それ以外は無効である

私たちの仕事は、このような文字列をオブジェクトに変換することです。オブジェクトのプロパティには、最初のセクションヘッダーの前に書かれた設定用の文字列と、セクション用のサブオブジェクトが含まれ、それらのサブオブジェクトにはセクションの設定が含まれます。

このフォーマットは1行ごとに処理しなければならないので、ファイルを1行ごとに分割するのがよいでしょう。分割方法は、4章の「文字列とそのプロパティ」で紹介しました。しかし、一部のOSでは行の分割に改行文字だけでなく、キャリッジリターン文字の後に改行文字("\r\n")を使用するものもあります。splitメソッドの引数には正規表現も使えるので、/\r?\n/のような正規表現を使えば、行間に"\n"と"\r\n"の両方が入るように分割できます。

```
function parseINI(string) {
  // Start with an object to hold the top-level fields
  let result = {};
  let section = result;
  string.split(/\r?\n/).forEach(line => {
    let match;
    if (match = line.match(/^(\w+)=(.*)$/)) {
      section[match[1]] = match[2];
    } else if (match = line.match(/^\[(.*)\]$/)) {
      section = result[match[1]] = {};
    } else if (!/^\s*(;.*)?$/.test(line)) {
      throw new Error("Line '" + line + "' is not valid.");
    }
  });
  return result;
}
```

```
console.log(parseINI(`
name=Vasilis
[address]
city=Tessaloniki`));
// → {name: "Vasilis", address: {city: "Tessaloniki"}}
```

コードは、ファイルの行を越えて、オブジェクトを構築します。一番上のプロパティは、そのオブジェクトに直接格納されますが、セクションにあるプロパティは、別の section オブジェクトに格納されます。セクションのバインディングは、現在のセクションのオブジェクトを指します。

2 種類の重要な行があります。すなわち、section ヘッダーと property ラインです。行が通常のプロパティである場合、その行は現在のセクションに格納されます。section ヘッダーである場合、新しい section オブジェクトが作成され、セクションはそれを指すように設定されます。

式が行の一部だけでなく、行全体にマッチすることを確認するために ^ と $ を繰り返し使用していることに注意してください。これを省略すると、ほとんどの場合は動作しますが、一部の入力に対して奇妙な動作をするコードになり、追跡するのが難しいバグになりがちです。

if (match = string.match(...)) というパターンは、while の条件として代入を使用する方法と似ています。match の呼び出しが成功するかはわからないことが多いので、それをテストする if 文の中でのみ、結果のオブジェクトにアクセスできます。else if 形式の楽しい連鎖を壊さないように、match の結果をバインディングに割り当て、その割り当てを if 文のテストとしてすぐに使用します。

行がセクションヘッダーでもプロパティでもない場合、この関数は、/^\s*(;.*)?$/ という表現を使って、コメントか空行かをチェックします。仕組みがわかりますか。括弧で囲まれた部分はコメントにマッチしますし、? は空白だけの行にもマッチするようになっています。想定される形式にマッチしない行があると、この関数は例外を発生させます。

国際文字

JavaScript の初期の単純な実装と、この単純なアプローチが後に標準的な動作として定着したことにより、JavaScript の正規表現は英語に存在しない文字についてはかなり鈍いものとなっています。たとえば、JavaScript の正規表現では、「単語の文字」とは、ラテンアルファベットの 26 文字（大文字または小文字）、10 進数、そしてなぜかアンダースコアの文字のうち、1 つだけです。é や ß のような文字は、間違いなく単語文字ですが、\w にはマッチしません（大文字の \W にはマッチしますが、これは非単語カテゴリです）。

奇妙な歴史的偶然により、\s（ホワイトスペース）にはこの問題がなく、Unicode 規格がホワイトスペースとみなす全文字にマッチします。これには、ノンブレイキング（スペーススペースの箇所での自動的な改行を防ぐ特殊なスペース）やモンゴル語の母音分離記号などが含まれます。

もう1つの問題は、デフォルトで正規表現は、実際の文字ではなく、5章の「文字列と文字コード」で説明したようにコードユニットに対して動作することです。つまり、2つのコードユニットで構成される文字は、奇妙な動作をします。

```
console.log(/🍎{3}/.test("🍎🍎🍎"));
// → false
console.log(/<.>/.test("<🌹>"));
// → false
console.log(/<.>/u.test("<🌹>"));
// → true
```

問題は、1行目の🍎が2つのコードユニットとして扱われ、{3}の部分が2番目のコードユニットにのみ適用されることです。同様に、ドットはバラの絵文字を構成する2つのコードユニットではなく、1つのコードユニットにマッチします。

このような文字を正しく扱うには、正規表現にuオプション（Unicode用）を追加する必要があります。残念ながら、間違った動作はデフォルトのままです。これを変更すると、それに依存している既存のコードに問題が生じる可能性があるからです。

これは標準化されたばかりで、執筆時点ではまだ広くサポートされていませんが、（Unicodeオプションを有効にしなければなりません）正規表現の中で\pを使用して、Unicode規格が指定されたプロパティを割り当てるすべての文字にマッチさせることができます。

```
console.log(/\p{Script=Greek}/u.test("α"));
// → true
console.log(/\p{Script=Arabic}/u.test("α"));
// → false
console.log(/\p{Alphabetic}/u.test("α"));
// → true
console.log(/\p{Alphabetic}/u.test("!"));
// → false
```

Unicodeには便利なプロパティが多数定義されていますが、必要なプロパティを見つけるのは必ずしも容易ではありません。プロパティに指定された値を持つ任意の文字にマッチさせるには、\p{Property=Value}記法を使用できます。プロパティ名が省略されている場合は、Alphabeticなどのbinaryプロパティか、Numberなどのカテゴリと見なされます。

まとめ

正規表現は、文字列のパターンを表現するオブジェクトです。正規表現は、パターンを表現するために独自の言語を使用します。

/abc/ 一連の文字
/[abc]/ 文字の集合からの任意の文字
/[^abc]/ 文字の集合に含まれない任意の文字
/[0-9]/ 文字の範囲内の任意の文字
/x+/ 1つ以上のパターンxの出現
/x+?/ 1つ以上の出現、貪欲でない
/x*/ ゼロまたはそれ以上の出現
/x?/ ゼロまたは1回の出現
/x{2,4}/ 2つから4つの出現回数
/(abc)/ 1つのグループ
/a|b|c/ いくつかのパターンのうちの4つ
/\d/ 数字
/\w/ 英数字（単語文字）
/\s/ 任意のホワイトスペース文字
/./ 改行以外の任意の文字
/\b/ 単語境界
/^/ 入力の開始
/$/ 入力の終了

正規表現には、与えられた文字列が正規表現にマッチするかを調べるメソッドとして、testがあります。またマッチした場合には、マッチしたすべてのグループを含む配列を返すexecというメソッドもあります。このような配列には、マッチが始まった場所を示すindexプロパティがあります。

文字列には、正規表現にマッチさせるmatchメソッドと、マッチの開始位置のみを返して検索するsearchメソッドがあります。また、replaceメソッドは、パターンにマッチしたものを、置換文字列や置換関数で置き換えることができます。

正規表現にはオプションを付けることができ、オプションは閉じたスラッシュの後に書かれます。iオプションは、大文字と小文字を区別せずにマッチを行います。これにより、replaceメソッドは、最初のインスタンスだけでなく、すべてのインスタンスを置き換えるようになります。yオプションは、式をスティッキーにします。つまり、マッチを探すときに、文字列の一部をスキップして先に進むことはありません。uオプションは、Unicodeモードをオンにします。これにより、2つのコードユニットを持つ文字の取り扱いに関する多くの問題が修正されます。

正規表現は鋭利な道具ですが、扱いが難しいものです。ある種の作業は非常に簡単になりますが、複雑な問題に適用するとすぐに手に負えなくなります。正規表現の使い方を知るとは、ある意味、きれいに表現できないものを正規表現にはめ込もうとする衝動を抑えることなのです。

練習問題

これらの練習問題に取り組んでいるうちに、正規表現の不可解な動作に混乱したり、イライラしたりすることは避けられないかもしれません。時には、https://debuggex.com のようなオンラインツールに正規表現を入力することは時に、視覚化された正規表現が意図したものと一致するかを確認したり、様々な入力文字列に対する反応を試したりするのに役立つでしょう。

正規表現ゴルフ

コードゴルフとは、あるプログラムをできるだけ少ない文字数で表現しようとするゲームです。同様に、正規表現ゴルフとは、与えられたパターンにマッチする、できるだけ小さな正規表現を書くことです。

次の各項目について、与えられた部分文字列のいずれかが文字列中に存在するかをテストする正規表現を書きましょう。正規表現は、記述された部分文字列のいずれかを含む文字列のみにマッチしなければなりません。明示的に述べられていない限り、単語境界は気にしないでください。書いた正規表現がうまくいったら，それ以上小さくできないか考えてみましょう。

1. car と cat
2. pop と prop
3. ferret と ferry と ferrari
4. ious で終わるすべての単語
5. 空白文字の後にピリオド、コンマ、コロン、セミコロンを続けたもの
6. 6 文字よりも長い単語
7. e（または E）を含まない単語

本章のまとめにあるリストを参考にしてください。いくつかのテスト文字列で各ソリューションをテストしてください。

引用のスタイル

物語を書いていて、台詞にシングルクォーテーションマークを使っていたとします。しかし、aren't などの短縮形に使われているシングルクォートはそのままにして、すべてのダイアログのクォートをダブルクォートに置き換えたいとしましょう。

この 2 種類の引用の使い方を区別するパターンを考え、適切な置換を行う replace メソッドの

呼び出しを作成してください。

再び数字について

JavaScript スタイルの数値のみにマッチする式を書いてみましょう。数字の前にマイナスまたはプラスの記号、10 進数のドット、指数表記（5e-3 または 1E10)、さらに指数の前に記号を付けることができます。また、ドットの前後に数字がある必要はありませんが、数字がドットだけであることはあり得ないことに注意してください。つまり、.5 や 5. は JavaScript の数字として有効ですが、ドットだけの数字は有効ではありません。

"拡張しやすいコードではなく、削除しやすいコードを書きなさい"

— テフ『プログラミングは恐ろしい』

Chapter 10 モジュール

理想的なプログラムは、非常に明瞭な構造を持っています。プログラムの仕組みが簡単に説明でき、各パーツは明確に定義された役割を果たします。

典型的なプログラムは、有機的に成長します。新たなニーズが出てくれば、新しい機能が追加されるのです。構造化すること、そして構造を維持することは、追加の作業です。この作業は、将来、誰かがこのプログラムに取り組んだときに初めて効果が出ます。そのため、ついつい放置してしまい、プログラムの各部分が深く絡み合ってしまうことがあるでしょう。

これには2つの問題があります。まずこのようなシステムは理解が難しいことです。すべての要素が他のすべての要素とつながっていれば、ある部分のみを単独で捉えるのは困難になります。全体を俯瞰して理解しなくてはなりません。第2に、そのようなプログラムの機能を別の場面で使いたいときに、文脈から切り離すよりも、プログラムを書き換えるほうが簡単になりがちなのです。

「大きな泥の塊（big ball of mud)」という言葉は、このような構造を持たない大きなプログラムに対してよく使われます。すべてがくっついていて、一部を取り出そうとすると全体がバラバラになり、手が汚れてしまうのです。

構造要素としてのモジュール

これらの問題を回避する試みが、「モジュール」です。モジュールとは、プログラムの一部であり、どの部分に依存しているか、またどの機能を他のモジュールが利用できるように提供しているか（「インターフェイス」）を指定します。

6章の「カプセル化」で見たように、module インターフェイスと object インターフェイスには多くの共通点があります。両者とも、モジュールの一部を外部に公開し、残りを非公開にします。モジュールが相互に作用する方法を制限することで、システムは、明確に定義されたコネクタを介して相互に作用するレゴのようになり、すべてがすべてと混ざり合った泥のようにはなりません。

モジュール間の関係は、「依存関係」と呼ばれます。あるモジュールが他のモジュールの一部を必要とするとき、そのモジュールに依存していることになるのです。これがモジュール自身に明示されていれば、あるモジュールを使うには他のどのモジュールが必要かを把握し、依存関係を自動的に読み込むことが可能になります。

このようにモジュールを分けるには、それぞれのモジュールにプライベートスコープが必要になります。

JavaScriptのコードを別々のファイルに配置するだけでは、この要件を満たすことはできません。これらのファイルは、依然として同じグローバル名前空間を共有しています。意図的にせよ、偶然にせよ、互いのバインディングに干渉してしまう可能性があるのです。また、依存関係の構造も不明確です。本章の後半で説明しますが、もっと良い方法があるでしょう。

プログラムに適したモジュール構造を設計するのは簡単ではありません。まだ問題を探っている段階では、何が機能するかをいろいろ試してみるので、あまり気にしない方がいいかもしれません。しっかりしたものができたら、一歩下がって整理してみるといいでしょう。

パッケージ

プログラムを分割して構築し、その分割された部分を実際に実行できることのメリットの1つは、同じ部分を異なるプログラムに適用できる可能性があることです。

では、どのように設定するのでしょう。たとえば、9章のparseINI関数を別のプログラムで使いたいとします。その関数が何に依存しているか（この場合は何も依存していません）が明確であれば、必要なコードをすべて新しいプロジェクトにコピーして使えばいいでしょう。しかし、もしそのコードに間違いを見つけたら、そのとき作業していたプログラムを修正し、他のプログラムを修正するのは忘れてしまうかもしれません。

一度コードを複製してしまうと、コピーを移動させたり、最新の状態に保ったりするのに時間とエネルギーを浪費しがちです。

そこで、登場するのがパッケージです。パッケージとは、配布（コピーやインストール）可能なコードの塊です。パッケージには、1つまたは複数のモジュールが含まれており、どのパッケージに依存しているかについての情報も含まれます。また、パッケージには通常、何を行うのかについての説明ドキュメントが付属されているので、パッケージの作成者以外の人も使用できるのです。

問題が発見されたり、新しい機能が追加されたりすると、パッケージは更新されます。これにより、パッケージに依存しているプログラム（パッケージの場合もあります）は、新しいバージョンにアップグレードできるのです。

このようなやり方で作業するには、インフラが必要になります。パッケージを保存しておく場所、パッケージをインストールしたりアップグレードしたりする便利な方法が必要なのです。JavaScriptの世界では、こうしたインフラはNPM（https://npmjs.org）によって提供されています。

NPMは、パッケージをダウンロード（アップロード）できるオンラインサービスと、パッケージのインストールと管理を支援する（Node.jsにバンドルされている）プログラムという2つの要素で構成されます。

この記事を書いている時点で、NPMには50万以上の異なるパッケージがあります。そのうちの大部分はくだらないものですが、一般に公開されている有用なパッケージのほとんどはNPM

で見つけられます。たとえば、9章で作成したのと同様のINIファイルパーサーは、iniというパッケージ名で提供されています。

20章では、このようなパッケージをnpmコマンドラインプログラムでローカルにインストールする方法を紹介します。

質の高いパッケージをダウンロードできることは、非常に価値があります。100人が書いたことのあるプログラムを再発明するのではなく、数個のキーを押すだけで、しっかりとテストされた実装を手に入れられるからです。

ソフトウェアはコピーコストが安いので、一度誰かが書けば、それを他人に配布するのは効率的なやり方です。しかし、最初にコードを書くのは大変ですし、コードの問題点を指摘されたり、提案された新たな機能に対応したりするのはさらに大変です。

デフォルトでは、あなたが書いたコードの著作権はあなたにあり、他人はあなたの許可を得た場合にのみ、それを使用できます。しかし、中には親切な人もいますし、優れたソフトウェアを公開することによりプログラマ界隈で少しは有名になれるかもしれないため、多くのパッケージは他人の使用を明示的に許可するライセンスの下で公開されています。

NPMのほとんどのコードはこうしたライセンスの下で公開されています。ライセンスによっては、そのパッケージの上に構築したコードも同じライセンスで公開することを要求するものもあります。また、あなたが配布するコードでも同様のライセンスを維持することのみを要求する、それほど厳しくないライセンスもあります。JavaScriptのコミュニティでは、ほとんどが後者のタイプのライセンスを使用しています。他人のパッケージを使うときには、ライセンスを確認しましょう。

即席のモジュール

2015年まで、JavaScript言語にはモジュールシステムが組み込まれていませんでした。しかし、人々は10年以上前からJavaScriptで大規模なシステムを構築しており、モジュールを必要としていたのです。

そこで彼らは、言語上に独自のモジュールシステムを設計しました。JavaScriptの関数を使えば、モジュールのインターフェイスを表すローカルスコープやオブジェクトを作ることができるのです。

これは、曜日名と数字（DateのgetDayメソッドが返すもの）を行き来するためのモジュールです。インターフェイスはweekDay.nameとweekDay.numberで構成されており、ローカルバインディングの名前を、すぐに起動される関数式のスコープ内に隠しています。

```
const weekDay = function() {
  const names = ["Sunday", "Monday", "Tuesday", "Wednesday",
                 "Thursday", "Friday", "Saturday"];
  return {
```

```
    name(number) { return names[number]; },
    number(name) { return names.indexOf(name); }
  };
}();

console.log(weekDay.name(weekDay.number("Sunday")));
// → Sunday
```

このスタイルのモジュールは、ある程度隔離されていますが、依存関係を宣言していません。代わりに、自分のインターフェイスをグローバルスコープに入れ、もし依存関係があれば、同じようにすることを期待しています。長い間、Web プログラミングではこのアプローチが主流でしたが、今ではほとんど使われていません。

依存関係をコードの一部にしたいのであれば、依存関係の読み込みを制御しなければなりません。そのためには、文字列をコードとして実行できることが必要となります。そして、JavaScript ならそれが可能なのです。

データをコードとして評価する

データ（コードの文字列）を受け取って、それを現在のプログラムの一部として実行する方法はいくつかあります。

最もわかりやすい方法は、特殊な演算子である eval です。これは現在のスコープ内で文字列を実行します。しかし、これでは通常のスコープが持つ特性（たとえば、与えられた名前がどのバインディングを参照しているかを容易に予測できるなど）が損なわれるので、通常は良くないアイディアでしょう。

```
const x = 1;
function evalAndReturnX(code) {
  eval(code);
  return x;
}

console.log(evalAndReturnX("var x = 2"));
// → 2
console.log(x);
// → 1
```

データをコードとして解釈するのに、それほど怖くない方法として、Function コンストラクタがあります。Function コンストラクタは 2 つの引数を取ります。カンマで区切られた引数名のリストを含む文字列と、関数本体を含む文字列です。コードを関数値でラップし、独自のスコープを持つことで、他のスコープで変なことをしないようにするのです。

```
let plusOne = Function("n", "return n + 1;");
console.log(plusOne(4));
// → 5
```

これはまさに、モジュールシステムに必要なことです。モジュールのコードを関数で囲み、その関数のスコープをモジュールのスコープとして使うのです。

CommonJS

JavaScript モジュールをボルトで固定する方法として最も広く使われているのが、CommonJS モジュールと呼ばれるものです。CommonJS モジュールは、Node.js のほか、NPM のほとんどのパッケージで採用されているシステムです。

CommonJS モジュールの主なコンセプトは、require と呼ばれる関数です。依存関係にあるモジュール名を指定してこの関数を呼び出すと、モジュールが読み込まれたことを確認し、そのインターフェイスを返します。

読み込み時にはモジュールのコードを関数でラップするので、モジュールは自動的に自分のローカルスコープが得られます。モジュールがしなければならないのは、依存関係にアクセスするために require を呼び出し、exports にバインドされたオブジェクトにそのインターフェイスを置くことだけです。

このサンプルモジュールは、日付フォーマット関数を提供しています。NPM-ordinal の 2 つのパッケージを使用して、数字を "1st" や "2nd" のような文字列に変換し、Date-names で平日と月の英語名を取得しています。この関数は、Date オブジェクトとテンプレート文字列を受け取る formatDate という 1 つの関数をエクスポートします。

テンプレート文字列には、年を表す YYYY や月の序列を表す Do など、フォーマットを指示するコードを含めることができます。"MMMM Do YYYY" のような文字列を与えれば、"November 22nd 2017" のような出力が得られるのです。

```
const ordinal = require("ordinal");
const {days, months} = require("date-names");

exports.formatDate = function(date, format) {
  return format.replace(/YYYY|M(MMM)?|Do?|dddd/g, tag => {
    if (tag == "YYYY") return date.getFullYear();
    if (tag == "M") return date.getMonth();
    if (tag == "MMMM") return months[date.getMonth()];
    if (tag == "D") return date.getDate();
```

```
      if (tag == "Do") return ordinal(date.getDate());
      if (tag == "dddd") return days[date.getDay()];
    });
  };
```

ordinal のインターフェイスは単一の関数であるのに対し、date-names は複数のもの（日や月は名前の配列です）を含むオブジェクトをエクスポートします。構造化は、インポートされたインターフェイスのバインディングを作成するときに非常に便利です。

モジュールは、そのインターフェイス関数を exports に追加して、それに依存するモジュールがアクセスできるようにします。このモジュールは次のように使うことができます。

```
const {formatDate} = require("./format-date");

console.log(formatDate(new Date(2017, 9, 13),
                       "dddd the Do"));
// → Friday the 13th
```

require は、最も簡単には、次のように定義できます。

```
require.cache = Object.create(null);

function require(name) {
  if (!(name in require.cache)) {
    let code = readFile(name);
    let module = {exports: {}};
    require.cache[name] = module;
    let wrapper = Function("require, exports, module", code);
    wrapper(require, module.exports, module);
  }
  return require.cache[name].exports;
}
```

このコードにおいて readFile は、ファイルを読み込んでその内容を文字列として返す、作られた関数です。標準的な JavaScript にはこのような機能はありませんが、ブラウザや Node.js などの異なる JavaScript 環境では、ファイルにアクセスする独自の方法が提供されています。この例では、readFile が存在するかのように見せかけているのです。

同じモジュールを何度も読み込むのを避けるため、require はすでに読み込まれたモジュールのストア（キャッシュ）を保持します。呼び出されると、まず要求されたモジュールが読み込まれているかを確認し、読み込まれていない場合は読み込みます。つまり、モジュールのコードを読み、それを関数でラップし、それを呼び出すことになるのです。

前述のordinalパッケージのインターフェイスは、オブジェクトではなく、関数です。CommonJSモジュールの奇妙な点は、モジュールシステムが空のinterfaceオブジェクトを作成してくれる（exportsにバインドされている）にもかかわらず、module.exportsを上書きすることで任意の値で置き換えられることです。これは多くのモジュールで行われており、interfaceオブジェクトの代わりに単一の値をエクスポートします。

生成されたラッパー関数のパラメータとしてrequire、exports、moduleを定義する（呼び出すときに適切な値を渡す）ことで、読み込み時にはこれらのバインディングがモジュールのスコープで利用可能であることを確認します。

requireに与えられた文字列が実際のファイル名やWebアドレスに変換される方法は、システムによって異なります。文字列が"./"や"../"で始まっている場合は、一般に現在のモジュールのファイル名に対する相対的なものとして解釈されます。つまり、"./format-date"は、同じディレクトリにあるformat-date.jsというファイルのことです。

名前が相対的でない場合、Node.jsはその名前でインストールされたパッケージを探します。本章のサンプルコードでは、このような名前はNPMパッケージを参照していると解釈しています。NPMモジュールをインストールして使用する方法については、20章で詳しく説明します。

これで、INIファイルのパーサーを自作する代わりに、NPMのものを使うことができるでしょう。

```
const {parse} = require("ini");

console.log(parse("x = 10\ny = 20"));
// → {x: "10", y: "20"}
```

ECMAScriptモジュール

CommonJSモジュールは非常によく機能しています。NPMとの組み合わせによって、JavaScriptコミュニティが大規模にコードを共有できるようにしているからです。

しかし、CommonJSモジュールはガムテープでハックしたような状態のままです。たとえば、exportに追加したものは、ローカルスコープでは利用できません。また、requireは文字列リテラルだけでなく、あらゆる種類の引数を取る通常の関数呼び出しであるため、モジュールのコードを実行せずに、そのモジュールの依存関係を判断するのは難しいのです。

そのため、2015年からのJavaScript標準では、ESモジュールと呼ばれる、独自の異なるモジュールシステムを導入しています。ESはECMAScriptの略です。依存関係やインターフェイスといった、その主要な概念は同じですが、詳細は異なります。まず、記法が言語に統合されています。依存関係にアクセスするには、関数を呼び出すのではなく、特別なimportキーワードを使います。

```
import ordinal from "ordinal";
import {days, months} from "date-names";

export function formatDate(date, format) { /* ... */ }
```

同様に、export キーワードはものをエクスポートするために使用されます。このキーワードはときに、関数、クラス、バインディング定義（let、const、var）の前に表示されます。

ES モジュールのインターフェイスは、単一の値ではなく、名前の付いたバインディングのセットです。前述のモジュールでは、formatDate を関数にバインドしています。他のモジュールからインポートする場合、値ではなくバインディングをインポートします。つまり、エクスポートするモジュールはいつでもバインディングの値を変更でき、それをインポートするモジュールには新しい値が表示されます。

default という名前のバインディングがある場合、それはモジュールの主たるエクスポートされた値として扱われます。例にあげた ordinal のようなモジュールを、バインディング名を中括弧で囲まずにインポートすると、デフォルトのバインディングが得られます。このようなモジュールは、デフォルトのエクスポートとは別に、別の名前で他のバインディングをエクスポートすることができます。

デフォルトのエクスポートを行うには、式や関数宣言、クラス宣言の前に export default と書きましょう。

```
export default ["Winter", "Spring", "Summer", "Autumn"];
```

インポートしたバインディングの名前は、as という単語を使って変更できます。

```
import {days as dayNames} from "date-names";

console.log(dayNames.length);
// → 7
```

もう 1 つの重要な違いは、ES モジュールのインポートは、モジュールのスクリプトが実行される前に行われることです。つまり、import 宣言は関数やブロックの中では使用できず、依存関係の名前は任意の式ではなく引用符で囲まれた文字列でなければならないのです。

この記事を書いている時点では、JavaScript コミュニティはこのモジュールスタイルを採用している最中です。しかも、そのプロセスは遅々としています。この形式が指定されてから、ブラウザや Node.js がサポートを開始するまでに数年かかりました。今ではほとんどサポートされていますが、サポートにまだ問題があり、こうしたモジュールをどのように NPM で配布すべきかについての議論はまだ続いています。

多くのプロジェクトはESモジュールを使って書かれており、公開時には自動的に他のフォーマットに変換されています。今は、2つの異なるモジュールシステムが共存している過渡期であり、喜ばしいことにどちらのモジュールでもコードを読み書きできるのです。

ビルドとバンドル

実際のところ、多くのJavaScriptプロジェクトは、技術的にはJavaScriptで書かれているとは言えないでしょう。8章の「型」で紹介した型チェック方言は、広く利用されている拡張機能です。また、プラットフォームに追加されるずっと前から、人々がJavaScriptプラットフォームへの搭載が予定されている拡張機能を使い始めることもよくあります。

これを可能にするため、彼らはコードをコンパイルし、選んだJavaScriptの方言を、古いJavaScript、あるいは古いブラウザでも実行できる過去のJavaScriptへと変換しているのです。

200種類のファイルで構成されるモジュール式のプログラムをWebページに組み込むと、それなりに問題が生じます。ネットワーク経由で1つのファイルを取得するのに50ミリ秒かかるとすれば、プログラム全体の読み込みには10秒、複数のファイルを同時に読み込んでも、その半分程度の時間がかかることになります。これは非常に無駄な時間です。小さなファイルをたくさん読み込むよりも、大きなファイルを1つ読み込む方が速い傾向があるため、Webプログラマは、ウェブに公開する前に、自分のプログラム（苦労してモジュールに分割したもの）を1つの大きなファイルに戻すツールを使い始めました。このようなツールは「バンドラー」と呼ばれます。

さらにその先を目指すこともできます。ファイル数以外、ファイルのサイズによっても、ネットワーク上での転送速度は決まります。そこで、JavaScriptコミュニティはMinifierを発明しました。Minifierは、JavaScriptプログラムのコメントやホワイトスペースを削除したり、バインディング名を変更したり、コードの一部をより少ないスペースで済む同等のコードに置き換えたりすることで、プログラムを軽量化するツールです。

npmパッケージに含まれるコードやWebページ上で実行されるコードは、モダンなJavaScriptから歴史的なJavaScriptへの変換、ESモジュールのフォーマットからCommonJSへの変換、バンドル、最小化など、複数の段階を経ることが珍しくありません。これらのツールの詳細は、退屈で変化が激しいため、本書では触れません。ただ、あなたが実行しているJavaScriptのコードは、書かれたままのコードでないことが多いことには注意しましょう。

モジュール設計

プログラムの構造化は、プログラミングの微妙な側面の1つです。些細な機能であれば、様々な方法でモデル化できます。

優れたプログラム設計は主観的なものであり、トレードオフの関係にあり、好みの問題でもあります。構造化されたデザインの価値を知るための最良の方法は、多くのプログラムを読んだり、作業したりして、何がうまくいき、何がうまくいかないかに気づくことです。痛みを伴う混乱状態を「あるがままの状態」であると決めつけてはいけません。ほとんどのプログラムは、より多くの思考を注ぎ込むことで、構造を改善できます。

モジュールのデザインには、「使いやすさ」という側面もあります。複数の人が使うことを想定して設計している場合、あるいは3ヶ月後に自分が何をしたのか詳細に覚えていずに自分自身が使うと想定している場合、インターフェイスがシンプルで予測可能であれば便利なはずです。

それは、既存の慣習に従うことを意味するかもしれません。iniパッケージがその良い例です。このモジュールは、標準的なJSONオブジェクトを真似て、parse関数と（INIファイルを書く）stringify関数を提供し、JSONのように文字列とプレーンオブジェクトの間で変換を行います。そのため、インターフェイスは小さく親しみやすくなっており、一度使っただけで使い方を覚えてしまうでしょう。

標準的な機能や広く使われているパッケージがなくても、シンプルなデータ構造を使い、単一の集中的な作業を行うことで、モジュールを予測できるようになります。たとえば、NPMのINIファイル解析モジュールの多くは、そうしたファイルをハードディスクから直接読み込んで解析する機能を提供しています。これでは、ファイルシステムに直接アクセスできないブラウザでは、こうしたモジュールを使用できません。また、何らかのファイル読み取り機能でモジュールを構成しないと、モジュールが複雑になります。

これは、モジュール設計のもう1つの有用な側面、つまり他のコードとの組み合わせのしやすさを示しています。サイドエフェクトのある複雑な動作をする大きなモジュールよりも、値を計算する集中的なモジュールの方が、より幅広いプログラムに適用できます。ディスクからファイルを読み込むことにこだわるINIファイルリーダーは、ファイルの内容が他のソースから来たものであれば役に立たないのです。

関連して、状態を持つ（stateful）オブジェクトは時に有用であり、また必要でもありますが、関数でできることには関数を使いましょう。NPMのいくつかのINIファイルリーダーは、最初にオブジェクトを作成し、次にファイルをオブジェクトに読み込み、最後に特殊なメソッドを使って結果を得るというインターフェイススタイルを提供しています。この種のものは、オブジェクト指向の伝統でよく見られますが、これはひどいものです。1つの関数を呼び出して次に進むのではなく、オブジェクトを様々な状態にするという儀式を行わなければならないからです。また、データが特殊なオブジェクトタイプに包まれているため、そのデータを扱うすべてのコードは、そのタイプについて知っていなければならず、不必要な相互依存関係が生じます。

多くの場合、新しいデータ構造を定義することは避けられません。言語標準において、いくつかの基本的なデータ構造が提供されていますが、多くのデータ型は配列やマップよりも複雑にならざるを得ません。しかし、配列で十分な場合には配列を使用します。

少し複雑なデータ構造の例に、7章の「グラフ」があります。JavaScriptでグラフを表現するのに、決まった方法はありません。7章では、プロパティに文字列の配列（そのノードから到達可能な他のノード）を持つオブジェクトを使用しました。

NPM にはいくつかの経路探索パッケージがありますが、どのパッケージもこのグラフ形式を使用していません。これらのパッケージでは通常、グラフのエッジに、関連するコストや距離といった重みを持たせることができます。これは私たちの表現ではできないのです。

たとえば、dijkstrajs パッケージを見てみましょう。よく知られている経路探索の手法は、findRoute 関数とよく似ていて、これを最初に書き留めたエドガー・ダイクストラにちなんで「ダイクストラのアルゴリズム」と呼ばれています。js という接尾語は、JavaScript で書かれていることを示すために、よくパッケージ名に付けられます。この dijkstrajs パッケージは、私たちと同じようなグラフ形式を使用していますが、配列の代わりに、エッジの重みを表す数値をプロパティ値とするオブジェクトを使用します。

ですから、このパッケージを使用するには、グラフがパッケージの期待するフォーマットで保存されているかを確認する必要があるのです。単純化されたモデルでは、それぞれの道路が同じコスト（1 ターン）であると見なすので、すべてのエッジは同じ重みを持っています。

```
const {find_path} = require("dijkstrajs");

let graph = {};
for (let node of Object.keys(roadGraph)) {
  let edges = graph[node] = {};
  for (let dest of roadGraph[node]) {
    edges[dest] = 1;
  }
}

console.log(find_path(graph, "Post Office", "Cabin"));
// → ["Post Office", "Alice's House", "Cabin"]
```

様々なパッケージが、似たようなものを記述するために異なるデータ構造を使用している場合、それらを組み合わせるのは困難になります。したがって、構成可能性（コンポーザビリティ）を考慮した設計にしたいのであれば、他人がどのようなデータ構造を使用しているかを調べ、可能であればその例に従うようにしてください。

まとめ

モジュールは、コードを明確なインターフェイスと依存関係を持つ断片に分離することで、大きなプログラムに構造を提供します。インターフェイスとは、他のモジュールから見えるモジュールの一部であり、依存関係とは、そのモジュールが利用する他のモジュールです。

歴史的に JavaScript はモジュールシステムを提供していなかったので、CommonJS のシステムが構築されました。その後、ある時点で造り付け（ビルトイン）のシステムが導入されましたが、現在では CommonJS システムと共存しています。

パッケージとは、単体で配布可能なコードの塊のことです。NPM は、JavaScript パッケージのリポジトリです。NPM は JavaScript のパッケージを集めたリポジトリで、あらゆる種類の便利な（そして役に立たない）パッケージをダウンロードできます。

練習問題

モジュール型ロボット

以下は、7 章のプロジェクトが作成するバインディングです。

```
roads
buildGraph
roadGraph
VillageState
runRobot
randomPick
randomRobot
mailRoute
routeRobot
findRoute
goalOrientedRobot
```

このプロジェクトをモジュール式のプログラムとして書くとしたら、どのようなモジュールを作りますか。どのモジュールが他のどのモジュールに依存するか、そしてそれらのインターフェイスはどのようになるのでしょう。

NPM であらかじめ書かれたものにはどのようなものがありますか。NPM のパッケージを使うのと、自分で書くのと、どちらがいいでしょう。

roadsモジュール

7 章の例に基づいて、道路の配列を保持し、道路を表すグラフデータ構造を roadGraph としてエクスポートする CommonJS モジュールを書いてください。このモジュールは、グラフを構築するために使用される関数 buildGraph をエクスポートするモジュール ./graph に依存する必要があります。この関数は、2 要素の配列（道路の始点と終点）を受け取ります。

循環依存

循環依存とは、モジュール A が B に依存し、B も直接または間接的に A に依存している状況を指します。多くのモジュールシステムでは、このような依存関係を単純に禁止しています。なぜなら、どのような順序でモジュールを読み込んでも、実行前に各モジュールの依存関係が読み込まれていることを確認できないからです。

CommonJSのモジュールは、限られた形の循環依存を認めています。モジュールがデフォルトのexportsオブジェクトを置き換えず、ロードが終了するまで互いのインターフェースにアクセスしない限り、循環依存は問題ありません。

10章の「CommonJS」で紹介されているrequire関数は、このような依存関係をサポートしています。どのように循環関係を処理しているかわかりますか。また、循環内のモジュールがデフォルトのexportsオブジェクトを置き換えた場合、何が問題になるでしょう。

"泥が落ち着くまで静かに待てる人は誰？
行動の瞬間までじっとしていられるのは誰？"

— 老子『道徳経』

Chapter 11 非同期プログラミング

プログラムを構成する個々のステップを実行する、コンピュータの中核となる箇所は、プロセッサと呼ばれます。これまで見てきたプログラムは、仕事を終えるまでの間、プロセッサを忙しくさせるものでした。数字を操作するループなどの実行速度は、ほとんどがプロセッサの速度に依存します。

しかし、多くのプログラムは、プロセッサ以外のものとやり取りします。たとえば、ネットワークを介して通信したり、ハードディスクにデータを要求したりするでしょう。これは、メモリからデータを取得するよりはるかに時間がかかります。

このようなとき、プロセッサを放置しておくのはもったいないかもしれません。そのため、OSが複数のプログラムの実行中にプロセッサを切り替えることで対応しています。しかしこの方法では、1つのプログラムがネットワークの要求を待っている間にプログラムを実行できるようにはなりません。

非同期性

同期型のプログラミングモデルでは、物事は一度に1つずつ起こります。長時間動作するアクションを実行する関数は、呼び出すと、アクションが終了して結果を返せるようになってから戻ります。

非同期型モデルでは、複数のことが同時に起こります。アクションを開始しても、プログラムは継続して実行されます。アクションが終了すると、プログラムに通知され、結果（たとえば、ディスクから読み込まれたデータ）へのアクセスが可能になります。

ネットワークから2つのリソースを取得し、その結果を組み合わせるプログラムを例に、同期プログラミングと非同期プログラミングを比較してみましょう。

リクエスト関数が処理を終えてから戻ってくる同期型のモデルでは、このタスクを実行する最も簡単な方法は、次々とリクエストすることです。ただこれには、1つ目のリクエストが終了してから2つ目のリクエストが開始されるという欠点があります。総所要時間は、少なくとも2つの応答時間の合計になります。

同期型のシステムでは、この問題を解決するために、制御のスレッドを追加して起動します。スレッドとは、実行中の別のプログラムのことであり、その実行はオペレーティングシステムによっては、他のプログラムと一緒にインターリーブされることがあります。最近のコンピュータは多くの場合、複数のプロセッサを搭載しているため、複数のスレッドが異なるプロセッサ上で同時に実行されることもあります。2つ目のスレッドが2つ目のリクエストを開始し、両方のスレッドは結果が戻ってくるのを待った後、再同期して結果を結合できるのです。

以下の図では、太い線がプログラムの通常実行にかかる時間、細い線がネットワークの待ち時間を表しています。同期型のモデルでは、ネットワークにかかる時間は、ある制御スレッドのタイムラインの一部となります。非同期型のモデルでは、ネットワークとのやり取りが開始されると、概念的にはタイムラインが分割されます。アクションを開始したプログラムは実行を続け、アクションはプログラムと並行して行われ、終了するとプログラムに通知されます。

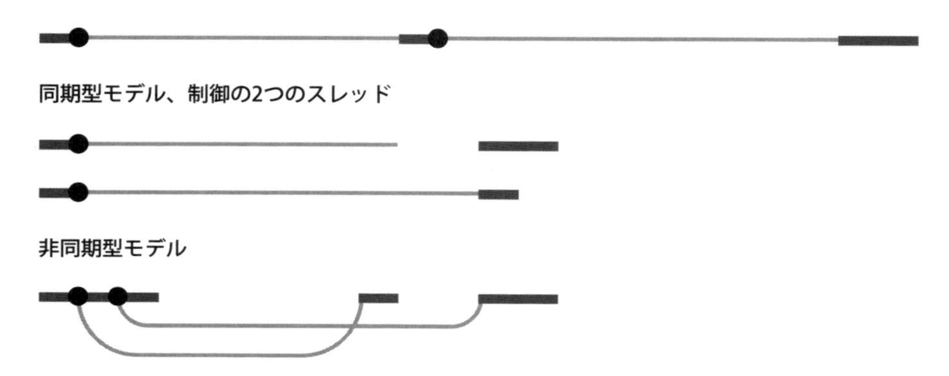

この違いを別の言い方で表現すると、同期型モデルではアクションの終了を待つことは暗黙の了解であるのに対して、非同期型モデルではそれが明示的であり、コントロール下にあるということです。

非同期型は両極端です。直線的な制御モデルに合わないプログラムの表現が容易になる一方で、しばしば直線的なプログラムの表現が難しくなります。この不便さを解消する方法は、この章の後半で紹介します。

重要なJavaScriptプログラミングプラットフォームであるブラウザとNode.jsは、スレッドに頼ることではなく、時間のかかる操作を非同期で行います。スレッドを使ったプログラミングは難しいことで知られており（プログラムが何をしているのかを理解するのは、複数のことを同時に行っている場合の方がはるかに難しいのです）、これは一般に良いことだと考えられています。

カラスのテクニック

カラスが非常に賢い鳥であることは、ほとんどの人が知っています。道具を使ったり、計画を立てたり、記憶したり、さらには仲間同士でコミュニケーションを取ったりすることができます。

しかし多くの人は、カラスには隠された多くの能力があることを知りません。カラスのテクニックは人間に遠く及ばないものの、追いついてきていると、（少々風変わりな）評判の良いカラスの専門家から聞いたことがあります。

たとえば、多くのカラスの文化は、計算機を作る能力を持っています。これはコンピュータのような電子機器ではなく、シロアリに近い種である小さな昆虫の働きによって作動します。彼らは、カラスとの共生関係を築いているのです。カラスは昆虫に食べ物を与え、昆虫はそのお返しに複雑なコロニーを作り、その中で計算を行うのです。

こうしたコロニーは、通常、大きくて長持ちする巣の中にあります。鳥と昆虫が協力して、巣の小枝の間に隠れている球根状の粘土で作ったネットワークを構築し、その中で昆虫が生活し、仕事をしているのです。

他の端末と通信するために、光信号が使用されます。カラスは特殊な通信棒に反射材を埋め込み、昆虫は通信棒を狙って別の巣で光を反射させることで、データを一連の速い閃光として符号化します。つまり、視覚的につながっている巣だけが通信できるのです。

友人のカラス専門家は、ローヌ川のほとりにあるイエール・シュル・アンビー村にあるカラスの巣のネットワークをマッピングしました。以下の地図には、巣とそのつながりが示されています。

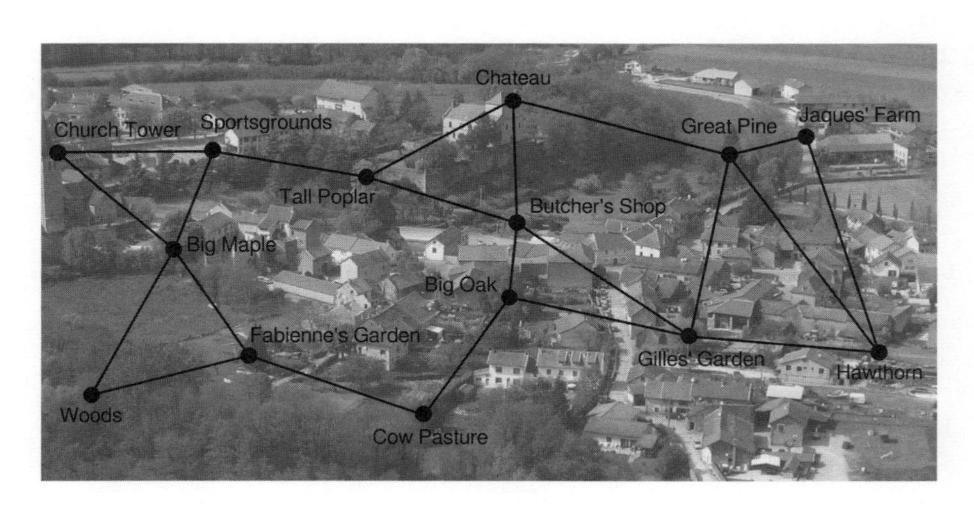

驚くべき収斂進化（系統の異なる生物種間で類似した形質を個別に進化させること）の結果として、カラスのコンピュータではJavaScriptが動作します。この章では、カラス・コンピュータのために基本的なネットワーク関数をいくつか書いてみましょう。

コールバック

非同期プログラミングの1つに、遅いアクションを実行する関数に、コールバック関数という追加の引数を取らせる方法があります。このアクションが開始され、終了すると、コールバック関数が結果とともに呼び出されます。

たとえば、Node.js でもブラウザでも利用可能な setTimeout 関数は、指定されたミリ秒（1 秒は 1,000 ミリ秒）を待ってから、関数を呼び出します。

```
setTimeout(() => console.log("Tick"), 500);
```

待機は一般にはあまり重要な作業ではありませんが、アニメーションを更新したり、何かに時間がかかっているかをチェックしたりするときには便利です。

コールバックを使って複数の非同期アクションを連続して実行すると、アクション後に計算の続きを処理するために新しい関数を渡し続けなければなりません。

ほとんどのカラスの巣コンピュータには、データ長期保存用のバルブがあり、情報の断片を小枝にエッチングして（刻みつけて）、後で取り出せるようにしています。エッチングやデータの検索には時間がかかるため、長期保存用のインターフェイスは非同期で、コールバック関数を使用しています。

データ保存用バルブは、JSON でエンコード可能なデータの断片に名前を付けて保存します。たとえば、カラスが食べ物を隠した場所の情報を "food caches" という名前で保存すれば、この名前は実際のキャッシュを示す「他のデータを示す名前の配列」を保持することが可能です。「大きな樫の木」の巣のデータ保存用バルブにある "food caches" を探すため、カラスは次のようなコードを実行します。

```
import {bigOak} from "./crow-tech";

bigOak.readStorage("food caches", caches => {
  let firstCache = caches[0];
  bigOak.readStorage(firstCache, info => {
    console.log(info);
  });
});
```

（すべてのバインディング名と文字列は、カラス語から英語に翻訳されています）。

このようなプログラミングのやり方は可能ですが、非同期アクションを実行するたびに別の関数に入ってしまうため、インデントレベルが上がります。複数のアクションを同時に実行するなど、より複雑なことをする場合には少々厄介なことになります。

カラスの巣コンピュータは、リクエストとレスポンスのペアで通信するように作られています。つまり、ある巣が別の巣にメッセージを送ると、別の巣がメッセージの受信を確認し、場合によってはメッセージで質問されたことに回答するなど、すぐにメッセージを送り返します。

各メッセージには、メッセージの処理方法を決定する型がタグ付され、どのように処理されるかが決められています。このコードでは、特定のリクエスト型に対するハンドラを定義でき、そうしたリクエストが来ると、ハンドラが呼び出され、レスポンスが生成されます。

"./crow-tech" モジュールによってエクスポートされたインターフェイスは、コミュニケーションのためのコールバックベースの関数を提供します。巣には、リクエストを送信する send メソッドがあります。このメソッドは、対象となる巣の名前、リクエストのタイプ、リクエストの内容を最初の3つの引数として受け取り、最後の4つ目の引数として、レスポンスが来たときに呼び出す関数を受け取ります。

```
bigOak.send("Cow Pasture", "note", "Let's caw loudly at 7PM",
            () => console.log("Note delivered."));
```

しかし、そのリクエストを受信できる巣を作るには、まず "note" という名前のリクエスト型を定義しなければなりません。リクエストを処理するコードは、この巣だけでなく、この型のメッセージを受信できるすべての巣の上で実行されなければなりません。ここでは、カラスが飛んできて、すべての巣にハンドラコードをインストールしてくれたと仮定しましょう。

```
import {defineRequestType} from "./crow-tech";

defineRequestType("note", (nest, content, source, done) => {
  console.log(`${nest.name} received note: ${content}`);
  done();
});
```

defineRequestType 関数は、新しい型のリクエストを定義します。この例では、指定された巣に note を送信するだけの note リクエストのサポートを追加しています。この実装では console.log を呼び出して、リクエストが届いたことを確認できるようにしています。巣はその名前を保持する name プロパティを持っているのです。

ハンドラに与えられた4番目の引数 done は、リクエストの処理が終わったときに呼び出す必要のあるコールバック関数です。ハンドラの戻り値をレスポンス値として使用した場合、リクエストハンドラ自身は非同期アクションを行えないことになります。非同期処理を行う関数は、通常、処理が完了する前に戻り、完了時にコールバックが呼ばれるようになっています。そのため、レスポンスが利用可能になったときに信号を送るために、何らかの非同期メカニズム（この場合は別のコールバック関数）が必要になります。

ある意味で、非同期性は伝染します。非同期に動作する関数を呼び出す関数は、その関数自体も非同期でなければならず、結果を得るためにコールバックなどの仕組みを使わなければなりません。コールバックの呼び出しは、単に値を返すだけの場合に比べて、やや複雑でエラーが発生しやすいため、プログラムの大部分をそのように構成する必要があるのは、あまり良いことではありません。

promise

抽象的な概念を扱う際には、その概念を値で表せれば簡単になります。非同期アクションの場合、将来のある時点で関数が呼ばれるように手配する代わりに、将来のイベントを表すオブジェクトを返せるでしょう。

これが、標準クラスのPromiseです。promiseは、ある時点で完了し、値を生成する可能性のある非同期アクションです。promiseは、その値が利用可能になったときに、興味のある人に通知することができます。

promiseを作成する最も簡単な方法は、Promise.resolveを呼び出すことです。この関数は、与えられた値がpromiseでラップされていることを確認します。すでにpromiseである場合は、単純に返されます。そうでない場合は、与えられた値を結果として返してすぐに終了する新しいpromiseを取得します。

```
let fifteen = Promise.resolve(15);
fifteen.then(value => console.log(`Got ${value}`));
// → Got 15
```

promiseの結果を得るには、thenメソッドを使います。これは、promiseが解決して値を生成したときに呼び出されるコールバック関数を登録します。1つのpromiseに複数のコールバックを追加でき、promiseが解決（終了）した後にコールバックを追加した場合でも、それらは呼び出されます。

しかし、thenメソッドの役割はそれだけではありません。別のpromiseを返し、そのpromiseはハンドラ関数が返す値に解決するか、それがpromiseを返す場合はそのpromiseを待ち、その結果に解決します。

promiseを、値を非同期の現実に移動させる装置と考えると便利でしょう。通常の値は単にそこにあるだけです。promise値とは、すでにそこにあるかもしれないし、将来のある時点で現れるかもしれない値です。promiseで定義されたコマンドは、このようなラップされた値に作用し、その値が利用可能になると非同期に実行されます。

promiseを作成するには、コンストラクタとしてPromiseを使用します。コンストラクタは関数を引数として受け取り、即座に関数を呼び出して、promiseの解決に使用できる関数を渡します。このようにして、たとえばresolveメソッドではなく、promiseを作成したコードだけがそれを解決できるようにしています。

このようにして、readStorage関数のpromiseベースのインターフェイスを作成します。

```
function storage(nest, name) {
  return new Promise(resolve => {
    nest.readStorage(name, result => resolve(result));
```

```
  });
}

storage(bigOak, "enemies")
  .then(value => console.log("Got", value));
```

この非同期関数は、意味のある値を返します。これがpromiseの主な利点であり、非同期関数の使用を容易にします。コールバックを渡す必要がない代わりに、promiseベースの関数は通常の関数と同じように見えます。唯一の違いは、出力がまだ得られていない可能性があることです。

失敗

通常のJavaScriptの計算は、例外を発生させることで失敗することがあります。非同期の計算では、しばしばこのような処理が必要になります。ネットワークリクエストが失敗したり、非同期計算の一部であるコードが例外を発生させたりすることもあります。

非同期プログラミングのコールバックスタイルの最も差し迫った問題の1つは、失敗がコールバックに適切に報告されるようにするのが非常に難しいことです。

よくある慣習では、コールバックの第1引数はアクションが失敗したことを示すために使用され、第2引数にはアクションが成功したときに生成された値が格納されます。このようなコールバック関数は、例外を受け取ったかをつねにチェックし、コールした関数が投げた例外を含め、コールバック関数の引き起こした問題がキャッチされ、正しい関数に与えられるようにしなければなりません。

これを容易にするのがpromiseです。promiseには、解決されるもの（アクションが正常に終了したもの）と拒否されるもの（失敗したもの）があります。（thenで登録された）resolveハンドラは、アクションが成功したときにのみ呼び出され、拒否はthenで返される新しいpromiseに自動的に伝播されます。また、ハンドラが例外を投げると、thenの呼び出しによって生成されたpromiseが自動的に拒否されます。つまり、非同期アクションの連鎖の中でいずれかの要素が失敗した場合、連鎖全体の結果は拒否されたとマークされ、失敗したポイントから先のsuccessハンドラは呼び出されません。

promiseの解決に値が与えられるように、拒否にも値が与えられ、通常は拒否の理由と呼ばれます。ハンドラ関数内の例外が原因で拒否された場合は、その例外の値が拒否の「理由」として使用されます。同様に、ハンドラが拒絶されたpromiseを返すと、その拒絶は次のpromiseに流れます。拒否されたpromiseを新たに作成するPromise.reject関数があるのです。

このような拒絶を明示的に処理するために、promiseには、thenハンドラが通常の解決を処理するのと同様に、promiseが拒絶されたときに呼び出されるハンドラを登録するcatchメソッドがあります。また、新しいpromiseを返すという点でもthenとよく似ています。このpromise

は、正常に解決された場合は元の promise 値に、そうでない場合は catch ハンドラの結果に解決されます。catch ハンドラがエラーを出した場合、新しい promise も拒否されます。

省略形として、then は2番目の引数として reject ハンドラも受け入れるので、1つのメソッド呼び出しで両方のタイプのハンドラをインストールすることができるのです。

Promise のコンストラクタに渡された関数は、resolve 関数と並んで第2引数を受け取り、それを使って新しい promise を拒否することができます。

then と catch の呼び出しによって作成された promise 値のチェーンは、非同期の値や失敗が移動するパイプラインのように捉えられます。このようなチェーンは、ハンドラを登録することによって作られるので、各リンクには成功ハンドラまたは拒絶ハンドラ（またはその両方）が関連付けられています。結果（成功または失敗）の型にマッチしないハンドラは無視されます。しかし、一致したハンドラは呼び出され、その結果によって、次に来る値の種類が決定されます。

```
new Promise((_, reject) => reject(new Error("Fail")))
  .then(value => console.log("Handler 1"))
  .catch(reason => {
    console.log("Caught failure " + reason);
    return "nothing";
  })
  .then(value => console.log("Handler 2", value));
// → Caught failure Error: Fail
// → Handler 2 nothing
```

キャッチされなかった例外が環境によって処理されるのと同様に、JavaScript の環境は、promise の拒絶が処理されなかったことを検出し、これをエラーとして報告します。

ネットワークは難しい

時折、カラスのミラーシステムが信号を送信するのに十分な光がなかったり、何かが信号の経路を遮ったりすることがあります。信号を送っても受信できないことがあるわけです。

このままでは、send に与えられたコールバックが呼び出されないだけで、問題に気づかずにプログラムが停止してしまうでしょう。一定期間レスポンスが得られないと、リクエストがタイムアウトして失敗を報告するようになるといいですね。

多くの場合、伝送の失敗は、車のヘッドライトが光の信号に干渉するようなランダムな事故であり、単にリクエストを再試行すれば成功することがあります。そこでついでに、リクエスト関数が諦めてしまう前に、リクエストの送信を何度か自動的にリトライするようにしてみましょう。

また、promise は良いものであることがわかったので、リクエスト関数は promise を返すようにしましょう。コールバックとpromiseは、表現できる内容の点では同じです。コールバックベースの関数は、promiseベースのインターフェイスを公開するためにラップでき、その逆もまた同様です。

たとえば、リクエストが定義されていないリクエスト型を使おうとした場合や、ハンドラがエラーを出した場合など、リクエストとそのレスポンスが正常に配信された場合でも、レスポンスが失敗を示すことがあります。これをサポートするために、sendとdefineRequestTypeは、コールバックに渡される第1引数がもしあれば失敗の理由であり、第2引数が実際の結果であるという前述の規則に従っています。

これらは、ラップすることで、promiseの解決と拒否に変換できます。

```
class Timeout extends Error {}

function request(nest, target, type, content) {
  return new Promise((resolve, reject) => {
    let done = false;
    function attempt(n) {
      nest.send(target, type, content, (failed, value) => {
        done = true;
        if (failed) reject(failed);
        else resolve(value);
      });
      setTimeout(() => {
        if (done) return;
        else if (n < 3) attempt(n + 1);
        else reject(new Timeout("Timed out"));
      }, 250);
    }
    attempt(1);
  });
}
```

promiseの解決（または拒否）は一度だけなので、これはうまくいきます。最初に解決や拒否が呼ばれたときにpromiseの結果が決定され、それ以降の呼び出し、たとえばリクエストが終了した後にタイムアウトが来たり、他のリクエストが終了した後にリクエストが戻ってきたりした場合は無視されるのです。

非同期型ループを構築するには、再試行のために、再帰関数を使う必要があります。通常のループでは、非同期アクションのために停止して待つことができません。attempt関数は、リクエストの送信を一度だけ試みます。また、タイムアウトを設定し、250ミリ秒経過してもレスポンスがない場合は、次の試行を開始するか、4回目の試行であれば、Timeoutのインスタンスを理由に、promiseを拒否します。

4分の1秒ごとに再試行し、1秒経っても応答がないと諦めるというのは、確かにやや恣意的です。リクエストが通っていても、ハンドラが少し時間をかけているだけで、リクエストが複数回配信されることもあり得ます。そのため、この問題を念頭に置いてハンドラを書くのです。

一般に、世界レベルの堅牢なネットワークは構築できません。しかし、それでよいのです。カラスのコンピュータに対する期待はまだ高くありません。

コールバックから完全に切り離すため、先に defineRequestType のラッパーを定義しておきましょう。このラッパーでは、ハンドラ関数が Promise やプレーンな値を返すことができ、それをコールバックにつなげます。

```
function requestType(name, handler) {
  defineRequestType(name, (nest, content, source,
                           callback) => {
    try {
      Promise.resolve(handler(nest, content, source))
        .then(response => callback(null, response),
              failure => callback(failure));
    } catch (exception) {
      callback(exception);
    }
  });
}
```

Promise.resolve は、ハンドラから返された値がまだ promise でない場合、それを promise に変換するために使用されます。

ハンドラの呼び出しを try ブロックでラップして、ハンドラが直接発生させる例外がコールバックに渡されるようにしていることに注意してください。これは、生のコールバックでエラーを適切に処理することの難しさをよく表しています。このような例外を適切にルーティングすることは忘れがちであり、それをしないと失敗が正しいコールバックに報告されません。promise はこの処理をほとんど自動的に行うことができるので、エラーが発生しにくくなります。

promiseのコレクション

それぞれの巣コンピュータは、送信距離内にある他の巣の配列を、neighbors プロパティに保持しています。どの巣が現在到達可能かを調べるには、それぞれの巣に ping リクエスト（単純に応答を求めるリクエスト）を送信して、どの巣から応答があるかを確認する関数を書けばよいでしょう。

同時に実行されている promise のコレクションを扱うときには、Promise.all 関数が便利です。この関数は、配列内のすべての promise が解決するのを待って、これらの promise が生成した値の配列に解決する promise を返します（元の配列と同じ順序で）。いずれかの promise が拒否された場合、Promise.all の結果自体が拒否されます。


```
requestType("ping", () => "pong");

function availableNeighbors(nest) {
  let requests = nest.neighbors.map(neighbor => {
    return request(nest, neighbor, "ping")
      .then(() => true, () => false);
  });
  return Promise.all(requests).then(result => {
    return nest.neighbors.filter((_, i) => result[i]);
  });
}
```

neighbors が利用できない場合、結合された Promise 全体が失敗してはいけません。そこで、neighbors の集合をリクエストの Promise に変換する関数には、成功したリクエストには true を、拒否されたリクエストには false を返すハンドラが追加されています。

結合された Promise のハンドラでは、対応する値が false である要素を neighbors 配列から取り除くために filter が使用されます。これは、filter がフィルタリング関数の第 2 引数として現在の要素の配列インデックスを渡すという事実を利用しています（map、some、および類似の高次配列メソッドも同様です）。

ネットワークのフラッディング

巣が隣人としか会話できないことは、このネットワークの有用性を大きく阻害します。

ネットワーク全体に情報を流すには、ある種のリクエストを設定し、それを自動的に隣人に転送するという方法があります。そして、その隣人がさらにその隣人にメッセージを転送し、ネットワーク全体がそのメッセージを受け取るようにしましょう。

```
import {everywhere} from "./crow-tech";

everywhere(nest =>{
  nest.state.gossip = [];
});

function sendGossip(nest, message, exceptFor = null) {
  nest.state.gossip.push(message);
  for (let neighbor of nest.neighbors) {
    if (neighbor == exceptFor) continue;
```

```
      request(nest, neighbor, "gossip", message);
    }
  }
  requestType("gossip", (nest, message, source) => {
    if (nest.state.gossip.includes(message)) return;
    console.log(`${nest.name} received gossip '${
                message}' from ${source}`);
    sendGossip(nest, message, source);
  });
```

同じメッセージをネットワーク上で永遠に送り続けることを避けるため、それぞれの巣はすでに見たことのある gossip 文字列の配列を保持しています。この配列を定義するために、すべての巣でコードを実行する everywhere 関数を使って、巣の state オブジェクトにプロパティを追加します。

巣が重複した gossip メッセージを受信した場合（これは誰もがやみくもに再送しているために起こる可能性が高いのですが）、巣はそれを無視します。しかし、新しいメッセージを受け取ると、メッセージを送ってきた人以外のすべての隣人に興奮して伝えます。

これにより、新しい gossip が、水に浮かぶインクのシミのように、ネットワーク上に広がっていきます。現在、一部の接続が機能していない場合でも、ある巣への代替ルートがあれば、そこを経由して gossip が届きます。

このようなネットワーク通信のスタイルはフラッディングと呼ばれ、すべてのノードが情報を持つようになるまでネットワークに情報を流します。

メッセージルーティング

あるノードがもう 1 つのノードと会話したい場合、フラッディングはあまり効率的なアプローチではありません。特にネットワークの規模が大きい場合は、無駄なデータ転送が多くなってしまいます。

もう 1 つの方法は、メッセージがノードからノードへとホップして目的地に到達する方法を設定することです。これには、ネットワーク設計に関する知識が必要になるという難点があります。遠くの巣の方向にリクエストを送るには、どの隣の巣が目的地に近いかを知る必要があります。間違った方向に送ってもあまり意味がありませんね。

それぞれの巣は自分の直接の隣人についてしか知らないので、ルートを計算するのに必要な情報を持っていません。できれば、巣が放棄されたり、新しい巣が作られたりしても、時間の経過とともに情報が変化するような方法で、接続に関する情報をすべての巣に広めなければなりません。

ここでもフラッディングを使うことができますが、あるメッセージがすでに受信されているかをチェックする代わりに、ある巣の新しい隣人のセットが、現在のセットと一致するかをチェックします。

```
requestType("connections", (nest, {name, neighbors},
                            source) => {
  let connections = nest.state.connections;
  if (JSON.stringify(connections.get(name)) ==
      JSON.stringify(neighbors)) return;
  connections.set(name, neighbors);
  broadcastConnections(nest, name, source);
});

function broadcastConnections(nest, name, exceptFor = null) {
  for (let neighbor of nest.neighbors) {
    if (neighbor == exceptFor) continue;
    request(nest, neighbor, "connections", {
      name,
      neighbors: nest.state.connections.get(name)
    });
  }
}

everywhere(nest => {
  nest.state.connections = new Map;
  nest.state.connections.set(nest.name, nest.neighbors);
  broadcastConnections(nest, nest.name);
});
```

オブジェクトや配列に対する == は、両者がまったく同じ値である場合にのみ true を返すため、この比較では JSON.stringify を使用していますが、これはここで必要なことではありません。JSON の文字列を比較するのは、内容を比較するための粗いながらも効果的な方法です。

ノードはすぐにブロードキャスト接続を開始し、完全に到達できない巣がない限り、すべての巣に現在のネットワークグラフのマップがすぐに提供されるはずです。

グラフでできることは、7 章で見たように、グラフ中のルートを見つけることです。目的地に向かうメッセージのルートがあれば、どの方向に送ればよいかがわかります。

この findRoute 関数は、7 章の findRoute とよく似ていて、ネットワーク上の任意のノードに到達する方法を検索します。しかし、ルート全体を返すのではなく、次のステップを返すだけです。次の巣は、ネットワークに関する現在の情報を使って、メッセージをどこに送るかを決定します。

```
function findRoute(from, to, connections) {
  let work = [{at: from, via: null}];
```

```
  for (let i = 0; i < work.length; i++) {
    let {at, via} = work[i];
    for (let next of connections.get(at) || []) {
      if (next == to) return via;
      if (!work.some(w => w.at == next)) {
        work.push({at: next, via: via || next});
      }
    }
  }
  return null;
}
```

では、長距離メッセージを送信する機能を作ってみましょう。メッセージが直接の隣人に宛てられたものであれば、通常通り配信されます。そうでない場合は、オブジェクトにパッケージされ、"route" というリクエストタイプを使ってターゲットに近い隣人に送られて、その隣人が同じ動作を繰り返すことになります。

```
function routeRequest(nest, target, type, content) {
  if (nest.neighbors.includes(target)) {
    return request(nest, target, type, content);
  } else {
    let via = findRoute(nest.name, target,
                        nest.state.connections);
    if (!via) throw new Error(`No route to ${target}`);
    return request(nest, via, "route",
                   {target, type, content});
  }
}

requestType("route", (nest, {target, type, content}) => {
  return routeRequest(nest, target, type, content);
});
```

原始的な通信システムの上に、何層もの機能を構築して便利に使えるようにしています。これは、実際のコンピュータネットワークがどのように機能しているかを示す、優れたモデルです(ただし、模擬的なものですが……)。

コンピュータネットワークの特徴は、信頼性が低いことです。ネットワーク上に構築された抽象化は助けになりますが、ネットワーク障害を抽象化することはできません。そのため、ネットワークプログラミングでは、障害の発生を予測し、対処することが重要になります。

非同期関数

カラスは重要な情報を保存するために、その情報を巣の中で複製することが知られています。そうすれば、鷹が1つの巣を破壊しても、情報が失われることはありません。

巣のコンピュータは、自分の記憶装置にない情報を取り出すために、その情報を持っている巣を見つけるまで、ネットワーク上の他の巣にランダムに問い合わせることがあります。

```
requestType("storage", (nest, name) => storage(nest, name));

function findInStorage(nest, name) {
  return storage(nest, name).then(found => {
    if (found != null) return found;
    else return findInRemoteStorage(nest, name);
  });
}

function network(nest) {
  return Array.from(nest.state.connections.keys());
}

function findInRemoteStorage(nest, name) {
  let sources = network(nest).filter(n => n != nest.name);
  function next() {
    if (sources.length == 0) {
      return Promise.reject(new Error("Not found"));
    } else {
      let source = sources[Math.floor(Math.random() *
                                      sources.length)];
      sources = sources.filter(n => n != source);
      return routeRequest(nest, source, "storage", name)
        .then(value => value != null ? value : next(),
              next);
    }
  }
  return next();
}
```

connections は Map なので、Object.keys は使えません。keys メソッドはありますが、配列ではなくイテレータを返します。イテレータ（またはイテレート可能な値）は Array.from 関数で配列に変換できます。

promise を使っても、これはかなり厄介なコードです。複数の非同期アクションが明らかでない方法で連結されています。また、巣をループさせるには再帰関数 (next) が必要です。

このコードが実際に行っていることは完全に直線的で、つねに前のアクションが完了するのを待ってから次のアクションを開始します。同期型プログラミングモデルであれば、もっとシンプルに表現できるはずです。

都合のよいことに、JavaScript では非同期の計算を記述するために、擬似的に同期コードを書けます。非同期関数とは、暗黙のうちに promise を返し、そのボディの中で他の promise を待つことで同期的に見せられる関数です。

findInStorage は次のように書き換えられます。

```
async function findInStorage(nest, name) {
  let local = await storage(nest, name);
  if (local != null) return local;

  let sources = network(nest).filter(n => n != nest.name);
  while (sources.length > 0) {
    let source = sources[Math.floor(Math.random() *
                                    sources.length)];
    sources = sources.filter(n => n != source);
    try {
      let found = await routeRequest(nest, source, "storage",
                                     name);
      if (found != null) return found;
    } catch (_) {}
  }
  throw new Error("Not found");
}
```

非同期関数は、関数キーワードの前に async という単語が付いています。また、メソッドも名前の前に async と書くことで非同期にすることができます。このような関数やメソッドが呼び出されると、promise が返されます。本体が何かを返すとすぐにその promise は解決され、例外が発生した場合はその promise が却下されます。

非同期関数の内部では、式の前に await という単語を置くことで、promise の解決を待ってから、関数の実行を継続できます。

このような関数は、通常の JavaScript 関数のように、最初から最後まで一度に実行されることはありません。代わりに、await を持つ任意のポイントでフリーズし、後から再開することができます。

自明でない非同期コードの場合、この記法は通常、promise を直接使うよりも便利です。複数のアクションを同時に実行するなど、同期モデルに当てはまらないことをする必要がある場合でも、await と promise を直接使うことで簡単に組み合わせられます。

ジェネレータ

このように関数を一時停止し、再び再開する機能は、非同期関数に限ったものではありません。JavaScriptにも、ジェネレーター関数という機能があります。この2つは似ていますが、ジェネレーター関数にはpromiseがありません。

関数をfunction*（functionという単語の後にアスタリスクを置く）で定義すると、その関数はジェネレータになります。ジェネレータ関数を呼び出すと、6章で説明したイテレータが返されます。

```
function* powers(n) {
  for (let current = n;; current *= n) {
    yield current;
  }
}

for (let power of powers(3)) {
  if (power > 50) break;
  console.log(power);
}
// → 3
// → 9
// → 27
```

最初にpowersを呼び出すと、関数はその開始時点で凍結されます。イテレータのnextを呼び出すたびに、関数はyield式にぶつかるまで実行され、一時停止してyield値がイテレータが生成する次の値になります。関数が値を返すと（例示した関数はリターンしません）、イテレータは終了します。

イテレータの書き方は、ジェネレータ関数を使うとはるかに簡単になります。6章の練習問題で出てきたgroupクラスのイテレータは、このジェネレータを使って書くことができます。

```
Group.prototype[Symbol.iterator] = function*() {
  for (let i = 0; i < this.members.length; i++) {
    yield this.members[i];
  }
};
```

反復状態を保持するオブジェクトを作成する必要はもはやありません。ジェネレーターは、yieldするたびに自動的にローカルな状態を保存します。

このようなyield表現は、ジェネレーター関数自体の中でのみ直接行われ、その中で定義した内部関数では行われません。ジェネレータがyieldするときに保存する状態は、そのローカル環境とyieldした位置のみです。

非同期関数は、特殊なタイプのジェネレータです。呼び出されたときにはpromiseが生成され、リターン（終了）時には解決され、例外が発生したときには拒否されます。非同期関数がpromiseを返す（待つ）ときには、そのpromiseの結果（値または投げられた例外）がawait式の結果となります。

イベントループ

非同期プログラムは断片的に実行されます。それぞれのピースは、いくつかのアクションを開始し、アクションが終了したときや失敗したときに実行されるコードをスケジューリングすることができます。この間、プログラムは次のアクションを待つためにアイドル状態になります。

そのため、コールバックはスケジュールしたコードから直接呼び出されることはありません。関数の中からsetTimeoutを呼び出すと、コールバック関数が呼び出される頃にはその関数が戻ってきます。そして、コールバックが戻ってきても、制御はスケジュールした関数には戻りません。

非同期の動作は、それ自体が空の関数コールスタック上で行われます。これが、promiseがない場合に非同期コードの例外管理が難しい理由の１つです。各コールバックはほとんど空のスタックから始まるので、catchハンドラが例外を投げるときにはスタック上にはありません。

```
try {
  setTimeout(() => {
    throw new Error("Woosh");
  }, 20);
} catch (_) {
  // This will not run
  console.log("Caught!");
}
```

タイムアウトやリクエストの着信などのイベントがどれだけ頻繁に発生しても、JavaScript環境では一度に１つのプログラムしか実行されません。これは、プログラムの周りで大きなループを実行していると考えられるため、イベントループと呼ばれます。何もすることがないときは、このループは停止します。しかし、イベントが入ってくるとキューに追加され、そのコードが次々と実行されていきます。同時に２つのプログラムは実行されないので、後で実行されるコードは他のイベント処理を遅らせる可能性があります。

以下の例では、タイムアウトを設定した後、タイムアウトの設定された時間が経過するまでグズグズしてしまい、タイムアウトが遅れてしまいます。

```
let start = Date.now();
setTimeout(() => {
  console.log("Timeout ran at", Date.now() - start);
}, 20);
while (Date.now() < start + 50) {}
console.log("Wasted time until", Date.now() - start);
// → Wasted time until 50
// → Timeout ran at 55
```

promiseはつねに新しいイベントとして解決または拒否されます。promiseがすでに解決されていても、それを待っていると、コールバックはすぐにではなく、現在のスクリプトが終了した後に実行されます。

```
Promise.resolve("Done").then(console.log);
console.log("Me first!");
// → Me first!
// → Done
```

後の章では、イベントループ上で実行される他の様々なタイプのイベントを紹介します。

非同期のバグ

プログラムが同期的に一度に実行されている場合、プログラム自身が行う以外の状態変化は起こりません。非同期プログラムの場合はこれとは異なり、プログラム実行中に他のコードが実行される隙間があることもあります。

例をあげましょう。カラスの趣味の1つに、毎年村で孵化したヒナの数を数えるというものがあります。巣はこの数をデータ保存用バルブに保存しています。次のコードは、ある年のすべての巣の数を列挙しようとしています。

```
function anyStorage(nest, source, name) {
  if (source == nest.name) return storage(nest, name);
  else return routeRequest(nest, source, "storage", name);
}

async function chicks(nest, year) {
  let list = "";
  await Promise.all(network(nest).map(async name => {
    list += `${name}: ${
      await anyStorage(nest, name, `chicks in ${year}`)
```

```
    }\n`;
  }));
  return list;
}
```

async name => の部分は、アロー関数の前に async という単語を置くことで、アロー関数も非同期にできることを示しています。

このコードはすぐには怪しく見えません……。非同期アロー関数を巣の集合にマッピングして、promise の配列を作り、Promise.all を使ってこれらをすべて待ってから、構築したリストを返しています。

しかし、これには大きな問題があります。この関数はつねに 1 行の出力しか返さず、最も反応の遅かった巣のリストを返すのです。

なぜだかわかるでしょうか。

問題は、+= 演算子にあります。この演算子は、ステートメントの実行開始時に list の現在の値を受け取り、await が終了すると、その値に追加された文字列を加えたものを list のバインディングに設定します。

しかし、ステートメントが実行を開始してから終了するまでには、非同期のギャップがあります。map 式はリストに何かが追加される前に実行されるので、それぞれの += 演算子は空の文字列から始まり、ストレージの取得が終了したときには、list は空の文字列にその行を追加した結果である 1 行のリストに設定されてしまいます。これは、バインディングを変更してリストを作成する代わりに、マッピングされた promise から行を返し、Promise.all の結果に対して join を呼び出すことで簡単に回避できるでしょう。例によって、新しい値の計算は、既存の値の変更よりもエラーになりにくいのです。

```
async function chicks(nest, year) {
  let lines = network(nest).map(async name => {
    return name + ": " +
      await anyStorage(nest, name, `chicks in ${year}`);
  });
  return (await Promise.all(lines)).join("\n");
}
```

このような間違いは、特に await を使用しているときには簡単に起こるので、自分のコードのどこにギャップがあるのかを意識する必要があります。JavaScript の明示的な非同期性（コールバック、promise、await など）の利点は、このようなギャップを見つけることが比較的容易であることです。

まとめ

非同期プログラミングでは、長時間実行されるアクションの待ち時間を、アクション中にプログラムをフリーズさせることなく表現できます。JavaScript環境では、一般にコールバック（アクションが完了したときに呼び出される関数）を使って、このスタイルのプログラミングを実装します。イベントループでは、このコールバックの実行が重ならないように、適切なタイミングで次々と呼び出されるようにスケジューリングされています。

非同期プログラミングは、将来完了する可能性のあるアクションを表すオブジェクトであるpromiseや、非同期プログラムを同期プログラムのように書くことができる非同期関数によって、より簡単に行うことができます。

練習問題

(外科用)メスの追跡

村のカラスは古いメスを持っていて、網戸や梱包材を切り裂くなど、特別な任務に使うことがあります。すぐに見つけられるように、メスを別の巣に移すたびに、メスがあった巣と持って行った先の巣の両方のデータストレージに、"scalpel"という名前で、新しい場所を値として追加します。

つまり、メスを見つけるには、ストレージエントリのパンくずの跡を辿り、それが巣自体を指し示す巣を見つけることになります。

関数が実行される巣からこの処理を実行する非同期関数locateScalpelを書きましょう。先に定義したanyStorage関数を使えば、任意の巣のストレージにアクセスできます。メスを持ってから十分な時間が経過しているので、すべての巣のデータストレージに"scalpel"のエントリがあると考えてもいいでしょう。

次に、同じ関数をasyncやawaitを使わずにもう一度書いてください。

どちらのバージョンでも、リクエストの失敗は、返されたpromiseの拒否として適切に表示されますか。それをどのようにやりますか。

Promise.allの実装

Promise.allは、promiseの配列が与えられると、配列内のすべてのpromiseが終了するのを待つpromiseを返します。その後成功すると、結果値の配列が得られます。配列中のpromiseが失敗すると、allが返すpromiseも失敗し、失敗したpromiseからの失敗理由が表示されます。

このようなPromise_allを、通常の関数として実装してください。

promiseが成功または失敗した後は、再び成功または失敗することはできず、それを解決する関数への呼び出しは無視されることを覚えておいてください。これにより、promiseの失敗を処理する方法を単純化できるでしょう。

"プログラミング言語で式の意味を決定する
エバリュエータは、単にもう1つのプログラムなのです"

— ハル・エイベルソン、ジェラルド・サスマン
『コンピュータ・プログラムの構造と解釈』

Chapter

12 プロジェクト：プログラミング言語

自らプログラミング言語を作るのは、（高望みしなければ）驚くほど簡単で、とても啓発されます。

この章で紹介したいのは、独自の言語を作るのに魔法は必要ないということです。私はしばしば、いくつかの人間の言語は非常に賢く複雑であり、到底理解できないと感じてきました。しかし、少し読んで試してみると、極めてありふれていることがわかります。

ここでは、Egg というプログラミング言語を作ってみましょう。小さくシンプルな言語ですが、思いつく限りの計算を表現できる強力な言語です。関数を使えば簡単に抽象化できるのです。

構文解析

プログラミング言語で最も目につきやすいのは、その構文、つまり表記法です。パーサ（構文解析器）とは、テキストを読み込んで、そのテキストに含まれるプログラムの構造を反映したデータ構造を生成するプログラムです。テキストが有効なプログラムを形成していない場合、パーサはそのエラーを指摘しなければなりません。

Egg は、シンプルで統一された構文を持っています。Egg では、すべてが式です。式は、バインディングの名前、数値、文字列、アプリケーションなどです。アプリケーションは、関数の呼び出しだけでなく、if や while などの構成要素にも使用されます。

パーサをシンプルに保つため、Egg の文字列はバックスラッシュのエスケープなどをサポートしていません。文字列は、二重引用符以外の文字を二重引用符で囲んだものです。数字は、数字の列です。バインディング名は、ホワイトスペースではなく、構文上特別な意味を持たない任意の文字で構成できます。

アプリケーションは、JavaScript と同じように、式の後に括弧を付け、その括弧の間に任意の数の引数をカンマで区切って記述します。

```
do(define(x, 10),
   if(>(x, 5),
      print("large"),
      print("small")))
```

Egg 言語が統一されているため、JavaScript では演算子となるもの（> など）も、この言語では通常のバインディングとなり、他の関数と同様に適用されます。また、Eggの構文にはブロックという概念がないため、複数のことを順番に行うことを表すdo構文が必要です。

パーサがプログラムを記述するために使用するデータ構造は、式オブジェクトで構成されています。それぞれの式は、式の種類を示すtypeプロパティと、内容を表すその他のプロパティを持っています。

型"value"の式は、リテラルの文字列や数値を表します。valueプロパティには、式が表す文字列や数値が格納されます。型"word"の表現は、識別子（名前）を表します。このオブジェクトのnameプロパティには、識別子の名前が文字列として格納されています。"apply"式はアプリケーションを表し、適用される式を示すoperatorプロパティと、引数式の配列を示すargsプロパティを持ちます。

先ほどのプログラムの>(x, 5)の部分は次のように表されるでしょう。

```
{
  type: "apply",
  operator: {type: "word", name: ">"},
  args: [
    {type: "word", name: "x"},
    {type: "value", value: 5}
  ]
}
```

このようなデータ構造は、シンタックスツリー（構文木、プログラムの構造をそのまま木構造で表したもの）と呼ばれます。オブジェクトを点に見立て、オブジェクト間のリンクをその点の間の線に見立てると、木のような形になるのです。式が他の式を含み、その式がさらに別の式を含む可能性があるのは、木の枝が分岐し、さらに分岐するのと似ています。

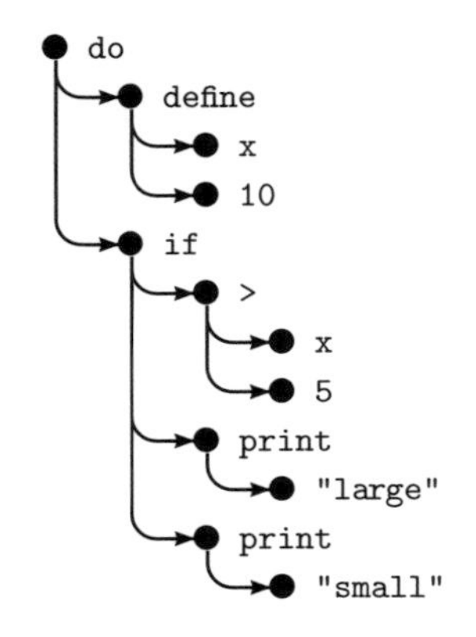

これとは対照的に、9章の「INIファイルの解析」で設定ファイルフォーマットのために書い

たパーサは、入力を行に分割し、それらの行を一度に処理するというシンプルな構造を持っていました。1行に許される単純なフォーマットはあまり多くないのです。

ここでは別のアプローチを考えなければなりません。式は行に分割されておらず、再帰的な構造を持っています。apply式は他の式を含んでいます。

幸いなことに、この問題は、言語の再帰的な性質を反映した方法で再帰的なパーサ関数を書くことにより、非常に上手に解決できます。

関数parseExpressionを定義しましょう。この関数は、文字列を入力として受け取り、文字列の先頭にある式のデータ構造を含むオブジェクトと、この式を解析した後に残った文字列の部分を返します。部分式（アプリケーションの引数など）を解析する場合、この関数を再度呼び出して、引数の式と残ったテキストを得ることができます。このテキストは、さらに多くの引数を含んでいるかもしれませんし、引数のリストを終了する閉じ括弧かもしれません。

これがパーサの最初の部分です。

```
function parseExpression(program) {
  program = skipSpace(program);
  let match, expr;
  if (match = /^"([^"]*)"/.exec(program)) {
    expr = {type: "value", value: match[1]};
  } else if (match = /^\d+\b/.exec(program)) {
    expr = {type: "value", value: Number(match[0])};
  } else if (match = /^[^\s(),#"]+/.exec(program)) {
    expr = {type: "word", name: match[0]};
  } else {
    throw new SyntaxError("Unexpected syntax: " + program);
  }

  return parseApply(expr, program.slice(match[0].length));
}
function skipSpace(string) {
  let first = string.search(/\S/);
  if (first == -1) return "";
  return string.slice(first);
}
```

EggはJavaScriptのように要素間にいくらでも空白を入れられるため、プログラムの文字列の先頭から何度も空白を削除する必要があります。これにはskipSpace関数が役立つでしょう。

先頭のスペースをスキップした後、parseExpressionは3つの正規表現を使って、Eggがサポートする3つの不可欠な構成要素（文字列、数字、単語）を検出します。パーサは、どの要素にマッチするかによって、異なる種類のデータ構造を構築します。入力がこれら3つのいずれかにマッチしない場合、それは有効な表現ではなく、パーサはエラーを投げます。例外コンストラクタとしてErrorの代わりにSyntaxErrorを使用していますが、これはもう少し具体的なエラータイプだからです。

次に、プログラムの文字列からマッチした部分を切り取り、式のオブジェクトと一緒にparseApplyに渡して、式がアプリケーションかをチェックします。アプリケーションであれば、括弧で囲まれた引数のリストを解析します。

```
function parseApply(expr, program) {
  program = skipSpace(program);
  if (program[0] != "(") {
    return {expr: expr, rest: program};
  }

  program = skipSpace(program.slice(1));
  expr = {type: "apply", operator: expr, args: []};
  while (program[0] != ")") {
    let arg = parseExpression(program);
    expr.args.push(arg.expr);
    program = skipSpace(arg.rest);
    if (program[0] == ",") {
      program = skipSpace(program.slice(1));
    } else if (program[0] != ")") {
      throw new SyntaxError("Expected ',' or ')'");
    }
  }
  return parseApply(expr, program.slice(1));
}
```

プログラムの次の文字が開始括弧でない場合、これはアプリケーションではないので、parseApplyは与えられた式を返します。

そうでない場合は、開始括弧をスキップして、このアプリケーション式のsyntax treeオブジェクトを作成します。その後、parseExpressionを再帰的に呼び出し、閉じ括弧が見つかるまで各引数を解析します。この再帰は、parseApplyとparseExpressionが相互に呼び出すことで、間接的に行われます。

アプリケーション式はそれ自体が適用されることがあるため（multiplier (2)(1) のように）、parseApplyは応用式を解析した後に自身を再び呼び出して、別の括弧のペアが続くかを確認する必要があります。

Eggの解析に必要なのはこれだけです。式（Eggプログラムは1つの式）を解析した後、入力文字列の最後に到達したかを確認する便利なparse関数でそれをラップし、プログラムのデータ構造を与えています。

```
function parse(program) {
  let {expr, rest} = parseExpression(program);
  if (skipSpace(rest).length > 0) {
    throw new SyntaxError("Unexpected text after program");
  }
  return expr;
}

console.log(parse("+(a, 10)"));
// → {type: "apply",
//    operator: {type: "word", name: "+"},
//    args: [{type: "word", name: "a"},
//           {type: "value", value: 10}]}
```

動作しましたね。ここからは、失敗したときにはあまり有益な情報が得られません。また、後でエラーを報告するときに役立つかもしれない、各式が始まる行と列は保存されません。しかし、私たちの目的にはこれで十分です。

エバリュエータ

プログラムのシンタックスツリーを使って何ができるでしょう。もちろん、プログラムの実行です。これがエバリュエータの役割なのです。シンタックスツリーと、名前と値を関連付けるスコープオブジェクトを与えると、ツリーが表現する式を評価し、それによって生成された値を返します。

```
const specialForms = Object.create(null);

function evaluate(expr, scope) {
  if (expr.type == "value") {
    return expr.value;
  } else if (expr.type == "word") {
    if (expr.name in scope) {
      return scope[expr.name];
    } else {
      throw new ReferenceError(
        `Undefined binding: ${expr.name}`);
    }
  } else if (expr.type == "apply") {
    let {operator, args} = expr;
    if (operator.type == "word" &&
        operator.name in specialForms) {
```

```
        return specialForms[operator.name](expr.args, scope);
      } else {
        let op = evaluate(operator, scope);
        if (typeof op == "function") {
          return op(...args.map(arg => evaluate(arg, scope)));
        } else {
          throw new TypeError("Applying a non-function.");
        }
      }
    }
  }
```

エバリュエータには、それぞれの式の種類に対応したコードがあります。文字列の式では、その値を生成します。バインディングについては、それがスコープ内で実際に定義されているかをチェックし、定義されている場合はバインディング値を取得する必要があります。

アプリケーションはもっと複雑です。if のような特殊な形式であれば、何も評価せず、引数の式をスコープと一緒にこの形式を扱う関数に渡します。通常の呼び出しであれば、演算子を評価し、それが関数であることを確認して、評価された引数で呼び出します。

Egg の関数値を表現するのに、プレーンな JavaScript の関数値を使っています。この点については、本章の「関数」において fun という特殊な形式が定義されているので、そちらを参照してください。

evaluate の再帰的な構造は、パーサの類似構造と似ており、どちらも言語自体の構造を反映しています。また また、パーサとエバリュエータを統合して構文解析中に評価することも可能ですが、分割することでプログラムがより明快になります。

Egg の解釈に必要なのは、本当にこれだけです。それほどシンプルなのです。しかし、いくつかの特殊な形式を定義したり、環境に便利な値を追加したりしなければ、この言語ではまだあまり多くのことはできません。

特殊な形式

specialForms オブジェクトは、Egg の特別な構文を定義するために使用されます。そのような形式を評価する関数に単語を関連付けます。現在は空です。if を追加してみましょう。

```
specialForms.if = (args, scope) => {
  if (args.length != 3) {
    throw new SyntaxError("Wrong number of args to if");
  } else if (evaluate(args[0], scope) !== false) {
    return evaluate(args[1], scope);
```

```
    } else {
      return evaluate(args[2], scope);
    }
  };
```


Eggのif構文は正確に3つの引数を想定しています。最初の引数を評価し、その結果がfalseでなければ、2番目の引数を評価します。さらにfalseでなければ、3番目の引数が評価されます。このif形式は、JavaScriptのifというよりも、JavaScriptの三項演算子に似ているのではないでしょうか。これは文ではなく式であり、2番目または3番目の引数の結果を生成します。

また、EggはJavaScriptとはifの条件値の扱い方も異なります。ゼロや空の文字列などはfalseとして扱わず、正確な値としてのfalseのみを扱います。

ifを通常の関数ではなく、特殊な形式で表現する必要があるのは、関数のすべての引数は関数が呼ばれる前に評価されるのに対し、ifは第1引数の値に応じて第2または第3引数のみを評価する必要があるからです。

whileの形式も同様です。

```
specialForms.while = (args, scope) => {
  if (args.length != 2) {
    throw new SyntaxError("Wrong number of args to while");
  }
  while (evaluate(args[0], scope) !== false) {
    evaluate(args[1], scope);
  }

  // Since undefined does not exist in Egg, we return false,
  // for lack of a meaningful result.
  return false;
};
```

もう1つの基本的な構成要素はdoで、これはすべての引数を上から下に向かって実行します。

その値は、最後の引数によって生成された値です。

```
specialForms.do = (args, scope) => {
  let value = false;
  for (let arg of args) {
    value = evaluate(arg, scope);
  }
  return value;
};
```

バインディングを作成して新しい値を与えることができるように、defineという形式も作成しています。defineは、第1引数に単語を、第2引数にその単語に割り当てる値を表す式を受け取ります。defineはすべてのものと同様に式であるため、値を返さなければなりません。ここでは、JavaScriptの=演算子のように、代入された値を返すようにします。

```
specialForms.define = (args, scope) => {
  if (args.length != 2 || args[0].type != "word") {
    throw new SyntaxError("Incorrect use of define");
  }
  let value = evaluate(args[1], scope);
  scope[args[0].name] = value;
  return value;
};
```

環境

evaluateが受け入れるスコープは、名前がバインディング名に対応し、値がそれらのバインディングがバインドされている値に対応するプロパティを持つオブジェクトです。それでは、グローバルスコープを表すオブジェクトを定義してみましょう。

先ほど定義したif構文を使えるようにするには、boolean値にアクセスする必要があります。boolean値は2つしかないので、特別な構文は必要ありません。単純に2つの名前をtrueとfalseの値に結びつけて使えばいいのです。

```
const topScope = Object.create(null);

topScope.true = true;
topScope.false = false;
```

boolean値を否定する簡単な式を評価できるようになりました。

```
let prog = parse(`if(true, false, true)`);
console.log(evaluate(prog, topScope));
// → false
```

基本的な算術演算子と比較演算子を供給するために、いくつかの関数値もスコープに追加します。コードを短くするため、演算子を個別に定義するのではなく、Functionを使ってループ内にあるたくさんの演算子を合成することにします。

```
for (let op of ["+", "-", "*", "/", "==", "<", ">"]) {
  topScope[op] = Function("a, b", `return a ${op} b;`);
}
```

値を出力する方法も便利なので、console.log を関数で囲み、print と呼ぶことにします。

```
topScope.print = value => {
  console.log(value);
  return value;
};
```

これで、簡単なプログラムを書く上で初歩的なツールが十分に揃ったことになります。次の関数は、プログラムを解析して新しいスコープで実行する便利な方法を提供します。

```
function run(program) {
  return evaluate(parse(program), Object.create(topScope));
}
```

ここでは、オブジェクトの prototype チェーンを使って、入れ子になったスコープを表現し、プログラムがトップレベルのスコープを変更することなく、ローカルスコープにバインディングを追加できるようにします。

```
run(`
do(define(total, 0),
   define(count, 1),
   while(<(count, 11),
         do(define(total, +(total, count)),
            define(count, +(count, 1)))),
   print(total))
`);
// → 55
```

これは以前にも何度か見たことのあるプログラムで、1 から 10 までの数字の合計を Egg で表して計算するものです。同等の JavaScript プログラムよりも明らかに醜いものの、150 行以下のコードで実装された言語としては悪くありません。

関数

関数のないプログラミング言語は、まさに貧弱なプログラミング言語です。

幸いなことに、最後の引数を関数の本体として扱い、それ以前のすべての引数を関数のパラメータの名前として使用する楽しい構造を追加するのは難しくありません。

```
specialForms.fun = (args, scope) => {
  if (!args.length) {
    throw new SyntaxError("Functions need a body");
  }
  let body = args[args.length - 1];
  let params = args.slice(0, args.length - 1).map(expr => {
    if (expr.type != "word") {
      throw new SyntaxError("Parameter names must be words");
    }
    return expr.name;
  });

  return function() {
    if (arguments.length != params.length) {
      throw new TypeError("Wrong number of arguments");
    }
    let localScope = Object.create(scope);
    for (let i = 0; i < arguments.length; i++) {
      localScope[params[i]] = arguments[i];
    }
    return evaluate(body, localScope);
  };
};
```

Eggの関数は、自らのローカルスコープを取得します。fun形式で生成された関数は、このローカルスコープを作成し、そこに引数のバインディングを追加します。そして、このスコープ内で関数本体を評価し、結果を返すのです。

```
run(`
do(define(plusOne, fun(a, +(a, 1))),
   print(plusOne(10)))
`);
// → 11

run(`
```

```
do(define(pow, fun(base, exp,
     if(==(exp, 0),
        1,
        *(base, pow(base, -(exp, 1)))))),
  print(pow(2, 10)))
`);
// → 1024
```


コンパイル

私たちが作ったのはインタープリタです。評価の際には、パーサが作成したプログラムの表現に直接作用します。

コンパイルとは、プログラムの解析と実行の間に別のステップを追加するプロセスであり、できるだけ多くの作業を事前に行うことで、プログラムをより効率的に評価できるものに変換します。たとえば、よくできた言語では、実際にプログラムを実行しなくても、バインディングの使用ごとに、どのバインディングを参照しているかが明らかになります。これを利用して、アクセスするたびにバインディングの名前を調べるのではなく、あらかじめ決められたメモリの場所から直接バインディングを取得できます。

従来のコンパイルでは、プログラムをマシンコード（コンピュータのプロセッサが実行できる生の形式）に変換していました。しかし、プログラムを別の表現に変換するプロセスは、すべてコンパイルと考えることもできるでしょう。

まずプログラムをJavaScriptプログラムに変換し、Functionを使ってJavaScriptコンパイラを起動し、その結果を実行するという、Eggの代替評価戦略を書くことができるのです。これがうまくいけば、実装は非常に簡単でありながら、Eggは非常に高速に動作するようになります。

このテーマに興味があり、時間をかけてもいいと思っている方は、練習としてこのようなコンパイラを実装してみることをお勧めします。

ズル

ifやwhileを定義したとき、それらがJavaScript独自のifやwhileを多少なりとも回避したものであることに気づかれたと思います。同じように、Eggの値は普通の古いJavaScriptの値です。

JavaScript上にEggを構築するのと、マシンが提供する生の機能の上に直接プログラミング言語を構築するのとを比較すると、必要な作業量や複雑さの差は非常に大きいでしょう。しかし、本章の例によって、プログラミング言語がどのように機能するかを理想的にイメージすることができました。

何かを成し遂げるには、すべて自分でやるよりも、ズルした方が効果的です。この章で扱った「おもちゃの言語」は、JavaScriptではうまくできないことをやっているわけではありませんが、小さな言語を書くことで実際に仕事ができるようになるケースもあります。

このような言語は、一般的なプログラミング言語と似ている必要はありません。たとえば、JavaScriptに正規表現が搭載されていなければ、正規表現のパーサやエバリュエータを自分で書けるのです。

また、巨大な恐竜ロボットを作って、その動作をプログラミングする必要があるとします。そのためには、JavaScriptが最も効果的な方法ではないかもしれません。代わりに、次のような言語を選んだほうがいいかもしれません。

```
behavior walk
  perform when
    destination ahead
  actions
    move left-foot
    move right-foot

behavior attack
  perform when
    Godzilla in-view
  actions
    fire laser-eyes
    launch arm-rockets
```

これは通常、ドメイン固有の言語と呼ばれるもので、狭い知識領域を表現するために作られます。このような言語は、その領域で記述する必要のあるものを正確に記述するように設計されているため、汎用言語よりも表現力が豊かです。

練習問題

配列

引数の値を含む配列を構築するarray(...values)、配列の長さを取得するlength(array)、配列からn番目の要素を取得するelement(array, n)の3つの関数をトップスコープに追加し、Eggに配列のサポートを追加しましょう。

クロージャ

funを定義することで、Eggの関数は周囲のスコープを参照でき、JavaScriptの関数と同様に、関数が定義された時点で見えていたローカル値を関数本体で使用できます。

次のプログラムでは、関数fはfの引数に自分の引数を追加する関数を返します。つまり、バインディングaを使用するには、f内部のローカルスコープにアクセスする必要があるのです。

```
run(`
do(define(f, fun(a, fun(b, +(a, b)))),
   print(f(4)(5)))
`);
// → 9
```


fun形式の定義に戻って、どのようなメカニズムでこれが機能しているのかを説明してください。

コメント

Eggにコメントを書くことができたらいいですよね。たとえば、ハッシュ記号（#）を見つけたら、その行の残りの部分をコメントとして扱い、JavaScriptにおける//と同じように無視できるのです。

この機能をサポートするために、パーサに大きな変更を加える必要はありません。skipSpaceがコメントをホワイトスペースのようにスキップするように変更するだけで、skipSpaceが呼び出されるすべてのポイントでコメントもスキップされるようになります。このように変更しましょう。

スコープの修正

現在、バインディングに値を割り当てる唯一の方法はdefineです。この構文は、新しいバインディングを定義する方法としても、既存のバインディングに新しい値を与える方法としても機能します。この曖昧さが問題となります。非ローカルなバインディングに新しい値を与えようとすると、代わりに同じ名前のローカルなバインディングを定義することになってしまいます。

意図的にこのような仕組みになっている言語もありますが、私はいつも、これがスコープを扱う上で不便な方法だと感じています。

defineに似た特別な形式セットを追加して、バインディングに新しい値を与え、内側のスコープにまだ存在していなければ外側のスコープのバインディングを更新するようにしましょう。バインディングがまったく定義されていない場合は、ReferenceError（もう1つの標準エラータイプ）を投げます。

これまで便利だったスコープを単純なオブジェクトとして表現する手法は、この時点では少し邪魔になるでしょう。オブジェクトのプロトタイプを返すObject.getPrototypeOf関数を使うと良いかもしれません。また、スコープはObject.prototypeから派生していないので、スコープに対してhasOwnPropertyを呼び出したい場合は、この不器用な表現を使わなければならないことも覚えておいてください。

```
Object.prototype.hasOwnProperty.call(scope, name);
```

PART II

ブラウザ

"Webの夢は、情報の共有によりコミュニケーションを図る、共通の情報空間を作ることです。個人的なものであれ、地域的なものであれ、世界的なものであれ、下書きであれ、高度に洗練されたものであれ、ハイパーテキストのリンクは何でも指し示せるという事実が、Webの普遍性の本質です"

— ティム・バーナーズ=リー
『The World Wide Web：非常に短い個人的な歴史』

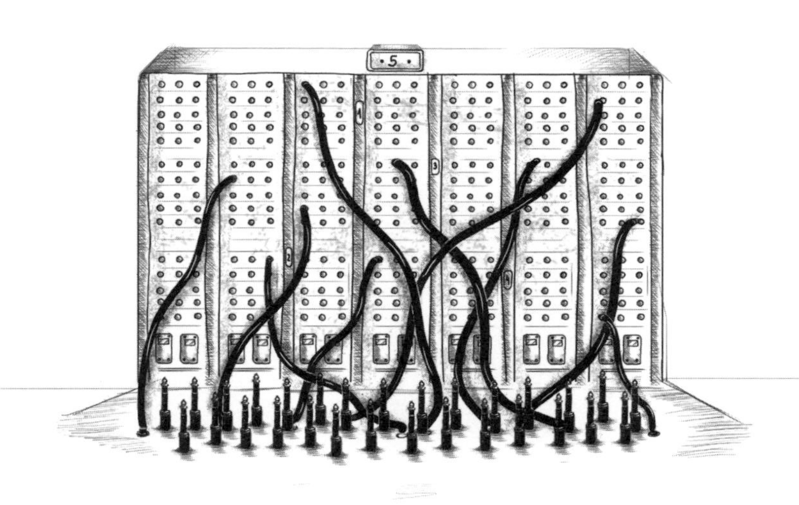

Chapter

13 JavaScriptとブラウザ

この章では、Webブラウザについて解説します。Webブラウザがなければ、JavaScriptは存在しません。たとえあったとしても、誰も注目しなかったでしょう。

Web技術は最初から、技術的な面だけでなく、その発展の仕方においても、分散化されていました。様々なブラウザベンダーが、その場しのぎで、思慮の浅い方法で新機能を追加してきましたが、それが他のベンダーに採用され、最終的には標準規格として制定されることもありました。

これは良いことでもあり、悪いことでもあります。中央組織がシステムをコントロールするのではなく、様々な組織がゆるやかに協力して（時には敵対して）システムを改善していくことにつながっているからです。その一方で、Webの開発方法が行き当たりばったりであったこともあり、結果的にできあがったシステムは、内部的に一貫性のある輝かしいものではありません。なかには混乱を招く、お粗末な部分もあるのです。

ネットワークとインターネット

コンピュータネットワークは、1950年代から存在していました。2台以上のコンピュータ間をケーブルでつなぎ、そのケーブルを介してデータをやり取りできれば、様々な素晴らしいことができるでしょう。

同じ建物内にある2台のマシンをつなげて素晴らしいことができるのなら、地球上のマシンをつなげればもっと素晴らしいことができるはずです。この構想を実現するための技術が1980年代に開発され、その結果生まれたのがインターネットです。インターネットはその期待に応えてくれました。

コンピュータは、インターネットを使うことで、他のコンピュータにビットを放ちます。このようなビットの放出を、効果的なコミュニケーションにつなげるには、双方のコンピュータは、ビットが何を表しているのかを理解しておかなければなりません。任意のビット列の意味は、それが表現しようとしているものの種類と、使用されている符号化メカニズムに完全に依存します。

「ネットワークプロトコル」は、ネットワーク上での通信スタイルを記述したものです。電子メールを送信するプロトコル、電子メールを取得するプロトコル、ファイルを共有するプロトコル、さらには悪意のあるソフトウェアに感染したコンピュータを制御するプロトコルなどがあります。

たとえば、HTTP（Hypertext Transfer Protocol）は、名前の付いたリソース（Webページや画像といった情報の塊）を再取得するプロトコルです。このプロトコルでは、リクエストする側がリソースの名前と使用するプロトコルのバージョンを示す、次のような行で始まると規定されています。

```
GET /index.html HTTP/1.1
```

リクエストした側がリクエストに多くの情報を含める方法、リソースを返す相手側がその内容をパッケージ化する方法については、さらに多くのルールがあります。HTTPについては、18章でもう少し詳しく説明します。

ほとんどのプロトコルは、他のプロトコルの上に構築されています。HTTPは、投入されたビットが正しい宛先に正しい順序で到着するための小川のような装置として、ネットワークを扱います。11章で見たように、これを保証するのは、すでにかなり難しい問題です。

TCP（Transmission Control Protocol）は、この問題を解決するためのプロトコルです。インターネットに接続されているすべての機器がこのプロトコルを使用しており、インターネット上のほとんどの通信はこのプロトコルの上に構築されています。

TCP接続は、あるコンピュータが他のコンピュータからの通信を待っている状態、つまり待ち受けている状態です。1台のマシンで異なる種類の通信を同時に待ち受けられるように、各listenerにはポートと呼ばれる番号が割り当てられています。ほとんどのプロトコルでは、どのポートをデフォルトで使用するかが指定されています。たとえば、SMTPプロトコルを使って電子メールを送信する場合、送信先のマシンはポート25を使うことになっています。

他のコンピュータは、正しいポート番号を使って対象のマシンに接続することで、接続を確立できます。対象となるマシンに到達し、該当のポートを使えば、接続は正常に確立されます。接続先のコンピュータはサーバと呼ばれ、接続元のコンピュータをクライアントと呼ばれます。

このような接続はビットが流れる双方向のパイプのようなものであり、双方のマシンにデータを入れられ、データが送信されると相手側のマシンがデータを読み出せるのです。これは便利なモデルです。TCPは、ネットワークを抽象化したものであると言えるでしょう。

Web

World Wide Web（インターネット全体と混同しないように）は、ブラウザでWebページを閲覧するためのプロトコルとフォーマットの集合体です。「Web」という名称は、Webページ同士が簡単にリンクでき、ユーザーが移動できる巨大な網目状になっていることを意味します。

Webに参加するには、マシンをインターネットに接続し、HTTPプロトコルで80番ポートを待ち、他のコンピュータがドキュメントを要求できるようにする必要があります。

Web上の各ドキュメントは、次のようなURL（Uniform Resource Locator）で指定されています。

```
https://eloquentjavascript.net/13_browser.html
|         |                              |                  |
プロトコル       サーバ                          パス
```

最初の部分は、このURLがHTTPプロトコルを使用していることを示しています（暗号化されたHTTPではhttps://となります）。次に、どのサーバからドキュメントを要求しているかを示す部分があります。最後は、目的のドキュメント（またはリソース）を特定するためのパス文字列です。

インターネットに接続されているマシンは、IPアドレスを取得します。IPアドレスは、そのマシンにメッセージを送信するために使用できる番号で、149.210.142.219や2001:4860:4860::8888のようになります。しかし、多かれ少なかれランダムな数字のリストは覚えにくく、タイプするのも面倒なので、代わりに特定のアドレスやアドレスのセットに対してドメイン名を登録できるようにしています。eloquentjavascript.netは、私が管理しているマシンのIPアドレスを指すように登録したので、このドメイン名を使ってWebページを提供できます。

このURLをブラウザのアドレスバーに入力すると、ブラウザはそのURLにあるドキュメントを取得して表示しようとします。まず、ブラウザはeloquentjavascript.netがどのアドレスを参照しているかを調べなくてはなりません。そして、HTTPプロトコルを使用して、そのアドレスのサーバに接続し、/13_browser.htmlというリソースを要求します。問題がなければ、サーバからドキュメントが返信され、ブラウザが画面に表示します。

HTML

HTMLとは、Hypertext Markup Languageの略で、Webページに使用されるドキュメントフォーマットです。HTMLドキュメントには、テキストと、テキストに構造を与えるタグが含まれており、リンク、段落、見出しなどが記述されています。

短いHTMLドキュメントは次のようなものです。

```
<!doctype html>
<html>
  <head>
    <meta charset="utf-8">
    <title>My home page</title>
  </head>
  <body>
    <h1>My home page</h1>
    <p>Hello, I am Marijn and this is my home page.</p>
    <p>I also wrote a book! Read it
      <a href="http://eloquentjavascript.net">here</a>.</p>
```

```
  </body>
</html>
```

このようなドキュメントは、ブラウザではこのように表示されます。

My home page

Hello, I am Marijn and this is my home page.

I also wrote a book! Read it here.

タグは角括弧（< と >、「より大きい」「より小さい」の記号）で囲まれており、ドキュメントの構造に関する情報を提供します。その他のテキストはただのテキストです。

ドキュメントは <!doctype html> で始まります。これは、過去に使用されていた様々な方言とは対照的に、ページを最新の HTML として解釈するようブラウザに指示します。

HTML ドキュメントには、head と body があります。head はドキュメントに関する情報を含み、body はドキュメント自体を含みます。この例では、head は、このドキュメントのタイトルが「My home page」であること、Unicode のテキストをバイナリデータとしてエンコードする方法である UTF-8 エンコードを使用していることを宣言しています。ドキュメントの本文には、見出し（<h1>、「見出し 1」の意）と 2 つの段落（<p>）が含まれています。

タグにはいくつかの形があります。本文、段落、リンクなどの要素は、<p> のような開始タグで始まり、</p> のような終了タグで終わります。開始タグの中には、リンクのタグ（<a>）のように、name="value" のペアの形で追加情報を含むものがあります。これは属性と呼ばれます。この場合、リンク先は href="http://eloquentjavascript .net" と表示され、href は「ハイパーテキストの参照」を意味します。

タグの中には、何も囲っていないため、閉じる必要のないものもあります。meta data タグの <meta charset="utf-8"> はその一例です。

角括弧は HTML では特別な意味を持っていますが、ドキュメントのテキストに角括弧を含めるには、さらに別の特別な記法を導入する必要があります。開き角括弧は <(「未満」)、閉じ角括弧は >(「以上」) と表記されます。HTML では、アンパサンド（&）の後に名前や文字コード、セミコロン（;）を続けたものはエンティティ（実体）と呼ばれ、そのエンコードされた文字で置き換えられます。

これは、JavaScript の文字列でバックスラッシュが使われているのと似ています。このメカニズムはアンパサンド文字にも特別な意味を与えるので、アンパサンドは & としてエスケープする必要があります。二重引用符で囲まれた属性値の中では、" を使って実際の引用符を挿入できます。

HTMLは、エラーに非常に強い方法で解析されます。本来あるべきタグが欠落していても、ブラウザが再構築するのです。こうした処理方法は標準化されており、最新ブラウザはすべて同じ方法で処理します。

次のドキュメントは、前に示したドキュメントと同じものとして扱われます。

```
<!doctype html>

<meta charset=utf-8>
<title>My home page</title>

<h1>My home page</h1>
<p>Hello, I am Marijn and this is my home page.
<p>I also wrote a book! Read it
  <a href=http://eloquentjavascript.net>here</a>.
```

<html>、<head>、<body>のタグが完全になくなっています。ブラウザは、<meta>と<title>がheadに属し、<h1>がbodyの開始を意味することを知っています。さらに、新しい段落を始めたり、ドキュメントを終了したりすると、暗黙のうちにパラグラフが閉じられるので、明示的にパラグラフを閉じていません。また、属性値を囲む引用符もなくなっています。

本書では、短い文章を書くために、<html>、<head>、<body>のタグを省略しています。しかし、タグを閉じたり、属性を引用符で囲んだりはしています。

また、通常はdoctypeとcharsetの宣言を省略します。HTMLドキュメントからこれらを削除することを奨励しているわけではありません。ブラウザはそれらを忘れると、しばしばとんでもないことをしでかすからです。doctypeとcharsetのメタデータは、実際にはテキストで示されていなくても、例では暗黙のうちに存在すると考えるべきです。

HTMLとJavaScript

この本の文脈において最も重要なHTMLタグは、<script>です。このタグを使うことで、JavaScriptの一部をドキュメントに入れられるからです。

```
<h1>Testing alert</h1>
<script>alert("hello!");</script>
```

このようなスクリプトは、ブラウザがHTMLを読み込んでいる間に、<script>タグが見つかった時点で実行されます。このページを開くと、ダイアログがポップアップします。アラート機能は、小さなウィンドウをポップアップさせるという点ではpromptに似ていますが、入力を求めず、メッセージを表示するだけです。

大規模なプログラムをHTMLドキュメントに直接組み込むのは、しばしば現実的ではありません。<script>タグにsrc属性を付与することで、URLからスクリプトファイル（JavaScriptプログラムを含むテキストファイル）を取得できます。

```
<h1>Testing alert</h1>
<script src="code/hello.js"></script>
```

ここに含まれるcode/hello.jsファイルは、同じプログラム、alert("hello!")を含んでいます。HTMLページが他のURL（画像ファイルやスクリプトなど）を参照している場合、Webブラウザは即座にそれらのURLを取得し、ページ内に取り込みます。

scriptタグは、たとえそれがスクリプトファイルを参照しており、コードが含まれていない場合でも、必ず</script>で閉じなければなりません。これを忘れると、ページの残りの部分がスクリプトの一部として解釈されてしまいます。

scriptタグにtype="module"属性を指定すると、ブラウザでESモジュール（10章の「ECMAScriptモジュール」を参照）を読み込むことができます。このようなモジュールは、import宣言でモジュール名として相対的なURLを使用することで、他のモジュールに依存することができます。

属性の中には、JavaScriptのプログラムを含むものもあります。次に示す<button>タグ（ボタンとして表示されます）には、onclick属性があります。この属性の値は、ボタンがクリックされるたびに実行されます。

```
<button onclick="alert('Boom!');">DO NOT PRESS</button>
```

二重引用符はすでに属性全体の引用に使われているので、onclick属性の文字列には一重引用符を使わなければならないことに注意してください。また、"を使えるでしょう。

サンドボックスにおいて

インターネットからダウンロードしたプログラムを実行するのは、潜在的な危険をはらんでいます。訪問するほとんどのサイトの背後にいる人々のことをよく知りませんし、彼らは必ずしも善意の人ではありません。善意を持たない人によるプログラムを実行すれば、コンピュータがウイルスに感染したり、データが盗まれたり、アカウントがハッキングされたりするでしょう。

しかし、Webの魅力は、訪問したページのすべてを信用していなくても閲覧できることです。そのため、ブラウザはJavaScriptプログラムができることを厳しく制限しています。コンピュータ上のファイルを見たり、Webページに関係のないものを変更したりすることはできません。

このようにプログラミング環境を隔離することは「サンドボックス化」と呼ばれます。プログラムは「サンドボックス＝砂場」で無害に遊んでいるというイメージです。このような特別な種類のサンドボックスには太い鉄格子の檻があると理解するべきでしょう。その中で遊んでいるプログラムは、実際には外に出られないようになっているのです。

サンドボックス化で難しいのは、便利に使える十分なスペースをプログラムに与えつつ、同時に危険なことをしないように制限することです。他のサーバと通信したり、コピー＆ペーストしたクリップボードの内容を読み取ったりといった便利な機能の多くは、プライバシー侵害など、問題のあることにも使用可能なのです。

時々、誰かがブラウザの制限を回避して、些細な個人情報の漏洩からブラウザが動作するマシン全体の乗っ取りに至るまで、有害なことをする新しい方法を思いつくこともあるでしょう。しかし、ブラウザの開発者がその穴を修正すれば、すべて元通りになります。次の問題が発見され、願わくば、政府機関やマフィアが密かに悪用するのではなく、公表されるまでは……。

互換性とブラウザ戦争

Webの黎明期には、Mosaicというブラウザが市場を席巻していました。数年後、Netscapeが主流となり、その後、MicrosoftのInternet Explorerに取って代わられたのです。1つのブラウザが支配的になると、そのブラウザのベンダーは一方的にWebの新機能を開発する権利を得ることになります。多くのユーザーが最も人気のあるブラウザを使用していたため、Webサイトは他のブラウザを気にせず、その機能を使用するようになりました。

これが「ブラウザ戦争」と呼ばれる互換性の暗黒時代です。Web開発者は、統一されたWebではなく、互換性のない2つ、3つのプラットフォームを抱えることになりました。さらに悪いことに、2003年頃に使われていたブラウザはどれもバグだらけであり、しかもそのバグはブラウザごとに異なっていたのです。Webページを書く人たちの生活は大変だったわけです。

2000年代後半になると、Netscape社の非営利団体であるMozilla Firefoxが、Internet Explorerの地位に挑戦しました。当時、Microsoftは競争力を維持することに特に関心がなかったため、FirefoxはMicrosoftから多くの市場シェアを奪いました。同じ頃、GoogleがChromeブラウザを発表し、AppleのSafariブラウザが人気を博したことで、主要プレイヤーが1社から4社になってしまったのです。

新しいプレーヤーたちは、標準規格に対してより真剣な態度で臨み、より優れたエンジニアリング手法を採用したことで、非互換性やバグを減らすことができました。そしてマーケットシェアを失ったMicrosoftは、Internet Explorerに代わるEdgeブラウザにこれらの姿勢を採用したのです。今、Web開発を学び始めようとしている人は、幸運だと思ってください。主要なブラウザの最新バージョンは、動作が非常に統一されており、バグも比較的少ないのですから……。

"残念！ 似たような話だ。家を建て終わってから、始める前に知っておくべきだったことを偶然知ってしまったことに気づく"

— フリードリヒ・ニーチェ『善悪の彼岸』

Chapter 14 ドキュメントオブジェクトモデル

Webページをブラウザで開くと、ブラウザはページのHTMLテキストを取得し、12章のパーサがプログラムを解析するのと同じように解析します。ブラウザは、ドキュメントオブジェクトモデルを構築し、このモデルを使って画面上にページを描画するのです。

このドキュメント表現は、JavaScriptプログラムがそのサンドボックスで利用できるおもちゃの1つです。あなたが読んだり変更したりできるデータ構造なのです。ドキュメントの構造が変更されると、画面上のページもその変更を反映して更新されるという、生きたデータ構造として機能します。

ドキュメント構造

HTMLドキュメントは、入れ子になった箱の集合体と考えられるでしょう。<body>や</body>などのタグが他のタグを囲み、その中に他のタグやテキストが入っています。ここで、前章で紹介したドキュメントの例を見てみましょう。

```
<!doctype html>
<html>
  <head>
    <title>My home page</title>
  </head>
  <body>
    <h1>My home page</h1>
    <p>Hello, I am Marijn and this is my home page.</p>
    <p>I also wrote a book! Read it
      <a href="http://eloquentjavascript.net">here</a>.</p>
  </body>
</html>
```

このページは、以下のような構成になっています。

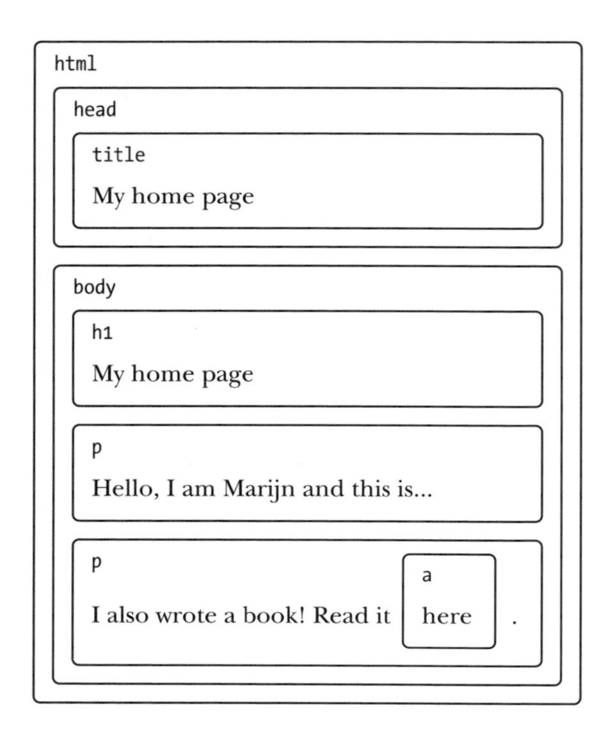

ブラウザがドキュメントを表現するために使用するデータ構造は、この形に従います。それぞれのボックスにはオブジェクトがあり、それを操作することで、どの HTML タグを表しているのか、どのボックスとテキストが含まれているのかなどを知ることができます。この表現は、ドキュメントオブジェクトモデル（Document Object Model、略して DOM）と呼ばれています。

グローバルバインディングの document は、これらのオブジェクトへのアクセスを提供します。その documentElement プロパティは、<html> タグを表すオブジェクトを指します。すべての HTML ドキュメントは head と body を持っているので、それらの要素を指す head プロパティと body プロパティも持っているのです。

ツリー

12 章の「構文解析」に出てくるシンタックスツリーを思い出してみてください。このツリーの構造は、ブラウザのドキュメント構造と非常によく似ています。各ノードは、他のノード（子）を参照でき、その子がさらに子を持つこともあります。この形は、要素が自分と似たようなサブ要素を含められる入れ子構造の典型なのです。

枝分かれした構造を持ち、サイクルがなく（ノードは直接的にも間接的にも自分自身を含むことはできません）、単一の明確なルートを持つデータ構造はツリーと呼ばれます。DOM の場合、document.documentElement がルートとなります。

ツリーは、コンピュータサイエンスではよく登場します。HTML ドキュメントやプログラムのような再帰的な構造を表現するだけでなく、ソートされたデータセットを管理するのにもよく使われます。なぜなら、ツリーでは通常、フラットな配列よりも効率的に要素を見つけたり挿入したりできるからです。

ツリーにはさまざまな種類のノードがあります。たとえば、Egg 言語のシンタックスツリーには、識別子、値、アプリケーションの各ノードがあります。アプリケーションノードは子を持つことができますが、識別子と値は葉、つまり子を持たないノードです。

DOM についても同様です。HTML タグを表す要素のノードは、ドキュメント構造を決定します。これらは子ノードを持つことができます。このようなノードの例としては、document.body があります。これらの子の中には、テキストの断片やコメントノードなどの葉ノードがあります。

各 DOM ノードオブジェクトには nodeType プロパティがあり、ノードの型を識別するコード（数字）が含まれています。要素のコードは 1 で、これは定数プロパティ Node.ELEMENT_NODE としても定義されています。ドキュメント内のテキストのセクションを表すテキスト・ノードには、コード 3（Node.TEXT_NODE）があります。コメントはコード 8（Node.COMMENT_NODE）です。

ドキュメントツリーを視覚化する別の方法は以下のとおりです。

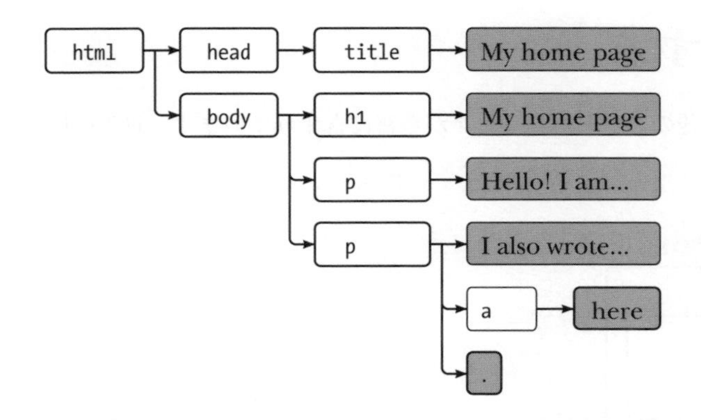

葉はテキストノード、矢印はノード間の親子関係を示しています。

標準

ノードの種類を表すのに暗号のような数値コードを使うのは、あまり JavaScript らしくありません。この章の後半では、DOM インターフェイスの他の部分も煩雑で異質に感じられることがわかります。その理由は、DOM が JavaScript だけのために設計されたものではないからです。HTML だけでなく、むしろ HTML に似た構文を持つ一般的なデータフォーマットである

XML も含めて他のシステムでも使用できる言語に依存しないインターフェイスであろうとしているのです。

これは残念なことです。標準規格は役に立つことが少なくありませんが、この場合のメリット（言語間の整合性）はそれほど魅力的ではありません。使用している言語と適切に統合されたインターフェイスを持つことは、言語間で使い慣れたインターフェイスを持つことよりも、より多くの時間を節約できるのです。

統合がうまくいっていない例として、DOM の要素ノードが持つ childNodes プロパティを考えてみましょう。このプロパティは、配列のようなオブジェクトを保持し、長さのプロパティと、子ノードにアクセスするための数字でラベル付けされたプロパティを持っています。しかし、これは NodeList 型のインスタンスであり、実際の配列ではないため、slice や map などのメソッドはありません。

また、単にデザインが悪いだけ、という問題もあります。たとえば、新しいノードを作成して、すぐに子や属性を追加する方法はありません。その代わりに、まずノードを作成してから、サイドエフェクトを利用して 1 つずつ子や属性を追加していかなければなりません。DOM を多用するコードは、長く、反復的で、醜いものになりがちなのです。

しかし、これらの欠点は致命的ではありません。JavaScript では独自の抽象化ができるので、実行している操作を表現するための改良方法を設計することが可能です。ブラウザプログラミングを目的とした多くのライブラリには、そのようなツールが搭載されています。

ツリーの中を移動する

DOM のノードには、近くにある他のノードへのリンクが豊富に含まれています。以下の図はその例です。

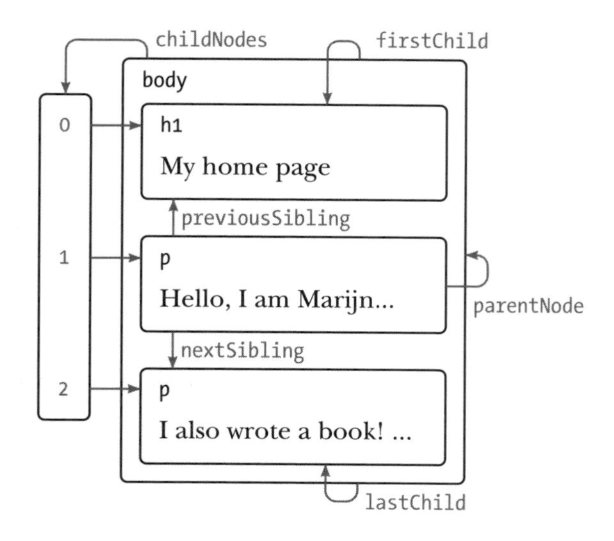

このダイアグラムでは各タイプのリンクが1つしか表示されていませんが、すべてのノードはparentNodeプロパティを持ち、そのノードの一部であるノードがあれば、それを指し示します。同様に、要素ノード（ノードタイプ1）には、その子を持つ配列のようなオブジェクトを指すchildNodesプロパティがあります。

理論的には、これらの親と子のリンクだけで、ツリーのどこへでも移動できます。しかし、JavaScriptには、さらに便利なリンクがいくつも用意されています。firstChildプロパティとlastChildプロパティは、最初と最後の子要素を指し、子のないノードの場合はnullを持ちます。

同様に、previousSiblingとnextSiblingは、隣接するノードを指します。最初の子の場合、previousSiblingはnullになり、最後の子の場合、nextSiblingはnullになります。

また、childrenプロパティもあります。このプロパティは、childNodesと似ていますが、要素（タイプ1）の子のみを含み、他のタイプの子ノードは含みません。これは、テキストノードに興味がない場合に役立ちます。

このようなnested dataの構造を扱う場合、再帰的な関数が役に立つことがあります。次の関数は、与えられた文字列を含むテキストノードを探してドキュメントをスキャンし、見つかったときには真を返します。

```
function talksAbout(node, string) {
  if (node.nodeType == Node.ELEMENT_NODE) {
    for (let i = 0; i < node.childNodes.length; i++) {
      if (talksAbout(node.childNodes[i], string)) {
        return true;
      }
    }
    return false;
  } else if (node.nodeType == Node.TEXT_NODE) {
    return node.nodeValue.indexOf(string) > -1;
  }
}

console.log(talksAbout(document.body, "book"));
// → true
```

childNodesは実際の配列ではないため、for/ofでループすることはできず、通常のforループを使用してインデックス範囲を実行するか、Array.fromを使用する必要があります。テキストノードのnodeValueプロパティは、そのノードが表すテキストの文字列を保持します。

要素の検索

親、子、兄弟の間のこれらのリンクをナビゲートするのは、時に便利です。しかし、ドキュメント内の特定のノードを見つけたいとき、document.body から始めて、固定されたプロパティのパスをたどってノードに到達するのは、よくないでしょう。そうすると、後で変更したくなるかもしれないのに、プログラムにドキュメントの正確な構造についての仮定が組み込まれてしまいます。ノード間のホワイトスペースも含めてテキストノードが作成されることも複雑になる要因です。例題のドキュメントの <body> タグは、3つの子（<h1> と2つの <p> 要素）だけではなく、実際には7つの子を持っています。すなわち、これら3つの子と、その前、後、間のスペースです。

そのため、ドキュメント内のリンクの href 属性を取得したいときには、"Get the second child of the sixth child of the document body. " のような言い方はしたくありません。"Get the first link in the document. " と言えるといいでしょう。そして、それは可能なのです。

```
let link = document.body.getElementsByTagName("a")[0];
console.log(link.href);
```

すべての要素ノードには getElementsByTagName メソッドがあり、与えられたタグ名を持つすべての要素のうち、そのノードの子孫（直接または間接的な子孫）を収集し、配列のようなオブジェクトとして返します。

特定の単一ノードを検索するには、そのノードに id 属性を与え、代わりに document.getElementById を使用することができます。

```
<p>My ostrich Gertrude:</p>
<p><img id="gertrude" src="img/ostrich.png"></p>

<script>
  let ostrich = document.getElementById("gertrude");
  console.log(ostrich.src);
</script>
```

getElementsByClassName は、getElementsByTagName と同様に、要素ノードのコンテンツを検索し、class 属性に指定された文字列を持つすべての要素を取得するメソッドです。

ドキュメントの変更

DOM のデータ構造は、ほぼすべて変更できます。親子関係を変更することで、ドキュメントツリーの形状を変更できるのです。ノードには、現在の親ノードからノードを取り除くための remove メソッドがあります。要素ノードに子ノードを追加するには、子のリストの最後に置く appendChild や、第1引数で与えられたノードを第2引数で与えられたノードの前に挿入する insertBefore を使うことができます。

```
<p>One</p>
<p>Two</p>
<p>Three</p>

<script>
  let paragraphs = document.body.getElementsByTagName("p");
  document.body.insertBefore(paragraphs[2], paragraphs[0]);
</script>
```

ノードは、ドキュメント内で1つの場所にしか存在できません。したがって、パラグラフThreeをパラグラフ1の前に挿入すると、まずパラグラフ3をドキュメントの末尾から削除し、次に先頭に挿入することになり、結果として3/1/2の順となります。ノードをどこかに挿入する操作はすべてサイドエフェクトとして、そのノードを現在の位置（もしあれば）から削除します。

replaceChildメソッドは、子ノードを別のノードで置き換えるために使用され、新しいノードと置換される2つのノードを引数として取ります。置き換えられるノードは、メソッドが呼び出された要素の子でなければなりません。replaceChildとinsertBeforeの両方とも、第1引数に新しいノードを指定することに注意してください。

ノードの作成

ドキュメント内のすべての画像（<img>タグ）を、その画像の代替テキスト表現を指定するalt属性のテキストに置き換えるスクリプトを書きたいとしましょう。

そのためには、画像を削除するだけでなく、その代わりに新しいテキストノードを追加する必要があります。テキストノードはdocument.createTextNodeメソッドで作成します。

```
<p>The <img src="img/cat.png" alt="Cat"> in the
  <img src="img/hat.png" alt="Hat">.</p>

<p><button onclick="replaceImages()">Replace</button></p>

<script>
  function replaceImages() {
    let images = document.body.getElementsByTagName("img");
    for (let i = images.length - 1; i >= 0; i--) {
      let image = images[i];
      if (image.alt) {
        let text = document.createTextNode(image.alt);
        image.parentNode.replaceChild(text, image);
      }
```

```
      }
    }
  </script>
```

文字列が与えられると、createTextNode はドキュメントに挿入して画面に表示させるためのテキストノードを与えます。

画像を表示するループは、リストの最後から始まります。これは、getElementsByTagName（または childNodes のようなプロパティ）によって返されるノードリストがドキュメントにリンクしているために必要となります。つまり、ドキュメントの変更に伴って更新されるのです。先頭から始めた場合、最初の画像を削除すると、リストの最初の要素がなくなり、i が 1 である 2 回目のループの繰り返しでは、コレクションの長さが 1 となり、停止してしまうことになります。

ドキュメントにリンクしたノードではなく、安定したノード群が必要な場合は、Array.from を呼び出してコレクションを実際の配列に変換することができます。

```
let arrayish = {0: "one", 1: "two", length: 2};
let array = Array.from(arrayish);
console.log(array.map(s => s.toUpperCase()));
// → ["ONE", "TWO"]
```

要素ノードを作成するには、document.createElement メソッドを使用します。このメソッドは、タグ名を受け取り、与えられたタイプの新たな空のノードを返します。

次の例では、要素ノードを作成し、残りの引数をそのノードの子として扱うユーティリティとして elt を定義しています。この関数は、引用文に帰属表示を追加するために使用されます。

```
<blockquote id="quote">
  No book can ever be finished. While working on it we learn
  just enough to find it immature the moment we turn away
  from it.
</blockquote>

<script>
  function elt(type, ...children) {
    let node = document.createElement(type);
    for (let child of children) {
      if (typeof child != "string") node.appendChild(child);
      else node.appendChild(document.createTextNode(child));
    }
    return node;
```

```
  }

  document.getElementById("quote").appendChild(
    elt("footer", —"",
        elt("strong", "Karl Popper"),
        ", preface to the second editon of ",
        elt("em", "The Open Society and Its Enemies"),
        ", 1950"));
</script>
```

できあがったドキュメントは以下のようになります。

No book can ever be finished. While working on it we learn just enough to find it immature the moment we turn away from it.
—**Karl Popper**, preface to the second editon of *The Open Society and Its Enemies*, 1950

属性

要素の属性の中には、リンクの href のように、要素の DOM オブジェクト上の同じ名前のプロパティを介してアクセスできるものがあります。これは、よく使われる標準的な属性の場合です。

しかし、HTML ではノードに任意の属性を設定できます。これは、ドキュメントの中に余分な情報を保存することができるため、便利です。ただし、独自の属性名を作成した場合、そうした属性は要素のノード上のプロパティとしては存在しません。代わりに、getAttribute および setAttribute メソッドを使用して属性を処理する必要があるのです。

```
<p data-classified="secret">The launch code is 00000000.</p>
<p data-classified="unclassified">I have two feet.</p>

<script>
  let paras = document.body.getElementsByTagName("p");
  for (let para of Array.from(paras)) {
    if (para.getAttribute("data-classified") == "secret") {
      para.remove();
    }
  }
</script>
```

他の属性と衝突しないようにするため、このような作り物の属性名の前には data- を付けることをお勧めします。

よく使われる属性に class がありますが、これは JavaScript 言語のキーワードです。この属性にアクセスするためのプロパティは className と呼ばれていますが、古い JavaScript の実装の中には、キーワードと一致するプロパティ名を扱えないものがあったという歴史的な理由から、className と呼ばれています。また、getAttribute および setAttribute メソッドを使用して、本当の名前である "class" にアクセスすることもできます。

レイアウト

要素の種類によって、レイアウトが異なることにお気づきでしょうか。段落（<p>）や見出し（<h1>）のように、ドキュメント幅一杯に、別の行に表示されるものは、ブロック要素と呼ばれます。一方、リンク（<a>）や <strong> 要素などは、周囲のテキストと同じ行に表示されます。このような要素はインライン要素と呼ばれます。

ブラウザは、ドキュメントの種類や内容に応じて各要素の大きさや位置を決定するレイアウトを計算できます。このレイアウトは、実際にドキュメントを描画する際に使用されます。

要素のサイズと位置は、JavaScript からアクセスできます。offsetWidth プロパティと offsetHeight プロパティは、要素が占めるスペースをピクセル単位で示します。ピクセルとは、ブラウザの基本的な測定単位です。伝統的には、画面が描画できる最小のドットに対応していますが、非常に小さなドットを描画できる最近のディスプレイでは、ブラウザのピクセルが複数のディスプレイのドットにまたがる場合もあります。

同様に、clientWidth と clientHeight は、ボーダーの幅を無視して、要素内の空間の大きさを示します。

```
<p style="border: 3px solid red">
  I'm boxed in
</p>

<script>
  let para = document.body.getElementsByTagName("p")[0];
  console.log("clientHeight:", para.clientHeight);
  console.log("offsetHeight:", para.offsetHeight);
</script>
```

段落にボーダーを付けると、その段落を囲むように長方形が描かれます。

I'm boxed in

画面上の要素の正確な位置を知るための最も効果的な方法は、getBoundingClientRect メソッドです。このメソッドは、top、bottom、left、right のプロパティを持つオブジェクトを返し、画面の左上に対する要素側面のピクセル位置を示します。ドキュメント全体を基準にする場合には、現在のスクロール位置を追加する必要があり、これは pageXOffset バインディングと pageYOffset バインディングで確認できます。

ドキュメントのレイアウトは非常に手間がかかります。ブラウザのエンジンはスピードを重視し、ドキュメントを変更するたびにすぐに再レイアウトするのではなく、できる限り待つようにしています。ドキュメントを変更した JavaScript プログラムの実行が終了すると、ブラウザは変更したドキュメントを画面に描画するための新しいレイアウトを計算しなければなりません。プログラムが、offsetHeight などのプロパティを読み込んだり、getBoundingClientRect を呼び出したりして、何かの位置やサイズを尋ねる場合、正しい情報を提供するにはレイアウトの計算も必要なのです。

DOM のレイアウト情報の読み込みと DOM の変更を繰り返すプログラムでは、多くのレイアウト計算が必要となり、結果的に動作が非常に遅くなります。次のコードはその例です。このコードには、幅 2,000 ピクセルの X 文字のラインを構築する 2 つの異なるプログラムが含まれており、それぞれにかかる時間を測定しています。

```
<p><span id="one"></span></p>
<p><span id="two"></span></p>

<script>
  function time(name, action) {
    let start = Date.now(); // Current time in milliseconds
    action();
    console.log(name, "took", Date.now() - start, "ms");
  }

  time("naive", () => {
    let target = document.getElementById("one");
    while (target.offsetWidth < 2000) {
      target.appendChild(document.createTextNode("X"));
    }
  });
  // → naive took 32 ms

  time("clever", function() {
    let target = document.getElementById("two");
    target.appendChild(document.createTextNode("XXXXX"));
    let total = Math.ceil(2000 / (target.offsetWidth / 5));
    target.firstChild.nodeValue = "X".repeat(total);
```

```
  });
  // → clever took 1 ms
</script>
```

スタイルの指定

これまでに、HTML 要素の描画方法が異なることを見てきました。あるものはブロックとして表示され、あるものはインラインで表示されます。また、<strong> はコンテンツを太くし、<a> では青くして下線を引くなど、スタイルを付加するものもあります。

さらに、<img> タグで画像を表示したり、<a> タグでリンクの出発点や到達点を指定する方法は、要素の種類と強く結びついています。しかも、文字の色や下線など、要素に関連するスタイルは変更できるのです。ここでは、style プロパティを使った例を紹介しましょう。

```
<p><a href=".">Normal link</a></p>
<p><a href="." style="color: green">Green link</a></p>
```

２つ目のリンクは、デフォルトのリンクカラーではなく、グリーンになります。

Normal link

Green link

style 属性は、１つ以上の宣言を含むことができます。これらの宣言は、プロパティ（color など）の後にコロンと値（green など）を続けて記述します。複数の宣言がある場合は、"color: red; border: none" のように、セミコロンで区切らなければなりません。

スタイルの指定は、ドキュメントの様々な側面に影響を与えます。たとえば、display プロパティは、要素をブロックとして表示するか、インライン要素として表示するかを制御します。

```
This text is displayed <strong>inline</strong>,
<strong style="display: block">as a block</strong>, and
<strong style="display: none">not at all</strong>.
```

ブロック要素は周囲のテキスト内にインラインで表示されないため、block タグは独立した行になってしまいます。そして、最後のタグはまったく表示されません。display: none は、要素が画面に表示されないようにするからです。これは、要素を隠す方法です。後で簡単に表示させることもできるので、ドキュメントから完全に削除するよりも好ましいことが多いでしょう。

This text is displayed inline,
as a block
, and .

JavaScriptのコードは、要素のstyleプロパティを通じて、要素のスタイルを直接操作できます。このプロパティは、すべての可能なstyleプロパティのためのプロパティを持つオブジェクトを保持します。これらのプロパティ値は文字列であり、要素のスタイルを特定の側面において変更するために設定されます。

```
<p id="para" style="color: purple">
  Nice text
</p>

<script>
  let para = document.getElementById("para");
  console.log(para.style.color);
  para.style.color = "magenta";
</script>
```

styleプロパティ名の中には、font-familyのようにハイフンを含むものがあります。このようなプロパティ名はJavaScriptでは扱いにくいため（style["font-family"]と書かなくてはなりません）、このようなプロパティのstyleオブジェクト内のプロパティ名は、ハイフンが取り除かれ、その後の文字が大文字になります（すなわち、style.fontFamilyです）。

カスケードスタイル

HTMLのスタイル指定システムは、「カスケーディングスタイルシート（Cascading Style Sheets）」を略して、CSSと呼ばれています。スタイルシートとは、ドキュメント内の要素のスタイルを決定するためのルール・セットです。スタイルシートは、<style>タグの中で設定されます。

```
<style>
  strong {
    font-style: italic;
    color: gray;
  }
</style>
<p>Now <strong>strong text</strong> is italic and gray.</p>
```

名前にある「カスケード」とは、複数のルールを組み合わせて、要素の最終的なスタイルを作り出すことを意味しています。この例では、<strong> タグのデフォルトのスタイルである font-weight: bold が、<style> タグ内のルールである font-style と color によって上書きされています。

複数のルールが同じプロパティの値を定義している場合、最後に読まれたルールの優先順位がより高くなります。つまり、<style> タグ内のルールに font-weight: normal が含まれていて、デフォルトの font-weight ルールと矛盾していた場合、テキストは太字ではなく普通になるのです。ノードに直接適用される style 属性のスタイルは、つねに優先順位が最も高くなります。

CSS のルールを、タグ名以外のものに適応することも可能です。.abc を対象としたルールは、class 属性に "abc" を持つすべての要素に適用されます。.xyz のルールは、id 属性に "xyz" を持つ要素に適用されます（ドキュメント内で一意である必要はありますが……）。

```
.subtle {
  color: gray;
  font-size: 80%;
}
#header {
  background: blue;
  color: white;
}
/* p elements with id main and with classes a and b */
p#main.a.b {
  margin-bottom: 20px;
}
```

最も直近に定義されたルールを優先する優先ルールは、ルールの特異性が同じである場合にのみ適用されます。ルールの特異性とは、一致する要素をどれだけ正確に記述するかを示す尺度であり、必要とする要素の数と種類（タグ、クラス、または ID）によって決まります。たとえば、p.a を対象としたルールは、p を対象としたルールや .a だけを対象としたルールよりも特異性が高く、それらのルールよりも優先されます。

p > a …{} という表記は、<p> タグの直接の子供であるすべての <a> タグに与えられたスタイルを適用します。同様に、p a …{} は、<p> タグの内側にあるすべての <a> タグに適用され、それが直接の子であるか、間接の子であるかは関係ありません。

クエリセレクタ

この本では、スタイルシートをあまり使用しません。スタイルシートを理解するのは、ブラウザでのプログラミングに役立ちますが、別の本が必要になるほど複雑です。

セレクタ構文（スタイルシートにおいて使用される表記法であり、一連のスタイルがどの要素に適用されるかを決定します）を紹介した主たる理由は、この同じミニ言語をDOM要素を見つけるための効果的な方法として使用できるからです。

querySelectorAllメソッドは、documentオブジェクトと要素ノードの両方で定義されており、セレクタ文字列を受け取り、マッチしたすべての要素を含むNodeListを返します。

```
<p>And if you go chasing
  <span class="animal">rabbits</span></p>
<p>And you know you're going to fall</p>
<p>Tell 'em a <span class="character">hookah smoking
  <span class="animal">caterpillar</span></span></p>
<p>Has given you the call</p>

<script>
  function count(selector) {
    return document.querySelectorAll(selector).length;
  }
  console.log(count("p"));             // All <p> elements
  // → 4
  console.log(count(".animal"));       // All Class animal
  // → 2
  console.log(count("p .animal"));     // Animal inside of <p>
  // → 2
  console.log(count("p > .animal")); // Direct child of <p>
  // → 1
</script>
```


getElementsByTagNameのようなメソッドとは異なり、querySelectorAllが返すオブジェクトはドキュメントにリンクしていません。ドキュメントを変更しても変更されないのです。とはいえ、実際の配列ではありません。

本当の配列ではないので、配列のように扱いたいときはArray.fromを呼び出す必要があります。

querySelectorメソッド（Allの部分を除いたもの）も同様に動作します。このメソッドは、特定の単一要素が必要なときに便利です。このメソッドは、最初にマッチした要素のみを返し、マッチする要素がない場合はnullを返します。

位置決めとアニメーション

positionスタイルプロパティは、レイアウトに大きな影響を与えます。デフォルトではstaticの値を持ち、これは、要素がドキュメントの通常の場所に配置されることを意味します。relativeに設定すると、要素はドキュメント内のスペースを占有するものの、topとleftのスタイルプロパティを使用して、その通常の場所に相対的に移動させることができます。position が absolute に設定されている場合、その要素は通常のドキュメントフローから外されます。つまり、スペースを取らなくなり、他の要素と重なる可能性があるのです。また、top プロパティと left プロパティを使用して、position プロパティが静的ではない、直近の囲み要素の左上隅との相対的な絶対位置を設定できます。

これを使えば、アニメーションを作成できます。次のドキュメントでは、楕円形の中を動き回る猫の絵が表示されます。

```
<p style="text-align: center">
  <img src="img/cat.png" style="position: relative">
</p>
<script>
  let cat = document.querySelector("img");
  let angle = Math.PI / 2;
  function animate(time, lastTime) {
    if (lastTime != null) {
      angle += (time - lastTime) * 0.001;
    }
    cat.style.top = (Math.sin(angle) * 20) + "px";
    cat.style.left = (Math.cos(angle) * 200) + "px";
    requestAnimationFrame(newTime => animate(newTime, time));
  }
  requestAnimationFrame(animate);
</script>
```

灰色の矢印は、画像が移動する経路を示しています。

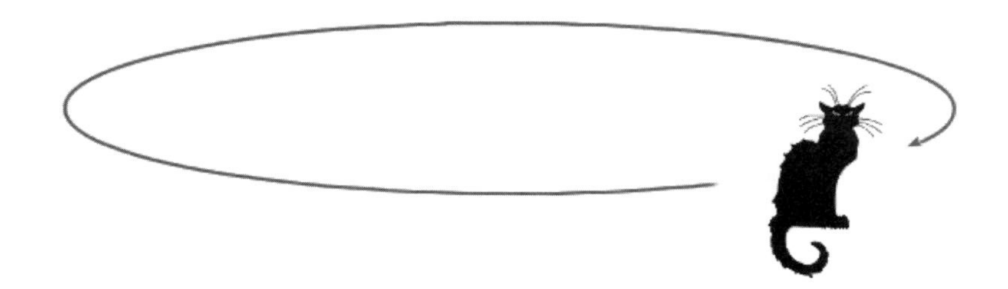

絵はページの中央に配置され、相対位置が与えられています。この絵の top と left のスタイルを繰り返し更新して、絵を移動させます。

スクリプトでは、requestAnimationFrame を使用して、ブラウザが画面を再描画する準備ができたときにアニメーション関数を実行するようにスケジュールを設定します。アニメート関数は、requestAnimationFrame を再度呼び出して、次の更新スケジュールを設定するのです。ブラウザのウィンドウ（またはタブ）がアクティブな状態であれば、1 秒間に約 60 回のペースで更新されることになり、見栄えの良いアニメーションが生成されるでしょう。

もし DOM をループで更新するだけなら、ページはフリーズしてしまい、画面には何も表示されません。ブラウザは、JavaScript プログラムが実行されている間は表示を更新しませんし、ページとのインタラクションも起こりません。requestAnimationFram が必要なのはこのためです。requestAnimationFram は、ブラウザに「もう終わった」ことを知らせ、画面の更新やユーザーのアクションへの対応など、ブラウザが行うことを先に進めるためのものなのです。

アニメーション関数の引数には、現在の時刻が渡されます。1 ミリ秒あたりの猫の動きが安定するように、角度が変わる速度は、現在時刻と前回の関数実行時の差を基準にしています。1 ステップごとに一定量の角度を動かすだけでは、たとえば、同じコンピュータ上で別の重いタスクが実行されていて、関数がほんの数秒実行されなかった場合に動きが滞ってしまいます。

円を描くには、三角関数の Math.cos と Math.sin を使います。本書でも時々使用するので、馴染みのない方のために簡単に紹介しておきましょう。

Math.cos と Math.sin は、点 (0,0) を中心とした半径 1 の円上にある点を見つけるのに便利です。どちらの関数も、引数をこの円上の位置と解釈し、0 を円の右端の点とし、時計回りに 2 π（約 6.28）で円全体を一周するまで進みます。Math.cos は、与えられた位置に対応する点の x 座標を示し、Math.sin は y 座標を示します。2 π以上 0 以下の位置（角度）が有効で、a+2 πが a と同じ角度を指すように回転が繰り返されます。

角度を測る単位は「ラジアン」と呼ばれ、「度」で測ると「360 度」になるのと同じように、1 周が 2 πラジアンとなります。定数πは、JavaScript の Math.PI として利用できます。

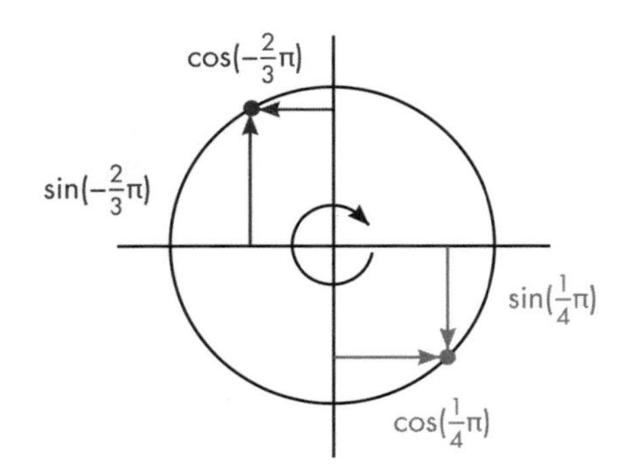

猫のアニメーションコードは、アニメーションの現在の角度を示すカウンターとして angle を保持し、animate 関数が呼び出されるたびに、これを増やします。そして、この角度を使って画像要素の現在の位置を計算するのです。top スタイルは Math.sin で計算され、楕円の垂直方向の半径である 20 が掛けられます。left スタイルは Math.cos に 200 を掛けたもので、楕円の高さよりも幅が大きくなっています。

なお、スタイルには通常、単位が必要です。この場合、ピクセルで数えていることをブラウザに伝えるために、数値に "px" を追加する必要があります（センチメートルや "ems" などの単位とは異なります)。これは忘れがちです。単位のない数字を使うと、スタイルが無視されてしまいます。ただし、数字が 0 の場合は単位に関係なくつねに同じ意味となります。

まとめ

JavaScript のプログラムは、DOM と呼ばれるデータ構造を介して、ブラウザが表示しているドキュメントを詳しく調べたり、干渉したりすることができます。このデータ構造はブラウザのドキュメントモデルを表しており、JavaScript プログラムはこれを修正して、表示されているドキュメントを変更できます。

DOM はツリー状に構成されており、ドキュメントの構造に応じて要素が階層的に配置されます。要素を表すオブジェクトは、parentNode や childNodes などのプロパティを持っており、これらのプロパティを使ってツリー内を移動することができます。

ドキュメントの表示方法は、スタイル設定に左右されます。これには、ノードに直接スタイルを適用する方法と、特定のノードにマッチするルールを定義する方法があります。スタイルのプロパティには、色や表示など、さまざまなものがあります。JavaScript のコードでは、要素の style プロパティを使って直接スタイルを操作できます。

練習問題

表の作成

HTML の表は、次のようなタグ構造で作られます。

```
<table>
  <tr>
    <th>name</th>
    <th>height</th>
    <th>place</th>
  </tr>
  <tr>
    <td>Kilimanjaro</td>
    <td>5895</td>
    <td>Tanzania</td>
  </tr>
</table>
```

<table> タグには、各行ごとに <tr> タグが含まれています。この <tr> タグの中には、見出しセル（<th>）や通常のセル（<td>）などのセル要素を入れることができます。

name、height、place のプロパティを持つオブジェクトの配列である「山」のデータセットが与えられたら、オブジェクトを列挙するテーブルの DOM 構造を生成します。キーごとに１列、オブジェクトごとに１行、さらに上部に <th> 要素を持つヘッダー行を設けて、列名を列挙する必要があります。

データ内の最初のオブジェクトのプロパティ名を取得することで、カラムがオブジェクトから自動的に派生するように書きましょう。

できあがったテーブルに、id 属性に "mountains " を指定した要素を追加し、ドキュメント内で見えるようにしましょう。

これができたら、数値を含むセルの style.textAlign プロパティを "right" に設定して、セルを右寄せにします。

タグ名による要素の取得

document.getElementsByTagName メソッドは、指定されたタグ名を持つすべての子要素を返します。ノードと文字列（タグ名）を引数に取り、指定されたタグ名を持つすべての子・孫要素ノードを含む配列を返す関数として、このメソッドの独自のバージョンを実装しましょう。

ある要素のタグ名を調べるには、その要素の nodeName プロパティを使います。ただし、これはタグ名をすべて大文字で返すことに注意してください。これを補うには、toLowerCase または toUpperCase の文字列メソッドを使用してください。

猫の帽子

本章の「位置合わせとアニメーション」で定義した猫のアニメーションを拡張して、猫と帽子（<img src="img/hat.png">）の両方が楕円の反対側を回るようにしましょう。

あるいは、帽子が猫の周りを回るようにします。あるいは、アニメーションを他の面白い方法で変更してもいいでしょう。

複数のオブジェクトの配置を簡単にするために、絶対配置に切り替えるのがよいでしょう。つまり、top と left はドキュメントの左上を基準にしてカウントされるのです。負の座標を使用すれば、画像が表示されているページの外側に移動してしまうのを避けるために、位置の値に固定のピクセル数を追加できます。

"外の出来事ではなく、自分の心に力があります。このことに気づけば、あなたは強さを手に入れられます"

― マルクス・アウレリウス『自省録』

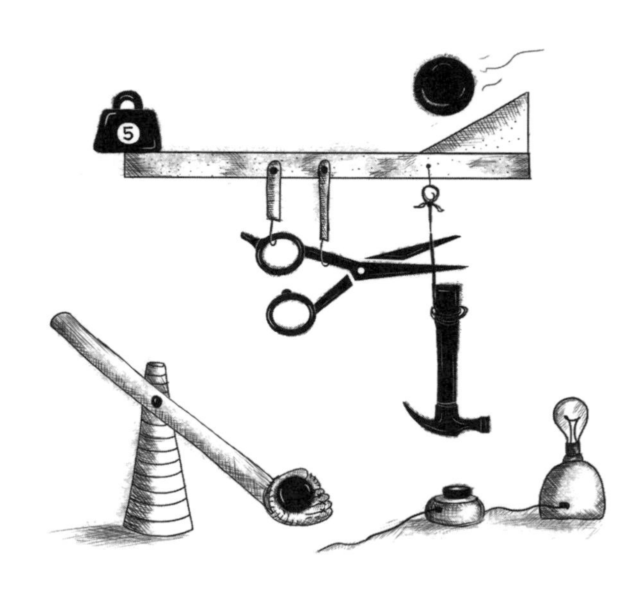

Chapter

15 イベント処理

プログラムの中には、マウスやキーボードの操作など、ユーザーからの直接入力で動作するものがあります。このような入力は、きちんと整理されたデータ構造としては提供されず、リアルタイムに断片的に入ってくるので、プログラムはその都度対応することになります。

イベントハンドラ

キーボードのキーが押されているかを知るには、そのキーの現在の状態を読み取るしかないというインターフェイスを想像してみてください。キーが押されたことに反応できるようにするには、キーの状態をつねに読み取って、再び離される前にキャッチできるようにしなければなりません。キーを押し損ねる可能性があるので、他の時間のかかる計算をするのは危険です。

原始的なマシンの中には、このように入力を処理するものもあります。ここから一歩進めて、ハードウェアやOSがキープレスに気付き、それをキューに入れておくのです。そうすれば、プログラムは定期的にキューに新しいイベントがないかをチェックし、そこにあるイベントに反応できます。

もちろん、キーが押されてからプログラムがイベントに気づくまでに時間がかかると、ソフトウェアが反応しないように感じてしまうので、キューを見ることは忘れず、頻繁に行わなければなりません。このやり方はポーリングと呼ばれますが、ほとんどのプログラマはこれを避けたがります。

より良いやり方は、イベントが発生したときにシステムが積極的にコードに通知することです。ブラウザでは、特定のイベントのハンドラとして関数を登録することで、これを実現しています。

```
<p>Click this document to activate the handler.</p>
<script>
  window.addEventListener("click", () => {
    console.log("You knocked?");
  });
</script>
```

windowバインディングとは、ブラウザが提供する組込みオブジェクトです。このオブジェクトは、ドキュメントを含むブラウザのウィンドウを表しています。そのaddEventListenerメソッドを呼び出すと、第1引数で指定したイベントが発生したときに、第2引数が呼び出されるように登録されます。

イベントとDOMノード

各ブラウザのイベントハンドラはコンテキストに登録されます。前の例では、ウィンドウ全体のハンドラを登録するために、window オブジェクトの addEventListener を呼び出しました。このようなメソッドは、DOM 要素や他のいくつかのタイプのオブジェクトにもあります。イベントリスナーは、登録されているオブジェクトのコンテキストでイベントが発生したときにのみ呼び出されます。

```
<button>Click me</button>
<p>No handler here.</p>
<script>
  let button = document.querySelector("button");
  button.addEventListener("click", () => {
    console.log("Button clicked.");
  });
</script>
```

この例では、button ノードにハンドラを取り付けています。ボタンがクリックされるとハンドラが実行されますが、ドキュメントの他の部分がクリックされてもハンドラは実行されません。

ノードに onclick 属性を与えても同様の効果があります。これは、ほとんどのタイプのイベントに有効で、イベント名の前に on を付けた名前の属性でハンドラを取り付けることができます。

しかし、1 つのノードは 1 つの onclick 属性しか持つことができないため、この方法では 1 つのノードに対して 1 つのハンドラしか登録できません。addEventListener メソッドでは、任意の数のハンドラを追加できるので、要素にすでに別のハンドラがあっても、安全にハンドラを追加できるのです。

removeEventListener メソッドは、addEventListener と同様の引数で呼び出され、ハンドラを削除します。

```
<button>Act-once button</button>
<script>
  let button = document.querySelector("button");
  function once() {
    console.log("Done.");
    button.removeEventListener("click", once);
  }
  button.addEventListener("click", once);
```

```
</script>
```

emoveEventListener に与えられる関数は、addEventListener に与えられたものと同じ関数値でなければなりません。つまり、ハンドラの登録を解除するには、両方のメソッドに同じ関数値を渡せるように、関数に名前を付ける必要があります（上の例では、once です）。

イベントオブジェクト

ここまでは無視してきましたが、イベントハンドラ関数には、イベントオブジェクトという引数が渡されます。このオブジェクトは、イベントに関する追加情報を保持しています。たとえば、どのマウスボタンが押されたかを知りたければ、イベントオブジェクトの button プロパティを見ればいいのです。


```
<button>Click me any way you want</button>
<script>
  let button = document.querySelector("button");
  button.addEventListener("mousedown", event => {
    if (event.button == 0) {
      console.log("Left button");
    } else if (event.button == 1) {
      console.log("Middle button");
    } else if (event.button == 2) {
      console.log("Right button");
    }
  });
</script>
```

イベントオブジェクトに格納される情報は、イベントの種類によって異なります。イベントの種類については、この章の後半で説明します。オブジェクトの type プロパティには、つねにイベントを特定する文字列（"click" や "mousedown" など）が格納されます。

イベント伝搬

ほとんどのイベントタイプでは、子を持つノードに登録されたハンドラに登録されているハンドラは、子の中で発生したイベントも受け取ることができます。たとえば、パラグラフ内のボタンがクリックされた場合、パラグラフ上のイベントハンドラにもクリックイベントが発生します。

しかし、パラグラフとボタンの両方にハンドラがある場合、より具体的なハンドラであるボタンのハンドラが先に処理されます。このイベントは、イベントが発生したノードから、そのノードの親ノード、さらにはドキュメントのルートへと、外に向かって伝わっていくと言われています。最後に、特定のノードに登録されているすべてのハンドラの出番が終わった後、ウィンドウ全体に登録されているハンドラがイベントに応答する機会を得ます。

イベントハンドラはいつでもイベントオブジェクトのstopPropagationメソッドを呼び出して、後続のハンドラがイベントを受け取るのを防ぐことができます。これは、たとえばクリック可能な要素の中にボタンがあり、ボタンのクリックで外部要素のクリック動作を起動させたくない場合などに便利です。

次の例では、ボタンとその周りの段落の両方に"mousedown"ハンドラを登録しています。右マウスボタンでクリックされると、ボタンのハンドラはstopPropagationを呼び出し、パラグラフのハンドラが実行されるのを防ぎます。そして、他のマウスボタンでボタンがクリックされると、両方のハンドラが実行されるのです。

```
<p>A paragraph with a <button>button</button>.</p>
<script>
  let para = document.querySelector("p");
  let button = document.querySelector("button");
  para.addEventListener("mousedown", () => {
    console.log("Handler for paragraph.");
  });
  button.addEventListener("mousedown", event => {
    console.log("Handler for button.");
    if (event.button == 2) event.stopPropagation();
  });
</script>
```

ほとんどのイベントオブジェクトには、そのイベントが発生したノードを指すtargetプロパティがあります。このプロパティを使用することで、処理したくないノードから伝搬してきたものを誤って処理してしまわないようにすることができます。

また、targetプロパティを使用して、特定のタイプのイベントに広く網をかけることも可能です。たとえば、長いボタンのリストを含むノードがある場合、ボタンがクリックされたかを把握するために、すべてのボタンに個別にハンドラを登録するよりも、外側のノードに1つのクリックハンドラを登録し、targetプロパティを使用する方が便利なことがあります。

```
<button>A</button>
<button>B</button>
<button>C</button>
<script>
  document.body.addEventListener("click", event => {
    if (event.target.nodeName == "BUTTON") {
      console.log("Clicked", event.target.textContent);
```

```
    }
  });
</script>
```

デフォルトアクション

多くのイベントには、デフォルトアクション（デフォルトの動作）が設定されています。リンクをクリックするとそのリンク先に移動し、下矢印を押すとブラウザはページを下にスクロールし、右クリックするとコンテキストメニューが表示される、などです。

ほとんどの種類のイベントでは、デフォルトアクションが行われる前に、JavaScriptのイベントハンドラが呼び出されます。ハンドラがこのような通常の動作を行わせたくない場合、通常はすでにイベントの処理を行っているため、イベントオブジェクトのpreventDefaultメソッドを呼び出せるのです。

これを利用すれば、独自のキーボードショートカットやコンテキストメニューを実装することができます。また、ユーザーが期待する動作を不当に妨害するためにも利用できます。たとえば、以下のようなリンクがありますが、これを踏むことはできません。

```
<a href="https://developer.mozilla.org/">MDN</a>
<script>
  let link = document.querySelector("a");
  link.addEventListener("click", event => {
    console.log("Nope.");
    event.preventDefault();
  });
</script>
```

よほどの理由がない限り、このようなことはしないようにしましょう。想定していた動作が崩れてしまうと、そのページを利用する人にとっては不愉快なものになってしまいます。

ブラウザによっては、まったく傍受できないイベントもあります。たとえばChromeでは、現在のタブを閉じるためのキーボードショートカット（control-Wまたはcommand-W）をJavaScriptで処理することはできません。

キーイベント

キーボードのキーが押されると、ブラウザは"keydown"イベントを発生させます。離すと"keyup"イベントが発生します。

```
<p>This page turns violet when you hold the V key.</p>
```

```
<script>
  window.addEventListener("keydown", event => {
    if (event.key == "v") {
      document.body.style.background = "violet";
    }
  });
  window.addEventListener("keyup", event => {
    if (event.key == "v") {
      document.body.style.background = "";
    }
  });
</script>
```

"keydown" は、その名前に反して、キーが物理的に押し下げられたときにだけ発生するわけではありません。キーが押されたままだと、キーが繰り返されるたびにイベントが再発生します。このことに注意しなければならないときがあるでしょう。たとえば、キーが押されたときにDOM にボタンを追加し、キーが離されたときに再びボタンを削除すると、キーが長く押されているときに誤って何百ものボタンを追加してしまうかもしれません。

この例では、イベントがどのキーについてのものかを知るために、イベントオブジェクトのkey プロパティを調べました。このプロパティには、ほとんどのキーについて、そのキーを押すと入力される内容に対応する文字列が格納されています。Enter などの特殊なキーの場合は、キーの名前を表す文字列（この例では "Enter"）が保持されます。SHIFT を押しながらキーを押すと、キーの名前にも影響します。"v" は "V" に、"1" は "！" になるのです（shift-1 を押すとキーボードがそのように表示される場合）。

shift、control、alt、meta（Mac では command）などの修飾キー（モディファイアキー）は、通常のキーと同様にキーイベントを生成します。しかし、キーの組み合わせを調べる際には、キーボードやマウスのイベントの shiftKey、ctrlKey、altKey、metaKey のプロパティを見ることで、これらのキーが押されているかがわかります。

```
<p>Press Control-Space to continue.</p>
<script>
  window.addEventListener("keydown", event => {
    if (event.key == " " && event.ctrlKey) {
      console.log("Continuing!");
    }
  });
</script>
```

キーイベントが発生する DOM ノードは、キーが押されたときにフォーカスされている要素に依存します。ほとんどのノードは、tabindex 属性を与えない限りフォーカスを持つことはできませんが、リンク、ボタン、フォームフィールドなどはフォーカスを持つことができます。フォームフィールドについては18章で説明します。特に何もフォーカスされていない場合、document.body はキーイベントのターゲットノードとして機能します。

ユーザーがテキストを入力しているときに、キーイベントを使って何が入力されているかを把握するのは悩みの種です。プラットフォームによっては、特に Android 携帯電話のバーチャルキーボードのように、キーイベントを発生させないものもあるからです。また、昔ながらのキーボードを使用している場合も、テキスト入力の種類によっては、キーの押し方がわかりやすく一致しないものがあります。たとえば、キーボードに収まらないスクリプトを使用する人が使用する IME（Input Method Editor）ソフトウェアでは、複数のキーストロークを組み合わせて文字を作成しています。

何かが入力されたことに気づくために、<input> タグや <textarea> タグなどの入力可能な要素では、ユーザーが内容を変更するたびに "input" イベントが発生します。実際に入力された内容を取得するには、フォーカスされたフィールドから直接読み取るのが一番です。18章の「フォームフィールド」でその方法を説明します。

ポインタイベント

現在、画面上のものを指し示す方法としては、マウス（タッチパッドやトラックボールなど、マウスのように動作するデバイスも含む）とタッチスクリーンの2つが広く使われています。これらはそれぞれ異なる種類のイベントを生成します。

マウスクリック

マウスのボタンを押すと、様々なイベントが発生します。"mousedown" イベントと "mouseup" イベントは "keydown" と "keyup" に似ており、ボタンが押された時と離された時に発生します。これらのイベントは、イベント発生時にマウスポインタの直下にある DOM ノード上で発生します。

"mouseup" イベントの後、"click" イベントが、ボタンの押下と解放の両方を含んだ特定のノード上で発生します。たとえば、ある段落でマウスボタンを押した後、別の段落にポインタを移動させてボタンを離すと、その両方の段落を含む要素で "click" イベントが発生します。

2つのクリックが近くで起こった場合は、2つ目のクリックイベント後に、"dblclick"（ダブルクリック）イベントも発生します。

マウスイベントが発生した場所についての正確な情報を得るには、イベントの座標（ピクセル）をウィンドウの左上隅に対するものとする clientX と clientY のプロパティ、またはドキュメント全体の左上隅に対するものとする pageX と pageY のプロパティを見ることができます（ウィンドウがスクロールされた場合には異なる場合があります）。

以下は、原始的な描画プログラムを実装したものです。ドキュメントをクリックするたびに、マウスポインタの下にドットが追加されます。もっと原始的な描画プログラムについては、19章を参照してください。

```
<style>
  body {
    height: 200px;
    background: beige;
  }
  .dot {
    height: 8px; width: 8px;
    border-radius: 4px; /* rounds corners */
    background: blue;
    position: absolute;
  }
</style>
<script>
  window.addEventListener("click", event => {
    let dot = document.createElement("div");
    dot.className = "dot";
    dot.style.left = (event.pageX - 4) + "px";
    dot.style.top = (event.pageY - 4) + "px";
    document.body.appendChild(dot);
  });
</script>
```

マウスの動き

マウスポインタが移動するたびに、"mousemove" イベントが発生します。このイベントを利用して、マウスの位置を追跡できます。これは一般に、マウスをドラッグする機能を実装する際に利用されます。

たとえば、次のプログラムでは、バーを表示し、このバーの上で左右にドラッグするとバーが狭くなったり広くなったりするように、イベントハンドラを設定しています。

```
<p>Drag the bar to change its width:</p>
<div style="background: orange; width: 60px; height: 20px">
</div>
<script>
  let lastX; // Tracks the last observed mouse X position
  let bar = document.querySelector("div");
  bar.addEventListener("mousedown", event => {
    if (event.button == 0) {
      lastX = event.clientX;
      window.addEventListener("mousemove", moved);
```

```
        event.preventDefault(); // Prevent selection
      }
    });

    function moved(event) {
      if (event.buttons == 0) {
        window.removeEventListener("mousemove", moved);
      } else {
        let dist = event.clientX - lastX;
        let newWidth = Math.max(10, bar.offsetWidth + dist);
        bar.style.width = newWidth + "px";
        lastX = event.clientX;
      }
    }
  </script>
```


でき上がったページは以下のようになります。

Drag the bar to change its width:

"mousemove"ハンドラは、ウィンドウ全体に登録されていることに注意してください。サイズ変更中にマウスがバーの外に出ても、ボタンが保持されている限り、そのサイズを更新したいと思います。

そのためには、マウスボタンが離されたときに、バーのサイズ変更を停止する必要があります。それには、現在押されているボタンを教えてくれるbuttonsプロパティ（複数形であることに注意してください）を使います。このプロパティの値が0のときは、ボタンが押されていません。ボタンが押されているときは、そのボタンのコードの合計が値となります（左ボタンは1、右ボタンは2、真ん中は4）。これにより、あるボタンが押されたかは、ボタンの値とコードの余りを取ることで確認できます。

なお、これらのコードの順番は、真ん中のボタンが右のボタンよりも先に来るようなbuttonで使われているものとは異なります。前述のように、ブラウザのプログラミングインターフェイスにおいて、一貫性は重視されていないのです。

タッチイベント

私たちが使っているグラフィカルなブラウザは、タッチスクリーンがまだ珍しかった時代に、マウスインターフェイスを想定して設計されました。初期のタッチスクリーンの携帯電話でWebを「使える」ようにするために、それらのデバイス用のブラウザは、タッチイベントをある程度マウスイベントのように装っていました。画面をタップすると、"mousedown"、"mouseup"、"click" のイベントが発生したのです。

しかし、この錯覚はあまり強固ではありません。タッチスクリーンはマウスとは動作が異なります。複数のボタンはなく、指が画面上にないときは追跡できず（"mouse move" をシミュレートするため）、複数の指を同時に画面上に置くこともできます。

マウスイベントがタッチ操作をカバーするのは、単純なケースに限られます。ボタンに "click" ハンドラを追加しても、タッチユーザーはそれを使うことができます。たとえば、ボタンに click ハンドラを追加すれば、タッチユーザーでも使用できます。しかし、前述の例のようなサイズ変更可能なバーは、タッチスクリーンでは機能しません。

タッチ操作では、特定のイベントタイプが発生します。指が画面に触れ始めると "touchstart" イベントが発生し、タッチ中に指が動かされると "touchmove" イベントが発生します。最後に、指が画面に触れるのをやめると、"touchend" イベントが発生するのです。

多くのタッチスクリーンは同時に複数の指を検出できるため、これらのイベントには 1 つの座標セットが関連付けられていません。イベントオブジェクトには touches プロパティがあり、そこにはポイント配列のようなオブジェクトが格納されていて、各ポイントは clientX、clientY、pageX、pageY のプロパティを保持しています。

タッチした指の周りに赤い円を表示するには、次のようにします。

```
<style>
  dot { position: absolute; display: block;
        border: 2px solid red; border-radius: 50px;
        height: 100px; width: 100px; }
</style>
<p>Touch this page</p>
<script>
  function update(event) {
    for (let dot; dot = document.querySelector("dot");) {
      dot.remove();
    }
    for (let i = 0; i < event.touches.length; i++) {
      let {pageX, pageY} = event.touches[i];
      let dot = document.createElement("dot");
      dot.style.left = (pageX - 50) + "px";
      dot.style.top = (pageY - 50) + "px";
      document.body.appendChild(dot);
    }
  }
  window.addEventListener("touchstart", update);
  window.addEventListener("touchmove", update);
  window.addEventListener("touchend", update);
```

```
</script>
```

ブラウザのデフォルトアクション（スワイプしたときにページをスクロールするなど）を上書きしたり、マウスイベントが発生しないようにしたりするため、タッチイベントのハンドラでpreventDefaultを呼び出すことがよくあるでしょう。

スクロールイベント

ある要素がスクロールされると、その要素に対して"scroll"イベントが発生します。これには様々な用途があります。たとえば、ユーザーが現在何を見ているのかを知る（画面外のアニメーションを無効にしたり、スパイレポートを悪の本拠地に送ったりする）、進行状況を示す（表の一部をハイライトしたり、ページ番号を表示したりする）などです。

次の例では、ドキュメント上にプログレスバーを描き、下にスクロールするとプログレスバーが一杯になるように更新しています。

```
<style>
  #progress {
    border-bottom: 2px solid blue;
    width: 0;
    position: fixed;
    top: 0; left: 0;
  }
</style>
<div id="progress"></div>
<script>
  // Create some content
  document.body.appendChild(document.createTextNode(
    "supercalifragilisticexpialidocious ".repeat(1000)));

  let bar = document.querySelector("#progress");
  window.addEventListener("scroll", () => {
    let max = document.body.scrollHeight - innerHeight;
    bar.style.width = `${(pageYOffset / max) * 100}%`;
  });
</script>
```

要素にfixedの位置を与えると、絶対位置と同じように動作しますが、ドキュメントの他の部分と一緒にスクロールすることができなくなります。この効果により、プログレスバーは最上部に留まることになります。プログレスバーの幅は、現在の進捗状況を示すために変更されます。幅を設定する際の単位としてpxではなく%を使用することで、要素のサイズがページ幅に対して相対的になるようにしています。

グローバルな innerHeight バインディングはウィンドウの高さを示しますが、これはスクロール可能な高さの合計から差し引かなければなりません（ドキュメントの最後に達したときにスクロールし続けることはできません）。また、ウィンドウの幅を表す innerWidth もあります。現在のスクロール位置である pageYOffset を最大スクロール位置で割って 100 をかけると、プログレスバーのパーセンテージが得られます。

スクロールイベントで preventDefault を呼び出しても、スクロールが起こらないわけではありません。実際には、スクロールが行われた後にのみ、イベントハンドラが呼び出されるのです。

フォーカスイベント

要素がフォーカスされると、ブラウザはその要素に対して "focus" イベントを発生させます。要素がフォーカスされなくなると、その要素に "blur" イベントが発生します。

前述のイベントとは異なり、この 2 つのイベントは伝播しません。親要素のハンドラは、子要素がフォーカスを得たり失ったりしても通知されません。

次の例では、現在フォーカスされているテキストフィールドにヘルプテキストを表示しています。

```
<p>Name: <input type="text" data-help="Your full name"></p>
<p>Age: <input type="text" data-help="Your age in years"></p>
<p id="help"></p>

<script>
  let help = document.querySelector("#help");
  let fields = document.querySelectorAll("input");
  for (let field of Array.from(fields)) {
    field.addEventListener("focus", event => {
      let text = event.target.getAttribute("data-help");
      help.textContent = text;
    });
    field.addEventListener("blur", event => {
      help.textContent = "";
    });
  }
</script>
```

このスクリーンショットでは、年齢フィールドのヘルプテキストを示しています。

Name: Hieronimus

Age:

Age in years

window オブジェクトは、ドキュメントが表示されているブラウザのタブやウィンドウからユーザーが移動したときに、focus イベントと blur イベントを受け取ります。

ロードイベント

ページの読み込みが完了すると、ウィンドウとドキュメント本体のオブジェクトに対して "load" イベントが発生します。これは、ドキュメント全体の構築を必要とする初期化アクションをスケジュールするためによく使われます。<script> タグの内容は、そのタグが現れたときに直ちに実行されることを覚えておいてください。たとえば、<script> タグの後に表示されるドキュメントの一部に対してスクリプトが何かを行う必要がある場合、これは早すぎるかもしれません。

外部ファイルを読み込む画像やスクリプトタグなどの要素にも、参照するファイルが読み込まれたことを示す load イベントがあります。フォーカス関連のイベントと同様、load イベントは伝播しません。

ページが閉じられたり、リンクをたどって移動されたりすると、"beforeunload" イベントが発生します。このイベントの主な用途は、ユーザーがドキュメントを閉じることによって誤って作業を失うのを防ぐことです。ページを離れないようにすることは、予想の通り、prevent Default メソッドではできません。代わりに、ハンドラから非 null の値を返すことで行われます。すると、ブラウザはユーザーに、本当にページを離れてもいいかをたずねるダイアログを表示します。この仕組みにより、ユーザーを永遠に引き留め、怪しげなダイエット広告を見させようとする悪質なページでも、ユーザーはつねにページを離れることができるようになるのです。

イベントとイベントループ

11 章で説明したように、イベントループのコンテキストでは、ブラウザのイベントハンドラは他の非同期通知と同じように動作します。イベントが発生したときにスケジュールが設定されますが、実行の機会を得るには、実行中の他のスクリプトが終了するのを待つ必要があります。

イベントは他に何も実行されていない時にのみ処理されるということは、イベントループが他の作業と一緒になっている場合、（イベントを通じて行われる）ページとのやりとりは、それを処理する時間ができるまで遅れてしまうということです。そのため、長時間実行されるイベントハンドラや短時間実行されるイベントハンドラを大量にスケジュール設定すると、ページの表示が遅くなり、使いづらくなります。

どうしてもページをフリーズさせずにバックグラウンドで時間のかかる処理を行いたい場合、ブラウザは「web worker」という仕組みを提供しています。web workerとは、メインのスクリプトと並行して、独自のタイムラインで実行されるJavaScriptのプロセスです。

たとえば、数字の2乗は重くて長い時間を要する計算なので、別のスレッドで実行したいとします。その場合、code/squareworker.jsというファイルを書き、メッセージに応答して2乗を計算し、メッセージを送り返すことができるのです。

```
addEventListener("message", event => {
  postMessage(event.data * event.data);
});
```

複数のスレッドが同じデータに触れることによる問題を避けるため、web workerはそのグローバルスコープやその他のデータをメインスクリプトの環境と共有しません。代わりに、メッセージをやり取りすることでweb workerとやり取りする必要があるのです。

このコードでは、スクリプトを実行しているweb workerを起動し、いくつかのメッセージを送信し、そのレスポンスを出力しています。

```
let squareWorker = new Worker("code/squareworker.js");
squareWorker.addEventListener("message", event => {
  console.log("The worker responded:", event.data);
});
squareWorker.postMessage(10);
squareWorker.postMessage(24);
```

postMessage 関数がメッセージを送信すると、受信側で"message"イベントが発生します。web workerを作成したスクリプトは、Workerオブジェクトを通じてメッセージを送受信しますが、web workerは、そのグローバルスコープ上で直接送受信することで、作成したスクリプトとやり取りします。メッセージとして送信できるのは、JSONとして表現できる値のみであり、相手側は値そのものではなく、そのコピーを受け取ります。

タイマー

11章では、setTimeoutという関数を紹介しました。これは、指定したミリ秒後に別の関数が呼び出されるようにスケジュール設定するものです。

ときには、スケジュール設定した関数をキャンセルする必要があるでしょう。そのためには、

setTimeout が返した値を保存した上で、clearTimeout を呼び出す必要があります。

```
let bombTimer = setTimeout(() => {
  console.log("BOOM!");
}, 500);
if (Math.random() < 0.5) { // 50% chance
  console.log("Defused.");
  clearTimeout(bombTimer);
}
```

cancelAnimationFrame 関数は、clearTimeout と同じように動作します。requestAnimationFrame が返した値に対して cancelAnimationFrame を呼び出すと、そのフレームがキャンセルされます（まだ呼び出されていないことが前提です）。

同様の関数である setInterval と clearInterval は、X ミリ秒ごとに繰り返されるタイマーを設定するために使用されます。


```
let ticks = 0;
let clock = setInterval(() => {
  console.log("tick", ticks++);
  if (ticks == 10) {
    clearInterval(clock);
    console.log("stop.");
  }
}, 200);
```

デバウンス

イベントの中には、何度も連続して発生する可能性のあるものがあります（たとえば、"mousemove" イベントや "scroll" イベント）。このようなイベントを処理する際には、あまり時間のかかることをしないように注意しなければなりません。そうしないと、ハンドラが多くの時間を占めてしまい、ドキュメントとのやりとりが遅く感じられるでしょう。

このようなハンドラの中で何かする必要がある場合には、setTimeout を使って、あまり頻繁に行わないようにすることができます。これは通常、イベントのデバウンスと呼ばれます。これにはいくつかの微妙に異なるアプローチがあります。

最初の例では、ユーザーが何かを入力したときに反応させたいのですが、入力イベントのたびにすぐに反応させたいわけではありません。ユーザーが素早く入力しているときは、一時停止が発生するまで待ちたいのです。そこで、イベントハンドラですぐにアクションを実行するのではなく、タイムアウトを設定します。また、前回のタイムアウトがあればそれもクリアして、イベントが近接して発生した場合（タイムアウトの遅延時間よりも近い場合）、前のイベントのタイムアウトがキャンセルされるようにしています。

```
<textarea>Type something here...</textarea>
<script>
  let textarea = document.querySelector("textarea");
  let timeout;
  textarea.addEventListener("input", () => {
    clearTimeout(timeout);
    timeout = setTimeout(() => console.log("Typed!"), 500);
  });
</script>
```

clearTimeout に未定義の値を与えたり、すでに発生したタイムアウトで呼び出したりしても何の効果もありません。したがって、clearTimeout を呼び出すタイミングに注意する必要はなく、すべてのイベントに対して単純に呼び出すだけでよいのです。

レスポンスの間隔を一定時間以上空けたいが、イベント終了後だけではなく、一連のイベント中にレスポンスを発行したい場合は、少し異なるパターンを使用することができます。たとえば、"mousemove" イベントに反応して、マウスの現在の座標を表示したいが、250 ミリ秒ごとにしか表示しない、というような場合です。

```
<script>
  let scheduled = null;
  window.addEventListener("mousemove", event => {
    if (!scheduled) {
      setTimeout(() => {
        document.body.textContent =
          `Mouse at ${scheduled.pageX}, ${scheduled.pageY}`;
        scheduled = null;
      }, 250);
    }
    scheduled = event;
  });
</script>
```

まとめ

イベントハンドラは、Web ページで発生するイベントを検出して反応することを可能にします。このようなハンドラを登録するには、addEventListener メソッドを使用します。

各イベントには、それを識別する型（"keydown"、"focus" など）があります。ほとんどのイベントは、特定の DOM 要素で呼び出された後、その要素の祖先に伝わり、それらの要素に関連付けられたハンドラが処理できるようになります。

イベントハンドラが呼び出されると、イベントに関する追加情報を持つイベントオブジェクトが渡されます。このオブジェクトには、これ以上の伝播を止めたり（stopPropagation）、ブラウザがデフォルトでイベントを処理するのを防いだり（preventDefault）するためのメソッドもあります。

キーを押すと、"keydown" イベントと "keyup" イベントが発生します。マウスボタンを押すと、"mousedown" イベント、"mouseup" イベント、"click" イベントが発生し、マウスを動かすと "mousemove" イベントが発生します。そして、タッチスクリーンの操作では、"touchstart" イベント、"touchmove" イベント、"touchend" イベントが発生するのです。

スクロールは "scroll" イベントで、フォーカス変更は "focus" イベントと "blur" イベントで検出されます。ドキュメントの読み込みが終了すると、ウィンドウに "load" イベントが発生します。

練習問題

風船

風船を表示するページを書きましょう（風船の絵文字「🎈」を使用）。上矢印を押すと 10%膨らみ、下矢印を押すと 10%縮むようにします。

親要素の font-size CSS プロパティ（style.fontSize）を設定することで、テキスト（絵文字もテキスト）のサイズを制御できます。値にはピクセル（10px）のように単位を含めることを忘れないでください。

矢印キーのキーネームは "ArrowUp" と "ArrowDown" です。ページをスクロールさせずに、風船だけを変更するようにします。

これがうまくいったら、風船をある大きさ以上に膨らませると、爆発する機能を追加します。この場合の爆発とは、風船が💥の絵文字に置き換わり、イベントハンドラが削除されることを意味します（爆発を膨らませたり縮めたりできないようにします）。

マウスの軌跡

JavaScript の初期は、アニメーション画像をふんだんに使った派手なホームページが流行していましたが、人々はこの言語を使って実に刺激的な方法を考え出しました。

その 1 つがマウストレイルです。これは、ページ上でマウスポインタを移動させると、それを追いかける一連の要素です。

このエクササイズでは、マウストレイルを実装してみましょう。サイズと背景色が固定された絶対配置の <div> 要素を使います（例として 15 章の「ポインタイベント」の「マウスクリック」のコードを参照ください）。このような要素をたくさん作り、マウスが移動したときに、マウスポインタの軌跡の中にそれらを表示します。

ここでは様々なアプローチが考えられます。シンプルなものから複雑なものまで、好きなように作りましょう。まずは、一定数の trail 要素を用意しておき、"mousemove" イベントが発生するたびに、次の要素をマウスの現在位置に移動させるというサイクルを回すのが簡単な方法です。

タブ

タブ付きのパネルは、ユーザーインターフェイスとして広く使われています。タブパネルでは、要素の上に「突き出た」複数のタブから選択して、インターフェイスパネルを選択できます。

この練習問題では、簡単なタブ付きインターフェイスを実装する必要があります。書き方 DOM ノードを受け取り、そのノードの子要素を表示するタブ付きインターフェイスを作成する関数 asTabs を書きましょう。ノードの最上部に、子要素ごとに１つずつ、子要素の data-tabname 属性から取得したテキストを含む <button> 要素のリストを挿入しなくてはなりません。最初の子要素のうち１つを除くすべての子要素は、（display スタイルに none が指定されている場合）隠されるべきです。現在表示されているノードは、ボタンをクリックすることで選択できます。

これが動作するようになったら、現在選択されているタブのボタンのスタイルを変えて、どのタブが選択されているかが明らかになるように拡張します。

"すべての現実はゲームである"

— イアン・バンクス『ゲームのプレイヤー』

Chapter

16 プロジェクト：プラットフォームゲーム

多くのオタク少年がそうであるように、私がコンピュータに魅了されたのは、コンピュータゲームがきっかけでした。自分で操作できる小さなシミュレートされた世界に引き込まれ、そこでは物語が（ある意味）展開されていました。それは、実際にゲームが提供する可能性よりも、自分の想像力をゲームに投影するものだったと思います。

私は、ゲームプログラミングのキャリアを誰に望むものでもありません。音楽業界と同じように、熱心な若者の数と実際の需要との間に矛盾が生じ、むしろ不健全な環境になっているからです。でも、遊びでゲームを書くのは面白いですよ。

この章では、小さなプラットフォームゲームの実装を紹介しましょう。プラットフォームゲーム（または「ジャンプ＆ラン」ゲーム）とは、通常は横から見た２次元の世界で、プレイヤーが物を飛び越えたり、上に乗ったりしながらフィギュアを動かすゲームです。

ゲームについて

私たちのゲームは、トーマス・パレフ氏の Dark Blue（www.lessmilk.com/games/10）をベースにしています。このゲームを選んだ理由は、面白さとミニマムさを兼ね備えていることと、あまり多くのコードを使わずに作れることからです。

内容は次のようなものです。

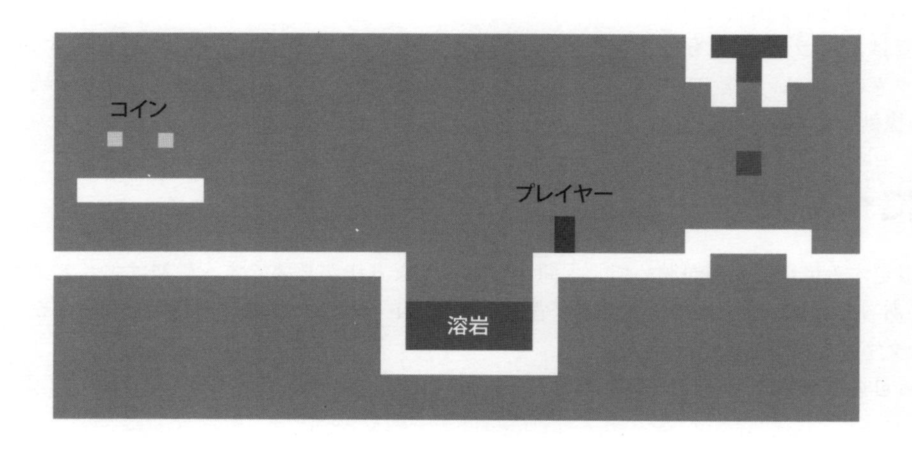

暗い箱はプレイヤーを表し、プレイヤーは赤い箱（溶岩）を避けながら、黄色い箱（コイン）を集めることになります。すべてのコインを集めるとレベルクリアとなります。

プレイヤーは、左右の矢印キーで歩き回ることができ、上矢印キーでジャンプできます。ジャンプはこのゲームのキャラクターの得意技です。自分の身長の数倍の高さに達し、空中で方向転換できます。これは完全には現実的ではないかもしれませんが、プレイヤーが画面上のアバターを直接操作しているような感覚を与えるのに役立ちます。

ゲームは、碁盤の目のように配置された静的な背景と、その上に重ねられた動く要素で構成されます。グリッド上の各フィールドは、空、固体、または溶岩のいずれかです。動く要素は、プレイヤー、コイン、そして溶岩の一部です。これらの要素の位置は、グリッドに拘束されず、座標が小数になることもあり、スムーズな動きが可能です。

技術について

ブラウザのDOMを使ってゲームを表示し、キーイベントを処理することでユーザーの入力を読み取ります。

画面とキーボードに関連するコードは、このゲームを作るために必要な作業のごく一部に過ぎません。すべてが色のついた箱のように見えるので、描画は簡単です。DOM要素を作成し、スタイル指定を使って背景色、サイズ、位置を与えます。

背景は不変の正方形のグリッドであるため、テーブルとして表現できます。自由に動く要素は、絶対的に配置された要素を使って重ね合わせられます。

ゲームなど、グラフィックをアニメーションさせたり、ユーザーの入力に目立たないように反応させたりするプログラムでは、効率性が重要です。DOMはもともと高性能なグラフィックスのために設計されたものではありませんが、実際には予想以上に優れています。14章でいくつかのアニメーションを見ました。最近のマシンでは、最適化をあまり気にしなくても、このような単純なゲームは十分に動作します。

次の章では、ブラウザのもう1つの技術である<canvas>タグについて説明します。<canvas>タグは、DOM要素ではなく、図形やピクセルを使ってグラフィックを描く、より伝統的な方法を提供します。

levelについて

levelを指定するには、人間が読めて、人間が編集可能な方法が必要です。最初はすべてグリッド上にあっても構わないので、各文字が背景のグリッドの一部や移動する要素を表すように、大きな文字列を使います。

小さなlevelのプランは次のようなものです。

```
let simpleLevelPlan = `
```

```
......................
..#................#..
..#..............=.#..
..#.........o.o....#..
..#.@......#####...#..
..#####............#..
......#++++++++++++#..
......##############..
......................`;
```

ピリオドは空きスペース、ハッシュマーク（#）は壁、プラス記号は溶岩です。プレイヤーのスタート位置はアットマーク（@）です。o の文字はすべてコインで、一番上の等号（=）は水平方向に往復する溶岩の塊です。

パイプ文字（|）は垂直方向に移動する塊、v は垂直方向に移動する溶岩（跳ね返らずに下にのみ移動し、床に落ちると元の位置に戻ります）を表します。

ゲーム全体は、プレイヤーがクリアしなければならない複数のレベルで構成されています。すべてのコインを集めるとレベルが完了します。プレイヤーが溶岩に触れると、現在のレベルはスタート地点に戻され、再挑戦することになります。

levelの読み込み

次のクラスは、level オブジェクトを格納します。その引数には、level を定義する文字列を指定します。

```
class Level {
  constructor(plan) {
    let rows = plan.trim().split("\n").map(l => [...l]);
    this.height = rows.length;
    this.width = rows[0].length;
    this.startActors = [];
    this.rows = rows.map((row, y) => {
      return row.map((ch, x) => {
        let type = levelChars[ch];
        if (typeof type == "string") return type;
        this.startActors.push(
          type.create(new Vec(x, y), ch));
        return "empty";
      });
    });
  }
```

```
}
```

trim メソッドは、plan の文字列の最初と最後にあるホワイトスペースを削除するために使用されます。これにより、例題の plan は改行で始まり、すべての行が真下にくるようになっています。残りの文字列は、改行文字で分割され、各行は配列に展開され、文字の配列が生成されます。

つまり、rows は文字の配列の配列、すなわち plan の行を保持しています。ここから level の幅と高さを導き出せます。しかし、動く要素を背景のグリッドから切り離す必要があるでしょう。ここでは動く要素を「アクター」と呼びます。アクターは、オブジェクトの配列に格納されます。背景は、"empty"、"wall"、"lava" などのフィールドタイプを保持する文字列の配列の配列となります。

これらの配列を作成するには、行をマッピングし、次にその内容をマッピングします。map は、配列のインデックスを mapping 関数の第 2 引数として渡し、キャラクターの X 座標と Y 座標を教えてくれます。ゲーム内の位置は、座標のペアとして格納され、左上が 0,0、背景の各マスが縦横 1 単位となります。

plan のキャラクターを解釈するために、Level コンストラクタは levelChars オブジェクトを使用します。type がアクタークラスの場合、その静的な create メソッドが使用されてオブジェクトが作成され、startActors に追加され、mapping 関数はこの背景の正方形に対して "empty" を返します。

アクターの位置は Vec オブジェクトとして格納されます。これは 2 次元のベクトルで、6 章の練習問題で見たように、x と y のプロパティを持つオブジェクトです。

ゲームの進行に伴い、アクターは別の場所に移動したり、あるいは完全に消滅したりします (コインを集めるときのように)。ここでは、State クラスを使用して、実行中のゲームの状態を追跡します。

```
class State {
  constructor(level, actors, status) {
    this.level = level;
    this.actors = actors;
    this.status = status;
  }

  static start(level) {
    return new State(level, level.startActors, "playing");
  }

  get player() {
    return this.actors.find(a => a.type == "player");
  }
```

```
}
```

ゲームが終了すると、status プロパティは "lost" または "winning" に切り替わります。

これもまた、永続的なデータ構造です。ゲームの状態を更新すると、新しい状態が作成され、古い状態はそのまま残ります。

アクター

actor オブジェクトは、ゲーム内の特定の移動要素の現在の位置と状態を表します。すべての actor オブジェクトは、同じインターフェイスに準拠しています。pos プロパティには要素の左上隅の座標が、size プロパティにはそのサイズが入ります。

また、アクターには update メソッドがあり、これを使って、一定時間のステップ後における新しい状態と位置を計算します。これはアクターが行うことをシミュレートし、新しく更新された actor オブジェクトを返します。それにより、プレイヤーは矢印キーに反応して動き、溶岩は前後に跳ねるのです。

type プロパティには、"player"、"coin"、"lava" など、アクターのタイプを示す文字列が含まれています。これは、ゲームを描画する際に役立ちます。アクターのために描画される四角形の外観は、そのタイプに基づいています。

actor クラスには静的な create メソッドがあり、Level コンストラクタが level plan 内のキャラクターからアクターを作成する際に使用されます。このメソッドにはキャラクターの座標とキャラクター自体が与えられますが、これは Lava クラスが複数の異なるキャラクターを扱うために必要となります。

これは Vec クラスで、アクターの位置や大きさなどの 2 次元の値に使用します。

```
class Vec {
  constructor(x, y) {
    this.x = x; this.y = y;
  }
  plus(other) {
    return new Vec(this.x + other.x, this.y + other.y);
  }
  times(factor) {
    return new Vec(this.x * factor, this.y * factor);
  }
}
```

times メソッドは、ベクトルを指定した数値でスケーリングします。速度のベクトルに時間間隔をかけて、その間に移動した距離を求める必要があるときに便利です。

様々なタイプのアクターは、その動作がかなり異なるため、独自のクラスを持っています。これらのクラスを定義しましょう。この update メソッドについては後で説明します。

Player クラスのプロパティ speed には、運動量と重力をシミュレートするための現在の速度が格納されています。

```
class Player {
  constructor(pos, speed) {
    this.pos = pos;
    this.speed = speed;
  }

  get type() { return "player"; }

  static create(pos) {
    return new Player(pos.plus(new Vec(0, -0.5)),
                      new Vec(0, 0));
  }
}

Player.prototype.size = new Vec(0.8, 1.5);
```

プレーヤーの高さは 1.5 マスなので、初期位置は @ の文字が出てきた位置の半マス上に設定されています。これにより、プレーヤーの底面は、プレーヤーが出現したマスの底面と一致するのです。

size プロパティは、Player のすべてのインスタンスに共通なので、インスタンスではなくプロトタイプに格納しています。getter のような型を使うこともできますが、そうすると、プロパティを読み込むたびに新しい Vec オブジェクトを生成して返すことになり、無駄が生じます（文字列は不変なので、評価されるたびに再作成する必要はありません）。

Lava アクターを構築する際には、ベースとなるキャラクターに応じて異なる方法でオブジェクトを初期化する必要があります。動的な溶岩は、障害物にぶつかるまで現在の速度で移動します。その時点で、reset プロパティがあれば、開始位置にジャンプして戻ります（滴り落ちる）。リセットされない場合は、速度を反転させて反対方向に進みます（バウンシング）。

create メソッドは、Level コンストラクタが渡したキャラクターを見て、適切な Lava アクターを作成します。

```
class Lava {
  constructor(pos, speed, reset) {
    this.pos = pos;
    this.speed = speed;
```

```
    this.reset = reset;
  }

  get type() { return "lava"; }

  static create(pos, ch) {
    if (ch == "=") {
      return new Lava(pos, new Vec(2, 0));
    } else if (ch == "|") {
      return new Lava(pos, new Vec(0, 2));
    } else if (ch == "v") {
      return new Lava(pos, new Vec(0, 3), pos);
    }
  }
}

Lava.prototype.size = new Vec(1, 1);
```


Coin アクターは比較的シンプルです。ほとんどがただ座っているだけです。しかし、ゲームを少し盛り上げるために、コインには "wobble" と呼ばれるわずかな垂直方向の往復運動が与えられます。この動きを追跡するために、Coin オブジェクトには、基本位置と、跳ね返りの位相を追跡する wobble プロパティが格納されています。これらを合わせて、コインの実際の位置を決定するのです（pos プロパティに格納）。

```
class Coin {
  constructor(pos, basePos, wobble) {
    this.pos = pos;
    this.basePos = basePos;
    this.wobble = wobble;
  }

  get type() { return "coin"; }

  static create(pos) {
    let basePos = pos.plus(new Vec(0.2, 0.1));
    return new Coin(basePos, basePos,
                    Math.random() * Math.PI * 2);
  }
}

Coin.prototype.size = new Vec(0.6, 0.6);
```

14章の「位置決めとアニメーション」では、Math.sinが円上の点のy座標を与えることを説明しました。この座標は、円に沿って移動すると滑らかな波状に前後するので、正弦関数は波状の動きをモデル化するのに役立ちます。

すべてのコインが同期して上下に動くような状況を避けるため、各コインの開始位相をランダムにしています。Math.sinの波の位相、つまり生成される波の幅は2πです。Math .randomが返す値にこの数値を掛けて、コインの波の開始位置をランダムにします。

これで、プランのキャラクターを背景のgridタイプやactorクラスにマッピングするlevelCharsオブジェクトを定義することができます。

```
const levelChars = {
  ".": "empty", "#": "wall", "+": "lava",
  "@": Player, "o": Coin,
  "=": Lava, "|": Lava, "v": Lava
};
```

これで、Levelインスタンスを作成するのに必要なパーツが揃いました。

```
let simpleLevel = new Level(simpleLevelPlan);
console.log(`${simpleLevel.width} by ${simpleLevel.height}`);
// → 22 by 9
```

今後の課題は、そうしたlevelを画面上に表示し、その中で時間や動きをモデル化することです。

負担となるカプセル化

この章で紹介するコードのほとんどは、2つの理由からカプセル化をあまり気にしていません。まず、カプセル化には余分な手間がかかります。プログラムが大きくなり、新たな概念やインターフェイスを導入しなければなりません。読者の目が曇る前に提供できるコードの量は限られているので、プログラムを小さくする努力をしているのです。

2つ目は、このゲームでは様々な要素が密接に結びついているため、どれか1つの動作が変わったとしても、他の要素が同じ状態を維持できる可能性は低いことです。要素間のインターフェイスには、ゲームの動作に関する多くの前提条件が含まれてしまいます。システムのある部分を変更しても、他の部分への影響を気にしなければなりません。なぜなら、インターフェイスが新しい状況をカバーできないからです。

システムの「境界点」には、厳密なインターフェイスによる分離に適したものと、そうでないものがあります。適切な境界ではないものをカプセル化しようとすると、多くのエネルギーを無駄にすることになります。このような間違いを犯すと、インターフェイスが厄介なほど大きく詳細になり、プログラムの進化に合わせて頻繁に変更しなければならないことに気づくでしょう。

ただ、1つだけカプセル化するものがあります。それは描画のサブシステムです。これは、次の章で同じゲームを別の方法で表示するためです。描画をインターフェイスの背後に置くことで、同じゲームプログラムをそこに読み込み、新しいdisplayモジュールを接続できるのです。

描画

描画コードのカプセル化は、与えられたレベルと状態を表示するdisplayオブジェクトを定義することで行われます。この章で定義するdisplayタイプは、DOM要素を使ってレベルを表示することからDOMDisplayと呼ばれています。

スタイルシートを使って、ゲームを構成する要素の実際の色やその他の固定プロパティを設定しましょう。要素を作成する際に直接styleプロパティに割り当てることもできますが、そうするとより冗長なプログラムになってしまいます。

次のヘルパー関数は、要素を作成し、その要素に属性や子ノードを与える簡潔な方法を提供します。

```
function elt(name, attrs, ...children) {
  let dom = document.createElement(name);
  for (let attr of Object.keys(attrs)) {
    dom.setAttribute(attr, attrs[attr]);
  }
  for (let child of children) {
    dom.appendChild(child);
  }
  return dom;
}
```

displayは、自身を付加すべき親要素と、levelオブジェクトを与えることで作成されます。

```
class DOMDisplay {
  constructor(parent, level) {
    this.dom = elt("div", {class: "game"}, drawGrid(level));
    this.actorLayer = null;
    parent.appendChild(this.dom);
  }

  clear() { this.dom.remove(); }
}
```

レベルの背景グリッドは変更されることなく、一度だけ描画されます。アクターは、displayが所定の状態に更新されるたびに再描画されます。actorLayerプロパティは、アクターを保持する要素を追跡するために使用され、簡単に削除したり交換したりすることができます。

座標やサイズはグリッド単位で管理され、サイズや距離が1の場合は1グリッドブロックを意味します。ピクセルサイズを設定する際には、この座標をスケールアップする必要があります。1マスに1ピクセルでは、ゲーム内のすべてのものがとんでもなく小さくなってしまうからです。scale定数は、1つのユニットが画面上に占めるピクセル数を示します。

```
const scale = 20;

function drawGrid(level) {
  return elt("table", {
    class: "background",
    style: `width: ${level.width * scale}px`
  }, ...level.rows.map(row =>
    elt("tr", {style: `height: ${scale}px`},
        ...row.map(type => elt("td", {class: type})))
  ));
}
```

前述の通り、背景は<table>要素として描かれています。これは、レベルのrowsプロパティの構造にうまく対応しており、グリッドの各行はテーブルの行（<tr>要素）になっています。グリッド内の文字列はテーブルセル（<td>）要素のクラス名として使用されます。spread（トリプルドット）演算子は、子ノードの配列を別の引数としてeltに渡すために使われます。

以下のCSSで、テーブルを思い通りの背景にしています。

```
.background    { background: rgb(52, 166, 251);
                 table-layout: fixed;
                 border-spacing: 0;              }
.background td { padding: 0;                     }
.lava          { background: rgb(255, 100, 100); }
.wall          { background: white;              }
```

これらのうちのいくつか（table-layout、border-spacing、padding）は、望ましくないデフォルトアクションを抑制します。テーブルのレイアウトがセルの内容に依存したり、テーブルのセル間にスペースがあったり、セル内にパディングがあったりしてはいけません。

backgroundルールでは、背景色を設定します。CSSでは、色を単語（白）で指定する方法と、rgb(R, G, B)のように、色の赤、緑、青を0から255までの3つの数値に分けて指定する方法があります。つまり、rgb(52, 166, 251)では、赤の成分が52、緑が166、青が251となります。青の成分が一番大きいので、できあがった色は青っぽくなります。.lava ルールでは、最初の数字（赤）が最大であることがわかります。

各アクターを描画するには、アクター用の DOM 要素を作成し、その要素の位置とサイズをアクターのプロパティに基づいて設定します。ゲーム単位からピクセルにするには、値にスケールをかけなければなりません。

```
function drawActors(actors) {
  return elt("div", {}, ...actors.map(actor => {
    let rect = elt("div", {class: `actor ${actor.type}`});
    rect.style.width = `${actor.size.x * scale}px`;
    rect.style.height = `${actor.size.y * scale}px`;
    rect.style.left = `${actor.pos.x * scale}px`;
    rect.style.top = `${actor.pos.y * scale}px`;
    return rect;
  }));
}
```

1つの要素に複数のクラスを与えるには、クラス名をスペースで区切ります。次に示す CSS コードでは、actor クラスがアクターの絶対位置を与えています。このタイプ名は、色を与えるための追加のクラスとして使用されています。lava クラスは、先に定義した lava グリッドの正方形のためのクラスを再利用しているので、再定義する必要はありません。

```
.actor { position: absolute;            }
.coin { background: rgb(241, 229, 89); }
.player { background: rgb(64, 64, 64); }
```

syncState メソッドは、ディスプレイに特定の状態を表示させるために使用されます。まず、古いアクターのグラフィックがあればそれを削除し、その後、アクターを新しい位置に再描画します。アクター用の DOM 要素を再利用したいと思うかもしれませんが、それを実現するには、アクターと DOM 要素を関連付け、アクターが消えたときに要素を削除するようにするための多くの追加処理が必要になります。通常、ゲーム内のアクターの数はわずかなので、すべてのアクターを再描画するのは手間ではありません。

```
DOMDisplay.prototype.syncState = function(state) {
  if (this.actorLayer) this.actorLayer.remove();
  this.actorLayer = drawActors(state.actors);
  this.dom.appendChild(this.actorLayer);
  this.dom.className = `game ${state.status}`;
```

```
  this.scrollPlayerIntoView(state);
};
```

レベルの現在の状態をクラス名としてラッパーに追加することで、ゲームに勝ったときと負けたときでプレーヤーのアクターのスタイルを少しずつ変えていくことができます。

```
.lost .player {
  background: rgb(160, 64, 64);
}
.won .player {
  box-shadow: -4px -7px 8px white, 4px -7px 8px white;
}
```

溶岩に触れた後、プレイヤーの色は暗赤色に変わり、焦げているように見えるでしょう。最後のコインを回収したときには、左上と右上にぼかした白い影を2つ入れて、白いハロー効果を出しています。

levelがつねに「ビューポート（ゲームを描画する要素）」に収まっているとは限りません。そのため、scrollPlayerIntoViewの呼び出しが必要になります。levelがビューポートからはみ出している場合は、ビューポートをスクロールして、プレイヤーがビューポートの中心に来るようにします。次のCSSでは、ゲームのラッピングDOM要素に最大サイズを与え、要素のボックスからはみ出したものは見えないようにしています。また、DOM要素に相対的な位置を与えることで、DOM要素内のアクターがレベルの左上隅に相対的に配置されるようにしています。

```
.game {
  overflow: hidden;
  max-width: 600px;
  max-height: 450px;
  position: relative;
}
```

scrollPlayerIntoViewメソッドでは、プレイヤーの位置を確認し、ラッピング要素のスクロール位置を更新しています。プレイヤーが端に近づきすぎた場合は、要素のscrollLeftプロパティとscrollTopプロパティを操作してスクロール位置を変更します。

```
DOMDisplay.prototype.scrollPlayerIntoView = function(state) {
  let width = this.dom.clientWidth;
  let height = this.dom.clientHeight;
  let margin = width / 3;
```

```
  // The viewport
  let left = this.dom.scrollLeft, right = left + width;
  let top = this.dom.scrollTop, bottom = top + height;

  let player = state.player;
  let center = player.pos.plus(player.size.times(0.5))
                         .times(scale);

  if (center.x < left + margin) {
    this.dom.scrollLeft = center.x - margin;
  } else if (center.x > right - margin) {
    this.dom.scrollLeft = center.x + margin - width;
  }
  if (center.y < top + margin) {
    this.dom.scrollTop = center.y - margin;
  } else if (center.y > bottom - margin) {
    this.dom.scrollTop = center.y + margin - height;
  }
};
```

プレイヤーの中心を求める方法は、Vec 型のメソッドを使用することで、オブジェクトを使った計算を比較的読みやすい方法で記述できることを示しています。アクターの中心を求めるには、アクターの位置（左上隅）とサイズの半分を加えます。これはレベル座標での中心ですが、ピクセル座標での中心が必要なので、結果のベクトルに display のスケールを掛けます。

次に、プレイヤーの位置が許容範囲を超えていないかを一連のチェックで確認します。ときには、無意味なスクロール座標がゼロ以下に設定されたり、要素のスクロール可能領域を超えたりすることがあるので注意してください。これは問題ありません。DOM が許容範囲内の値に拘束しています。scrollLeft を -10 に設定すると、0 になるでしょう。

プレイヤーをつねにビューポートの中央にスクロールさせようとする方が、若干シンプルになります。しかし、これはかなり不自然な効果をもたらします。ジャンプしている間、ビューがつねに上下に移動するのです。スクロールを起こさずに動き回れる「ニュートラル」な領域が画面中央にある方が快適です。

これで、小さなレベルを表示できるようになりました。

```
<link rel="stylesheet" href="css/game.css">

<script>
  let simpleLevel = new Level(simpleLevelPlan);
  let display = new DOMDisplay(document.body, simpleLevel);
  display.syncState(State.start(simpleLevel));
</script>
```

<link> タグに rel="stylesheet" を付けて使用すると、CSS ファイルをページに読み込むことができます。game.css というファイルには、ゲームに必要なスタイルが含まれています。

モーションとコリジョン

さて、いよいよゲームの醍醐味であるモーションを追加していきます。この種のゲームの多くが採用している基本的なアプローチは、時間を小さなステップに分割し、各ステップごとに、アクターの速度に時間ステップのサイズを乗じた距離だけアクターを移動させるというものです。ここでは時間を秒単位で計測するので、速度は1秒あたりの単位で表されます。

物を動かすのは簡単です。難しいのは、要素間の相互作用を扱うことです。プレイヤーが壁や床にぶつかっても、ただ通り抜けるだけではいけません。ある動きによって、ある物体が他の物体にぶつかったことをゲームが認識し、それに応じた対応をしなければなりません。壁の場合は、動きを止める必要があります。コインに当たった場合は、コインを回収しなければなりません。溶岩にぶつかったら、ゲームを終了しなければなりません。

この問題を一般的なケースとして解決するのは大変な作業です。そこで、「物理エンジン」と呼ばれる、2次元または3次元の物理オブジェクト間の相互作用をシミュレートするライブラリが使えるでしょう。この章では、より控えめなアプローチで、四角形のオブジェクト間の衝突のみを扱い、かなり単純なやり方で処理します。

プレイヤーや溶岩のブロックを動かす前に、その動きが壁の内側に入ってしまうかをテストします。壁の内側に入ってしまう場合は、単純にその動きをキャンセルします。衝突した場合の反応は、アクターの種類によって異なります。プレイヤーは停止しますが、溶岩ブロックは跳ね返るのです。

この方法では、オブジェクトが実際に接触する前にモーションを停止させるため、時間ステップをかなり小さくする必要があります。時間ステップ（つまりモーションステップ）が大きすぎると、プレイヤーは地面からかなり離れたところでホバリングしてしまうからです。もう1つの方法は、より良い方法ではありますが、より複雑です。正確な衝突点を見つけてそこに移動するのです。ここでは、シンプルな方法を採用し、アニメーションを小さなステップで進行させることで、問題を隠します。

このメソッドは、（位置とサイズで指定された）四角形が、指定されたタイプのグリッド要素に接触しているかを教えてくれます。

```
Level.prototype.touches = function(pos, size, type) {
  var xStart = Math.floor(pos.x);
  var xEnd = Math.ceil(pos.x + size.x);
  var yStart = Math.floor(pos.y);
  var yEnd = Math.ceil(pos.y + size.y);

  for (var y = yStart; y < yEnd; y++) {
    for (var x = xStart; x < xEnd; x++) {
      let isOutside = x < 0 || x >= this.width ||
                      y < 0 || y >= this.height;
      let here = isOutside ? "wall" : this.rows[y][x];
      if (here == type) return true;
    }
  }
  return false;
};
```


このメソッドでは、ボディの座標に Math.floor と Math.ceil を使って、ボディが重なるグリッドマスのセットを計算します。グリッドマスの大きさは 1 × 1 ユニットであることを覚えておいてください。箱の辺を上下に丸めることで、箱が接する背景の正方形の範囲が得られます。

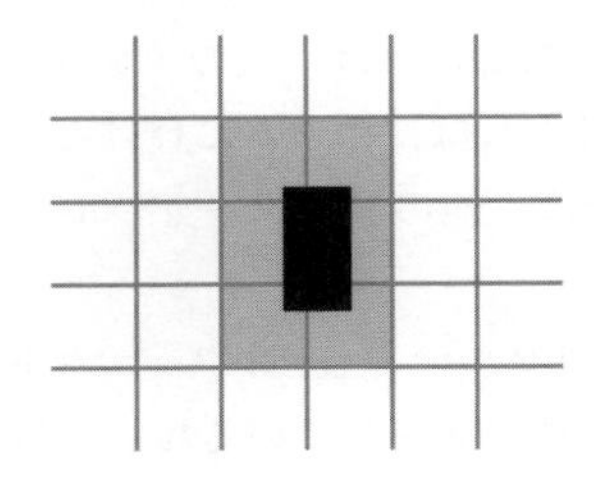

座標を丸めて見つかったグリッドの正方形のブロックをループし、一致する正方形が見つかったら true を返します。レベルの外側にあるマスはつねに "wall" として扱われ、プレイヤーが世界から出られないようにし、誤って行配列の境界の外側を読み取らないようにしています。

状態 update メソッドでは、touches を使ってプレイヤーが溶岩に触れているかを把握しています。

```
State.prototype.update = function(time, keys) {
  let actors = this.actors
    .map(actor => actor.update(time, this, keys));
```

```
  let newState = new State(this.level, actors, this.status);

  if (newState.status != "playing") return newState;

  let player = newState.player;
  if (this.level.touches(player.pos, player.size, "lava")) {
    return new State(this.level, actors, "lost");
  }

  for (let actor of actors) {
    if (actor != player && overlap(actor, player)) {
      newState = actor.collide(newState);
    }
  }
  return newState;
};
```

このメソッドには、time step と、どのキーが押されているかを示すデータ構造が渡されます。まず最初に、すべてのアクターの update メソッドが呼び出され、更新されたアクターの配列が生成されます。アクターも time step、key、state を取得して、それらに基づいて更新します。キーボードで操作されるアクターはプレイヤーだけなので、プレイヤーだけが実際に key を読み込みます。

ゲームがすでに終了している場合は、それ以上の処理は必要ありません（ゲームに負けた後にゲームに勝つことはできませんし、その逆もまた然りです)。そうでなければ、このメソッドはプレイヤーが背景の溶岩に触れているかをテストします。そうであれば、ゲームに負けたことになり、終了します。最後に、本当にゲームが続いている場合は、他のアクターがプレイヤーに重なっていないかを確認します。

アクター同士の重なりは overlap 関数で検出します。overlap 関数は 2 つの actor オブジェクトを受け取り、それらが X 軸と Y 軸の両方に重なっている場合、つまり接触している場合には true を返します。

```
function overlap(actor1, actor2) {
  return actor1.pos.x + actor1.size.x > actor2.pos.x &&
         actor1.pos.x < actor2.pos.x + actor2.size.x &&
         actor1.pos.y + actor1.size.y > actor2.pos.y &&
         actor1.pos.y < actor2.pos.y + actor2.size.y;
}
```

いずれかのアクターが重なった場合、その collide メソッドが状態を更新する機会を得ます。溶岩のアクターに触れると、ゲームステータスが "lost" に設定されます。コインはタッチすると消え、レベルの最後のコインになるとステータスが"winning"になります。

```
Lava.prototype.collide = function(state) {
  return new State(state.level, state.actors, "lost");
};

Coin.prototype.collide = function(state) {
  let filtered = state.actors.filter(a => a != this);
  let status = state.status;
  if (!filtered.some(a => a.type == "coin")) status = "won";
  return new State(state.level, filtered, status);
};
```

アクターの更新

actorオブジェクトのupdateメソッドは、time step、stateオブジェクト、keysオブジェクトを引数として取ります。Lavaアクタータイプ用のメソッドはkeysオブジェクトを無視します。

```
Lava.prototype.update = function(time, state) {
  let newPos = this.pos.plus(this.speed.times(time));
  if (!state.level.touches(newPos, this.size, "wall")) {
    return new Lava(newPos, this.speed, this.reset);
  } else if (this.reset) {
    return new Lava(this.reset, this.speed, this.reset);
  } else {
    return new Lava(this.pos, this.speed.times(-1));
  }
};
```

このupdateメソッドでは、古い位置にtime stepと現在の速度の積を加えることにより、新しい位置を計算します。その新しい位置に障害物がなければ、そこへ移動します。障害物がある場合は、溶岩ブロックの種類によって動作が異なります。滴り落ちる溶岩はリセットされた位置を持ち、何かにぶつかるとそこにジャンプして戻ります。跳ねる溶岩は、速度に-1をかけて速度を反転させ、逆方向に動き始めます。

コインはそのupdateメソッドを使って、わずかに往復運動します。コインは自分のマスの中で動いているだけなので、グリッドとの衝突は無視されます。

```
const wobbleSpeed = 8, wobbleDist = 0.07;
```

```
Coin.prototype.update = function(time) {
  let wobble = this.wobble + time * wobbleSpeed;
  let wobblePos = Math.sin(wobble) * wobbleDist;
  return new Coin(this.basePos.plus(new Vec(0, wobblePos)),
                  this.basePos, wobble);
};
```

wobbleプロパティを増やして時間を追跡し、Math.sinの引数として使用することで波上の新しい位置を求めます。コインの現在の位置は、その基本的な位置と、この波に基づく差引から計算されるのです。

残るはプレイヤー本体です。プレイヤーの動きは軸ごとに別々に処理されます。床にぶつかっても水平方向の動きが妨げられることはありませんし、壁にぶつかっても落下やジャンプの動きが妨げられることもありません。

```
const playerXSpeed = 7;
const gravity = 30;
const jumpSpeed = 17;

Player.prototype.update = function(time, state, keys) {
  let xSpeed = 0;
  if (keys.ArrowLeft) xSpeed -= playerXSpeed;
  if (keys.ArrowRight) xSpeed += playerXSpeed;
  let pos = this.pos;
  let movedX = pos.plus(new Vec(xSpeed * time, 0));
  if (!state.level.touches(movedX, this.size, "wall")) {
    pos = movedX;
  }

  let ySpeed = this.speed.y + time * gravity;
  let movedY = pos.plus(new Vec(0, ySpeed * time));
  if (!state.level.touches(movedY, this.size, "wall")) {
    pos = movedY;
  } else if (keys.ArrowUp && ySpeed > 0) {
    ySpeed = -jumpSpeed;
  } else {
    ySpeed = 0;
  }
  return new Player(pos, new Vec(xSpeed, ySpeed));
};
```

水平方向の動きは、左右の矢印キーの状態に基づいて計算されます。この動きで作られた新しい位置を遮る壁がない場合は、その位置が使われます。それ以外の場合は、古い位置が維持されます。

垂直方向の動きも同様ですが、ジャンプと重力をシミュレーションする必要があります。プレイヤーの垂直方向のスピード（ySpeed）は、まず重力を考慮して加速されます。

そのうえで、再び壁をチェックします。壁に当たっていなければ、新しい位置が使われます。壁があった場合は、2つの可能性があります。上矢印が押され、下に移動しているとき（つまり、ぶつかったものが下にあるとき）、速度は比較的大きなマイナスの値に設定されます。これにより、プレイヤーはジャンプすることになります。そうでない場合は、プレイヤーは単に何かにぶつかっただけで、スピードはゼロに設定されます。

重力の強さやジャンプの速度など、このゲームの定数のほとんどは、試行錯誤して設定しています。気に入った組み合わせが見つかるまで、値を試したのです。

トラッキングキー

このようなゲームでは、1回のキー操作で効果が得られるようにはしません。むしろ、キーを押している間は、その効果（プレイヤーのフィギュアを動かすこと）が持続するようにしたいのです。

そこで、左、右、上矢印キーの現在の状態を保存するkeyハンドラを設定する必要があります。また、これらのキーに対してpreventDefaultを呼び出し、ページをスクロールさせないようにしたいと思います。

次の関数は、キーの名前の配列を与えると、それらのキーの現在位置を追跡するオブジェクトを返します。この関数は、keydownイベントとkeyupイベントのイベントハンドラを登録し、イベントに含まれるkeyコードが、追跡しているコードのセットに含まれている場合、オブジェクトを更新します。

```
function trackKeys(keys) {
  let down = Object.create(null);
  function track(event) {
    if (keys.includes(event.key)) {
      down[event.key] = event.type == "keydown";
      event.preventDefault();
    }
  }
  window.addEventListener("keydown", track);
  window.addEventListener("keyup", track);
  return down;
}

const arrowKeys =
  trackKeys(["ArrowLeft", "ArrowRight", "ArrowUp"]);
```

どちらのイベントタイプにも同じハンドラ関数が使用されます。イベントオブジェクトのtypeプロパティを見て、キーの状態をtrue（"keydown"）とfalse（"keyup"）のどちらに更新すべきかを判断します。

ゲームの実行

14章で紹介したrequestAnimationFrame関数は、ゲームをアニメーション化するのに適した方法です。しかし、この関数のインターフェイスは非常にシンプルで、前回関数が呼ばれた時間を追跡し、フレームごとにrequestAnimationFrameを再度呼び出す必要があります。

これらの退屈な部分を便利なインターフェイスにまとめたヘルパー関数を定義しましょう。このヘルパー関数は、単純にrunAnimationを呼び出し、時間差を引数として受け取り、1つのフレームを描画します。その上で、frame関数がfalseという値を返すと、アニメーションは停止します。

```
function runAnimation(frameFunc) {
  let lastTime = null;
  function frame(time) {
    if (lastTime != null) {
      let timeStep = Math.min(time - lastTime, 100) / 1000;
      if (frameFunc(timeStep) === false) return;
    }
    lastTime = time;
    requestAnimationFrame(frame);
  }
  requestAnimationFrame(frame);
}
```

ここでは、最大フレームステップを100ミリ秒（10分の1秒）に設定しています。ページが表示されているブラウザのタブやウィンドウが隠されると、タブやウィンドウが再び表示されるまでrequestAnimationFrameの呼び出しは中断されます。この場合、lastTimeとtimeの差は、ページが隠されていた時間となります。これだけの時間を一度に進めると、見た目が悪くなり、プレイヤーが床から落ちるといった、奇妙なサイドエフェクトが発生する可能性もあります。

また、この関数は時間ステップを秒に変換します。秒はミリ秒よりも簡単に考えられる量だからです。

runLevel関数はLevelオブジェクトとdisplayコンストラクタを受け取り、promiseを返します。この関数はレベルを（document.bodyに）表示し、ユーザーにプレイさせます。levelが終了すると（負けても勝っても）、runLevelは（ユーザーに何が起こっているかを見せるために）もう1秒待ってから、displayをクリアし、アニメーションを停止し、ゲームの終了ステータスに向けてpromiseを解決します。

```
function runLevel(level, Display) {
  let display = new Display(document.body, level);
  let state = State.start(level);
  let ending = 1;
  return new Promise(resolve => {
    runAnimation(time => {
      state = state.update(time, arrowKeys);
      display.syncState(state);
      if (state.status == "playing") {
        return true;
      } else if (ending > 0) {
        ending -= time;
        return true;
      } else {
        display.clear();
        resolve(state.status);
        return false;
      }
    });
  });
}
```

ゲームは、一連の level で構成されています。プレイヤーが死亡するたびに、現在の level が再開されます。ある level が完了すると、次の level に進みます。これは次のような関数で表現できるでしょう。関数は level plan（文字列）の配列と display のコンストラクタを受け取るのです。

```
async function runGame(plans, Display) {
  for (let level = 0; level < plans.length;) {
    let status = await runLevel(new Level(plans[level]),
                                Display);
    if (status == "won") level++;
  }
  console.log("You've won!");
}
```

runLevel が promise を返すようにしたので、11 章で示したように、runGame は非同期関数を使って書くことができます。この関数は別の promise を返し、プレイヤーがゲームを終了したときに解決します。

本章のサンドボックス（https://eloquentjavascript.net/code#16）の GAME_LEVELS バインディングには、level plan のセットが用意されています。以下のページでは、それらを

runGame に送り、実際にゲームを開始します。

```
<link rel="stylesheet" href="css/game.css">

<body>
  <script>
    runGame(GAME_LEVELS, DOMDisplay);
  </script>
</body>
```

練習問題

ゲームオーバー

プラットフォームゲームでは、プレイヤーは限られたライフでスタートし、死ぬたびにライフが 1 つ減るのが伝統です。ライフがなくなると、ゲームは最初から再開されます。

runGame を調整して、ライフを実装しましょう。プレイヤーは 3 人でスタートします。レベルが始まるたびに、現在のライフの数を（console.log を使って）出力します。

ゲームの一時停止

Esc キーを押すことで、ゲームの一時停止（サスペンド）と一時停止解除ができるようにしましょう。

これは、runLevel 関数を別の keyboard イベントハンドラを使用するように変更し、Esc キーが押されるたびにアニメーションを中断または再開することで実現できます。

runAnimation インターフェイスは一見するとこのような機能に適していないように見えますが、runLevel の呼び出し方を変更すれば可能です。

この機能が動作したら、他にも試してみたいことがあります。これまでの keyboard イベントハンドラの登録方法には、少々問題があります。arrow オブジェクトは現在グローバルバインディングであり、そのイベントハンドラはゲームが実行されていなくても保持されています。システムから漏れているとも言えるでしょゆ。trackKeys を拡張して、ハンドラの登録を解除する方法を提供し、runLevel を変更して、開始時にハンドラを登録し、終了時に再び登録を解除するようにします。

モンスター

プラットフォームゲームでは、ジャンプして倒すことができる敵がいるのが伝統です。ここでは、そのようなアクタータイプをゲームに追加してもらいます。

これをモンスターと呼びましょう。モンスターは水平方向にしか動きません。プレイヤーの方向に移動したり、水平方向の溶岩のように跳ね返ったり、好きな動きのパターンを作ることができます。そのクラスは、落下の処理をする必要はありませんが、モンスターが壁を通らないようにする必要はあるでしょう。

モンスターがプレイヤーに触れたときの効果は、プレイヤーがモンスターの上に飛び乗っているかで決まります。プレイヤーの下半身がモンスターの上半身の近くにあるかをチェックすることで、おおよその効果が得られます。もしそうであれば、モンスターは消えます。そうでなければ、ゲームに負けるのです。

"描くことは欺くことです"

— M.C. エッシャー
「ブルーノ・エルンストが
『M.C. エッシャーの魔法の鏡』で引用」

Chapter 17 canvasによる描画

ブラウザにはグラフィックを表示する方法がいくつかあります。最も簡単な方法は、スタイルを使ってDOM要素の位置や色を決めることです。前章のゲームが示すように、これでかなりのことができるでしょう。ノードに部分的に透明な背景画像を追加することで、思い通りの表示にすることもできます。

transformスタイルでノードを回転させたり、歪ませたりすることもできるでしょう。

しかし、私たちはDOMを本来の目的ではないことに使っていることになります。たとえば、任意の点の間に線を引くような作業は、通常のHTML要素では非常にやりづらいのです。

代替案は2つあります。1つ目はDOMベースですが、HTMLではなくScalable Vector Graphics（SVG）を利用します。SVGは、テキストではなく図形に焦点を当てたドキュメント・マークアップ言語（方言）と考えればいいでしょう。SVGドキュメントは、HTMLドキュメントの中に直接埋め込むことも、<img>タグで含めることもできます。

もう1つの方法は、canvasと呼ばれるものです。canvasとは、画像をカプセル化した1つのDOM要素であり、ノードが占める空間に図形を描くためのプログラミングインターフェイスを提供します。canvasとSVG画像の主な違いは、SVGでは図形の元の記述が保存されているため、いつでも移動やサイズ変更ができることです。一方、canvasは、図形が描かれるとすぐにピクセル（ラスタ上の色のついた点）に変換され、そのピクセルが何を表しているかは記憶されません。canvas上の図形を移動させるには、canvas（または図形を囲むcanvasの一部）を消去し、新しい位置に図形を置いて再描画するしかありません。

SVG

本書では、SVGの詳細については触れませんが、その仕組みを簡単に説明しておきましょう。本章の「グラフィックインターフェイスの選択」では、あるアプリケーションにどの描画機構が適しているのかを決定する際に考慮しなければならないトレードオフの話をします。

これは、単純なSVG画像が入ったHTMLドキュメントです。

```
<p>Normal HTML here.</p>
<svg xmlns="http://www.w3.org/2000/svg">
  <circle r="50" cx="50" cy="50" fill="red"/>
  <rect x="120" y="5" width="90" height="90"
```

```
            stroke="blue" fill="none"/>
</svg>
```

xmlns属性は、要素（およびその子要素）を異なるXML名前空間に変更します。この名前空間はURLによって識別され、現在話している方言を指定します。<circle>タグと<rect>タグはHTMLには存在しませんが、SVGでは意味を持ちます。すなわち、属性で指定されたスタイルと位置を使って図形を描くのです。

このドキュメントは以下のように表示されます。

Normal HTML here.

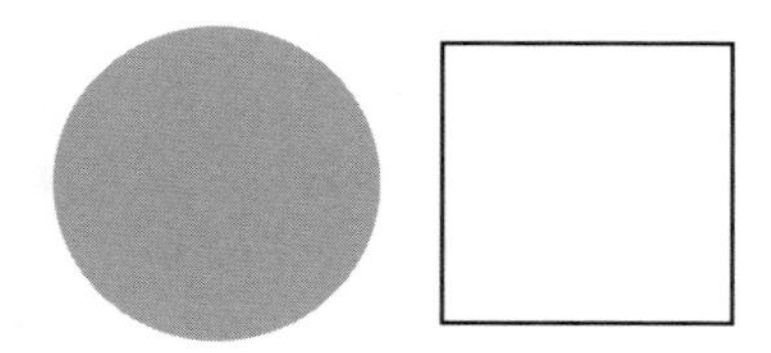

これらのタグは, HTMLタグのようにDOM要素を作成し、スクリプトがそれを操作できるようにします。たとえば、以下は<circle>要素をシアン色に変更します。

```
let circle = document.querySelector("circle");
circle.setAttribute("fill", "cyan");
```

canvas要素

canvasグラフィックは、<canvas>要素に描画できます。<canvas>要素にはwidth属性とheight属性があり、ピクセル単位でサイズを決められます。

新しいcanvasは空です。つまり、完全に透明なので、ドキュメント内では何もない空間として表示されます。

<canvas>タグは、様々なスタイルの描画を可能にすることを目的としています。実際の描画インターフェイスにアクセスするには、まずコンテキストを作成する必要があります。コンテキストは、描画インターフェイスを提供するメソッドを持つオブジェクトです。現在、広くサポートされている描画スタイルは2つあります。すなわち、2次元グラフィックスの「2D」と、OpenGLインターフェイスによる3次元グラフィックスの「WebGL」の2種類です。

本書では、WebGLについては触れません。しかし、3次元グラフィックスに興味をお持ちの方は、ぜひWebGLに注目してください。WebGLは、グラフィックスハードウェアへのダイレクトなインターフェイスを提供し、JavaScriptを使って複雑なシーンも効率的にレンダリングできます。

コンテキストを作成するには、<canvas> DOM 要素の getContext メソッドを使用します。

```
<p>Before canvas.</p>
<canvas width="120" height="60"></canvas>
<p>After canvas.</p>
<script>
  let canvas = document.querySelector("canvas");
  let context = canvas.getContext("2d");
  context.fillStyle = "red";
  context.fillRect(10, 10, 100, 50);
</script>
```

コンテキストオブジェクトを作成した後、この例では、左上の角を座標 (10,10) とする、幅 100 ピクセル、高さ 50 ピクセルの赤い長方形を描画しています。

Before canvas.

After canvas.

HTML（および SVG）と同様に、canvas が採用している座標系では、左上に（0,0）を置き、そこから正の Y 軸が下がっていきます。つまり、(10,10) は、左上の角から 10 ピクセル、下と右に位置します。

線と面

CANVAS インターフェイスでは、図形は塗りつぶすことができます。これは、その領域に特定の色やパターンが与えられることを意味し、ストロークすることもできます。これは、SVG でも同じ用語が使われています。

fillRect メソッドは四角形を塗りつぶします。四角形の左上隅の x 座標と y 座標をまず受け取り、次に幅と高さを指定します。同様のメソッドである strokeRect は、四角形の輪郭を描きます。

どちらのメソッドも追加のパラメータは受け取りません。塗りつぶしの色やストロークの太さなどは、（当然のことながら）メソッドの引数ではなく、コンテキストオブジェクトのプロパティによって決定されます。

fillStyle プロパティは、図形の塗りつぶし方法を制御します。このプロパティには、CSS で使用されている色の表記法を使用して、色を指定する文字列を設定できます。

```
<canvas></canvas>
<script>
  let cx = document.querySelector("canvas").getContext("2d");
  cx.strokeStyle = "blue";
  cx.strokeRect(5, 5, 50, 50);
  cx.lineWidth = 5;
  cx.strokeRect(135, 5, 50, 50);
</script>
```

このコードでは、2つの青い四角形を描き、2つ目の四角形には太い線を使用しています。

例のように width や height 属性が指定されていない場合、canvas 要素のデフォルトの幅は 300 ピクセル、高さは 150 ピクセルとなります。

パス

パスとは、線の配列です。2D canvas インターフェイスでは、このようなパスを記述するのに、独特のアプローチをとっています。これは完全にサイドエフェクトによって行われます。パスは、保存して渡すことのできる値ではありません。代わりに、パスで何かをしたい場合は、その形状を記述するために一連のメソッド呼び出しを行います。

```
<canvas></canvas>
<script>
  let cx = document.querySelector("canvas").getContext("2d");
  cx.beginPath();
  for (let y = 10; y < 100; y += 10) {
    cx.moveTo(10, y);
    cx.lineTo(90, y);
  }
  cx.stroke();
</script>
```

この例では、いくつかの水平線セグメントを持つパスを作成し、stroke メソッドを使って表示します。lineTo で作成された各セグメントは、パスの現在の位置から始まります。この位置は、moveTo が呼び出されていなければ、通常は最後のセグメントの終点です。その場合、次のセグメントは、moveTo に渡された位置から始まります。

このプログラムで記述したパスは次のようになります。

パスを塗りつぶすとき（fill メソッドを使用）、各 shape は別々に塗りつぶされます。パスには複数の shape を含めることができ、moveTo モーションごとに新しい shape が開始されます。しかし、塗りつぶす前に、パスが閉じている（始点と終点が同じ位置にある）必要があります。パスがまだ閉じていない場合は、パスの終端から始点まで線が追加され、完成したパスで囲まれた形状が塗りつぶされます。

```
<canvas></canvas>
<script>
  let cx = document.querySelector("canvas").getContext("2d");
  cx.beginPath();
  cx.moveTo(50, 10);
  cx.lineTo(10, 70);
  cx.lineTo(90, 70);
  cx.fill();
</script>
```

この例では、塗りつぶした三角形を描きます。三角形の辺のうち 2 つだけが明示的に描かれていることに注意してください。右下から上に戻る 3 つ目の辺は暗示的なもので、パスを表示したときには存在しません。

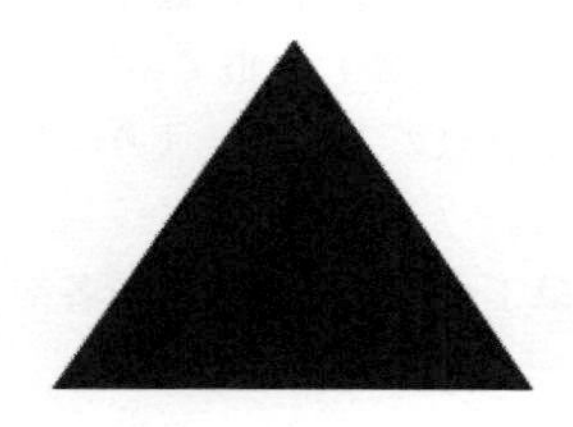

closePath メソッドを使って、パスの始点に実際の線分を追加することで、明示的にパスを閉じることもできます。この線分は、パスを表示したときに描画されます。

曲線

パスには曲線が含まれることがありますが、残念ながら描くのに少し手間がかかります。

quadraticCurveTo メソッドは、指定された点に曲線を描画します。線の曲率を決定するため、このメソッドには制御点と目的点が与えられます。この制御点が線を引き寄せ、曲線を与えると想像してみてください。線は制御点を通りませんが、始点と終点での方向は制御点を向くようになります。次の例で説明しましょう。

```
<canvas></canvas>
<script>
  let cx = document.querySelector("canvas").getContext("2d");
  cx.beginPath();
  cx.moveTo(10, 90);
  // control=(60,10) goal=(90,90)
  cx.quadraticCurveTo(60, 10, 90, 90);
  cx.lineTo(60, 10);
  cx.closePath();
  cx.stroke();
</script>
```

以下のようなパスが生成されます。

(60,10) を制御点として、左から右に向かって二次曲線を描き、その制御点を通り、線の始点に戻る 2 つの線分を描きます。この結果は、「スタートレック」のバッチ（記章）に似ています。制御点の効果を見ることができるでしょう。下の角から出た線は、制御点の方向に始まり、目標に向かってカーブしています。

bezierCurveTo メソッドも同じような曲線を描きますが、制御点は 1 つではなく、線の各端点に1つずつ、計2つあります。以下は、このような曲線の動作を説明するための似たような簡単なコードです。

```
<canvas></canvas>
<script>
  let cx = document.querySelector("canvas").getContext("2d");
  cx.beginPath();
  cx.moveTo(10, 90);
  // control1=(10,10) control2=(90,10) goal=(50,90)
  cx.bezierCurveTo(10, 10, 90, 10, 50, 90);
  cx.lineTo(90, 10);
  cx.lineTo(10, 10);
  cx.closePath();
  cx.stroke();
</script>
```

2つの制御点は、カーブの両端の方向を指定しています。2つの制御点が対応する点から離れているほど、曲線はその方向に「膨らむ」のです。

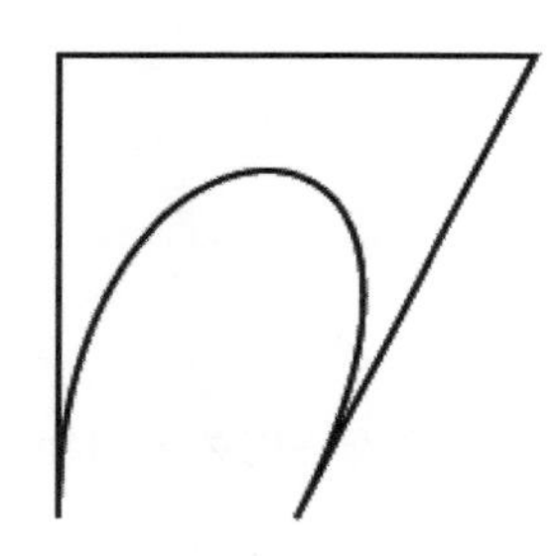

このような曲線は扱いが難しく、求めている形状を実現する制御点をどのように見つけたらよいのか、必ずしも明確ではありません。計算で求められることもあれば、試行錯誤して適切な値を見つけなければならないこともあります。

円弧法とは、円の縁に沿ってカーブする線を描く方法です。円弧の中心となる座標、半径、開始角度と終了角度を指定します。

最後の2つのパラメータは、円の一部だけを描画することを可能にします。角度の単位は度ではなくラジアンです。つまり、完全な円の角度は2π、つまり2 * Math.PIで、約6.28となります。角度は、円の中心から見て右側の点から数え始め、そこから時計回りに進みます。始点を0、終点を2πより大きい値(例えば7)にすることで、完全な円を描くことができます。

```
<canvas></canvas>
<script>
```

```
    let cx = document.querySelector("canvas").getContext("2d");
    cx.beginPath();
    // center=(50,50) radius=40 angle=0 to 7
    cx.arc(50, 50, 40, 0, 7);
    // center=(150,50) radius=40 angle=0 to π 1/2
    cx.arc(150, 50, 40, 0, 0.5 * Math.PI);
    cx.stroke();
  </script>
```

結果として、完全な円の右（arc への最初の呼び出し）から 1/4 円の右（2 番目の呼び出し）までの線が描かれます。他のパスを描く方法と同様に、arc で描いた線は前のパスセグメントに接続されます。これを避けるには、moveTo を呼び出すか、新しいパスを開始しましょう。

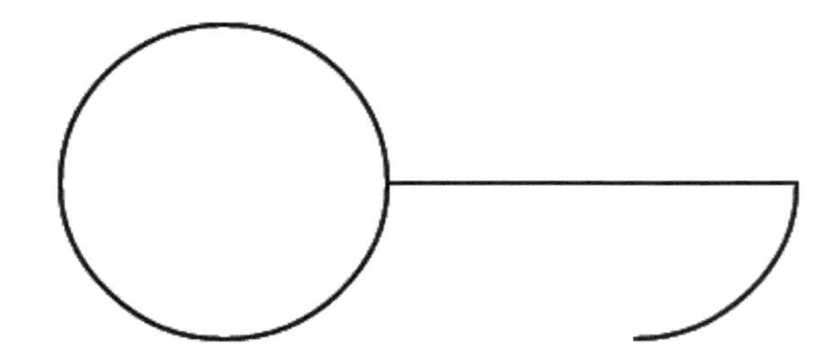

円グラフの描画

EconomiCorp, Inc. に就職したあなたの最初の仕事は、顧客満足度調査の結果を円グラフにすることだとします。

results バインディングには、アンケートの回答を表すオブジェクトの配列が含まれています。

```
const results = [
  {name: "Satisfied", count: 1043, color: "lightblue"},
  {name: "Neutral", count: 563, color: "lightgreen"},
  {name: "Unsatisfied", count: 510, color: "pink"},
  {name: "No comment", count: 175, color: "silver"}
];
```

円グラフを描くには、円弧とその円弧の中心に向かう一対の線で構成されたいくつかの（円グラフの）扇形を描きましょう。それぞれの円弧が占める角度は、全円（2 π）を回答の総数で割り、その数（回答ごとの角度）にある選択肢を選んだ人の数を掛けることで計算できます。

```
<canvas width="200" height="200"></canvas>
```

```
<script>
  let cx = document.querySelector("canvas").getContext("2d");
  let total = results
    .reduce((sum, {count}) => sum + count, 0);
  // Start at the top
  let currentAngle = -0.5 * Math.PI;
  for (let result of results) {
    let sliceAngle = (result.count / total) * 2 * Math.PI;
    cx.beginPath();
    // center=100,100, radius=100
    // from current angle, clockwise by slice's angle
    cx.arc(100, 100, 100,
           currentAngle, currentAngle + sliceAngle);
    currentAngle += sliceAngle;
    cx.lineTo(100, 100);
    cx.fillStyle = result.color;
    cx.fill();
  }
</script>
```

これにより、次のようなグラフが描かれます。

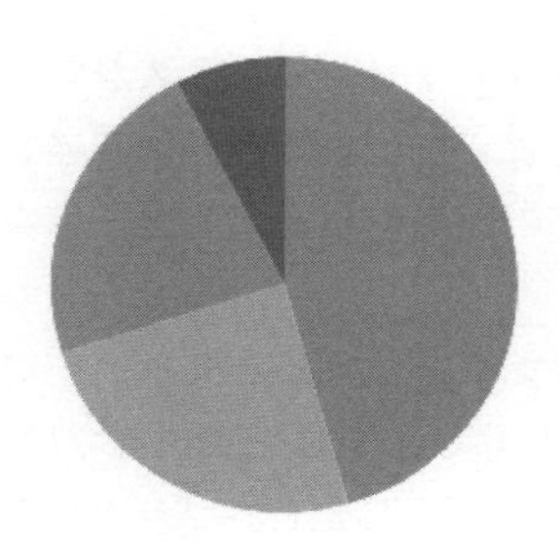

しかし、それぞれの扇形が意味するものがわからなければ、チャートはあまり役に立ちません。そのためには、canvas でテキストを描画する方法が必要になります。

テキスト

2D canvas の描画コンテキストには、fillText メソッドと strokeText メソッドがあります。後者は文字の輪郭を描くのに便利ですが、通常は fillText が必要となるものです。与えられたテキストの輪郭を、この fillStyle で塗りつぶします。

```
<canvas></canvas>
```

```
<script>
  let cx = document.querySelector("canvas").getContext("2d");
  cx.font = "28px Georgia";
  cx.fillStyle = "fuchsia";
  cx.fillText("I can draw text, too!", 10, 50);
</script>
```

テキストのサイズ、スタイル、フォントは、font プロパティで指定できます。この例では、フォントサイズとファミリー名を指定するだけです。また、文字列の先頭にイタリックやボールドを加えてスタイルを選択することも可能です。

fillText と strokeText の最後の 2 つの引数は、フォントが描画される位置を指定します。デフォルトでは、テキストのアルファベットベースラインの始点の位置を示しています。これは文字が「立っている」ラインで、j や p などの文字の中のぶら下がっている部分はカウントされません。水平方向の位置は、textAlign プロパティを "end" または "center" に設定することで変更でき、垂直方向の位置は、textBaseline を "top" または "middle" または "bottom" に設定することで変更できます。

円グラフの作成と、扇形のラベル付けの問題については、章末の演習で説明します。

画像

コンピュータ・グラフィックスでは、vector グラフィックスと bitmap グラフィックスが区別されます。vector グラフィックスは、本章でこれまで行ってきたように、図形を論理的に記述して画像を指定するものです。一方、bitmap グラフィックスは、実際の図形を指定するのではなく、ピクセルデータ（色のついたドットの羅列）を扱います。

drawImage メソッドでは、ピクセルデータを canvas で描画できます。このピクセルデータは、<img> 要素から取得することも、他の canvas から取得することもできます。次の例では、切り離された <img> 要素を作成し、そこに画像ファイルを読み込みます。しかし、ブラウザがまだ画像を読み込んでいない可能性があるため、すぐにこの画像から描画を開始することはできません。これに対処するために、"load" イベントハンドラを登録し、画像が読み込まれた後に描画を行いましょう。

```
<canvas></canvas>
<script>
  let cx = document.querySelector("canvas").getContext("2d");
  let img = document.createElement("img");
  img.src = "img/hat.png";
  img.addEventListener("load", () => {
    for (let x = 10; x < 200; x += 30) {
      cx.drawImage(img, x, 10);
```

```
    }
  });
</script>
```

デフォルトでは、drawImageは画像を元のサイズで描画します。また、2つの追加引数を与えることで、異なる幅と高さを設定できます。

drawImageに9つの引数を与えると、画像の一部分だけを描画できます。第2～第5引数はコピーされる元画像の矩形（x、y、幅、高さ）を示し、第6～第9引数はコピー先の矩形（canvas上）を示します。

これは、複数のスプライト（画像要素）を1つの画像ファイルにまとめ、必要な部分だけを描画するという使い方ができます。たとえば、以下のようにゲームのキャラクターが複数のポーズを取っている画像があります。

ポーズを交互に描くことで、キャラクターが歩いているようなアニメーションを表現できるでしょう。

canvasで描かれた絵をアニメーション化するには、clearRectメソッドが便利です。これはfillRectに似ていますが、矩形に色をつけるのではなく、前に描いたピクセルを削除して透明にします。

各スプライト（各サブピクチャ）は、幅24ピクセル、高さ30ピクセルであることがわかっています。次のコードでは、画像を読み込んだ後、次のフレームを描画するためのインターバル（繰り返しのタイマー）を設定しています。

```
<canvas></canvas>
<script>
  let cx = document.querySelector("canvas").getContext("2d");
  let img = document.createElement("img");
  img.src = "img/player.png";
  let spriteW = 24, spriteH = 30;
  img.addEventListener("load", () => {
    let cycle = 0;
    setInterval(() => {
      cx.clearRect(0, 0, spriteW, spriteH);
      cx.drawImage(img,
                   // source rectangle
                   cycle * spriteW, 0, spriteW, spriteH,
```

```
                    // destination rectangle
                    0,             0, spriteW, spriteH);
      cycle = (cycle + 1) % 8;
    }, 120);
  });
</script>
```

cycle バインディングは、アニメーション内の位置を追跡します。各フレームごとに増加し、剰余演算子を使って 0 から 7 の範囲に切り抜かれます。このバインディングは、現在のポーズをとっているスプライトの画像内における x 座標を計算するのに使われるのです。

変形

では、キャラクターを右に歩かせるのではなく、左に歩かせたい場合はどうすればよいでしょうか。もちろん、別のスプライトを描くこともできます。しかし、CANVAS に逆方向の絵を描くように指示することもできるのです。

scale メソッドを呼び出すと、それ以降に描かれたものはすべてスケールされます。このメソッドは 2 つのパラメータを受け取ります。1 つは水平方向のスケールを設定し、もう 1 つは垂直方向のスケールを設定します。

```
<canvas></canvas>
<script>
  let cx = document.querySelector("canvas").getContext("2d");
  cx.scale(3, .5);
  cx.beginPath();
  cx.arc(50, 50, 40, 0, 7);
  cx.lineWidth = 3;
  cx.stroke();
</script>
```

スケールを呼び出したため、円は幅が 3 倍、高さが半分になって描かれています。

スケーリングを行うと、線幅も含めて、描画された画像のすべてが、指定された通りに引き伸ばされたり、押し縮められたりします。負の値で拡大縮小すると、画像が反転します。反転

は点 (0,0) を中心に行われるので、座標系の方向も反転することになります。つまり、水平方向に -1 のスケーリングすると、x 位置 100 に描かれた図形は、元々 -100 の位置に描かれることになるのです。

そのため、絵の向きを変えるには、drawImage の呼び出しの前に cx.scale(-1, 1) を追加するだけでは、絵が canvas の外に出てしまい、見えなくなってしまいます。この問題を解決するには、drawImage に渡された座標を調整して、x 位置を 0 ではなく -50 にする必要があります。

canvas の座標系に影響を与える方法は、スケール以外にもいくつかあります。描いた図形を回転させるには rotate メソッド、移動させるには translate メソッドを使います。興味深いのは、これらの変換は重ねて行われることです。つまり、それぞれの変換は前の変換に対して相対的に行われます。

水平方向に 10 ピクセルの平行移動を 2 回行うと、すべての図形は 20 ピクセル右に描画されます。まず座標系の中心を (50,50) に移動させてから 20 度 (約 0.1 π ラジアン) 回転させると、点 (50,50) を中心に回転することになるのです。

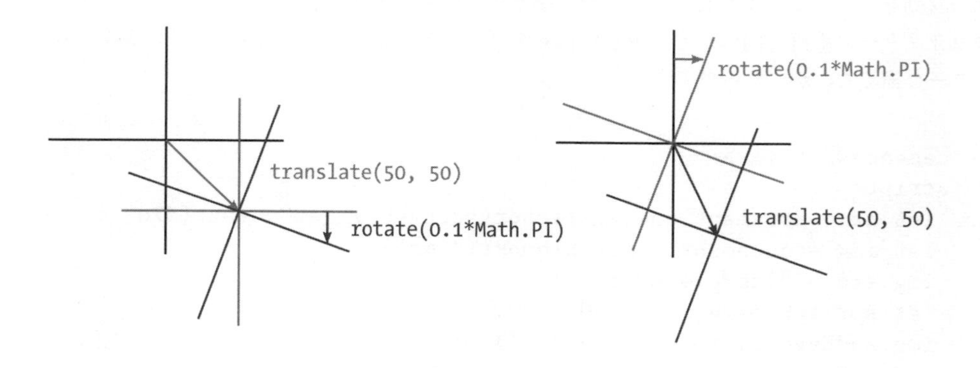

しかし、最初に 20 度回転させてから (50,50) で平行移動させると、回転した座標系で変換が行われるため、異なる向きになります。変換の順序が重要なのです。

ある x 位置の垂直線を中心に絵を反転させるには、次のようにします。

```
function flipHorizontally(context, around) {
  context.translate(around, 0);
  context.scale(-1, 1);
  context.translate(-around, 0);
}
```

Y 軸を反転させたい場所に移動させ、反転させ、最後に Y 軸を反転された空間の適切な場所に戻します。次の図は、この仕組みを説明したものです。

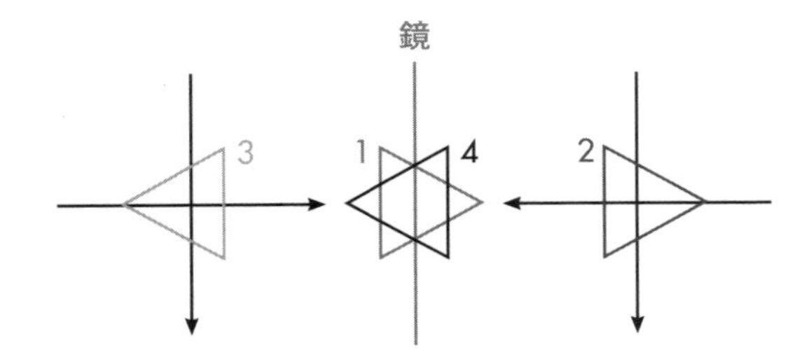

これは、中心線を越えてミラーリングする前と後の座標系を示しています。各ステップを説明するために、三角形には番号が付けられています。正の x 位置に三角形を描くと、デフォルトでは三角形 1 がある場所になります。flipHorizontally を呼び出すと、まず右に移動して、三角形 2 になります。その後、スケーリングを行い、三角形を 3 の位置に反転させます。これは、指定されたラインで反転された場合に、あるべき場所ではありません。2 回目の「移動」では、最初の移動を「キャンセル」して、三角形 4 を本来の位置に表示します。

キャラクターの垂直方向の中心を中心に世界を反転させることで、(100,0) の位置に鏡像のキャラクターを描くことができるのです。

```
<canvas></canvas>
<script>
  let cx = document.querySelector("canvas").getContext("2d");
  let img = document.createElement("img");
  img.src = "img/player.png";
  let spriteW = 24, spriteH = 30;
  img.addEventListener("load", () => {
    flipHorizontally(cx, 100 + spriteW / 2);
    cx.drawImage(img, 0, 0, spriteW, spriteH,
                 100, 0, spriteW, spriteH);
  });
</script>
```

変形の保存と消去

変形もよく使われます。反転させたキャラクターを描いた後に他のものを描くと、すべてが反転されてしまいます。それは不便なことかもしれません。

現在の変換を保存しておき、描画と変換を行ってから、古い変換を復元することが可能です。これは、一時的に座標系を変換する必要のある関数では、通常、適切な方法です。まず、その関数を呼び出したコードが使用していた変換を保存します。その後、関数は現在の変換の上にさらに変換を追加していき、最後に最初に使用していた変換に戻すのです。

2D canvas コンテキストの save メソッド および restore メソッドは、この変換を管理します。これらのメソッドは概念的に、変換状態のスタックを保持するのです。save を呼び出すと、現在の状態がスタックに押し込まれ、restore を呼び出すと、スタックの一番上にある状態が取り出されて、コンテキストの現在の変換として使用されます。また、resetTransform を呼び出して、変換を完全にリセットすることもできます。

次の例における分岐関数は、変換を変更してから関数（ここでは自分自身）を呼び出す関数で何ができるかを示しています。この関数は、与えられた変換により描画を続けるのです

この関数は、線を引き、座標系の中心を線の端に移動させ、最初に左に回転させ、次に右に回転させて、自分自身を2回呼び出すことで、樹木のような形を描きます。呼び出しのたびに描画される枝の長さが短くなり、長さが8以下になると呼び出しが停止します。

```
<canvas width="600" height="300"></canvas>
<script>
  let cx = document.querySelector("canvas").getContext("2d");
  function branch(length, angle, scale) {
    cx.fillRect(0, 0, 1, length);
    if (length < 8) return;
    cx.save();
    cx.translate(0, length);
    cx.rotate(-angle);
    branch(length * scale, angle, scale);
    cx.rotate(2 * angle);
    branch(length * scale, angle, scale);
    cx.restore();
  }
  cx.translate(300, 0);
  branch(60, 0.5, 0.8);
</script>
```

その結果、シンプルなフラクタルができあがりました。

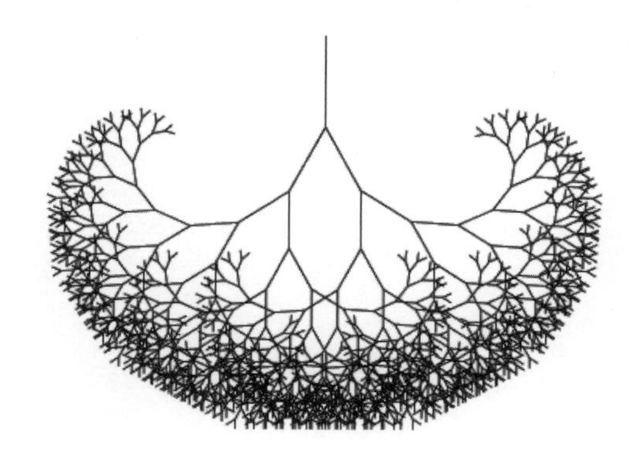

もし、保存と復元の呼び出しがなければ、2回目の再帰的な枝の呼び出しは、最初の呼び出しで作られた位置と回転で終わってしまいます。枝が現在の枝に接続されるのではなく、最初の呼び出しによって描かれた最も内側、右端の枝に接続されるのです。その結果、面白い形になるかもしれませんが、絶対に樹木の形にはなりません。

ゲームに戻る

Canvasによる前章のゲーム表示システムを作る上で十分なcanvas描画についての知識が得られました。新しい表示方法では、色のついた箱を表示するだけではありません。代わりに、drawImageを使ってゲームの要素を表す絵を描くことにします。

このオブジェクトは、16章の「描画」で説明したDOMDisplayと同じインターフェイス、すなわちsyncStateメソッドとclearメソッドをサポートしています。

このオブジェクトは、DOMDisplayよりも少し多くの情報を保持しています。そのDOM要素のスクロール位置を使用するのではなく、それ自身のビューポートを追跡し、現在見ているlevelがどの部分かを教えてくれます。そして最後に、flipPlayerプロパティを保持することで、プレイヤーが静止しているときでも、最後に移動した方向を向かせます。

```
class CanvasDisplay {
  constructor(parent, level) {
    this.canvas = document.createElement("canvas");
    this.canvas.width = Math.min(600, level.width * scale);
    this.canvas.height = Math.min(450, level.height * scale);
    parent.appendChild(this.canvas);
    this.cx = this.canvas.getContext("2d");

    this.flipPlayer = false;

    this.viewport = {
      left: 0,
      top: 0,
      width: this.canvas.width / scale,
      height: this.canvas.height / scale
    };
  }

  clear() {
    this.canvas.remove();
  }
}
```

syncStateメソッドは、まず新しいビューポートを計算し、次にゲームシーンを適切な位置に描画します。

```
CanvasDisplay.prototype.syncState = function(state) {
  this.updateViewport(state);
  this.clearDisplay(state.status);
  this.drawBackground(state.level);
  this.drawActors(state.actors);
};
```

DOMDisplayとは逆に、この表示スタイルでは、更新のたびにバックグランドを再描画する必要があります。canvas上の図形は単なるピクセルであるため、描画した後に図形を移動（または削除）する良い方法はありません。canvasの表示を更新するには、表示を消去してシーンを再描画するほかないのです。また、スクロールした場合は、背景の位置を変更する必要があります。

updateViewportメソッドは、DOMDisplayのscrollPlayerIntoViewメソッドに似ています。このメソッドは、プレイヤーが画面の端に近づきすぎていないかをチェックし、近づきすぎているとビューポートを移動します。

```
CanvasDisplay.prototype.updateViewport = function(state) {
  let view = this.viewport, margin = view.width / 3;
  let player = state.player;
  let center = player.pos.plus(player.size.times(0.5));

  if (center.x < view.left + margin) {
    view.left = Math.max(center.x - margin, 0);
  } else if (center.x > view.left + view.width - margin) {
    view.left = Math.min(center.x + margin - view.width,
                         state.level.width - view.width);
  }
  if (center.y < view.top + margin) {
    view.top = Math.max(center.y - margin, 0);
  } else if (center.y > view.top + view.height - margin) {
    view.top = Math.min(center.y + margin - view.height,
                        state.level.height - view.height);
  }
};
```

Math.maxとMath.minの呼び出しにより、ビューポートにレベル外の空間が表示されないようになっています。Math.max(x, 0)は、結果として得られる数値がゼロより小さくならないようにします。同様に、Math.minもある値が指定された境界値以下であることを保証します。

表示を消すときには、ゲームに勝ったとき（明るい）、負けたとき（暗い）に応じて少しずつ異なる色を使います。

```
CanvasDisplay.prototype.clearDisplay = function(status) {
  if (status == "won") {
    this.cx.fillStyle = "rgb(68, 191, 255)";
  } else if (status == "lost") {
    this.cx.fillStyle = "rgb(44, 136, 214)";
  } else {
    this.cx.fillStyle = "rgb(52, 166, 251)";
  }
  this.cx.fillRect(0, 0,
                   this.canvas.width, this.canvas.height);
};
```

背景を描くために、現在のビューポートに表示されているタイルを一通り見てみましょう。

```
let otherSprites = document.createElement("img");
otherSprites.src = "img/sprites.png";

CanvasDisplay.prototype.drawBackground = function(level) {
  let {left, top, width, height} = this.viewport;
  let xStart = Math.floor(left);
  let xEnd = Math.ceil(left + width);
  let yStart = Math.floor(top);
  let yEnd = Math.ceil(top + height);

  for (let y = yStart; y < yEnd; y++) {
    for (let x = xStart; x < xEnd; x++) {
      let tile = level.rows[y][x];
      if (tile == "empty") continue;
      let screenX = (x - left) * scale;
      let screenY = (y - top) * scale;
      let tileX = tile == "lava" ? scale : 0;
      this.cx.drawImage(otherSprites,
                        tileX,         0, scale, scale,
                        screenX, screenY, scale, scale);

    }
  }
};
```

空ではないタイルはdrawImageで描かれます。otherSprites画像には、プレイヤー以外の要素に使われる画像が含まれています。左から順に、壁タイル、溶岩タイル、コインのスプライトが含まれています。

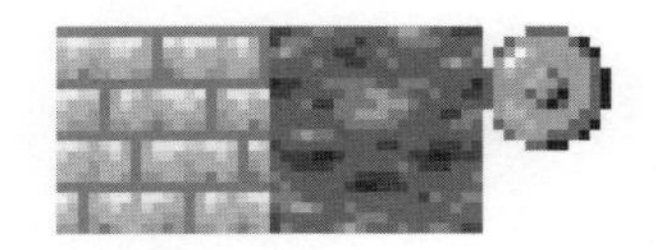

背景タイルは、DOMDisplayで使用したのと同じスケールを使用するので、20 × 20 ピクセルです。したがって、溶岩タイルのオフセット（位置を基準点からの距離で表した値）は20（scaleバインディングの値）、壁のオフセットは0となります。

スプライト画像が読み込まれるのを待つ必要はありません。まだ読み込まれていない画像でdrawImageを呼び出しても、何もしないだけです。そのため、画像がまだ読み込まれていない最初の数フレームは、ゲームの描画に失敗するかもしれませんが、これは深刻な問題ではありません。画面を更新し続けているので、読み込みが終わるとすぐに正しいシーンが表示されます。

先ほどの歩いているキャラクターが、プレイヤーを表すのに使われます。これを描画するコードは、プレイヤーの現在の動きに応じて、適切なスプライトと方向を選択する必要があるでしょう。最初の8つのスプライトには、歩行アニメーションが入っています。プレイヤーが床に沿って移動しているときは、現在の時間に基づいてそれらを循環させます。60ミリ秒ごとにフレームを切り替えたいので、まずは時間を60で割っています。プレイヤーが静止しているときは、9番目のスプライトを描きます。垂直方向の速度が0でないことで認識されるジャンプ時には、右端の10番目のスプライトを使います。

スプライトの横幅は、足や腕のスペースを確保するために16ピクセルではなく24ピクセルになっているので、X座標と横幅を所定の量だけ調整する必要があります（playerXOverlap）。

```
let playerSprites = document.createElement("img");
playerSprites.src = "img/player.png";
const playerXOverlap = 4;

CanvasDisplay.prototype.drawPlayer = function(player, x, y,
                                              width, height){
  width += playerXOverlap * 2;
  x -= playerXOverlap;
  if (player.speed.x != 0) {
    this.flipPlayer = player.speed.x < 0;
  }

  let tile = 8;
```

```
    if (player.speed.y != 0) {
      tile = 9;
    } else if (player.speed.x != 0) {
      tile = Math.floor(Date.now() / 60) % 8;
    }

    this.cx.save();
    if (this.flipPlayer) {
      flipHorizontally(this.cx, x + width / 2);
    }
    let tileX = tile * width;
    this.cx.drawImage(playerSprites, tileX, 0, width, height,
                                     x,     y, width, height);
    this.cx.restore();
  };
```

drawPlayer メソッドは、ゲーム内のすべてのアクターの描画を担当する drawActors から呼び出されます。

```
  CanvasDisplay.prototype.drawActors = function(actors) {
    for (let actor of actors) {
      let width = actor.size.x * scale;
      let height = actor.size.y * scale;
      let x = (actor.pos.x - this.viewport.left) * scale;
      let y = (actor.pos.y - this.viewport.top) * scale;
      if (actor.type == "player") {
        this.drawPlayer(actor, x, y, width, height);
      } else {
        let tileX = (actor.type == "coin" ? 2 : 1) * scale;
        this.cx.drawImage(otherSprites,
                          tileX, 0, width, height,
                          x,     y, width, height);
      }
    }
  };
```

プレイヤーではないものを描くときは、そのタイプを見て正しいスプライトのオフセットを見つけます。溶岩タイルはオフセット 20、コインのスプライトはオフセット 40（2 倍のスケール）で見つかるでしょう。

canvas 上の（0,0）は、レベルの左上ではなく、ビューポートの左上に相当するので、アクターの位置を計算する際には、ビューポートの位置を差し引かなければなりません。この処理に translate を使用することもできます。どちらのやり方も機能するのです。

以上で、新しい表示システムが完成しました。でき上がったゲームは以下のようになります。

グラフィックインターフェイスの選択

ブラウザでグラフィックを生成する場合、プレーン HTML、SVG、canvas のいずれかを選択できます。どのような状況でも通用するベストな方法はありません。それぞれの選択肢には長所と短所があるのです。

プレーンな HTML は、シンプルであるという利点があります。また、テキストとの統合性にも優れています。SVG も canvas も、テキストを描くことはできますが、そのテキストを配置したり、1 行以上のテキストを折り返したりすることはできません。HTML ベースの画像では、テキストのブロックを含めるのははるかに簡単です。

SVG は、どのようなズームレベルでも見栄えのする鮮明なグラフィックを作成できます。HTML とは異なり、描画用に設計されているため、そうした目的に適しているのです。

SVG も HTML も、画像を表すデータ構造（DOM）を構築します。これにより、描画後に要素を修正することが可能になります。ユーザーの行動に合わせて、あるいはアニメーションの一部として、大きな絵の小さな部分を繰り返し変更する必要がある場合、それを canvas で行うと無駄に労力がかかります。また、DOM では、絵の中のすべての要素（SVG で描かれた図形も含む）に mouse イベントハンドラを登録することができますが、canvas ではそれができません。

しかし、canvas のピクセル指向のアプローチは、膨大な数の小さな要素を描くときには有利です。データ構造を構築するのではなく、同じピクセル面に繰り返し描画するだけなので、canvas

の方が図形１つあたりの労力が低いのです。

また、シーンを１ピクセルずつレンダリングしたり（たとえば、レイトレーシング（光の経路を画像平面上のピクセルとしてトレースし、仮想オブジェクトとの出会いの効果をシミュレートすることで画像を生成するレンダリング手法））、JavaScriptで画像を後処理（ぼかしたり、歪めたり）したりするなど、ピクセルベースのアプローチでなければ現実的に処理できない効果もあります。

場合によっては、これらの手法をいくつか組み合わせて使用することもあるでしょう。たとえば、SVGやcanvasでグラフを描きつつ、画像の上にHTML要素を配置して文字情報を表示するようなケースです。

要求が厳しくないアプリケーションでは、どのインターフェイスを選ぶかはあまり問題ではありません。本章でゲーム用に作成したディスプレイは、テキストを描いたり、マウス操作をしたり、非常に多くの要素を扱う必要がないため、これら３つのグラフィックス技術のどれを使っても実装可能でした。

まとめ

本章では、ブラウザでグラフィックを描画する技術について、<canvas>要素を中心に説明しました。

canvasノードは、プログラムが描画できるドキュメント内の領域を表します。この描画は、getContextメソッドで作成した描画contextオブジェクトを通じて行われます。

2D描画インターフェイスでは、様々な図形を塗りつぶしたり、描いたりすることができます。コンテキストのfillStyleプロパティは、図形をどのように塗りつぶすかを決定します。strokeStyleプロパティとlineWidthプロパティは、線の描画方法を制御します。

四角形やテキストは、１回のメソッド呼び出しで描画できます。fillRectメソッドやstrokeRectメソッドは四角形を描画し、fillTextメソッドやstrokeTextメソッドはテキストを描画します。カスタム形状を作成するには、まずパスを構築する必要があります。

beginPathを呼び出すと、新しいパスが開始されます。他の多くのメソッドは、現在のパスに線や曲線を追加します。たとえば、lineToは直線を追加します。パスが完成したら、fillメソッドで塗りつぶしたり、strokeメソッドで描線したりします。

画像や他のcanvasのピクセルを自分のcanvasに移動させるには、drawImageメソッドを使います。デフォルトでは、このメソッドはソースイメージ全体を描画しますが、パラメータを与えることで、イメージの特定エリアをコピーすることができます。今回のゲームでは、多数のポーズが含まれている画像から、ゲームキャラクターの個々のポーズをコピーして使用しました。

変形により、図形を複数の方向に描画することができます。2D描画コンテキストには現在の変形があり、translate、scale、rotateの各メソッドで変更できます。これらは、その後のすべての描画操作に影響します。変形の状態はsaveメソッドで保存でき、restoreメソッドで復元できます。

アニメーションを canvas に表示する場合、clearRect メソッドを使って canvas の一部を消去してから再描画できます。

練習問題

図形

以下の図形を canvas に描画するプログラムを作成してください。

1. 台形（一辺が広い長方形）
2. 赤いひし形（長方形を 45 度（1/4 πラジアン）回転させたもの）
3. ジグザグの線
4. 100 本の直線で構成された渦巻き状の線
5. 黄色い星

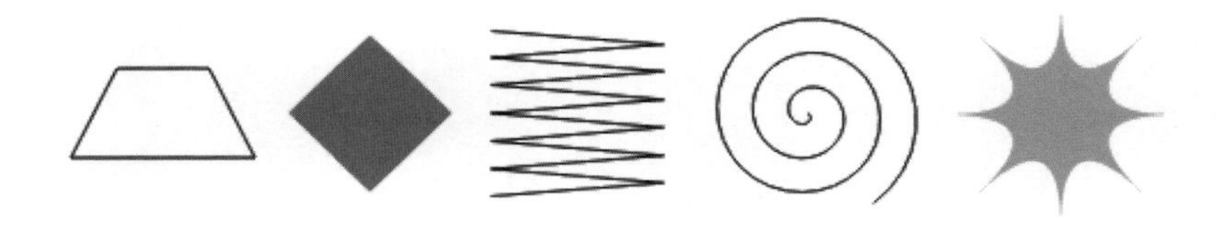

最後の 2 つを描くときには、14 章の Math.cos と Math.sin の説明を参考にするとよいでしょう。これらの関数を使って円上の座標を求める方法が説明されています。

形ごとに関数を作ることをお勧めします。位置のほかに、サイズやポイント数などのプロパティをパラメータとして渡すことができます。コードのあちこちに数字を埋め込んでしまうと、コードを読むのも修正するのも面倒になりがちです。

円グラフ

この章の「円グラフの描画」で、円グラフを描くプログラムの例を紹介しました。このプログラムを改造して、各カテゴリーの名称が、そのカテゴリーを表す（扇形の）断片の横に表示されるようにしてみましょう。このテキストを自動的に配置する方法として、他のデータセットでも使えるような見栄えの良い方法を考えてみましょう。カテゴリはラベルのための十分なスペースを確保できる大きさであると仮定してもよいでしょう。

なお、14 章の「位置決めとアニメーション」で説明した Math.sin と Math.cos が必要になるかもしれません。

ボールの跳ね返り

14章と16章で紹介したrequestAnimationFrameテクニックを使って、跳ね返るボールが入った箱を描きます。ボールは一定の速度で動き、箱の側面に当たると跳ね返ってきます。

事前に計算されたミラーリング

変形についての残念な点は、ビットマップの描画が遅くなることです。各ピクセルの位置とサイズを変換しなければならないからです。ブラウザが将来的に変換をより賢くする可能性はありますが、現在のところ、ビットマップの描画にかかる時間が測定可能なほど長くなっています。

私たちのゲームのように、変換された1つのスプライトだけを描画するのであれば、問題ありません。しかし、何百人ものキャラクターや、爆発で回転する何千もの破片を描く必要があるとしたらどうでしょう。

追加の画像ファイルをロードすることなく、また、フレームごとに変換されたdrawImageを呼び出すことなく、反転したキャラクターを描画できる方法を考えてください。

"通信は本質的にステートレスでなければならない。クライアントからサーバへの各リクエストには、そのリクエストを理解するために必要なすべての情報が含まれていなければならず、サーバに保存されているコンテキストを利用することはできない"

— ロイ・フィールディング
『アーキテクチャスタイルとネットワークベースのソフトウェアアーキテクチャの設計』

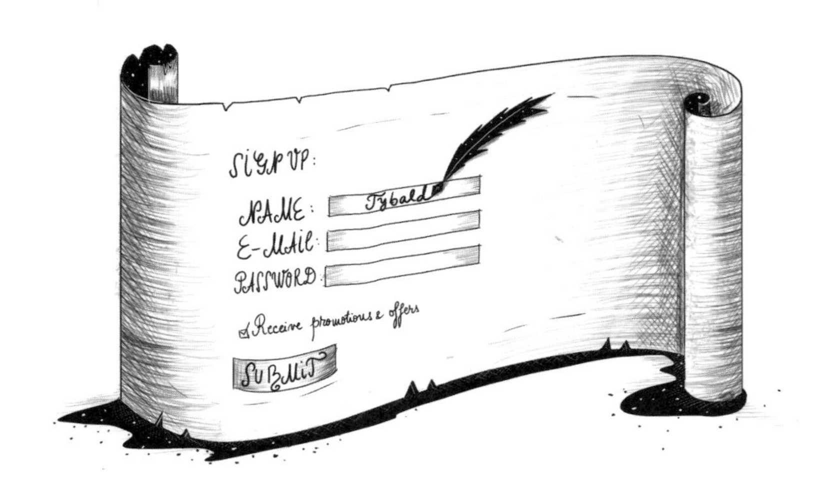

Chapter

18 HTTPとフォーム

13章で紹介したハイパーテキスト・トランスファー・プロトコル（HTTP）は、WWW上でデータを要求したり提供したりするための仕組みです。本章では、このプロトコルをより詳しく説明し、ブラウザのJavaScriptがプロトコルにアクセスする方法を説明します。

プロトコル

ブラウザのアドレスバーにeloquentjavascript.net/18_http.htmlと入力すると、ブラウザはまずeloquentjavascript.netに関連付けられたサーバのアドレスを調べ、HTTPトラフィックのデフォルトポートである80番ポートでTCP接続を開こうとします。サーバが存在し、接続を受け入れた場合、ブラウザは次のように送信します。

```
GET /18_http.html HTTP/1.1
Host: eloquentjavascript.net
User-Agent: Your browser's name
```

そして、同じ接続を通じて、サーバが応答します。

```
HTTP/1.1 200 OK
Content-Length: 65585
Content-Type: text/html
Last-Modified: Mon, 08 Jan 2018 10:29:45 GMT

<!doctype html>
... the rest of the document
```

ブラウザは、レスポンスの空行以降の部分、すなわちボディ（HTMLの<body>タグと混同しないように）を受け取り、それをHTMLドキュメントとして表示します。

クライアントから送られてきた情報は「リクエスト」と呼ばれます。リクエストは次の行で始まります。

```
GET /18_http.html HTTP/1.1
```

最初の単語は、リクエストのメソッドです。GET は、指定されたリソースを取得したいという指定されたリソースの取得を意味します。その他の一般的なメソッドとして、リソースを削除する DELETE、リソースを作成または交換する PUT、リソースに情報を送信する POST があります。なお、サーバは、受け取ったすべてのリクエストを実行する義務はありません。適当な Web サイトに近づいて「メインページを削除してください」と言っても、おそらく拒否されるでしょう。

メソッド名の後の部分は、リクエストの対象となるリソースのパスです。最も単純なケースでは、リソースはサーバ上の単なるファイルですが、プロトコルはそれを必要としません。リソースは、あたかもファイルのように転送できるものであれば何でも構いません。多くのサーバは、生成するレスポンスをその場で生成します。たとえば、https://github.com/marijnh を開くと、サーバはデータベース内から marijnh という名前のユーザーを探し、見つかればそのユーザーのプロフィールページを生成します。

リソースパスの後、リクエストの 1 行目には、使用している HTTP プロトコルのバージョンを示す HTTP/1.1 が記載されています。

実際には、多くのサイトが HTTP バージョン 2 を使用しています。HTTP バージョン 2 は、バージョン 1.1 と同じ概念をサポートしていますが、高速化のためにかなり複雑になっています。ブラウザは、特定のサーバと通信する際に、自動的に適切なプロトコルのバージョンに切り替わり、どのバージョンを使用していてもリクエストの結果は同じになります。バージョン 1.1 の方がわかりやすく、簡単に扱えるので、ここではそちらを中心に説明しましょう。

サーバからのレスポンスは、バージョンから始まり、レスポンスのステータスが、最初は 3 桁のステータスコードで、次に人間が読める文字列で表示されます。

```
HTTP/1.1 200 OK
```

2 で始まるステータスコードは、リクエストが成功したことを示します。4 で始まるコードは、リクエストに何か問題があったことを意味します。404 は、おそらく最も有名な HTTP ステータスコードで、リソースが見つからなかったことを意味します。5 で始まるコードは、サーバ上でエラーが発生したことを意味し、リクエストに責任を持ちません。

リクエストやレスポンスの最初の行には、いくつものヘッダーが続くことがあります。ヘッダーとは、name: value の形式で、リクエストやレスポンスに関する追加情報を指定する行です。以下のヘッダーは、レスポンス例の一部です。

```
Content-Length: 65585
Content-Type: text/html
Last-Modified: Thu, 04 Jan 2018 14:05:30 GMT
```

ここから、レスポンスドキュメントのサイズとタイプがわかります。これは、65,585 バイトの

HTMLドキュメントです。また、そのドキュメントの最終更新日も教えてくれます。

ほとんどのヘッダーについては、それをリクエストやレスポンスに含めるかは、クライアントとサーバが自由に決められます。しかし、いくつかのヘッダーについては必ず含めなくてはなりません。たとえば、ホスト名を指定するHostヘッダーは、リクエストに含める必要があります。なぜなら、サーバは1つのIPアドレスで複数のホスト名を提供している可能性があり、このヘッダーがなければ、サーバはクライアントがどのホスト名と話そうとしているのかわからないからです。

リクエスト、レスポンスはともに、ヘッダーと空行の後には、送信されるデータを含むボディが続きます。GETリクエストやDELETEリクエストはデータを送信しませんが、PUTリクエストやPOSTリクエストはデータを送信します。また、エラーレスポンスなどの一部のレスポンスは、ボディを必要としません。

ブラウザとHTTP

先ほどの例のように、アドレスバーにURLを入力すると、ブラウザはリクエストを行います。生成されたHTMLページが、画像やJavaScriptファイルといった他のファイルを参照している場合、それらも取得されます。

中程度の複雑なWebサイトであれば、リソースが10～200個程度含まれることもあります。これらのリソースを素早く取得するために、ブラウザは一度に1つのレスポンスを待つことなく、複数のGETリクエストを同時に行います。

HTMLページには、ユーザーが情報を入力してサーバに送信するためのフォームが含まれていることがあります。以下はフォームの一例です。

```
<form method="GET" action="example/message.html">
  <p>Name: <input type="text" name="name"></p>
  <p>Message:<br><textarea name="message"></textarea></p>
  <p><button type="submit">Send</button></p>
</form>
```

このコードでは、名前を入力する小さなフィールドと、メッセージを入力する大きなフィールドという2つのフィールドを持つフォームを記述しています。送信ボタンをクリックすると、フォームが送信されます。つまり、フィールドの内容がHTTPリクエストに詰め込まれ、ブラウザはそのリクエストの結果に移動するのです。

<form>要素のmethod属性がGETの場合（または省略された場合）、フォームに書かれた内容がクエリ文字列としてaction URLの末尾に追加されます。ブラウザはこのURLにリクエストを行うことになります。

```
GET /example/message.html?name=Jean&message=Yes%3F HTTP/1.1
```

クエスチョンマークは、URLのパス部分の終わりと、クエリの始まりを示しています。その後には、名前と値のペアが続きます。これらはそれぞれ、フォームフィールド要素のname属性と、それら要素のコンテンツに対応しています。ペアの区切りにはアンパサンド（&）が使用されます。

URLにエンコードされた実際のメッセージはYes?ですが、クエスチョンマークが奇妙なコードに置き換えられています。クエリ文字列の中には、エスケープ処理しなければならない文字があります。%3Fとして表現されるクエスチョンマークはその1つです。すべてのフォーマットには、文字をエスケープ処理する独自の方法が必要だという暗黙のルールがあるようです。「URLエンコーディング」と呼ばれるこの方法では、パーセント記号の後に16進数（ベース16）の数字を2つ並べて文字コードをエンコードしています。この例では、3F（10進法では63）がクエスチョンマークのコードとなります。JavaScriptでは、この形式のエンコードとデコードを行うために、encodeURIComponent関数とdecodeURIComponent関数が用意されています。

```
console.log(encodeURIComponent("Yes?"));
// → Yes%3F
console.log(decodeURIComponent("Yes%3F"));
// → Yes?
```

先ほどの例でHTMLフォームのmethod属性をPOSTに変更すると、フォームを送信するためのHTTPリクエストはPOSTメソッドを使用し、クエリ文字列をURLに追加するのではなく、リクエストのボディに入れることになります。

```
POST /example/message.html HTTP/1.1
Content-length: 24
Content-type: application/x-www-form-urlencoded

name=Jean&message=Yes%3F
```

GETリクエストは、サイドエフェクトがなく、単に情報を求めるリクエストに対して使用するべきです。新しいアカウントの作成やメッセージの投稿など、サーバ上の何かを変更するリクエストは、POSTなどの他のメソッドで表現するべきでしょう。ブラウザなどのクライアントサイドのソフトウェアは、やみくもにPOSTリクエストを行うべきではないことを理解していますが、ユーザーがすぐに必要になると思われるリソースを事前に取得するなど、暗黙のうちにGETリクエストを行うことはよくあります。

フォームと、それを JavaScript で操作する方法については、本章の「フォームフィールド」で説明します。

fetch

ブラウザの JavaScript が HTTP リクエストを行うためのインターフェイスは fetch と呼ばれます。比較的新しいインターフェイスなので、ブラウザのインターフェイスとしては珍しく、promise を便利に使っています。

```
fetch("example/data.txt").then(response => {
  console.log(response.status);
  // → 200
  console.log(response.headers.get("Content-Type"));
  // → text/plain
});
```

fetch を呼び出すと、ステータスコードやヘッダーなど、サーバからのレスポンスに関する情報を持つ Response オブジェクトで解決した promise が返されます。ヘッダーは、キー（ヘッダー名）の大文字と小文字を区別しない Map のようなオブジェクトに格納されています（ヘッダー名は大文字と小文字を区別しないことになっています）。つまり、headers.get("Content-Type") と headers.get("content-TYPE") は同じ値を返すことになるのです。

fetch で返された promise は、サーバからエラーコードが返ってきても正常に解決することに注意してください。ただし、ネットワークエラーやリクエストの宛先となるサーバが見つからないときには、拒否されるかもしれません。

fetch の最初の引数は、リクエストされるべき URL です。URL がプロトコル名（http: など）で始まっていない場合は、相対パスとして扱われ、現在のドキュメントに対して相対的に解釈されます。スラッシュ（/）で始まる場合は、現在のパス（サーバ名の後の部分）を置き換えます。そうでない場合は、現在のパスの最後のスラッシュ文字までの部分が相対 URL の前に置かれます。

レスポンスの実際の内容を取得するには、text メソッドを使用します。最初の promise は、レスポンスのヘッダーを受信するとすぐに解決されますが、レスポンスのボディを読むのにはしばらく時間がかかるため、これも promise を返します。

```
fetch("example/data.txt")
  .then(resp => resp.text())
  .then(text => console.log(text));
// → This is the content of data.txt
```

jsonという同様のメソッドは、ボディをJSONとして解析したときに得られる値で解決するpromiseを返し、有効なJSONでない場合は拒否します。

デフォルトでは、fetchはGETメソッドを使用してリクエストを行い、リクエストボディを含みません。第2引数に追加のオプションを含むオブジェクトを渡すことで、異なる設定を行うことができます。たとえば、このリクエストはexample/data.txtを削除しようとしています。

```
fetch("example/data.txt", {method: "DELETE"}).then(resp => {
  console.log(resp.status);
  // → 405
});
```

405ステータスコードは、「メソッドが許可されていません」という意味で、HTTPサーバが「それはできません」と言っていることになります。

リクエストボディを追加するためにbodyオプションがあり、ヘッダーを設定するためにheadersオプションがあります。たとえば、このリクエストにはRangeヘッダーが含まれていますが、これはサーバにレスポンスの一部だけを返すように指示するものです。

```
fetch("example/data.txt", {headers: {Range: "bytes=8-19"}})
  .then(resp => resp.text())
  .then(console.log);
// → the content
```

ブラウザは、Hostや、サーバがボディのサイズを把握するために必要なものなど、いくつかのリクエストヘッダーを自動的に追加します。独自ヘッダーを追加することで、認証情報や受信したいファイル形式などをサーバに伝えることができるので、しばしば有用です。

HTTPのサンドボックス化

Webページのスクリプトで HTTPリクエストを行うと、再びセキュリティに関する懸念が生じます。スクリプトを制御する人と、スクリプトが実行されているコンピュータを所有する人が、同じことに関心があるとは限りません。具体的には、私がthemafia.orgにアクセスしたとき、Webサイトのスクリプトが私のブラウザの識別情報を使ってmybank.comにリクエストを行い、私の全財産をランダムな口座に送金するような指示が出せるようになっていては困ります。

このような理由から、ブラウザはスクリプトが他のドメイン（themafia.orgやmybank.comなどの名前）にHTTPリクエストを行うことを禁止することにより、私たちを保護しています。

これは、正当な理由で複数のドメインにアクセスしたいシステムを構築する際に、厄介な問題となります。幸いなことに、サーバはこのようなヘッダーをレスポンスに含めることで、他のドメインからのリクエストを許可することをブラウザに明示的に示すことができます。

```
Access-Control-Allow-Origin: *
```

HTTPを理解する

ブラウザ上で動作するJavaScriptプログラム（クライアントサイド）とサーバ上のプログラム（サーバサイド）との間で通信を行うシステムを構築する場合、その通信をモデル化する方法がいくつかあります。

よく使われるのは、リモートプロシージャコール（RPC）モデルです。このモデルでは、通信は通常の関数呼び出しのパターンに従いますが、関数が実際には別のマシンで実行されている点が異なります。この関数を呼び出すには、関数名と引数を含むリクエストをサーバに送信し、そのレスポンスには返される値が含まれます。

リモートプロシージャコールの観点から考えると、HTTPはコミュニケーションの手段に過ぎず、おそらくそれを完全に隠す、抽象化レイヤーを書くことになるでしょう。

もう1つのアプローチは、リソースとHTTPメソッドの概念に基づいてコミュニケーションを構築することです。addUserというリモートプロシージャの代わりに、/users/larryへのPUTリクエストを使用します。そのユーザーのプロパティを関数の引数でエンコードする代わりに、ユーザーを表すJSONドキュメントフォーマットを定義します（または既存のフォーマットを使用します）。新しいリソースを作成するPUTリクエストのボディは、このようなドキュメントになるのです。リソースをfetchするには、リソースのURL（例：/user/larry）に対してGETリクエストを行い、リソースを表すドキュメントを返します。

この方法では、リソースのキャッシュ（クライアントにコピーを残して高速にアクセスすること）のサポートなど、HTTPが提供するいくつかの機能を簡単に利用できます。このように、HTTPで使用されている概念はよく設計されており、サーバのインターフェイスを設計する際の原則を提供してくれるのです。

セキュリティとHTTPS

インターネット上を移動するデータは、長くて危険な道をたどる傾向にあります。目的地に到達するには、コーヒーショップのWi-Fiホットスポットから、様々な企業や国が管理するネットワークまで、あらゆる場所を経由しなければなりません。その過程のどの時点でも、データは検査されたり、変更されたりさえする可能性があるでしょう。

たとえば、メールアカウントのパスワードのように秘密にしておきたいものや、銀行のウェブサイトで送金する際の口座番号のように、変更されずに目的地に到着することが重要な場合、プレーンなHTTPでは不十分です。

https:// で始まる URL に使用されるセキュア HTTP プロトコルは、HTTP トラフィックを読み取ったり改ざんしたりしにくい方法でラップします。データを交換する前に、クライアントは、ブラウザが認識している認証局から発行された暗号証明書を持っていることを証明するようサーバに要求することで、サーバが主張する通りの人物であることを確認します。次に、接続されたすべてのデータは、盗聴や改ざんを防ぐために暗号化されます。

このように、HTTPS が正しく機能していれば、あなたが話そうとしている Web サイトを他人が妨害したり、あなたの通信を盗み見たりすることは防げます。完全ではありませんし、証明書の偽造や盗難、ソフトウェアの故障などにより、HTTPS が失敗した事例は多々ありますが、プレーンな HTTP に比べればはるかに安全です。

フォームフィールド

フォームはもともと、JavaScript が普及する以前の Web サイトで、ユーザーが送信した情報を HTTP リクエストで送信するために設計されました。この設計では、サーバとのやりとりはつねに新しいページに移動することで行われると想定されています。

しかし、その要素はページの他の部分と同様に DOM の一部であり、フォームフィールドを表す DOM 要素は、他の要素には存在しない多くのプロパティやイベントをサポートしています。これにより、JavaScript プログラムで入力フィールドを検査・制御し、フォームに新しい機能を追加したり、フォームやフィールドを JavaScript アプリケーションの構成要素として使用したりすることが可能になります。

Web フォームは、<form> タグにまとめられた任意の数の入力フィールドで構成されます。HTML には、単純なオン／オフのチェックボックスから、ドロップダウンメニューやテキスト入力用のフィールドまで、様々なスタイルのフィールドが用意されています。本書では、すべてのフィールドタイプを網羅的な説明はしませんが、大まかな概要は説明しておきましょう。

多くのフィールドタイプは、<input> タグを使用します。このタグの type 属性は、フィールドのスタイルを選択するのに使われます。以下に、よく使われる <input> タイプをあげます。

text	1 行のテキストフィールド
password	テキストと同じだが、入力されたテキストを隠すことができる
checkbox	オン／オフスイッチ
radio	多肢選択式フィールド（の一部）
file	ユーザーが自分のコンピュータからファイルを選択できるようにする

フォームフィールドは、必ずしも <form> タグ内に記述する必要はありません。ページ内のどこにでも設置できます。こうしたフォームレスのフィールドは送信できませんが（送信できるのはフォーム全体のみ）、JavaScript で入力にレスポンスする場合、通常はフィールドを送信したくないことがよくあります。

```
<p><input type="text" value="abc"> (text)</p>
<p><input type="password" value="abc"> (password)</p>
<p><input type="checkbox" checked> (checkbox)</p>
<p><input type="radio" value="A" name="choice">
   <input type="radio" value="B" name="choice" checked>
   <input type="radio" value="C" name="choice"> (radio)</p>
<p><input type="file"> (file)</p>
```

このHTMLコードで作成されるフィールドは以下の通りです。

abc (text)

••• (password)

(checkbox)

(radio)

Choose File snippets.txt (file)

こうした要素に対するJavaScriptのインターフェイスは、要素の種類によって異なります。

マルチラインのテキストフィールドには<textarea>という独自のタグがありますが、これはマルチラインの開始値を指定するために属性を使用するのが厄介だからです。<textarea>タグは、一致する</textarea>終了タグを必要とし、value属性の代わりに、これら2つの間のテキストを開始テキストとして使用します。

```
<textarea>
one
two
three
</textarea>
```

最後に、<select>タグは、あらかじめ定義されたいくつかのオプションからユーザーが選択できるフィールドを作成するために使用されます。

```
<select>
  <option>Pancakes</option>
  <option>Pudding</option>
  <option>Ice cream</option>
```

```
</select>
```

フィールドはこんな感じです。

フォームフィールドの値が変更されると、つねに change イベントが発生します。

フォーカス

HTML ドキュメントのほとんどの要素と異なり、フォームフィールドは「キーボードフォーカス」を設定できます。クリックしたりなど、何らかの方法でアクティブにすると、フォームフィールドは現在アクティブな要素となり、キーボード入力の受け付けるようになります。

逆に言えば、テキストフィールドに文字を入力できるのは、そのフィールドにフォーカスが当たっているときだけです。他のフィールドでは、キーボードイベントに対する反応が異なります。たとえば、<select> メニューは、ユーザーが入力したテキストを含む選択肢に移動しようとし、矢印キーに反応して選択範囲を上下に動かします。

focus メソッドと blur メソッドを使えば、JavaScript からフォーカスを制御できます。focus メソッドは呼び出された DOM 要素にフォーカスを移動させ、blur メソッドはフォーカスを除去します。document.activeElement の値は、現在フォーカスされている要素に対応しています。

```
<input type="text">
<script>
  document.querySelector("input").focus();
  console.log(document.activeElement.tagName);
  // → INPUT
  document.querySelector("input").blur();
  console.log(document.activeElement.tagName);
  // → BODY
</script>
```

ページによっては、フォームフィールドをすぐに操作したいとユーザーが思うこともあるでしょう。ドキュメントが読み込まれたときにフォームフィールドをフォーカスするために JavaScript を使用することもできますが、HTML に用意されている autofocus 属性でも同じ効果が得られ、しかも同時に、何をしようとしているかをブラウザに知らせることができます。これにより、ユーザーが何か他のものにフォーカスを当てた場合など、適切でない場合には、ブラウザはこの動作を無効にできます。

また、従来のブラウザでは、ユーザーがTabキーを押すことでドキュメント内でフォーカスを移動させられますが、tabindex属性を使えば、要素がフォーカスを受ける順番に影響を与えられます。次の例では、ヘルプリンクを経由せずに、テキスト入力からOKボタンへとフォーカスを移動させています。

```
<input type="text" tabindex=1> <a href=".">(help)</a>
<button onclick="console.log('ok')" tabindex=2>OK</button>
```

デフォルトでは、ほとんどのHTML要素はフォーカスできません。しかし、任意の要素にtabindex属性を追加することで、フォーカス可能にできます。またtabindexを-1にすると、通常はフォーカス可能な要素であっても、タブ機能がスキップされるのです。

無効化されたフィールド

すべてのフォームフィールドは、disabled属性によって無効化できます。この属性は、値を持たずに指定でき、属性が存在するだけで要素を無効にするのです。

```
<button>I'm all right</button>
<button disabled>I'm out</button>
```

無効化されたフィールドは、フォーカスや変更ができず、ブラウザではグレーや色あせたように表示されます。

I'm all right　I'm out

プログラムが、ボタンなどのコントロールによるアクションを処理している最中に、サーバとの通信が必要で時間がかかるような場合には、アクションが終了するまでコントロールを無効にしておくとよいでしょう。そうすれば、ユーザーが焦って再度クリックしたときに、誤って動作を繰り返すことがなくなります。

フォームの全体像

フィールドが<form>要素に含まれている場合、そのDOM要素は、フォームのDOM要素にリンクするformプロパティを持ちます。<form>要素にはelementsと呼ばれるプロパティがあり、elements内にはフィールドの配列のようなものが含まれます。

フォームフィールドのname属性は、フォームが送信されたときにその値がどのように識別されるかを決定します。name 属性は、フォームの elements プロパティにアクセスする際のプロパティ名としても使用できます。elements プロパティは、配列のようなオブジェクト（数字でアクセス可能）と map（名前でアクセス可能）の両方として機能するのです。

```
<form action="example/submit.html">
  Name: <input type="text" name="name"><br>
  Password: <input type="password" name="password"><br>
  <button type="submit">Log in</button>
</form>
<script>
  let form = document.querySelector("form");
  console.log(form.elements[1].type);
  // → password
  console.log(form.elements.password.type);
  // → password
  console.log(form.elements.name.form == form);
  // → true
</script>
```

type 属性が submit のボタンは、押されるとフォームが送信されるようになります。フォームフィールドがフォーカスされているときに ENTER を押しても同じ効果が生じます。

フォームの送信とは、通常、ブラウザがフォームの action 属性で指定されたページに、GET または POST のリクエストを使って移動することを意味します。しかし、その前に submit イベントが発生します。このイベントを JavaScript で処理し、イベントオブジェクトに対して preventDefault を呼び出すことで、このデフォルトの動作を防ぐことができます。

```
<form action="example/submit.html">
  Value: <input type="text" name="value">
  <button type="submit">Save</button>
</form>
<script>
  let form = document.querySelector("form");
  form.addEventListener("submit", event => {
    console.log("Saving value", form.elements.value.value);
    event.preventDefault();
  });
</script>
```

JavaScript による submit イベントのインターセプト（傍受）には、様々な用途があります。まず、ユーザーが入力した値が正しいかを確認するコードを書き、フォームを送信する代わりにエラーメッセージを即座に表示することができます。また、例のように、通常のフォーム送信方法を完全に無効にして、プログラムに入力を処理させ、場合によってはfetchを使ってページを再読み込みせずにサーバに送信することもできるのです。

テキストフィールド

<textarea>タグや<input>タグで作られた、テキストやパスワードのタイプを持つフィールドは、共通のインターフェイスを持っています。それらのDOM要素は、現在の内容を文字列値として保持するvalueプロパティを持っています。このプロパティを別の文字列に設定すると、フィールドの内容が変わります。

テキストフィールドのselectionStartプロパティとselectionEndプロパティは、テキスト内のカーソルと選択に関する情報を提供します。何も選択されていない状態では、この2つのプロパティは同じ数値を持ち、カーソルの位置を示します。たとえば、0はテキストの開始位置を、10はカーソルが10文字目以降にあることを示します。フィールドの一部が選択されている場合、この2つのプロパティは異なり、選択されたテキストの開始と終了の位置を示します。値と同様に、これらのプロパティにも書き込みが可能です。

たとえば、Khasekhemwyについての記事を書こうとしているが、彼の名前の綴りに悩んでいるとします。次のコードは、<textarea>タグにイベントハンドラを設定し、F2キーを押すと"Khasekhemwy"という文字列を挿入します。

```
<textarea></textarea>
<script>
  let textarea = document.querySelector("textarea");
  textarea.addEventListener("keydown", event => {
    // The key code for F2 happens to be 113
    if (event.keyCode == 113) {
      replaceSelection(textarea, "Khasekhemwy");
      event.preventDefault();
    }
  });
  function replaceSelection(field, word) {
    let from = field.selectionStart, to = field.selectionEnd;
    field.value = field.value.slice(0, from) + word +
                  field.value.slice(to);
    // Put the cursor after the word
    field.selectionStart = from + word.length;
    field.selectionEnd = from + word.length;
  }
</script>
```

replaceSelection 関数は、テキストフィールドの内容のうち、現在選択されている部分を指定された単語で置き換え、その単語の後にカーソルを移動させることで、ユーザーが入力を続けられるようにします。

テキストフィールドの change イベントは、何か文字が入力されるたびに発生するわけではありません。内容が変更された後にフィールドがフォーカスを失ったときに発生するのです。テキストフィールドの変更に即座に対応するには、代わりに input イベントのハンドラを登録する必要があるでしょう。input イベントは、ユーザが文字を入力したり、テキストを削除したりなど、フィールド内容の操作のたびに発生します。

次の例では、テキストフィールドと、フィールド内のテキストの現在の長さを表示するカウンターを示しています。

```
<input type="text"> length: <span id="length">0</span>
<script>
  let text = document.querySelector("input");
  let output = document.querySelector("#length");
  text.addEventListener("input", () => {
    output.textContent = text.value.length;
  });
</script>
```

チェックボックスとラジオボタン

チェックボックスフィールドは、2つの異なる値を持つトグル（ボタンをクリックするたびに特定要素の状態を切り替える機能を持つボタン）です。チェックボックスフィールドの値は、boolean 値を保持する checked プロパティによって抽出または変更されます。

```
<label>
  <input type="checkbox" id="purple"> Make this page purple
</label>
<script>
  let checkbox = document.querySelector("#purple");
  checkbox.addEventListener("change", () => {
    document.body.style.background =
      checkbox.checked ? "mediumpurple" : "";
  });
</script>
```

<label> タグは、ドキュメントの一部と入力フィールドを関連付けます。ラベルのどこかをクリックするとフィールドがアクティブになり、チェックボックスやラジオボタンの場合はフィー

ルドがフォーカスされ、値が切り替わります。

ラジオボタンは、チェックボックスと似ていますが、同じname属性を持つ他のラジオボタンと暗黙のうちにリンクされており、つねに1つのラジオボタンだけがアクティブになるようになっています。

```
Color:
<label>
  <input type="radio" name="color" value="orange"> Orange
</label>
<label>
  <input type="radio" name="color" value="lightgreen"> Green
</label>
<label>
  <input type="radio" name="color" value="lightblue"> Blue
</label>
<script>
  let buttons = document.querySelectorAll("[name=color]");
  for (let button of Array.from(buttons)) {
    button.addEventListener("change", () => {
      document.body.style.background = button.value;
    });
  }
</script>
```

querySelectorAllに与えられたCSSクエリの角括弧は、属性のマッチングに使われます。そのname属性が"color"である要素が選択されるのです。

セレクトフィールド

セレクトフィールドは、ラジオボタンと概念的には似ています。しかし、ラジオボタンでは選択肢のレイアウトを自分で決めることができますが、<select>タグの外観はブラウザが決定します。

セレクトフィールドには、ラジオボックスではなく、チェックボックスのリストに似たバリエーションもあります。<select>タグにmultiple属性を指定すると、ユーザーは1つの選択肢だけでなく、任意の数の選択肢を選択できるのです。ほとんどのブラウザでは、通常のセレクトフィールドとは異なる表示になります。通常のセレクトフィールドは、ドロップダウン制御として描かれ、開いたときにだけオプションが表示されます。

<option>タグはそれぞれ値を持ちます。この値は、value属性で定義できます。value属性が指定されていない場合は、オプション内のテキストが値としてカウントされます。<select>要素のvalueプロパティは、現在選択されているオプションを反映します。しかし、multipleフィー

ルドの場合は、現在選択されているオプションのうちの1つの値だけが表示されるので、このプロパティはあまり意味を持ちません。

<select> フィールドの <option> タグは、フィールドの options プロパティを通じて、配列のようなオブジェクトとしてアクセス可能です。各オプションには selected というプロパティがあり、そのオプションが現在選択されているかを示します。このプロパティは、オプションを選択または選択解除するように書くこともできます。

この例では、複数選択フィールドから選択された値を抽出し、それを使って個々のビットから2進数を構成しています。複数のオプションを選択するには、Ctrl（Mac の場合は command）を押したままにします。

```
<select multiple>
  <option value="1">0001</option>
  <option value="2">0010</option>
  <option value="4">0100</option>
  <option value="8">1000</option>
</select> = <span id="output">0</span>
<script>
  let select = document.querySelector("select");
  let output = document.querySelector("#output");
  select.addEventListener("change", () => {
    let number = 0;
    for (let option of Array.from(select.options)) {
      if (option.selected) {
        number += Number(option.value);
      }
    }
    output.textContent = number;
  });
</script>
```

ファイルフィールド

ファイルフィールドは元々、ユーザーのマシンからフォームを通じてファイルをアップロードするための手段として設計されました。最近のブラウザでは、JavaScript プログラムからファイルを読み込むための手段としても使われています。ファイルフィールドは一種のゲートキーパー（門番）の役割を果たします。スクリプトはユーザーのコンピュータからプライベートなファイルを簡単に読み始めることはできませんが、ユーザーがこのようなフィールドでファイルを選択すると、ブラウザはスクリプトがそのファイルを読んでもよいという意味に解釈します。

ファイルフィールドは通常、"select file" や "browse" などのラベルが貼られたボタンのような形をしており、その横には選択されたファイルに関する情報が表示されます。

```
<input type="file">
<script>
  let input = document.querySelector("input");
  input.addEventListener("change", () => {
    if (input.files.length > 0) {
      let file = input.files[0];
      console.log("You chose", file.name);
      if (file.type) console.log("It has type", file.type);
    }
  });
</script>
```

ファイルフィールド要素である file プロパティは、そのフィールドで選択されたファイルを含む配列状のオブジェクトです（実際の配列ではありません）。最初は空です。単純に file プロパティがないのは、ファイルフィールドが multiple 属性もサポートしており、複数のファイルを同時に選択できるからです。

file オブジェクトのオブジェクトは、name（ファイル名）、size（ファイルのサイズ、8 ビットの塊であるバイト数）、type（ファイルのメディアタイプ、text/plain や image/jpeg など）などのプロパティを持っています。

しかし、ファイルの内容を表すプロパティはありません。このプロパティを取得するには、少し複雑な作業が必要です。ディスクからのファイルの読み込みには時間がかかるので、ドキュメントがフリーズしないように、インターフェイスは非同期でなければなりません。


```
<input type="file" multiple>
<script>
  let input = document.querySelector("input");
  input.addEventListener("change", () => {
    for (let file of Array.from(input.files)) {
      let reader = new FileReader();
      reader.addEventListener("load", () => {
        console.log("File", file.name, "starts with",
                    reader.result.slice(0, 20));
      });
      reader.readAsText(file);
    }
  });
</script>
```

ファイルの読み込みは、FileReader オブジェクトを作成し、その "load" イベントハンドラを登録し、readAsText メソッドを呼び出して、読み込みたいファイルを渡します。読み込みが完了すると、リーダーの result プロパティにファイルの内容が格納されます。

FileReaders は、何らかの理由でファイルの読み込みに失敗した場合、"error" イベントを発生させ、エラーオブジェクト自体がファイルリーダーの error プロパティに格納されます。このインターフェイスは、promise が JavaScript に採用される前に設計されました。そのため、以下のように promise でラップすることができます。

```
function readFileText(file) {
  return new Promise((resolve, reject) => {
    let reader = new FileReader();
    reader.addEventListener(
      "load", () => resolve(reader.result));
    reader.addEventListener(
      "error", () => reject(reader.error));
    reader.readAsText(file);
  });
}
```

クライアントサイドでのデータ保存

シンプルな HTML ページと少しの JavaScript の組み合わせは、基本的な作業を自動化する小さなお助けプログラムである「ミニアプリケーション」のための偉大なフォーマットとなり得ます。いくつかのフォームフィールドをイベントハンドラで接続することにより、センチメートルとインチの変換や、マスターパスワードと Web サイト名からのパスワードの計算などが可能になるのです。

このようなアプリケーションでは、セッション間で何かを記憶しておく必要がありますが、JavaScript のバインディングはページが閉じられるたびに捨てられるため、JavaScript のバインディングは使用できません。サーバを用意してインターネットに接続し、そこにアプリケーションが何かを保存することはできます。その方法は 20 章で説明しましょう。しかし、それでは余計な仕事が増え、複雑になってしまいます。ときには、ブラウザにデータを保存しておくだけで十分なこともあるでしょう。

localStorage オブジェクトは、ページの再読み込みに耐え得る形でデータを保存するために使用可能です。このオブジェクトでは、文字列の値を名前の下にファイル保存できます。

```
localStorage.setItem("username", "marijn");
console.log(localStorage.getItem("username"));
// → marijn
localStorage.removeItem("username");
```

localStorageの値は、上書きされるか、removeItemで削除されるか、ユーザーがローカルデータを消去するかのいずれかまでは、ずっと残ります。

異なるドメインのサイトは、異なるストレージ区画を取得します。つまり、あるWebサイトでlocalStorageに保存されたデータは、原則として同じサイトのスクリプトでしか読めない（上書きできない）ことになるでしょう。

ブラウザは、サイトがlocalStorageに保存できるデータのサイズに制限を設けています。この制限と、人々のハードドライブをジャンクファイルで一杯にしても実際には利益にならないという事実によって、この機能がスペースを取り過ぎることを防いでいるのです。

次のコードは、粗いメモを取るアプリケーションを実装しています。このアプリケーションは、名前の付いたメモのセットを保持し、ユーザーがメモを編集したり、新しいメモを作成したりできるようにしています。

```
Notes: <select></select> <button>Add</button><br>
<textarea style="width: 100%"></textarea>

<script>
  let list = document.querySelector("select");
  let note = document.querySelector("textarea");

  let state;
  function setState(newState) {
    list.textContent = "";
    for (let name of Object.keys(newState.notes)) {
      let option = document.createElement("option");
      option.textContent = name;
      if (newState.selected == name) option.selected = true;
      list.appendChild(option);
    }
    note.value = newState.notes[newState.selected];

    localStorage.setItem("Notes", JSON.stringify(newState));
    state = newState;
  }
  setState(JSON.parse(localStorage.getItem("Notes")) || {
    notes: {"shopping list": "Carrots\nRaisins"},
    selected: "shopping list"
  });

  list.addEventListener("change", () => {
    setState({notes: state.notes, selected: list.value});
  });
```

```
    note.addEventListener("change", () => {
      setState({
        notes: Object.assign({}, state.notes,
                             {[state.selected]: note.value}),
        selected: state.selected
      });
    });
    document.querySelector("button")
      .addEventListener("click", () => {
        let name = prompt("Note name");
        if (name) setState({
          notes: Object.assign({}, state.notes, {[name]: ""}),
          selected: name
        });
      });
  </script>
```

スクリプトは、localStorage に格納されている "Notes" の値から開始状態を取得するか、それがない場合は、ショッピングリストだけを持つ例の状態を作成します。localStorage から存在しないフィールドを読み込むと、null が返されます。JSON.parse に null を渡すと、文字列 "null " を解析して null を返します。このように、|| 演算子を使うと、こうした状況でもデフォルト値を提供できるのです。

setState メソッドは、DOM が指定された状態を表示していることを確認し、新しい状態を localStorage に保存します。イベントハンドラはこの関数を呼び出して新しい状態に移行します。

この例での Object.assign の使用は、古い state.notes のクローンでありながら、1 つのプロパティが追加または上書きされた新しいオブジェクトを作成することを目的としています。Object.assign は、最初の引数を取り、それ以降の引数のすべてのプロパティを追加します。したがって、空のオブジェクトを与えると、新しいオブジェクトを埋めることになるのです。第 3 引数の角括弧表記は、何らかの動的な値に基づいた名前を持つプロパティを作成するために使用されます。

localStorage に似たオブジェクトとして、sessionStorage というものがあります。この 2 つのオブジェクトの違いは、sessionStorage の内容は各セッションの終了時に忘れられることです。

まとめ

本章では、HTTP プロトコルの仕組みについて説明しました。クライアントはリクエストを送信します。リクエストには、メソッド（通常は GET）とリソースを特定するパスが含まれます。サーバは、リクエストの処理を決定し、ステータスコードとレスポンスボディで応答します。リクエストとレスポンスの両方に、追加情報を提供するヘッダーが含まれることもあります。

ブラウザのJavaScriptがHTTPリクエストを行うためのインターフェイスはfetchと呼ばれます。リクエストは以下のようになります。

```
fetch("/18_http.html").then(r => r.text()).then(text => {
  console.log(`The page starts with ${text.slice(0, 15)}`);
});
```

ブラウザは、Webページの表示に必要なリソースを取得するためにGETリクエストを行います。また、ページにはフォームが含まれることがあります。フォームは、ユーザーが入力した情報を、フォームが送信されたときに新しいページへのリクエストとして送信することができます。

HTMLは、テキストフィールド、チェックボックス、マルチプルチョイスフィールド、ファイルピッカーなど、様々なタイプのフォームフィールドを表現できます。

これらのフィールドは、JavaScriptで検査・操作することが可能です。これらのフィールドが変更されるとchangeイベントが発生し、テキストが入力されるとinputイベントが発生し、キーボードフォーカスがあるとkeyboadイベントを受け取ります。フィールドの内容を読み込んだり設定したりするには、value（テキストフィールドやセレクトフィールドの場合）やchecked（チェックボックスやラジオボタンの場合）などのプロパティを使用します。

フォームが送信されると、submitイベントが発生します。JavaScriptハンドラは、このイベントでpreventDefaultを呼び出し、ブラウザのデフォルト動作を無効にすることができます。フォームフィールドの要素は、formタグの外にも出現します。

ユーザーがファイルピッカーフィールドでローカルファイルシステムからファイルを選択した場合、FileReaderインターフェイスを使用して、JavaScriptプログラムからこのファイルのコンテンツにアクセスできます。

localStorageおよびsessionStorageオブジェクトを使用すると、ページの再読み込みに耐えられる方法で情報を保存することができます。1つ目のオブジェクトはデータを永久に（またはユーザーが消去するまで）保存し、2つ目のオブジェクトはブラウザが閉じられるまで保存します。

練習問題

コンテントネゴシエーション

HTTPができることの1つにコンテントネゴシエーションと呼ばれるものがあります。Acceptリクエストヘッダーは、クライアントがどのような種類のドキュメントを取得したいかをサーバに伝えるために使用されます。多くのサーバはこのヘッダーを無視しますが、サーバがリソースをエンコードする様々な方法を知っている場合、このヘッダーを見て、クライアントが好むものを送信することができるのです。

URL https://eloquentjavascript.net/author は、クライアントの要求に応じて、プレーンテキスト、HTML、JSON のいずれかで応答するように設定されています。これらのフォーマットは、標準化されたメディアタイプである text/plain、text/html、および application/json によって識別されます。

このリソースの3つのフォーマットすべてを取得するリクエストを送信しましょう。fetch に渡された option オブジェクトの headers プロパティを使用して、Accept という名前のヘッダーを希望のメディアタイプに設定します。

最後に、メディアタイプとして application/rainbows+unicorns を指定してみて、どのようなステータスコードが生成されるかを確認しましょう。

JavaScriptの 作業台

JavaScript のコードを入力して実行できるインターフェイスを作ってみましょう。

<textarea> フィールドの横にボタンを配置し、ボタンが押されると、10 章の「データをコードとして評価する」で紹介した Function コンストラクタを使って、テキストを関数で囲み、それを呼び出します。関数の戻り値やエラーが発生した場合は文字列に変換し、テキストフィールドの下に表示します。

ライフゲーム

ライフゲームは、グリッド上に人工的な「生命」を作り出し、その各セルが生きているかいないかを判断するシンプルなシミュレーションです。世代（ターン）ごとに、以下のルールが適用されます。

- 生きている隣人が2人より小さいまたは3人より大きい生きているセルは死ぬ
- 隣人が2人または3人の生きているセルは、次の世代まで生き続ける
- 正確に3つの生きている隣人を持つ、死んだセルは、生き返る

「隣人」とは、対角線上に隣接するセルも含めて、隣接するセルと定義します。

なお、これらのルールは1マスずつではなく、グリッド全体に一度に適用されます。つまり、隣人の数は生成開始時の状況に基づいており、生成中に隣人のセルに起こった変化は、与えられたセルの新しい状態に影響を与えるべきではないということです。

あなたが適切だと思うデータ構造を使って、このゲームを実装してください。Math.random を使って、最初はランダムなパターンでグリッドを埋めます。それをチェックボックスフィールドのグリッドとして表示し、その横に次の世代に進むためのボタンを配置します。ユーザーがチェックボックスにチェックを入れたり外したりすると、その変化が次世代の計算に反映されるようにするのです。

"目の前にあるたくさんの色に目を向けます。私は自分の真っ白なキャンバスを見ます。そして、詩を形作る言葉のように、音楽を形作る音符のように、色を適用しようとするのです"

— ジョアン・ミロ

Chapter

19 プロジェクト：ピクセル・アート・エディター

前章までの内容で、基本的なWebアプリケーションを構築するために必要な要素がすべて揃いました。この章では、実際に構築しましょう。

以下のアプリケーションは、ピクセル描画プログラムです。これは、色の付いた正方形のグリッドとして表示される画像の拡大表示を操作することで、画像をピクセル単位で修正できます。このプログラムを使えば、画像ファイルを開き、マウスやその他のポインターを使って画像に落書きし、保存することができるでしょう。こんな感じで表示されます。

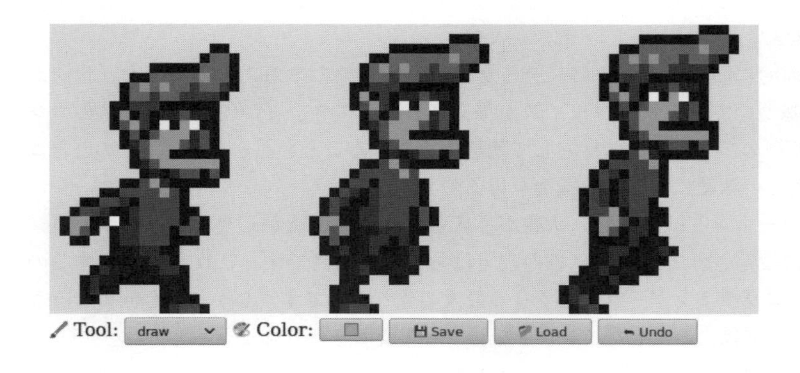

コンピュータで絵を描くのは素晴らしいことです。材料も技術も才能も気する必要はありません。ただひたすら汚していくのです。

コンポーネント

このアプリケーションのインターフェイスには、上部に大きな <canvas> 要素があり、その下にいくつかのフォームフィールドがあります。ユーザーは <select> フィールドからツールを選択し、キャンバス上をクリック、タッチ、ドラッグして絵を描きます。ツールには、単一のピクセルや四角形を描くもの、領域を塗りつぶすもの、絵から色を選ぶものなどがあります。

ここでは、エディタ・インターフェイスをいくつかのコンポーネントとして構成します。コンポーネントとは、DOMの一部を担当するオブジェクトであり、その中に他のコンポーネントを含むことができます。

アプリケーションの状態は、現在の画像、選択されたツール、選択された色で構成されます。

ここでは、状態が1つの値に収まるように設定し、インターフェイスのコンポーネントはつねに現在の状態に基づいて表示されるようにします。

これがなぜ重要なのかを理解するために、状態の断片をインターフェイス全体に分散させるという代替案を考えてみましょう。ある程度までは、この方法の方が簡単にプログラムできます。カラーフィールドを設置し、現在の色を知る必要があるときにその値を読み取ればいいからです。

しかし、次にカラーピッカーを追加します。カラーピッカーとは、画像をクリックして特定のピクセルの色を選択するツールです。カラーフィールドに正しい色を表示し続けるには、そのツールがカラーフィールドの存在を知り、新しい色を選択するたびに更新する必要があります。もし、色を見えるようにする別の場所（マウスカーソルで表示できるかもしれません）を追加することがあれば、それと同期させるために色を変更するコードも更新しなければなりません。

これでは、インターフェイスの各部分が他のすべての部分について知る必要があり、モジュール性に欠けるという問題が生じます。この章で紹介するような小さなアプリケーションでは、これは問題にならないかもしれません。しかし、大規模なプロジェクトでは、これが本当の悪夢になりかねません。

こうした悪夢を原理的に回避するために、データの流れを厳格にすることにします。状態があって、その状態に基づいてインターフェイスが描画されるのです。インターフェイスのコンポーネントは、ユーザーのアクションに反応して状態を更新することもありますが、このときコンポーネントはこの新しい状態に同期する機会を得るのです。

実際には、各コンポーネントは、新しい状態が与えられると、更新が必要な子コンポーネントにも通知するように設定されています。この設定はちょっと面倒です。これを便利にするのが、多くのブラウザプログラミング・ライブラリの最大の売りなのです。しかし、今回のような小さなアプリケーションでは、そうしたインフラなしでも実現できるでしょう。

状態の更新はオブジェクトとして表現され、それは action と呼ばれます。コンポーネントはこのような action を作成し、それをディスパッチして、中央の状態管理機能に渡します。この関数は次の状態を計算し、その後、インターフェイスのコンポーネントは自分自身を新しい状態に更新します。

私たちは、ユーザーインターフェイスを実行するという厄介なタスクを、いくつかの構造に当てはめています。DOM に関連する部分はまだ多くのサイドエフェクトがありますが、それらは概念的にシンプルなバックボーン、つまり状態アップデート・サイクルによって支えられています。状態は、DOM がどのように見えるかを決定し、DOM イベントが状態を変える唯一の方法は、状態に action をディスパッチすることなのです。

このアプローチには多くのバリエーションがあり、それぞれに利点や問題点がありますが、中心となる考え方は同じです。状態の変更は、あちこちで起こるのではなく、よく定義された単一のチャネルを経由するべきなのです。

アプリケーションの状態

アプリケーションの状態は、picture、tool、および color のプロパティを持つオブジェクトです。picture はそれ自体がオブジェクトであり、画像の幅、高さ、ピクセルの内容を格納します。ピクセルは、6 章の行列クラスと同じように、上から下に向かって 1 行ずつ配列で格納されます。

```
class Picture {
  constructor(width, height, pixels) {
    this.width = width;
    this.height = height;
    this.pixels = pixels;
  }
  static empty(width, height, color) {
    let pixels = new Array(width * height).fill(color);
    return new Picture(width, height, pixels);
  }
  pixel(x, y) {
    return this.pixels[x + y * this.width];
  }
  draw(pixels) {
    let copy = this.pixels.slice();
    for (let {x, y, color} of pixels) {
      copy[x + y * this.width] = color;
    }
    return new Picture(this.width, this.height, copy);
  }
}
```

この章の後半で説明しますが、私たちは picture を不変の値として扱いたいと考えています。しかし、一度にたくさんのピクセルを更新しなければならないこともあります。このクラスには、更新されたピクセル（x、y、および color のプロパティを持つオブジェクト）の配列を受け取り、それらのピクセルを上書きした新しい picture を作成する draw メソッドがあります。このメソッドは、引数なしの slice を使用して、ピクセル配列全体をコピーします。slice の開始点はデフォルトで 0、終了点はデフォルトで配列の長さになります。

empty メソッドでは、これまでに見たことのない配列の機能を 2 つ使用しています。配列のコンストラクタに数値を指定して呼び出すと、指定した長さの空の配列が作成されます。また、fill メソッドを使用すると、指定した値でこの配列を埋めることができます。これらを使って、すべてのピクセルが同じ色の配列を作成します。

色は、ハッシュマーク（#）と 6 桁の 16 進数（赤 2 桁、緑 2 桁、青 2 桁）で構成される伝統的な CSS カラーコードの文字列として保存されます。これは、色を記述するにはやや難解で不便な方法ですが、HTMLの色入力フィールドで使用されている形式であり、canvasの描画コンテキストのfillColorプロパティでも使用できるので、このプログラムで色を使用する方法としては、十分に実用的です。

すべての成分がゼロの黒は「#000000」と書かれ、鮮やかなピンクは「#ff00ff」のように、赤と青の成分が最大値の255となります。a～fで10～15の数字を表す16進法では、最大値はffと表記されるのです。

ここでは、インターフェイスがactionを、以前の状態のプロパティを上書きするオブジェクトとしてディスパッチできるようにします。ユーザーがカラーフィールドを変更すると、{color: field.value}のようなオブジェクトがディスパッチされ、この更新関数が新しい状態を計算できるようになるのです。

```
function updateState(state, action) {
  return Object.assign({}, state, action);
}
```

より便利な表記法として、トリプルドット演算子を使って、他のオブジェクトのプロパティをすべてオブジェクト式に含める方法もありますが、これは現在、標準化の最終段階にあります。これを使えば、{...state, ...action}と書くことができるでしょう。ただこの記事を書いている時点では、まだすべてのブラウザで動作するわけではありません。

DOM構築

インターフェイス・コンポーネントが行う主なことの1つに、DOM構造の作成があります。冗長なDOMメソッドを直接使いたくないので、ここではelt関数を少し拡張したバージョンを紹介しましょう。

```
function elt(type, props, ...children) {
  let dom = document.createElement(type);
  if (props) Object.assign(dom, props);
  for (let child of children) {
    if (typeof child != "string") dom.appendChild(child);
    else dom.appendChild(document.createTextNode(child));
  }
  return dom;
}
```

16章の「描画」で使ったバージョンとの主な違いは、このバージョンでは、属性ではなく、プロパティをDOMノードに割り当てることです。つまり、任意の属性を設定することはできませんが、値が文字列ではないプロパティを設定することはできるのです。たとえば、onclick に関数を設定して、click イベントハンドラを登録することができます。

これにより、以下のようなスタイルでイベントハンドラを登録できるでしょう。

```
<body>
  <script>
    document.body.appendChild(elt("button", {
      onclick: () => console.log("click")
    }, "The button"));
  </script>
</body>
```

canvas

最初に定義するコンポーネントは、picture を色の付いた正方形のグリッドとして表示するインターフェイスの部分です。このコンポーネントは、画像を表示すること、そしてその画像に関する pointer イベントをアプリケーションの他の部分に伝達することという 2 つの役割を担っています。

そのため、アプリケーション全体の状態ではなく、現在の picture だけを知っているコンポーネントと定義できます。アプリケーション全体の動作を知らないので、action を直接ディスパッチすることはできません。むしろ、pointer イベントにレスポンスする際には、このコンポーネントを作成したコードが提供するコールバック関数を呼び出し、アプリケーション固有の部分を処理します。

```
const scale = 10;

class PictureCanvas {
  constructor(picture, pointerDown) {
    this.dom = elt("canvas", {
      onmousedown: event => this.mouse(event, pointerDown),
      ontouchstart: event => this.touch(event, pointerDown)
    });
    this.syncState(picture);
  }
  syncState(picture) {
    if (this.picture == picture) return;
    this.picture = picture;
    drawPicture(this.picture, this.dom, scale);
  }
}
```

各ピクセルは、scale 定数で決められた 10 × 10 の正方形として描画されます。不要な作業を避けるため、コンポーネントは現在の picture を追跡し、syncState に新しい picture が与えられたときにのみ再描画します。

実際の描画関数は、scale と画像サイズに基づいて canvas のサイズを設定し、各ピクセルに対応する一連の正方形で canvas を埋めます。

```
function drawPicture(picture, canvas, scale) {
  canvas.width = picture.width * scale;
  canvas.height = picture.height * scale;
  let cx = canvas.getContext("2d");

  for (let y = 0; y < picture.height; y++) {
    for (let x = 0; x < picture.width; x++) {
      cx.fillStyle = picture.pixel(x, y);
      cx.fillRect(x * scale, y * scale, scale, scale);
    }
  }
}
```

画像の canvas 上にマウスを置いた状態で左ボタンを押すと、コンポーネントは pointerDown コールバックを呼び出し、クリックされたピクセルの位置（画像の座標）を与えます。これにより、画像に対するマウス操作が実装されることになります。このコールバックは、別のコールバック関数を返すことができ、ボタンを押している間にポインタが別のピクセルに移動したときに通知されます。

```
PictureCanvas.prototype.mouse = function(downEvent, onDown) {
  if (downEvent.button != 0) return;
  let pos = pointerPosition(downEvent, this.dom);
  let onMove = onDown(pos);
  if (!onMove) return;
  let move = moveEvent => {
    if (moveEvent.buttons == 0) {
      this.dom.removeEventListener("mousemove", move);
    } else {
      let newPos = pointerPosition(moveEvent, this.dom);
      if (newPos.x == pos.x && newPos.y == pos.y) return;
      pos = newPos;
      onMove(newPos);
    }
  };
  this.dom.addEventListener("mousemove", move);
```

```
  };

function pointerPosition(pos, domNode) {
  let rect = domNode.getBoundingClientRect();
  return {x: Math.floor((pos.clientX - rect.left) / scale),
          y: Math.floor((pos.clientY - rect.top) / scale)};
}
```

ピクセルのサイズがわかっており、getBoundingClientRectを使って画面上のcanvasの位置がわかるので、mouseイベントの座標（clientXとclientY）から画像の座標に変換できます。これらはつねに切り捨てられるので、特定のピクセルを参照できるのです。

touchイベントでも同じようなことをしなければなりませんが、異なるイベントを使用し、パンニングを防ぐために"touchstart"イベントでpreventDefaultを呼び出すようにします。

```
PictureCanvas.prototype.touch = function(startEvent,
                                         onDown) {
  let pos = pointerPosition(startEvent.touches[0], this.dom);
  let onMove = onDown(pos);
  startEvent.preventDefault();
  if (!onMove) return;
  let move = moveEvent => {
    let newPos = pointerPosition(moveEvent.touches[0],
                                 this.dom);
    if (newPos.x == pos.x && newPos.y == pos.y) return;
    pos = newPos;
    onMove(newPos);
  };
  let end = () => {
    this.dom.removeEventListener("touchmove", move);
    this.dom.removeEventListener("touchend", end);
  };
  this.dom.addEventListener("touchmove", move);
  this.dom.addEventListener("touchend", end);
};
```

touchイベントの場合、clientXとclientYはeventオブジェクトでは直接利用できませんが、touchesプロパティで最初のtouchオブジェクトの座標を利用できます。

アプリケーション

アプリケーションを少しずつ構築できるように、画像のcanvasと、コンストラクタに渡す動的なツールと control のセットを囲むソフトウェア部品として、主要なコンポーネントを実装しましょう。

control は、画像の下に表示されるインターフェイス要素であり、コンポーネントのコンストラクタの配列として提供されます。

ツールは、ピクセルを描画したり、領域を塗りつぶしたりします。アプリケーションは、利用可能なツールのセットを <select> フィールドとして表示します。現在選択されているツールは、ユーザーがポインタデバイスを使って絵を操作したときの動作を決定します。利用可能なツールのセットは、ドロップダウンフィールドに表示される名前と、そのツールを実装する関数を対応付けるオブジェクトとして提供されます。このような関数は、引数として画像の位置、現在のアプリケーションの状態、ディスパッチ関数を受け取ります。これらの関数は、ポインタが別のピクセルに移動したときに、新しい位置と現在の状態で呼び出される move ハンドラ関数を返すことができます。

```
class PixelEditor {
  constructor(state, config) {
    let {tools, controls, dispatch} = config;
    this.state = state;

    this.canvas = new PictureCanvas(state.picture, pos => {
      let tool = tools[this.state.tool];
      let onMove = tool(pos, this.state, dispatch);
      if (onMove) return pos => onMove(pos, this.state);
    });
    this.controls = controls.map(
      Control => new Control(state, config));
    this.dom = elt("div", {}, this.canvas.dom, elt("br"),
                   ...this.controls.reduce(
                     (a, c) => a.concat(" ", c.dom), []));
  }
  syncState(state) {
    this.state = state;
    this.canvas.syncState(state.picture);
    for (let ctrl of this.controls) ctrl.syncState(state);
  }
}
```

PictureCanvas に与えられた pointer ハンドラは、現在選択されているツールを適切な引数で呼び出し、それが move ハンドラを返す場合は、その状態も受け取るように適応させます。

すべての control は、アプリケーションの状態が変更されたときに更新できるように、構築されて this.controls に格納されます。reduce 呼び出しは、control の DOM 要素間にスペースを導入します。そうすることで、くっついているようには見えなくなるのです。

最初のcontrolは、ツールの選択メニューです。これは、各ツールのオプションを持つ<select>要素を作成し、ユーザーが別のツールを選択したときにアプリケーションの状態を更新するchangeイベントハンドラを設定します。

```
class ToolSelect {
  constructor(state, {tools, dispatch}) {
    this.select = elt("select", {
      onchange: () => dispatch({tool: this.select.value})
    }, ...Object.keys(tools).map(name => elt("option", {
      selected: name == state.tool
    }, name)));
    this.dom = elt("label", null, "🖌 Tool: ", this.select);
  }
  syncState(state) { this.select.value = state.tool; }
}
```

labelのテキストとフィールドを<label>要素で囲むことで、labelがそのフィールドに属していることをブラウザに伝え、たとえば、labelをクリックするとフィールドがフォーカスされるようにします。

色を変更する必要があるので、そのためのcontrolを追加しましょう。HTMLの<input>要素のtype属性にcolorを指定すると、色を選択するための専用のフォームフィールドが得られます。このフィールドの値は、つねに「#RRGGBB」形式のCSSカラーコード（赤、緑、青の各成分、各色2桁）です。ユーザーがブラウザにアクセスすると、カラーピッカーのインターフェイスが表示されます。

ブラウザによっては、カラーピッカーは次のように表示されるでしょう。

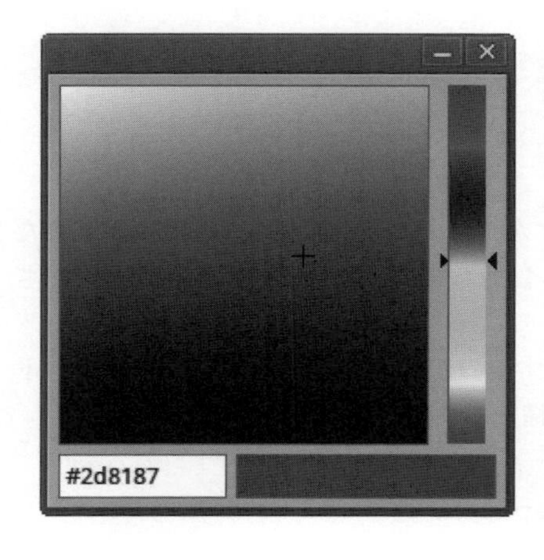

このcontrolでは、こうしたフィールドを作成し、アプリケーションの状態のcolorプロパティと同期するようにつなげています。

```
class ColorSelect {
  constructor(state, {dispatch}) {
    this.input = elt("input", {
      type: "color",
      value: state.color,
      onchange: () => dispatch({color: this.input.value})
    });
    this.dom = elt("label", null, "🎨 Color: ", this.input);
  }
  syncState(state) { this.input.value = state.color; }
}
```

描画ツール

何かを描く前に、canvas上のマウスやタッチのイベントの機能を制御するツールを実装する必要があります。

最も基本的なツールは描画ツールであり、クリックやタップしたピクセルを現在選択されている色に変更します。描画ツールは、指定したピクセルが現在選択されている色に変更されるように、画像を更新するactionをディスパッチします。

```
function draw(pos, state, dispatch) {
  function drawPixel({x, y}, state) {
    let drawn = {x, y, color: state.color};
    dispatch({picture: state.picture.draw([drawn])});
  }
  drawPixel(pos, state);
  return drawPixel;
}
```

この関数は、すぐにdrawPixel関数を呼び出しますが、ユーザーが画像の上をドラッグまたはスワイプしたときに、新たにタッチされたピクセルに対してdrawPixel関数が再び呼び出されるように、drawPixel関数を返します。

より大きな図形を描くには、素早く四角形を作成するのが便利です。四角形ツールは、ドラッグを開始した点とドラッグした点の間に四角形を描きます。

```
function rectangle(start, state, dispatch) {
```

```
  function drawRectangle(pos) {
    let xStart = Math.min(start.x, pos.x);
    let yStart = Math.min(start.y, pos.y);
    let xEnd = Math.max(start.x, pos.x);
    let yEnd = Math.max(start.y, pos.y);
    let drawn = [];
    for (let y = yStart; y <= yEnd; y++) {
      for (let x = xStart; x <= xEnd; x++) {
        drawn.push({x, y, color: state.color});
      }
    }
    dispatch({picture: state.picture.draw(drawn)});
  }
  drawRectangle(start);
  return drawRectangle;
}
```

この実装で重要なのは、ドラッグすると、四角形が元の状態から画像に再描画されることです。このようにすることで、画像を作成しながら四角形を大きくしたり小さくしたりでき、中間の四角形が最終的な画像に残ってしまうことはありません。これが、不変の picture オブジェクトが有用である理由の１つです。なお、もう１つの理由は後述します。

塗りつぶしツールの実装はもう少し複雑です。このツールは、ポインターの下のピクセルと、それに隣接するすべての同じ色のピクセルを塗りつぶします。「隣接」とは、対角線上ではなく、水平または垂直方向に直接接していることを意味します。次の図は、マークされたピクセルに塗りつぶしツールを使用したときに着色されるピクセルのセットを示しています。

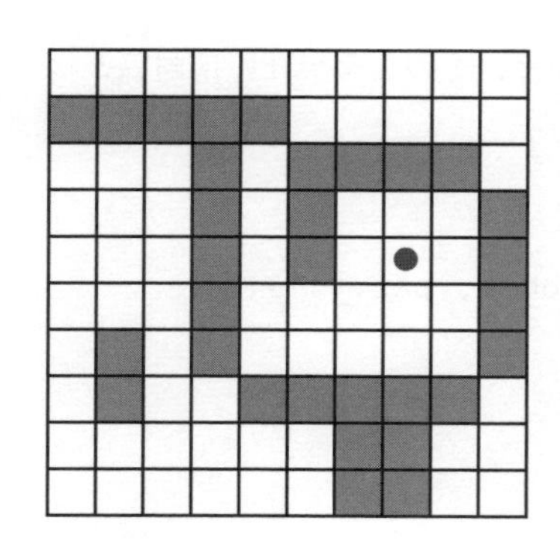
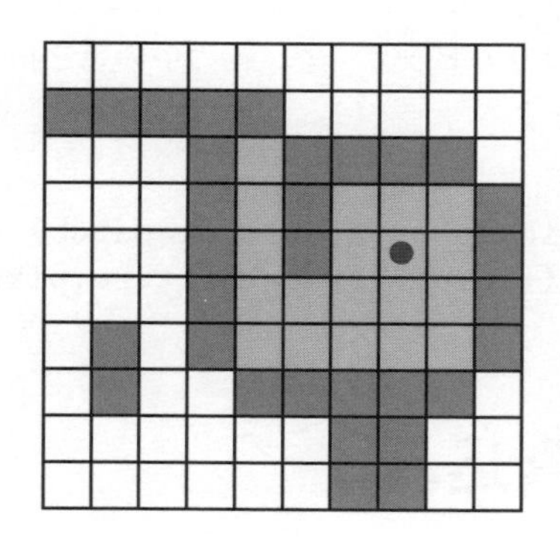

興味深いことに、このやり方は、７章の経路探索のコードに少し似ています。あのコードはグラフを検索して経路を見つけましたが、このコードはグリッド（格子）を検索してすべての「つながっている」ピクセルを見つけます。可能性のあるルートの分岐セットを追跡するという

問題にも似ているのです。

```
const around = [{dx: -1, dy: 0}, {dx: 1, dy: 0},
                {dx: 0, dy: -1}, {dx: 0, dy: 1}];

function fill({x, y}, state, dispatch) {
  let targetColor = state.picture.pixel(x, y);
  let drawn = [{x, y, color: state.color}];
  for (let done = 0; done < drawn.length; done++) {
    for (let {dx, dy} of around) {
      let x = drawn[done].x + dx, y = drawn[done].y + dy;
      if (x >= 0 && x < state.picture.width &&
          y >= 0 && y < state.picture.height &&
          state.picture.pixel(x, y) == targetColor &&
          !drawn.some(p => p.x == x && p.y == y)) {
        drawn.push({x, y, color: state.color});
      }
    }
  }
  dispatch({picture: state.picture.draw(drawn)});
}
```

描画されたピクセルの配列は、この関数の作業リストを兼ねています。各ピクセルに到達するたびに、隣接するピクセルが同じ色で、まだ塗り潰されていないかを確認しなければなりません。新しいピクセルが追加されると、ループカウンタは draun 配列の長さよりも遅れを取ります。先行するピクセルは、まだ探索する必要があります。カウンターが長さに追いつくと、未探索のピクセルがなくなり、この関数は終了します。

最後のツールはカラーピッカーで、絵の中の色を指定すると、その色を現在の描画色として使えるようになります。

```
function pick(pos, state, dispatch) {
  dispatch({color: state.picture.pixel(pos.x, pos.y)});
}
```

保存と読み込み

傑作が描けたら、後のために保存しておきたいものです。そこで、現在の絵を画像ファイルとしてダウンロードするボタンを追加する必要があります。以下の control はそのボタンを提供します。

```
class SaveButton {
  constructor(state) {
    this.picture = state.picture;
    this.dom = elt("button", {
      onclick: () => this.save()
    }, "💾 Save");
  }
  save() {
    let canvas = elt("canvas");
    drawPicture(this.picture, canvas, 1);
    let link = elt("a", {
      href: canvas.toDataURL(),
      download: "pixelart.png"
    });
    document.body.appendChild(link);
    link.click();
    link.remove();
  }
  syncState(state) { this.picture = state.picture; }
}
```

コンポーネントは、保存時にアクセスできるように、現在の picture を追跡します。画像ファイルを作成するために、<canvas> 要素を使用し、その上に画像を描画します（1 ピクセルごとのスケールで）。

canvas 要素の toDataURL メソッドは、data: で始まる URL を作成します。http: や https: の URL とは異なり、データ URL はリソース全体を URL に含んでいます。データ URL は通常非常に長く、ブラウザ上で任意の画像へのリンクを作成できます。

実際にブラウザに画像をダウンロードさせるには、この URL を指し、download 属性を持つ link 要素を作成します。このリンクをクリックすると、ブラウザにファイル保存ダイアログが表示されるようになります。このリンクをドキュメントに追加すれば、クリックをシミュレートして、再びドキュメントを削除します。

ブラウザの技術を使えばいろいろなことができますが、その方法がちょっと変わっていることもあります。

さらに悪いことがあります。既存の画像ファイルをアプリケーションに読み込めるようにしましょう。そのために、再び button コンポーネントを定義します。

```
class LoadButton {
  constructor(_, {dispatch}) {
    this.dom = elt("button", {
      onclick: () => startLoad(dispatch)
```

```
    }, "📂 Load");
  }
  syncState() {}
}

function startLoad(dispatch) {
  let input = elt("input", {
    type: "file",
    onchange: () => finishLoad(input.files[0], dispatch)
  });
  document.body.appendChild(input);
  input.click();
  input.remove();
}
```

ユーザーのコンピュータにあるファイルにアクセスするには、ユーザーにファイル入力フィールドを通してファイルを選択してもらう必要があります。しかし、ロードボタンをファイル入力フィールドのように見せたくないので、ボタンがクリックされたときにファイル入力を作成し、ボタン自体がクリックされたことにしています。

ユーザーがファイルを選択すると、FileReader を使ってその内容にアクセスでき、これもデータの URL として提供されます。この URL を使って <img> 要素を作れますが、picture のピクセルに直接アクセスできないため、そこから picture オブジェクトを作ることはできません。

```
function finishLoad(file, dispatch) {
  if (file == null) return;
  let reader = new FileReader();
  reader.addEventListener("load", () => {
    let image = elt("img", {
      onload: () => dispatch({
        picture: pictureFromImage(image)
      }),
      src: reader.result
    });
  });
  reader.readAsDataURL(file);
}
```

ピクセルにアクセスするには、まず picture を <canvas> 要素に描画する必要があります。canvas コンテキストには getImageData メソッドがあり、スクリプトからそのピクセルを読み取れます。つまり、picture を canvas に描画したら、そこにアクセスして Picture オブジェクトを構築できるのです。

```
function pictureFromImage(image) {
  let width = Math.min(100, image.width);
  let height = Math.min(100, image.height);
  let canvas = elt("canvas", {width, height});
  let cx = canvas.getContext("2d");
  cx.drawImage(image, 0, 0);
  let pixels = [];
  let {data} = cx.getImageData(0, 0, width, height);

  function hex(n) {
    return n.toString(16).padStart(2, "0");
  }
  for (let i = 0; i < data.length; i += 4) {
    let [r, g, b] = data.slice(i, i + 3);
    pixels.push("#" + hex(r) + hex(g) + hex(b));
  }
  return new Picture(width, height, pixels);
}
```

画像のサイズは、100 × 100 ピクセルに制限しています。これ以上大きくすると、ディスプレイが巨大化し、インターフェイスの動作が遅くなる可能性があるからです。

getImageData が返すオブジェクトの data プロパティは、色成分の配列です。引数で指定された四角形内の各ピクセルには、ピクセルの色である赤、緑、青、アルファ成分を表す 4 つの値が 0 から 255 までの数字として格納されています。アルファ部分は不透明度を表しており、0 であればピクセルは完全に透明、255 であれば完全に不透明となります。今回の目的では、この部分は無視して構いません。

色の表記に使われている 16 進法の 2 桁は、0 〜 255 の範囲に正確に対応しており、16 進法の 2 桁で 16^2、すなわち 256 通りの数値を表現できます。数値の toString メソッドは、引数に基数を与えることができるので、n.toString(16) は基数 16 の文字列表現を生成します。各数字が 2 桁であることを確認する必要があるので、hex ヘルパー関数は padStart を呼び出し、必要に応じて先頭にゼロを追加します。

これで読み込みと保存ができるようになりました。最後にもう 1 つの機能が残っています。

undo履歴

編集作業の半分は、小さなミスを犯してそれを修正することです。そのため、描画プログラムにおいても、undo 履歴が重要な機能となります。

変更を元に戻せるようにするには、以前のバージョンの絵を保存する必要があります。それは不変の値なので、簡単です。しかしそれには、アプリケーションの状態にフィールドを追加する必要があります。

ここでは、以前のバージョンの画像を保持するために、done 配列を追加します。このプロパティを維持するには、配列に写真を追加する、より複雑な状態更新関数が必要です。

しかし、すべての変更を保存するのではなく、一定の時間範囲内における変更のみを保存したいと考えています。そのためには、2つ目のプロパティ doneAt が必要です。これは、履歴に画像を最後に保存した時刻を残しておくためのものです。

```
function historyUpdateState(state, action) {
  if (action.undo == true) {
    if (state.done.length == 0) return state;
    return Object.assign({}, state, {
      picture: state.done[0],
      done: state.done.slice(1),
      doneAt: 0
    });
  } else if (action.picture &&
             state.doneAt < Date.now() - 1000) {
    return Object.assign({}, state, action, {
      done: [state.picture, ...state.done],
      doneAt: Date.now()
    });
  } else {
    return Object.assign({}, state, action);
  }
}
```

action が undo の action の場合、この関数は履歴から最新の picture を取得し、それを現在の picture にします。doneAt を 0 に設定することで、次の変更で picture が履歴に保存されることが保証され、必要に応じて別の時間に戻せるようになるのです。

また、action に新しい picture が含まれていて、最後に何かを保存したのが1秒（1000 ミリ秒）以上前の場合は、done と doneAt のプロパティが更新され、前の picture が保存されます。

undo ボタンコンポーネントは、あまり多くのことをしません。クリックされると undo の action を実行するのです。

クリックされると undo の action をディスパッチし、元に戻すものがないときは自らを無効にします。

```
class UndoButton {
  constructor(state, {dispatch}) {
    this.dom = elt("button", {
      onclick: () => dispatch({undo: true}),
      disabled: state.done.length == 0
```

```
    }, "⬅ Undo");
  }
  syncState(state) {
    this.dom.disabled = state.done.length == 0;
  }
}
```

描画しよう

アプリケーションを作成するには、状態、ツール、control、ディスパッチ関数を作成する必要があります。これらをPixelEditorのコンストラクタに渡すことで、メインコンポーネントを作成できるでしょう。演習ではいくつかのエディタを作成する必要があるので、まずいくつかのバインディングを定義します。

```
const startState = {
  tool: "draw",
  color: "#000000",
  picture: Picture.empty(60, 30, "#f0f0f0"),
  done: [],
  doneAt: 0
};

const baseTools = {draw, fill, rectangle, pick};

const baseControls = [
  ToolSelect, ColorSelect, SaveButton, LoadButton, UndoButton
];

function startPixelEditor({state = startState,
                           tools = baseTools,
                           controls = baseControls}) {
  let app = new PixelEditor(state, {
    tools,
    controls,
    dispatch(action) {
      state = historyUpdateState(state, action);
      app.syncState(state);
    }
  });
  return app.dom;
}
```

オブジェクトや配列を分割代入する際に、バインディング名の後に = を使うと、バインディングにデフォルト値を与えることができます。これは、プロパティが見つからない場合や未定義を保持する場合に使用されます。startPixelEditor 関数では、これを利用して、いくつかのオプションのプロパティを持つオブジェクトを引数として取ります。たとえば、tools プロパティを指定しない場合、ツールは baseTools にバインド（紐付け）されます。

このようにして、実際のエディタを画面に表示することができるのです。

```
<div></div>
<script>
  document.querySelector("div")
    .appendChild(startPixelEditor({}));
</script>
```

どうしてこんなに難しいの？

ブラウザ技術は素晴らしいものです。インターフェイスの構成要素、そのスタイルや操作方法、アプリケーションの検査やデバッグのためのツールなど、強力なセットが用意されています。ブラウザ用に作成したソフトウェアは、地球上のほとんどのコンピュータや携帯電話で実行できます。

一方で、ブラウザの技術は馬鹿げています。また、ブラウザが提供するデフォルトのプログラミングモデルは非常に問題が多く、ほとんどのプログラマはそれを直接扱うのではなく、いくつかの抽象的なレイヤーでカバーすることを好みます。

状況は確実に改善されていますが、ほとんどの場合、欠点を補うために要素が追加され、さらに複雑さを増す形になっています。100 万もの Web サイトで使われている機能は、実際には代替できません。仮に代替できたとしても、何を代替すべきかを決めるのは難しいでしょう。

私たちは、ツールと、それを生み出した社会的、経済的、歴史的な要因に制約されているのです。これは悩ましいことですが、一般には、既存の技術的現実がどのように機能しているのか、なぜそのようになっているのかをきちんと理解しようとする方が、それに反発したり、別の現実を求めたりするよりも生産的なのです。

新しい抽象化が役に立つこともあります。この章で使ったコンポーネントモデルとデータフローの規約は、その未熟な一例でしょう。前述のように、ユーザーインターフェイスのプログラミングをより快適にしようとするライブラリがあります。この記事を書いている時点では、React と Angular が人気のある選択肢ですが、このようなフレームワークは一種の家内制工業によるものです。もしあなたが Web アプリケーションのプログラミングに興味があるなら、それらがどのように機能し、どのような利点があるのかを理解するために、いくつかのフレームワークを調査するのをお勧めします。

練習問題

私たちのプログラムには、まだまだ改善の余地があります。練習問題で、機能をいくつか追加してみましょう。

keyboardバインディング

アプリケーションにkeyboardショートカットを追加しましょう。ツール名の最初の文字でそのツールが選択され、control-Zやcommand-Zでアンドゥが有効になります。

PixelEditorコンポーネントを修正します。折り返しの<div>要素において、tabIndexプロパティを0に設定し、keyboardフォーカスを受けられるようにします。なお、tabIndex属性に対応するプロパティはtabIndexと大文字のIで呼ばれますが、elt関数はプロパティ名を要求します。keyイベントハンドラをその要素に直接登録します。つまり、キーボードで操作する前に、アプリケーションをクリックしたり、タッチしたり、タブしたりする必要があるということです。

keyboardイベントにはctrlKeyとmetaKey（Macではcom-mandキー）といったプロパティがあり、これらのキーが押されているかを確認できることを覚えておいてください。

効率的な描画

描画の際、アプリケーションが行う作業の大部分はdrawPictureで行われます。新しい状態を作成してDOMの残りの部分を更新するのはそれほどコストを要しませんが、canvas上のすべてのピクセルを再描画するのはかなりの労力を必要とします。

実際に変更されたピクセルだけを再描画することで、PictureCanvasのsyncStateメソッドを高速化する方法を考えてみましょう。

drawPictureは保存ボタンでも使用されているので、変更する際には、以前の使用方法を壊さないようにするか、別の名前で新しいバージョンを作成することを忘れないでください。

また、<canvas>要素のwidthまたはheightプロパティを設定してサイズを変更すると、<canvas>はクリアされ、完全に透明になることに注意してください。

circle

ドラッグしたときに塗りつぶされた円を描くことのできるcircleというツールを定義してください。円の中心は、ドラッグまたはタッチのジェスチャーを開始した位置にあり、その半径はドラッグした距離によって決まります。

適切な線

この課題は、前の2つの課題よりも高度であり、自明ではない問題の解決策を設計することが求められます。この問題に取り組む前に、十分な時間と忍耐力があることを確認し、最初の失敗に落胆しないようにしてください。

ほとんどのブラウザでは、描画ツールを選択して画像上をすばやくドラッグしても、閉じた線にはなりません。これは、"mousemove" や "touchmove" のイベントが、すべてのピクセルに到達するのに十分な速さで発生しなかったため、ドットとドットの間に隙間ができてしまったからです。

描画ツールを改良して、完全な線を描けるようにしましょう。そのためには、motion ハンドラ関数に前回の位置を記憶させ、それを今回の位置につなげる必要があります。ピクセルは任意の距離を取ることができるので、一般的な線を引く関数を書かなければなりません。

2 つのピクセル間の線は、始点から終点まで可能な限り直線的につながったピクセルの連鎖です。斜めに隣接するピクセルも連結されたものとして数えます。つまり、斜めの線は、右の写真ではなく、左の写真のようになるはずです。

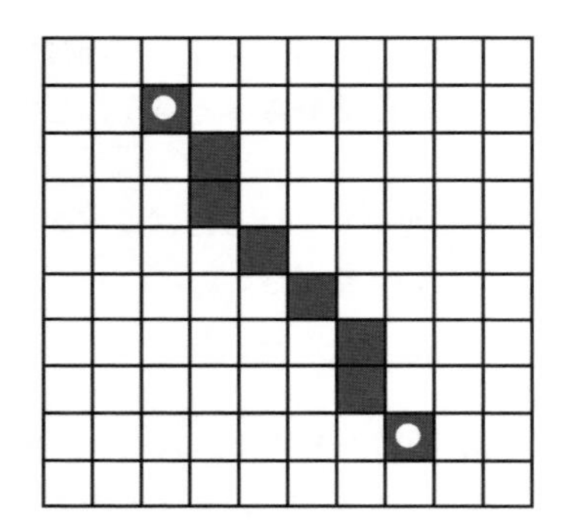
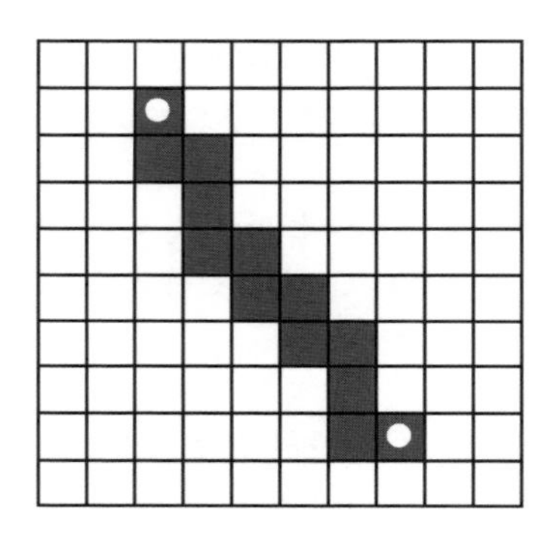

最後に、任意の 2 点間に直線を引くコードがあれば、それを使って、ドラッグの始点と終点の間に直線を引くラインツールも定義しておくとよいでしょう。

PART III

node

"ある学生が「昔のプログラマは、単純な機械を使い、プログラミング言語を使わずに、美しいプログラムを作っていました。なぜ私たちは複雑なマシンやプログラム言語を使うのでしょう」と聞きました。すると、孔子は「昔の建築家は、棒と粘土しか使いませんでしたが、美しい小屋を作りました」と答えたのです"

— マスター・ユアン・マ『*プログラミングの書*』

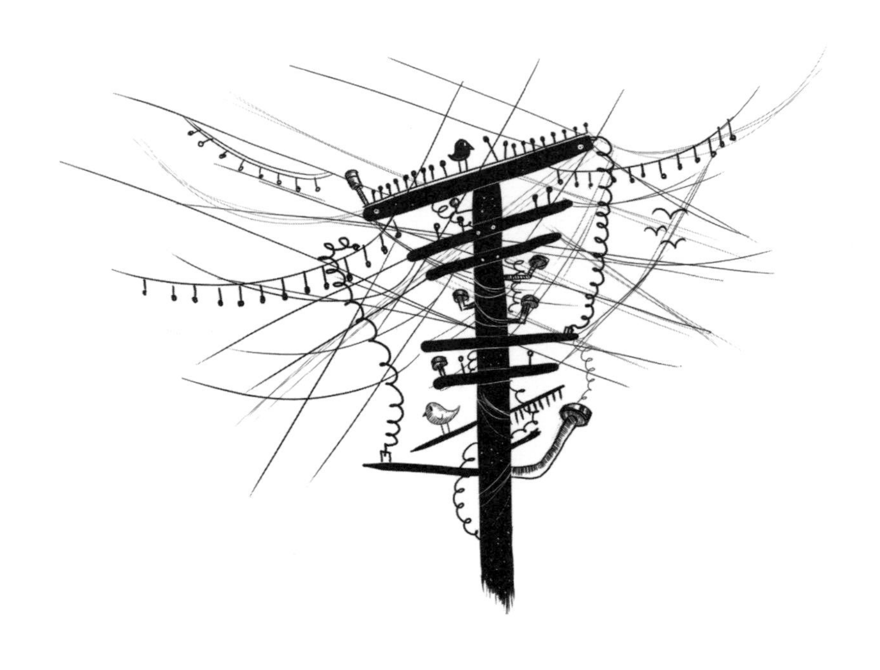

Chapter

20 Node.js

これまでは、JavaScriptという言語をブラウザという単一の環境で使ってきました。この章と次の章では、JavaScriptの技術をブラウザ外で活用するためのプログラムであるNode.jsを簡単に紹介しましょう。Node.jsを使うと、小さなコマンドラインツールから、動的なWebサイトを動かすHTTPサーバまで、あらゆるものを構築できます。

これらの章は、Node.jsが使用する主な概念を学び、Node.jsのための有用なプログラムを書くのに十分な情報を提供することを目的としています。

本章のコードを実行するには、Node.jsのバージョン10.1以上をインストールする必要があります。そのためには、https://nodejs.org にアクセスして、お使いのオペレーティングシステムのインストール手順に従ってください。また、Node.jsの詳細なドキュメントもそこでご覧いただけます。

背景

ネットワークを介して通信するシステムを構築する際の難しい問題の1つに、入出力の管理があります。すなわち、ネットワークやハードドライブとの間でのデータの読み書きです。データの移動には時間がかかりますが、それをうまくスケジューリングすることで、システムがユーザーやネットワークからの要求にどれだけ早くレスポンスできるかが大きく変わります。

このようなプログラムでは、非同期プログラミングが有効です。非同期プログラミングは、複雑なスレッド管理や同期を行うことなく、複数のデバイスと同時にデータを送受信できます。

Nodeは、非同期プログラミングを簡単かつ便利にすることを目的として開発されました。JavaScriptは、Nodeのようなシステムに適しています。JavaScriptは、入出力を行う方法が組み込まれていない数少ないプログラミング言語の1つです。そのためJavaScriptは、Nodeのどちらかというとエキセントリックな入出力の方法に合わせることができ、矛盾した2つのインターフェイスになってしまうことはありませんでした。Nodeが設計された2009年当時、人々はすでにブラウザでコールバックベースのプログラミングを行っていたため、JavaScriptコミュニティは非同期のプログラミングスタイルに慣れていたのです。

nodeコマンド

Node.jsがシステムにインストールされると、JavaScriptファイルを実行するためのnodeというプログラムが提供されます。たとえば、次のようなコードが書かれたhello.jsというファイルがあるとしましょう。

```
let message = "Hello world";
console.log(message);
```

コマンドラインから次のようにnodeを実行すれば、プログラムを実行できます。

```
$ node hello.js
Hello world
```

Nodeのconsole.logメソッドは、ブラウザで行うのと同じようなことをします。テキストの一部を出力するのです。しかし、Nodeでは、テキストはブラウザのJavaScriptコンソールではなく、プロセスの標準出力ストリームに送られます。コマンドラインからnodeを実行した場合、ターミナルにはログに記録された値が表示されることになります。

ファイルを与えずにnodeを実行した場合は、JavaScriptのコードを入力できることを示すpromptが表示され、その結果をすぐに確認できます。

```
$ node
>1+1
2
> [-1, -2, -3].map(Math.abs)
[1, 2, 3]
> process.exit(0)
$
```

processバインディングは、consoleバインディングと同様に、Nodeでグローバルに利用可能です。processバインディングは、現在のプログラムを調べたり操作したりする様々な方法を提供します。exitメソッドはプロセスを終了させ、終了ステータス（exit status）コードを与えることができます。このコードは、nodeを起動したプログラム（ここではコマンドラインシェル）に対して、プログラムが正常に終了したのか（コードゼロ）、エラーが発生したのか（その他のコード）を伝えます。

スクリプトに与えられたコマンドライン引数を調べるには、文字列の配列であるprocess.argvを読み込みます。process.argvは文字列の配列です。nodeコマンド名とスクリプト名も含まれているので、実際の引数はインデックス2から始まることに注意してください。showargv.jsにconsole.log(process.argv)という記述があれば、次のように実行できます。

```
$ node showargv.js one --and two
```

```
["node", "/tmp/showargv.js", "one", "--and", "two"]
```

Array、Math、JSON といった標準的な JavaScript のグローバルバインディングはすべて、Node の環境にも存在します。document や prompt のような、ブラウザ関連の機能はありません。

モジュール

先に述べた console バインディングや process バインディング以外にも、Node はグローバルスコープにいくつかの追加バインディングを置いています。組み込まれた機能にアクセスしたい場合は、モジュールシステムに問い合わせる必要があるでしょう。

require 関数をベースにした CommonJS のモジュールシステムについては、10 章の「CommonJS」で説明しました。このシステムは Node に組み込まれており、組み込みモジュールから、ダウンロードしたパッケージ、自らのプログラムの一部であるファイルまで、あらゆるものを読み込むために使用されます。

require が呼ばれると、Node は与えられた文字列を読み込み可能な実際のファイルで解決しなければなりません。/、./、../ で始まるパス名は、現在のモジュールのパスを基準に解決されます (./ はカレントディレクトリ、../ は 1 つ上のディレクトリ、/ はファイルシステムのルートを意味します)。つまり、/tmp/robot/robot.js のファイルから "./graph" を求めた場合、Node はファイル /tmp/robot/graph.js を読み込もうとするのです。

.js という拡張子は省略可能で、そのようなファイルが存在する場合はノードが拡張子を追加します。必要なパスがディレクトリを指している場合、Node はそのディレクトリにある index.js という名前のファイルを読み込もうとします。

相対パスや絶対パスではない文字列が require に与えられると、それは組み込みモジュールまたは node_modules ディレクトリにインストールされたモジュールを参照していると見なされます。たとえば、require("fs") は、Node の組み込みファイルシステムモジュールを与えます。また、require("robot") は node_modules/robot/ にあるライブラリを読み込もうとするかもしれません。このようなライブラリをインストールする一般的な方法は、NPM を使用することですが、これについては後ほど説明します。

2 つのファイルからなる小さなプロジェクトを立ち上げてみましょう。1 つ目のファイルは main .js で、文字列を反転させるコマンドラインから呼び出すスクリプトを定義しています。

```
const {reverse} = require("./reverse");

// Index 2 holds the first actual command line argument
let argument = process.argv[2];
```

```
console.log(reverse(argument));
```

reverse.js というファイルには、文字列を反転させるためのライブラリが定義されています。このライブラリは、このコマンドラインツールでも、文字列反転関数に直接アクセスする必要のある他のスクリプトでも使用できます。

```
exports.reverse = function(string) {
  return Array.from(string).reverse().join("");
};
```

export にプロパティを追加すると、それがモジュールのインターフェイスに追加されることを覚えておいてください。Node.js はファイルを CommonJS モジュールとして扱うので、main.js は reverse.js からエクスポートされた reverse 関数を受け取ることができます。

これで、このツールを次のように呼び出すことができます。

```
$ node main.js JavaScript
tpircSavaJ
```

NPMによるインストール

10 章で紹介した NPM は、JavaScript モジュールのオンラインリポジトリで、その多くは Node 用に特別に書かれています。Node をコンピュータにインストールすると、このリポジトリとやりとりするための npm コマンドが提供されます。

NPM の主な用途はパッケージのダウンロードです。10 章で ini パッケージを見ましたが、NPM を使えば、このパッケージを fetch し、コンピュータにインストールできます。

```
$ npm install ini
npm WARN enoent ENOENT: no such file or directory,
         open '/tmp/package.json'
+ ini@1.3.5
added 1 package in 0.552s

$ node
> const {parse} = require("ini");
> parse("x = 1\ny = 2");
{ x: '1', y: '2' }
```

NPM インストールを実行すると、NPM は node_modules というディレクトリを作成します。

このディレクトリの中には、ライブラリを含むiniディレクトリがあり、ここを開けば、コードを見ることができます。require("ini")を呼び出すと、このライブラリが読み込まれ、そのparseプロパティを呼び出して設定ファイルを解析できるのです。

デフォルトでは、NPMはパッケージを中央の場所ではなく、カレントディレクトリの下にインストールします。他のパッケージ・マネージャに慣れている人には珍しく思えるかもしれませんが、これには利点があります。つまり、各アプリケーションがインストールするパッケージを完全に制御できるようになり、バージョン管理やアプリケーション削除時における後始末が容易になるのです。

パッケージファイル

Npmのインストールの例では、package.jsonファイルが存在しないという警告が表示されています。このようなファイルは、手動またはnpm initを実行して、プロジェクトごとに作成することをお勧めします。package.jsonファイルには、プロジェクトの名前やバージョンなどの情報と、dependenciesのリストが含まれています。

7章のロボットシミュレーションを10章の演習でモジュール化した場合、package.jsonファイルは次のようになります。

```
{
  "author": "Marijn Haverbeke",
  "name": "eloquent-javascript-robot",
  "description": "Simulation of a package-delivery robot",
  "version": "1.0.0",
  "main": "run.js",
  "dependencies": {
    "dijkstrajs": "^1.0.1",
    "random-item": "^1.0.0"
  },
  "license": "ISC"
}
```

インストールするパッケージの名前を指定せずにnpm installを実行すると、NPMはpackage.jsonに記載されているdependenciesをインストールします。dependenciesとしてまだリストアップされていない特定のパッケージをインストールすると、NPMはそのパッケージをpackage.jsonに追加します。

バージョン

package.jsonファイルには、プログラム自身のバージョンと、依存関係にあるパッケージのバージョンの両方が記載されています。バージョンは、パッケージが別々に進化するという事実に対処するための手段であり、ある時点で存在していたパッケージで動作するように書かれたコードは、後に修正されたバージョンのパッケージでは動作しないかもしれません。

NPMは、パッケージがセマンティックバージョニングと呼ばれるスキーマに従うことを要求しています。これは、どのバージョンに互換性があるか（古いインターフェイスを壊さないか）という情報をバージョン番号に符号化したものです。セマンティックバージョンは、2.3.0のようにピリオドで区切られた3つの数字で構成され、新しい機能が追加されるたびに真ん中の数字を増やさなくてはなりません。また、パッケージを使用している既存のコードが新しいバージョンでは動作しないなど、互換性が失われるたびに、最初の番号を増やさなければならないのです。

package.jsonのdependenciesのバージョン番号の前にキャレット文字(^)を付けると、その番号と互換性のある任意のバージョンをインストールできることを示します。たとえば、「^2.3.0」は、2.3.0以上3.0.0未満のバージョンであればインストール可能であることを意味します。

npmコマンドは、新しいパッケージや新バージョンのパッケージを公開するためにも使われます。package.jsonファイルがあるディレクトリでnpm publishを実行すると、JSONファイルに記載されている名前とバージョンのパッケージがレジストリに公開され、誰でもパッケージをNPMに公開できるようになります。ただし、まだ使用されていないパッケージ名でのみの公開です。誰でも既存のパッケージを更新できてしまうと、やや危険があるからです。

npmプログラムは、パッケージレジストリというオープンなシステムと対話するソフトウェアなので、何をするにしても独自性はありません。NPMのレジストリからインストールできるyarnというプログラムは、npmと同じ役割を果たしますが、インターフェイスやインストール方法は多少異なります。

本書では、NPMの使い方の詳細には触れません。詳しいドキュメントやパッケージの検索方法については、https://npmjs.org を参照してください。

ファイルシステムモジュール

Nodeの組み込みモジュールで最もよく使われるものの1つがfsモジュールです。このモジュールは、ファイルやディレクトリを操作するための関数をエクスポートします。

たとえば、readFileという関数は、ファイルを読み込んで、そのファイルの内容をコールバックします。

```
let {readFile} = require("fs");
readFile("file.txt", "utf8", (error, text) => {
  if (error) throw error;
  console.log("The file contains:", text);
});
```

readFileの第2引数は、ファイルを文字列にデコードする際に使用する文字エンコーディングを示します。テキストをバイナリデータにエンコードする方法はいくつかありますが、最近のシステムではほとんどUTF-8が使用されています。そのため、他のエンコーディングが使用されていると思われる理由がない限り、テキストファイルを読み込む際には"utf8"を渡してください。エンコーディングを渡さないと、Nodeはあなたがバイナリデータに興味があると仮定し、文字列ではなくbufferオブジェクトを渡します。これは配列のようなオブジェクトで、ファイル内のバイト（8ビットのデータの塊）を表す数値を含んでいます。

```
const {readFile} = require("fs");
readFile("file.txt", (error, buffer) => {
  if (error) throw error;
  console.log("The file contained", buffer.length, "bytes.",
              "The first byte is:", buffer[0]);
});
```

似たような関数であるwriteFileは、ファイルをディスクに書き込むために使用されます。

```
const {writeFile} = require("fs");
writeFile("graffiti.txt", "Node was here", err => {
  if (err) console.log(`Failed to write file: ${err}`);
  else console.log("File written.");
});
```

ここでは、エンコーディングを指定する必要はありませんでした。WriteFileは、書き込む文字列が与えられると、bufferオブジェクトではなく、デフォルトの文字エンコーディングであるUTF-8を使用してテキストとして書き出すべきであると考えます。

readdirはディレクトリ内のファイルを文字列の配列で返し、statはファイルの情報を取得し、renameはファイルの名前を変更し、unlinkはファイルを削除するなど、fsモジュールには他にも多くの便利な機能があります。詳細はhttps://nodejs.orgのドキュメントを参照してください。

これら関数のほとんどは、最後のパラメータとしてコールバック関数を受け取り、エラー時（第1引数）または成功時（第2引数）にコールバック関数を呼び出します。11章で見たように、このスタイルのプログラミングには欠点があります。最大の欠点は、エラー処理が冗長になり、エラーが発生しやすくなることです。

promiseは以前からJavaScriptに搭載されていましたが、この記事を書いている時点では、Node.jsへの統合はまだ進行中です。バージョン10.1.以降、fsモジュールからオブジェクトのpromiseがエクスポートされます。バージョン10.1.には、fsモジュールと同じ機能がほとんど含まれますが、コールバック関数ではなくpromiseを使用しています。

```
const {readFile} = require("fs").promises;
readFile("file.txt", "utf8")
  .then(text => console.log("The file contains:", text));
```

非同期性は、必要ないこともあれば、邪魔になることもあります。fs モジュールの多くの関数には同期型のものがあり、同じ名前で最後に Sync が付けられています。たとえば、readFile の同期型は readFileSync と呼ばれます。

```
const {readFileSync} = require("fs");
console.log("The file contains:",
            readFileSync("file.txt", "utf8"));
```

ただし、こうした同期処理が行われている間は、プログラムは完全に停止します。ユーザーやネットワーク上の他のマシンにレスポンスする必要がある場合、同期処理に追われていると、厄介な遅延が発生する可能性があるのです。

HTTPモジュール

もう 1 つの中心的なモジュールは、http と呼ばれるもので、HTTP サーバの実行や HTTP リクエストを行うための機能を提供します。

これだけで HTTP サーバを起動できるのです。

```
const {createServer} = require("http");
let server = createServer((request, response) => {
  response.writeHead(200, {"Content-Type": "text/html"});
  response.write(`
    <h1>Hello!</h1>
    <p>You asked for <code>${request.url}</code></p>`);
  response.end();
});
server.listen(8000);
console.log("Listening! (port 8000)");
```

このスクリプトを自分のマシンで実行すると、Web ブラウザで http://localhost:8000/hello を指定することで、自分のサーバにリクエストを出せます。すると、小さな HTML ページが返ってきます。

createServer に引数として渡された関数は、クライアントがサーバに接続するたびに呼び出されます。request バインディングと response バインディングは、受信データと送信データを表すオブジェクトです。request バインディングには、リクエストに関する情報が含まれています。たとえば、url プロパティはどの URL に対してリクエストが行われたかを教えてくれるのです。

つまり、ブラウザでそのページを開くと、自分のコンピュータにリクエストが送られ、サーバ機能が実行され、レスポンスが返信され、それをブラウザで見ることができるわけです。

レスポンスを返すには、response オブジェクトのメソッドを呼び出します。最初のメソッドである writeHead は、レスポンスのヘッダーを書き出します（18 章参照）。このメソッドには、ステータスコード（ここでは "OK" を表す 200）と、ヘッダー値を含むオブジェクトが渡されます。この例では、Content-Type ヘッダーを設定して、HTML ドキュメントを送り返すことをクライアントに知らせています。

次に、実際の response ボディ（ドキュメントそのもの）を response .write で送信しています。たとえば、データが利用可能になったときにクライアントにストリーミングで送信するなど、レスポンスを断片的に送信したいときは、このメソッドを複数回呼び出すことができます。最後に、response.end がレスポンスの終了を知らせます。

server.listen の呼び出しにより、サーバはポート 8000 で接続の待機を開始します。そのため、このサーバと通信するには、デフォルトのポート 80 を使用する localhost ではなく、localhost:8000 で接続する必要があるのです。

このスクリプトを実行すると、プロセスはただ座って待っているだけです。スクリプトがイベント（この場合はネットワーク接続）を待ち受けている場合、node はスクリプトの最後に到達しても自動的には終了しません。終了させるには control-C を押しましょう。

リクエストのメソッド（method プロパティ）を見て、クライアントが実行しようとしている action を確認し、リクエストの URL を見て、この action が実行されているリソースを見つけます。より高度なサーバについては、本章の「ファイルサーバ」で紹介します。

HTTP クライアントとして動作するには、http モジュールの request 関数を使用します。

```
const {request} = require("http");
let requestStream = request({
  hostname: "eloquentjavascript.net",
  path: "/20_node.html",
  method: "GET",
  headers: {Accept: "text/html"}
}, response => {
  console.log("Server responded with status code",
              response.statusCode);
});
requestStream.end();
```

request の第 1 引数は、どのサーバと通信するか、そのサーバからどのパスを要求するか、どのメソッドを使うかなどを Node に伝え、リクエストを設定します。2 番目の引数は、レスポンスが来たときに呼び出されるべき関数で、レスポンスのステータスコードをチェックするなど、レスポンスを検査するためのオブジェクトが与えられます。

サーバで見たresponseオブジェクトと同様に、リクエストで返されるオブジェクトは、writeメソッドでリクエストにデータを書き込み、endメソッドでリクエストを終了させることができます。GETリクエストはrequestボディにデータを入れてはいけないので、この例ではwriteメソッドを使っていません。

httpsモジュールにも同じようなrequest関数があり、https:URLへのリクエストに使用できます。

Nodeの生の機能でリクエストを行うのは、かなり冗長です。NPMにはもっと便利なwrapperパッケージが用意されています。たとえば、node-fetchは、ブラウザから確認できるpromiseベースのfetchインターフェイスを提供します。

ストリーム

HTTPの例では、書き込み可能なストリームの2つのインスタンスを見てきました。すなわち、サーバが書き込めるresponseオブジェクトと、requestから返されたrequestオブジェクトです。

書き込み可能なストリームは、Nodeで広く使われている概念です。このようなオブジェクトにはwriteメソッドがあり、文字列やbufferオブジェクトを渡すことで、ストリームに何かを書き込めます。endメソッドはストリームを閉じ、オプションとして閉じる前にストリームに書き込む値を取ります。これらのメソッドには、追加の引数としてコールバックを指定することもでき、書き込みやクローズの完了時にコールバックが呼び出されます。

fsモジュールのcreateWriteStream関数で、ファイルを指す書き込み可能なストリームを作成できます。そして、生成されたオブジェクトのwriteメソッドを使用すれば、writeFileのように一度にではなく、一枚ずつファイルを書き込むことができるのです。

読み取り可能なストリームには、もう少し複雑です。HTTPサーバのコールバックに渡されたrequestバインディングと、HTTPクライアントのコールバックに渡されたresponseバインディングは、どちらも読み込み可能なストリームです。サーバはリクエストを読み込んでからレスポンスを書き込みますが、クライアントはまずリクエストを書き込んでからレスポンスを読み込みます。ストリームからの読み込みは、メソッドではなく、イベントハンドラを使って行われます。

Nodeでイベントを発するオブジェクトには、ブラウザのaddEventListenerメソッドに似たメソッドが呼び出されます。このメソッドにイベント名と関数を与えると、与えられたイベントが発生するたびに、その関数が呼び出されるように登録されます。

読み取り可能なストリームには、"data"イベントと"end"イベントがあります。dataイベントはデータが入ってくるたびに発生し、endイベントはストリームが終了するたびに呼び出されます。このモデルは、ドキュメント全体がまだ利用できない場合でも、すぐに処理できるようなデータのストリームに最も適しています。ファイルは、fs モジュールの createReadStream 関数を使用することで、読み取り可能なストリームとして読み取ることができます。

このコードでは、request ボディを読み取り、すべて大文字のテキストとしてクライアントにストリームを返すサーバを作成します。

```
const {createServer} = require("http");
createServer((request, response) => {
  response.writeHead(200, {"Content-Type": "text/plain"});
  request.on("data", chunk =>
    response.write(chunk.toString().toUpperCase()));
  request.on("end", () => response.end());
}).listen(8000);
```

data ハンドラに渡されるチャンクの値は、バイナリの buffer になります。これを toString メソッドで UTF-8 エンコードされた文字にデコードすることで、文字列に変換できます。

次のコードは、大文字のサーバがアクティブな状態で実行されると、そのサーバにリクエストを送信し、取得したレスポンスを書き出します。

```
const {request} = require("http");
request({
  hostname: "localhost",
  port: 8000,
  method: "POST"
}, response => {
  response.on("data", chunk =>
    process.stdout.write(chunk.toString()));
}).end("Hello server");
// → HELLO SERVER
```

この例では、console.log を使わずに、process.stdout（プロセスの標準出力、書き込み可能なストリーム）に書き込んでいます。console.log は、書き込まれるテキストの後に改行文字が追加されるため、使用することができません。これは、レスポンスが複数のチャンクで送られてくる可能性があるため、ここでは適切ではありません。

ファイルサーバ

ファイルシステムへのリモートアクセスを可能にする HTTP サーバを作るため、HTTP サーバとファイルシステムに関する新しい知識を組み合わせてみましょう。このようなサーバは、Web アプリケーションがデータを保存して共有したり、グループの人々がたくさんのファイルにアクセスできるようにしたりと、あらゆる種類の用途に使用できます。

ファイルをHTTPリソースとして扱う場合、HTTPメソッドのGET、PUT、DELETEを使用して、それぞれファイルの読み取り、書き込み、削除を行うことができます。リクエストに含まれるパスは、リクエストが参照するファイルのパスとして解釈されます。

おそらくファイルシステム全体を共有したくはないでしょうから、これらのパスはサーバの作業ディレクトリ（サーバが起動したディレクトリ）から始まっていると解釈します。仮にサーバを /tmp/public/（Windowsでは、C:\tmp\public\）から起動した場合、/file.txtへのリクエストは、/tmp/public/file .txt（または、C:\tmp\public\file.txt）を参照する必要があります。

ここでは、HTTPの各種メソッドを処理する関数を格納するために、methodと呼ばれるオブジェクトを使用して、プログラムを少しずつ構築していきます。methodハンドラは、requestオブジェクトを引数として受け取り、レスポンスを記述したオブジェクトで解決するpromiseを返す非同期関数です。

```
const {createServer} = require("http");

const methods = Object.create(null);

createServer((request, response) => {
  let handler = methods[request.method] || notAllowed;
  handler(request)
    .catch(error => {
      if (error.status != null) return error;
      return {body: String(error), status: 500};
    })
    .then(({body, status = 200, type = "text/plain"}) => {
      response.writeHead(status, {"Content-Type": type});
      if (body && body.pipe) body.pipe(response);
      else response.end(body);
    });
}).listen(8000);
async function notAllowed(request) {
  return {
    status: 405,
    body: `Method ${request.method} not allowed.`
  };
}
```

これにより、405エラーのレスポンスを返すだけのサーバが起動します。これは、サーバが特定のメソッドの処理を拒否したことを示すコードです。

requestハンドラのpromiseが拒否された場合、catchコールはエラーをresponseオブジェクトに変換します（response オブジェクトがない場合）。

レスポンス記述の status フィールドは省略可能で、その場合はデフォルトで 200（OK）が設定されます。type プロパティの content type も省略可能で、その場合、レスポンスはプレーンなテキストであるとみなされます。

body の値が読み取り可能なストリームの場合、読み取り可能なストリームから書き込み可能なストリームにすべてのコンテンツを転送するために使用される pipe メソッドを持ちます。そうでない場合は、null（ボディなし）、文字列、buffer のいずれかであると見なされ、レスポンスの end メソッドに直接渡されます。

urlPath 関数は、リクエスト URL に対応するファイルパスを把握するため、Node の組み込み url モジュールを使って URL を解析します。urlPath 関数は、"/file.txt" のようなパス名を受け取り、それをデコードして %20 形式のエスケープコードを取り除き、プログラムの作業ディレクトリからの相対パス名で解決します。

```
const {parse} = require("url");
const {resolve, sep} = require("path");

const baseDirectory = process.cwd();

function urlPath(url) {
  let {pathname} = parse(url);
  let path = resolve(decodeURIComponent(pathname).slice(1));
  if (path != baseDirectory &&
      !path.startsWith(baseDirectory + sep)) {
    throw {status: 403, body: "Forbidden"};
  }
  return path;
}
```

ネットワークリクエストを受け付けるプログラムをセットアップしたら、すぐにセキュリティについて心配し始めなければなりません。この場合、注意しないと、誤ってファイルシステム全体をネットワークに公開してしまう可能性があるからです。

ファイルパスは、Node では文字列です。このような文字列を実際のファイルにマッピング（対応付け）するには、自明ではない量の解釈が必要です。パスは、たとえば、親ディレクトリを参照するために ../ を含むことができます。そのため、/../secret_file のようなパスを要求すると、明らかに問題が発生します。

このような問題を避けるために、urlPath は相対パスで解決する path モジュールの resolve 関数を使用します。そして、その結果が作業ディレクトリ以下であることを確認します。process.cwd 関数（cwd は "current working directory" の略）は、この作業ディレクトリを見つけるために使用できます。path パッケージに含まれる sep 変数はシステムのパス区切り文字であり、

Windows ではバックスラッシュ、その他ほとんどのシステムではフォワードスラッシュです。パスがベースディレクトリで始まらない場合、この関数は、リソースへのアクセスが禁止されていることを示す HTTP ステータスコードを用いて、error response オブジェクトを投げます。

ここでは、ディレクトリを読むときにはファイルのリストを返し、通常のファイルを読むときにはそのファイルの内容を返すように、GET メソッドを設定します。

厄介なのは、ファイルの内容を返す際に、どのような Content-Type ヘッダーを設定するかです。これらのファイルは何でもありなので、サーバはすべてのファイルに同じ Content-Type を返すことはできません。ここでも NPM が役に立ちます。mime パッケージ (text/plain などの content type 指標は MIME タイプとも呼ばれます) は、多数のファイル拡張子に対して正しいタイプを知っています。

以下の npm コマンドは、サーバスクリプトが存在するディレクトリに、特定バージョンの mime をインストールします。

```
$ npm install mime@2.2.0
```

要求されたファイルが存在しない場合、返すべき正しい HTTP ステータスコードは 404 です。ここでは、ファイルの情報を調べる stat 関数を使って、ファイルが存在するかと、ディレクトリであるかの両方を調べます。

```
const {createReadStream} = require("fs");
const {stat, readdir} = require("fs").promises;
const mime = require("mime");

methods.GET = async function(request) {
  let path = urlPath(request.url);
  let stats;
  try {
    stats = await stat(path);
  } catch (error) {
    if (error.code != "ENOENT") throw error;
    else return {status: 404, body: "File not found"};
  }
  if (stats.isDirectory()) {
    return {body: (await readdir(path)).join("\n")};
  } else {
    return {body: createReadStream(path),
            type: mime.getType(path)};
  }
};
```

ディスクに触れる必要があり、時間がかかりがちなため、stat は非同期型です。コールバック形式ではなく promise を使用しているため、fs モジュールから直接ではなく promise からインポートする必要があります。

ファイルが存在しない場合、stat は code プロパティが "ENOENT" の error オブジェクトを投げます。これらの Unix にヒントを得たやや不明瞭なコードは、Node でエラーのタイプを認識するための方法なのです。

stat が返す stats オブジェクトは、ファイルのサイズ（size プロパティ）や修正日（mtime プロパティ）など、ファイルに関する様々な情報を教えてくれます。ディレクトリなのか、通常のファイルなのかという重要な問題については、isDirectory メソッドで把握できます。

ディレクトリ内のファイルの配列を読み込んでクライアントに返すには readdir を使います。通常のファイルの場合は、createReadStream で読み取り可能なストリームを作成し、それをボディとして、mime パッケージがファイル名に与える content type と一緒に返します。

DELETE リクエストを処理するコードは、もう少しシンプルです。

```
const {rmdir, unlink} = require("fs").promises;

methods.DELETE = async function(request) {
  let path = urlPath(request.url);
  let stats;
  try {
    stats = await stat(path);
  } catch (error) {
    if (error.code != "ENOENT") throw error;
    else return {status: 204};
  }
  if (stats.isDirectory()) await rmdir(path);
  else await unlink(path);
  return {status: 204};
};
```

HTTP レスポンスに何のデータも含まれていない場合、ステータスコード 204（「no content」）を使用してこれを示せます。削除のレスポンスでは、操作が成功したかという以上の情報を送信する必要がないので、このレスポンスは賢明でしょう。

存在しないファイルを削除しようとすると、なぜエラーではなく成功のステータスコードが返ってくるのか不思議に思うかもしれません。削除しようとするファイルが存在しない場合、リクエストの目的はすでに達成されていると言えるでしょう。HTTP 規格では、リクエストを「冪等」にすることが推奨されています。これは、同じリクエストを複数回行っても、1 回行ったときと同じ結果になるということです。言わば、すでになくなってしまったものを削除しようとすると、やろうとしていたことが達成されたことになり、もうそこには何もないということなのです。

以下がPUTリクエストのハンドラです。

```
const {createWriteStream} = require("fs");

function pipeStream(from, to) {
  return new Promise((resolve, reject) => {
    from.on("error", reject);
    to.on("error", reject);
    to.on("finish", resolve);
    from.pipe(to);
  });
}

methods.PUT = async function(request) {
  let path = urlPath(request.url);
  await pipeStream(request, createWriteStream(path));
  return {status: 204};
};
```

今回は、ファイルが存在するかを確認する必要はありません。ファイルが存在すれば、そのまま上書きします。再びpipeを使用して、読み取り可能なストリームから書き込み可能なストリームにデータを移動させます（この場合はrequestからfileへ）。しかし、pipeはpromiseを返すようには書かれていないので、pipeStreamというラッパーを書いて、pipeを呼び出した結果のpromiseを作成しなければなりません。

ファイルを開く際に何か問題が発生したら、createWriteStreamはストリームを返しますが、そのストリームはerrorイベントを発生させます。ネットワークがダウンした場合など、リクエストへの出力ストリームも失敗する可能性があります。そこで、両方のストリームのerrorイベントを連動させて、promiseを拒否します。pipeは処理を終えると、出力ストリームを閉じ、"finish"イベントを発生させます。この時点で、promiseを正常に解決できるのです（何も返しません）。

このサーバの完全なスクリプトは https://eloquentjavascript.net/ code/file_server.js にあります。これをダウンロードして、そのdependenciesをインストールした後、Nodeと一緒に実行することで、独自のファイルサーバを起動できます。もちろん、本章の練習問題を解くため、あるいは実験のため、これを修正したり拡張したりすることもできるでしょう。

Unix系システム（macOSやLinuxなど）で広く使われているコマンドラインツールcurlを使えば、HTTPリクエストもできます。以下のセッションでは、われらのサーバを簡単にテストしましょう。リクエストのメソッドを設定するには -X オプションを、requestボディを含めるには -d を使用します。

```
$ curl http://localhost:8000/file.txt
File not found
$ curl -X PUT -d hello http://localhost:8000/file.txt $ curl
http://localhost:8000/file.txt
hello
$ curl -X DELETE http://localhost:8000/file.txt
$ curl http://localhost:8000/file.txt
File not found
```

file.txtに対する最初のリクエストは、ファイルがまだ存在していないため失敗します。PUTリクエストでファイルを作成すれば、次のリクエストではファイルの取得に成功しました。DELETEリクエストで削除すると、再びファイルは見つからなくなります。

まとめ

Nodeは、JavaScriptをノンブラウザで動作させられる小さく素敵なシステムです。元々はネットワークタスクのために設計されたもので、ネットワーク内のノードの役割を果たします。しかし、あらゆる種類のスクリプティング・タスクに適しており、JavaScriptを書くことが好きなら、Nodeでタスクを自動化するとうまくいくでしょう。

NPMは、あなたが思いつくすべてのもの（そしておそらくあなたが思いつかないかなりの数のもの）のパッケージを提供しており、npmプログラムを使えば、それらのパッケージを取得し、インストールできます。Nodeには、ファイルシステムを操作するためのfsモジュールや、HTTPサーバを起動してHTTPリクエストを行うためのhttpモジュールなど、多くの組み込みモジュールが用意されています。

Nodeでは、readFileSyncのような同期型の関数を明示的に使用しない限り、すべての入出力は非同期で行われます。このような非同期関数を呼び出す際には、コールバック関数を提供し、Nodeは準備できたときにエラー値と（可能であれば）結果を伴ってそれらを呼び出します。

練習問題

検索ツール

Unixシステムにはgrepと呼ばれるコマンドラインツールがあり、これを使ってファイルの中の正規表現を素早く検索できます。

コマンドラインから実行できる、grepのような動作をするNodeスクリプトを書いてください。このスクリプトは、最初のコマンドライン引数を正規表現として扱い、それ以降の引数を検索するファイルとして扱います。このスクリプトは、内容が正規表現にマッチする、すべてのファイル名を出力します。

これがうまくいったら、さらに拡張して、引数の1つがディレクトリの場合、そのディレクトリとそのサブディレクトリ内のすべてのファイルを検索するようにしましょう。

ファイルシステムの関数は、非同期型と同期型を自由に使い分けてください。複数の非同期アクションが同時に要求されるように設定すれば、多少はスピードアップするかもしれません。ただし、ほとんどのファイルシステムは一度に1つしか読み込めないので、それほど大きなスピードアップにはなりません。

ディレクトリの作成

ファイルサーバのDELETEメソッドはディレクトリを削除できますが（rmdirを使用）、サーバは現在のところ、ディレクトリを作成する方法を提供していません。

MKCOLメソッド("make column")のサポートを追加しましょう。これは、fsモジュールからmkdirを呼び出すことでディレクトリを作成します。MKCOLは広く使われているHTTPメソッドではありませんが、WebDAV規格では同じ目的のために存在しています。WebDAV規格は、文書作成に適したHTTPの上に一連の規則を規定しているのです。

Web上のパブリックスペース

ファイルサーバは、あらゆる種類のファイルを提供し、適切なcontent typeヘッダーも含まれているので、Webサイトの構築に使用できます。誰もがファイルを削除したり置き換えたりできるので、興味深いWebサイトになるでしょう。時間をかけて適切なHTTPリクエストを作成しさえすれば、修正、改良、破壊できるのです。

簡単なJavaScriptファイルを含む基本的なHTMLページを書いてみましょう。ファイルサーバが提供するディレクトリにファイルを置き、ブラウザで開いてください。

次に、上級者向けの課題として、あるいは週末のプロジェクトとして、本書で得た知識をすべて組み合わせて、Webサイトの中からWebサイトを修正するための、より使いやすいインターフェイスを構築してみましょう。

HTMLフォームを使ってWebサイトを構成するファイルの内容を編集し、18章で説明したように、HTTPリクエストを使ってサーバ上のファイルを更新できるようにするのです。

"もしあなたが知識を持っているなら、他人にその知識で彼らのロウソクを灯させなさい"

— マーガレット・フラー

Chapter 21 プロジェクト：スキルシェアサイト

スキルシェア会とは、共通の関心事を持つ人たちが集まり、自分の知っていることを少人数でざっくばらんに発表するイベントです。ガーデニングのスキルシェア会では、セロリの栽培方法を説明する人がいるかもしれません。プログラミングのスキルシェア会であれば、参加して Node.js について語れるかもしれません。

このようなミーティング（コンピュータに関するものはユーザー会と呼ばれることもあります）は、視野を広げたり、新しい開発について学んだり、単に同じような興味を持つ人々と出会ったりするための素晴らしい方法です。多くの大都市では、JavaScript の集まりが開催されています。一般には無料で参加できますし、私が訪れたことのある集まりは友好的で、歓迎されました。

このプロジェクトの最終章では、スキルシェア会で行われる話題を管理するための Web サイトを立ち上げることを目標とします。一輪車について話すために、メンバーの１人のオフィスで定期的に集まっている小さなグループを想像してください。以前の主催者は別の町に移ってしまい、誰もこの仕事を引き継いでくれませんでした。私たちは、中心となる主催者がいなくても、参加者が自分たちで話題を提供したり、話し合ったりできるようなシステムを作りたいと考えています。

このプロジェクトのフルコードは、https://eloquentjavascript.net/code/skil lsharing.zip からダウンロードできます。

設計

このプロジェクトには、Node.js で書かれたサーバ部分と、ブラウザ用に書かれたクライアント部分があります。サーバは、システムのデータを保存し、クライアントに提供します。また、クライアント側のシステムを実装するファイルを提供します。

サーバは、次回の会議に提案された話題のリストを保持しており、クライアントはこのリストを表示します。各話題には、発表者名、タイトル、概要、コメントの配列が関連付けられています。クライアントでは、ユーザーが新しい話題を提供（リストに追加）したり、話題を削除したり、既存の話題にコメントしたりできます。ユーザーがこのような変更を行うたびに、クライアントはそれをサーバに伝えるため、HTTP リクエストを行います。

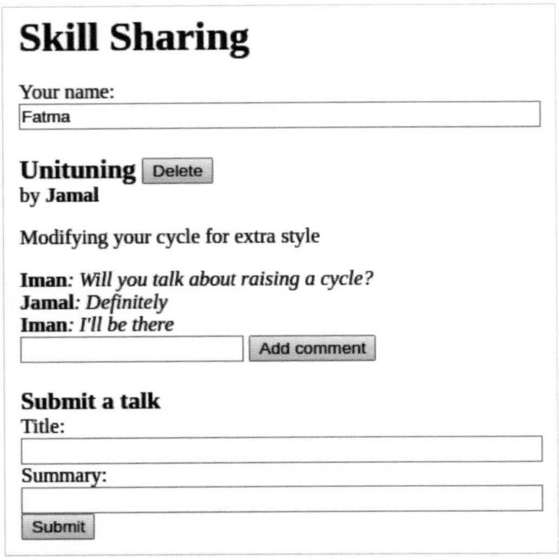

Skill Sharing

Your name:
Fatma

Unituning Delete
by Jamal

Modifying your cycle for extra style

Iman: Will you talk about raising a cycle?
Jamal: Definitely
Iman: I'll be there
Add comment

Submit a talk
Title:
Summary:
Submit

このアプリケーションは、現在提案されている話題とそのコメントをライブで表示するように設定されています。どこかの誰かが新しい話題を投稿したり、コメントを追加したりすると、そのページをブラウザで開いているすべての人がすぐにその変更を目にできるようにしましょう。Web サーバがクライアントとの接続を開く方法はありませんし、どのクライアントが現在特定の Web サイトを見ているかを知る良い方法もありません。

この問題に対する一般的な解決策はロングポーリングと呼ばれるもので、これは偶然にも Node を設計した動機の 1 つとなっています。

ロングポーリング

何かが変わったことをすぐにクライアントに通知するには、そのクライアントとの接続が必要です。Web ブラウザは通常、接続を受け付けませんし、クライアントはルーターに接続されていることが多く、そのような接続はブロックされてしまうため、サーバがこの接続を開始することは現実的ではありません。

しかし、クライアントが接続を開始し、サーバが必要なときに情報を送信できるように、接続を維持することは可能です。

ただし、HTTP リクエストでは、クライアントがリクエストを送信し、サーバが 1 つのレスポンスを返して終わり、という単純な情報の流れしかできません。最近のブラウザでサポートされている WebSocket という技術では、任意のデータ交換のためのコネクションを開くことができます。しかし、これを適切に使用するのは少々難しいでしょう。

本章では、よりシンプルな手法であるロングポーリングを使用します。ロングポーリングでは、クライアントが通常の HTTP リクエストを使ってサーバに新しい情報を要求し、サーバは新しい情報がない場合には回答を保留します。

クライアントがつねにpollingリクエストを開いているようにしておけば、情報が得られたときにすぐにサーバから情報を受け取ることができます。たとえば、ファトマがブラウザでスキルシェアのアプリケーションを開いているとき、彼女のブラウザは更新リクエストを行い、レスポンスを待っていることになります。イマンが「エクストリームな一輪車のダウンヒル」の話題を投稿すると、サーバはファトマが更新を待っていることに気付き、保留中のリクエストに新しい話題を含むレスポンスを送信します。ファトマのブラウザはそのデータを受け取り、画面を更新して話題を表示するのです。

接続のタイムアウト（アクティビティがないために接続が中断されること）を防ぐため、ロングポーリングの技術を使う場合、通常、各リクエストに最大時間を設定します。最大時間を過ぎると、サーバは何も報告することがなくてもとりあえずレスポンスし、その後クライアントは新しいリクエストを開始します。定期的にリクエストを再開することで、一時的な接続障害やサーバの問題からクライアントが回復できるようになり、技術の堅牢性が高まるのです。

ロングポーリングを使用している忙しいサーバでは、何千もの待機中のリクエスト、すなわちTCP接続が開いていることがあります。このようなシステムには、それぞれの接続に個別の制御スレッドを作成することなく、多くの接続を簡単に管理できるNodeが適しているのです。

HTTPインターフェース

サーバやクライアントの設計を始める前に、それらが接触するポイント、つまり通信するためのHTTPインターフェイスについて考えてみましょう。

ここでは、requestボディとresponseボディのフォーマットにJSONを使用します。20章のファイルサーバのように、HTTPメソッドとヘッダーをうまく利用するようにしましょう。インターフェイスは、/talksパスを中心に構成されています。talksで始まらないパスは、クライアントサイドシステムのHTMLやJavaScriptのコードである静的ファイルを提供するために使用されます。

talksへのGETリクエストは、以下のようなJSONドキュメントを返します。

```
[{"title": "Unituning",
  "presenter": "Jamal",
  "summary": "Modifying your cycle for extra style",
  "comments": []}]}
```

新しい話題を作成するには、/talks/ UnituningのようなURLにPUTリクエストを行います。このとき、2番目のスラッシュの後の部分が話題のタイトルになります。PUTリクエストのボディには、presenterプロパティとsummaryプロパティを持つJSONオブジェクトが含まれています。

話題のタイトルには、スペースやその他の文字が含まれることもありますが、これらは通常のURLでは表示されないため、URLを構築する際には、タイトル文字列をencodeURIComponent関数でエンコードする必要があります。

```
console.log("/talks/" + encodeURIComponent("How to Idle"));
// → /talks/How%20to%20Idle
```

アイドリングに関する話題を作りたいというリクエストは、以下の通りです。

```
PUT /talks/How%20to%20Idle HTTP/1.1
Content-Type: application/json
Content-Length: 92

{"presenter": "Maureen",
 "summary": "Standing still on a unicycle"}
```

このようなURLは、話題のJSON表現を取得するGETリクエストや、話題を削除するDELETEリクエストにも対応しています。

話題にコメントを追加するには、/ talks/Unituning/commentsのようなURLへのPOSTリクエストで、authorプロパティやmessageプロパティを持つJSONボディを指定します。

```
POST /talks/Unituning/comments HTTP/1.1
Content-Type: application/json
Content-Length: 72

{"author": "Iman",
 "message": "Will you talk about raising a cycle?"}
```

ロングポーリングをサポートするため、/talksへのGETリクエストには、新しい情報が得られない場合にレスポンスを遅らせるようサーバに通知する追加のヘッダーを含めることができます。ここでは、通常はキャッシングを管理するために使用されるETagとIf-None-Matchというヘッダーを使用します。

サーバは、レスポンスにETag（entityタグ）ヘッダーを含められます。その値は、リソースの現在のバージョンを識別する文字列です。クライアントは、後にそのリソースを再リクエストする際に、同じ文字列を値とするIf-None-Matchヘッダーを含めることで、条件付きのリクエストを行うことができます。リソースが変更されていない場合、サーバは「変更なし（not modified）」を意味するステータスコード304でレスポンスし、キャッシュされたバージョンがまだ最新であることをクライアントに伝えます。タグが一致しない場合、サーバは通常通りレスポンスします。

このように、クライアントがサーバに話題リストのどのバージョンを持っているかを伝え、サーバはそのリストが変更されたときにのみレスポンスする仕組みが必要です。しかし、すぐに 304 レスポンスを返すのではなく、サーバはレスポンスを一時停止し、何か新しいものが利用可能になったときや、所定時間が経過したときにのみレスポンスするようにしましょう。long polling リクエストを通常の条件付きリクエストと区別するため、Prefer: wait=90 という別のヘッダーを与え、クライアントがレスポンスを 90 秒まで待ってもよいことをサーバに伝えるのです。

サーバは、話題が変わるたびに更新されるバージョン番号を保持し、それを ETag の値として使用します。クライアントは、このようなリクエストを行うことで、話題が変更されたときに通知を受けられるのです。

```
GET /talks HTTP/1.1
If-None-Match: "4"
Prefer: wait=90

(time passes)

HTTP/1.1 200 OK
Content-Type: application/json
ETag: "5"
Content-Length: 295

[....]
```

ここで紹介するプロトコルでは、アクセスの制御は一切行いません。誰でもコメントしたり、話題を修正したり、削除したりできます（フリーガンで溢れているインターネットに、このようなシステムを無防備な状態で置けば、おそらく良い結果は招かないでしょうが……）。

サーバ

まずは、このプログラムのサーバ側の部分を作ってみましょう。このセクションのコードは、Node.js 上で動作します。

ルーティング

サーバは createServer を使用して HTTP サーバを起動します。新しいリクエストを処理する関数では、サポートしている様々な種類のリクエスト（メソッドとパスによって決定されます）を区別しなければなりません。これは、長い if 文の連鎖でも行えますが、もっと素敵な方法があります。

router とは、リクエストを、それを処理できる関数にディスパッチするのを助けるコンポーネントです。たとえば、正規表現 /^\/talks\/([^\/]+)$/（/talks/ の後に話題のタイトルが続きます）にマッチするパスを持つPUTリクエストは、特定の関数で処理できるようにrouterに伝えられます。加えて、正規表現の括弧で囲まれたパスの意味のある部分（ここでは話題のタイトル）を抽出して、ハンドラ関数に渡すこともできるでしょう。

NPMには数多くの優れたrouterパッケージがありますが、ここでは原理を説明するために自分で書いてみましょう。

以下は、severモジュールに対して要求することになるrouter.jsです。

```
const {parse} = require("url");

module.exports = class Router {
  constructor() {
    this.routes = [];
  }
  add(method, url, handler) {
    this.routes.push({method, url, handler});
  }
  resolve(context, request) {
    let path = parse(request.url).pathname;

    for (let {method, url, handler} of this.routes) {
      let match = url.exec(path);
      if (!match || request.method != method) continue;
      let urlParts = match.slice(1).map(decodeURIComponent);
      return handler(context, ...urlParts, request);
    }
    return null;
  }
};
```

このモジュールは、Routerクラスをエクスポートします。routerオブジェクトはadd メソッドで新しいハンドラを登録し、resolveメソッドでリクエストを解決できます。

後者は、ハンドラが見つかった場合はレスポンスを返し、それ以外の場合はnullを返します。routerは、マッチするものが見つかるまで、ルートを1つずつ（定義された順に）試します。

ハンドラ関数は、context値（ここではserverインスタンス）、正規表現で定義されたグループのマッチ文字列、そしてrequestオブジェクトで呼び出されます。生のURLには %20 スタイルのコードが含まれている可能性があるため、文字列はURLデコードされなければなりません。

ファイルの提供

リクエストがrouterで定義されたrequestタイプのどれにもマッチしない場合、サーバはそれをパブリックディレクトリ内のファイルへのリクエストとして解釈しなければなりません。20章で定義されたファイルサーバを使用して、そのようなファイルを提供することも可能ですが、ここでは、ファイルに対するPUTリクエストやDELETEリクエストをサポートする必要もなく、またキャッシングのサポートなどの高度な機能も必要ありません。そこで、代わりにNPMのしっかりとしたテスト済み静的ファイルサーバを使ってみましょう。

ここでは、ecstaticを選びました。このようなサーバはNPMにしかないわけではありませんが､ecstaticはうまく機能しており、私たちの目的に合っているからです｡ecstaticパッケージは、設定オブジェクトを使ってrequestハンドラ関数を呼び出せる関数をエクスポートします。rootオプションを使用して、サーバがどこでファイルを探すべきかを伝えます。ハンドラ関数は、requestパラメータとresponseパラメータを受け取り､createServerに直接渡すことで、ファイルのみを提供するサーバを作成できます。しかし、特別に処理すべきリクエストを最初にチェックしたいので、それを別の関数でラップしています。

```
const {createServer} = require("http");
const Router = require("./router");
const ecstatic = require("ecstatic");

const router = new Router();
const defaultHeaders = {"Content-Type": "text/plain"};

class SkillShareServer {
  constructor(talks) {
    this.talks = talks;
    this.version = 0;
    this.waiting = [];

    let fileServer = ecstatic({root: "./public"});
    this.server = createServer((request, response) => {
      let resolved = router.resolve(this, request);
      if (resolved) {
        resolved.catch(error => {
          if (error.status != null) return error;
          return {body: String(error), status: 500};
        }).then(({body,
                  status = 200,
                  headers = defaultHeaders}) => {
          response.writeHead(status, headers);
          response.end(body);
        });
      } else {
        fileServer(request, response);
```

```
        }
      });
    }
    start(port) {
      this.server.listen(port);
    }
    stop() {
      this.server.close();
    }
  }
```

これは、前章のファイルサーバと同様に、response ハンドラがレスポンスを記述するオブジェクトで解決する promise を返すという規則を使用しています。サーバを、その状態を保持するオブジェクトでラップしているのです。

リソースとしての話題

提案された話題は、サーバの talks プロパティに格納されています。これは、話題のタイトルをプロパティ名に持つオブジェクトです。これらは HTTP リソースとして /talks/[title] で公開されるので、クライアントがこれらを操作するには、様々なメソッドを実装するハンドラを router に追加する必要があります。

単一の話題を GET するリクエストのハンドラは話題を検索し、話題の JSON データまたは 404 エラーレスポンスでレスポンスする必要があります。

```
const talkPath = /^\/talks\/([^\/]+)$/;

router.add("GET", talkPath, async (server, title) => {
  if (title in server.talks) {
    return {body: JSON.stringify(server.talks[title]),
            headers: {"Content-Type": "application/json"}};
  } else {
    return {status: 404, body: `No talk '${title}' found`};
  }
});
```

話題を削除するには、takes オブジェクトから話題を削除します。

```
router.add("DELETE", talkPath, async (server, title) => {
  if (title in server.talks) {
    delete server.talks[title];
```

```
      server.updated();
    }
    return {status: 204};
  });
```

後で定義するupdatedメソッドは、待機中のlong pollingリクエストに変更を通知します。

requestボディのコンテンツを取得するには、readStreamという関数を定義します。readStreamは、読み取り可能なストリームからすべてのコンテンツを読み取り、文字列で解決するpromiseを返します。

```
  function readStream(stream) {
    return new Promise((resolve, reject) => {
      let data = "";
      stream.on("error", reject);
      stream.on("data", chunk => data += chunk.toString());
      stream.on("end", () => resolve(data));
    });
  }
```

requestボディを読む必要があるハンドラには、新しい話題を作成する際に使用されるPUTハンドラがあります。このハンドラは、渡されたデータにpresenterプロパティとsummaryプロパティ（いずれも文字列）があるかを確認する必要があります。システム外から送られてくるデータは無意味なものかもしれませんし、内部のデータモデルが壊れたり、悪いリクエストが来たときにクラッシュしたりするのは避けたいからです。

データが有効であれば、ハンドラは新しい話題を表すオブジェクトをtalksオブジェクトに格納し、場合によっては既存の話題をこのタイトルで上書きして、再びupdatedを呼び出します。

```
  router.add("PUT", talkPath,
             async (server, title, request) => {
    let requestBody = await readStream(request);
    let talk;
    try { talk = JSON.parse(requestBody); }
    catch (_) { return {status: 400, body: "Invalid JSON"}; }

    if (!talk ||
        typeof talk.presenter != "string" ||
        typeof talk.summary != "string") {
      return {status: 400, body: "Bad talk data"};
    }
    server.talks[title] = {title,
```

```
                              presenter: talk.presenter,
                              summary: talk.summary,
                              comments: []};
  server.updated();
  return {status: 204};
});
```

話題へのコメントの追加も同様に行います。readStreamを使ってリクエストの内容を取得し、結果のデータを検証し、有効であればコメントとして保存するのです。

```
router.add("POST", /^\/talks\/([^\/]+)\/comments$/,
           async (server, title, request) => {
  let requestBody = await readStream(request);
  let comment;
  try { comment = JSON.parse(requestBody); }
  catch (_) { return {status: 400, body: "Invalid JSON"}; }

  if (!comment ||
      typeof comment.author != "string" ||
      typeof comment.message != "string") {
    return {status: 400, body: "Bad comment data"};
  } else if (title in server.talks) {
    server.talks[title].comments.push(comment);
    server.updated();
    return {status: 204};
  } else {
    return {status: 404, body: `No talk '${title}' found`};
  }
});
```

存在しない話題にコメントを追加しようとすると、404エラーが発生します。

ロングポーリングのサポート

このサーバの最も興味深い点は、ロングポーリングを処理する部分です。/talksに対するGETリクエストは、通常のリクエストかロングポーリングのリクエストかのどちらかになります。

クライアントにtalksの配列を送信しなければならない場所が複数あるので、まずそのような配列を構築し、ETagヘッダーをレスポンスに含めるhelperメソッドを定義します。

```
SkillShareServer.prototype.talkResponse = function() {
  let talks = [];
  for (let title of Object.keys(this.talks)) {
```

```
      talks.push(this.talks[title]);
    }
    return {
      body: JSON.stringify(talks),
      headers: {"Content-Type": "application/json",
                "ETag": `"${this.version}"`}
    };
  };
```

ハンドラ自身は、request ヘッダーを見て、If- Non-Match ヘッダーや Prefer ヘッダーが存在するかを確認する必要があります。Node は、大文字と小文字を区別しないように指定されたヘッダーを、小文字の名前で保存します。

```
router.add("GET", /^\/talks$/, async (server, request) => {
  let tag = /"(.*)"/.exec(request.headers["if-none-match"]);
  let wait = /\bwait=(\d+)/.exec(request.headers["prefer"]);
  if (!tag || tag[1] != server.version) {
    return server.talkResponse();
  } else if (!wait) {
    return {status: 304};
  } else {
    return server.waitForChanges(Number(wait[1]));
  }
});
```

タグが与えられなかったり、サーバの現在のバージョンに合わないタグが与えられたりすると、ハンドラは話題のリストでレスポンスします。リクエストが条件付きで、話題が変更されなかった場合は、Prefer ヘッダーを参照して、レスポンスを遅らせるべきか、すぐにレスポンスすべきかを判断します。

遅延したリクエストに対するコールバック関数は、サーバの waiting 配列に格納され、何かが起こったときに通知できるようになっています。また、waitForChanges メソッドは、リクエストが十分に待たされたときに 304 ステータスでレスポンスするためのタイマーを即座に設定します。

```
SkillShareServer.prototype.waitForChanges = function(time) {
  return new Promise(resolve => {
    this.waiting.push(resolve);
    setTimeout(() => {
      if (!this.waiting.includes(resolve)) return;
```

```
        this.waiting = this.waiting.filter(r => r != resolve);
        resolve({status: 304});
      }, time * 1000);
    });
  };
```

変更点を updated に登録すると、バージョンのプロパティが増え、待機中のすべてのリクエストが起こされます。

```
SkillShareServer.prototype.updated = function() {
  this.version++;
  let response = this.talkResponse();
  this.waiting.forEach(resolve => resolve(response));
  this.waiting = [];
};
```

これでサーバのコードは終わりです。SkillShareServer のインスタンスを作成し、ポート 8000 で起動すると、HTTP サーバは public サブディレクトリのファイルと、/talks URL の talk-managing インターフェイスを提供します。

```
new SkillShareServer(Object.create(null)).start(8000);
```

クライアント

スキルシェアサイトのクライアントサイドは、小さな HTML ページ、スタイルシート、JavaScript ファイルの 3 つのファイルで構成されています。

HTML

Web サーバでは、ディレクトリに相当するパスに直接リクエストがあった場合、index.html という名前のファイルを提供しようとすることが広く行われています。私たちが使用している file server モジュールの ecstatic は、この慣習をサポートしています。パス / へのリクエストが行われると、サーバは ./public/index.html というファイルを探し、見つかればそのファイルを返します。

したがって、ブラウザがサーバを指したときにページを表示したいときは、public/index.html にページを置く必要があります。以下が、私たちのインデックスファイルです。

```
<!doctype html>
<meta charset="utf-8">
```

```
<title>Skill Sharing</title>
<link rel="stylesheet" href="skillsharing.css">

<h1>Skill Sharing</h1>

<script src="skillsharing_client.js"></script>
```

ドキュメントのタイトルを定義し、スタイルシートを含んでいます。スタイルシートでは、いくつかのスタイルを定義しており、特に話題の間にスペースがあることを確認しています。

最後に、ページの最上部に見出しを追加し、クライアントサイドアプリケーションが含まれるスクリプトを読み込みます。

action

アプリケーションの状態は、話題のリストとユーザーの名前で構成されており、{talks, user} オブジェクトに格納されています。ユーザーインターフェイスが状態を直接操作したり、HTTP リクエストを送信したりすることはできません。むしろ、ユーザーが何をしようとしているのかを示す action を発するのです。

handleAction 関数はそのような action を受け取り、実現します。状態の更新は非常にシンプルで、同じ関数で処理されます。

```
function handleAction(state, action) {
  if (action.type == "setUser") {
    localStorage.setItem("userName", action.user);
    return Object.assign({}, state, {user: action.user});
  } else if (action.type == "setTalks") {
    return Object.assign({}, state, {talks: action.talks});
  } else if (action.type == "newTalk") {
    fetchOK(talkURL(action.title), {
      method: "PUT",
      headers: {"Content-Type": "application/json"},
      body: JSON.stringify({
        presenter: state.user,
        summary: action.summary
      })
    }).catch(reportError);
  } else if (action.type == "deleteTalk") {
    fetchOK(talkURL(action.talk), {method: "DELETE"})
      .catch(reportError);
  } else if (action.type == "newComment") {
    fetchOK(talkURL(action.talk) + "/comments", {
      method: "POST",
```

```
        headers: {"Content-Type": "application/json"},
        body: JSON.stringify({
          author: state.user,
          message: action.message
        })
      }).catch(reportError);
    }
    return state;
  }
```

ユーザーの名前をlocalStorageに保存して、ページが読み込まれたときに復元できるようにします。

サーバを巻き込む必要のあるactionは、前述のHTTPインターフェイスにfetchを使ってnetworkリクエストを行います。ラッパー関数であるfetchOKを使用して、サーバがエラーコードを返したときに、返されたpromiseが拒否されるようにします。

```
function fetchOK(url, options) {
  return fetch(url, options).then(response => {
    if (response.status < 400) return response;
    else throw new Error(response.statusText);
  });
}
```

このヘルパー関数は、指定されたタイトルの話題のURLを構築するために使用されます。

```
function talkURL(title) {
  return "talks/" + encodeURIComponent(title);
}
```

リクエストが失敗したときに、ページが何の説明もなくただ座っているだけというのは避けたいですよね。そこで、reportErrorという関数を定義し、少なくともユーザーに何か問題があったことを伝えるダイアログを表示します。

```
function reportError(error) {
  alert(String(error));
}
```

コンポーネントのレンダリング

ここでは、19章で見たのと同じようなアプローチで、アプリケーションをコンポーネントに分割しましょう。ただし、コンポーネントの中には、更新する必要のないものや、更新されてもつねに完全に再描画されるものがあるので、それらはクラスとしてではなく、DOM ノードを直接返す関数として定義します。たとえば、ユーザーが名前を入力するフィールドを表示するコンポーネントがあります。

```
function renderUserField(name, dispatch) {
  return elt("label", {}, "Your name: ", elt("input", {
    type: "text",
    value: name,
    onchange(event) {
      dispatch({type: "setUser", user: event.target.value});
    }
  }));
}
```

DOM 要素の構築に使われる elt 関数は、19 章で使ったものです。

同様の関数は、コメントのリストと新しいコメントを追加するためのフォームを含む、話題のレンダリングにも使用されています。

```
function renderTalk(talk, dispatch) {
  return elt(
    "section", {className: "talk"},
    elt("h2", null, talk.title, " ", elt("button", {
      type: "button"
      onclick() {
        dispatch({type: "deleteTalk", talk: talk.title});
      }
    }, "Delete")),
    elt("div", null, "by ",
        elt("strong", null, talk.presenter)),
    elt("p", null, talk.summary),
    ...talk.comments.map(renderComment),
    elt("form", {
      onsubmit(event) {
        event.preventDefault();
        let form = event.target;
        dispatch({type: "newComment",
                  talk: talk.title,
                  message: form.elements.comment.value});
        form.reset();
      }
```

```
    }, elt("input", {type: "text", name: "comment"}), " ",
       elt("button", {type: "submit"}, "Add comment")));
}
```

submit イベントハンドラは、newComment アクションを作成した後、form.reset を呼び出してフォームの内容をクリアします。

中程度に複雑な DOM を作成する場合、このようなプログラミングスタイルはかなり面倒に見えてきます。JSX と呼ばれる（非標準の）JavaScript の拡張機能が広く使われており、これを使うと、スクリプト内に直接 HTM を書くことができます。このようなコードを実際に実行する前には、スクリプト上でプログラムを実行して、疑似 HTML をここで使っているような JavaScript の関数呼び出しに変換しなければなりません。

コメントはよりシンプルに表現されています。

```
function renderComment(comment) {
  return elt("p", {className: "comment"},
             elt("strong", null, comment.author),
             ": ", comment.message);
}
```

最後に、ユーザーが新しい話題を作成するためのフォームは次のように表示されます。

```
function renderTalkForm(dispatch) {
  let title = elt("input", {type: "text"});
  let summary = elt("input", {type: "text"});
  return elt("form", {
    onsubmit(event) {
      event.preventDefault();
      dispatch({type: "newTalk",
                title: title.value,
                summary: summary.value});
      event.target.reset();
    }
  }, elt("h3", null, "Submit a Talk"),
     elt("label", null, "Title: ", title),
     elt("label", null, "Summary: ", summary),
     elt("button", {type: "submit"}, "Submit"));
}
```

ポーリング

アプリを起動するには、現在の話題のリストが必要です。最初の読み込みはロングポーリング処理と密接に関係しており、読み込み時のETagをポーリング時に使用する必要があるため、サーバの /talks をポーリングし続け、話題の新しいセットが利用可能になったらコールバック関数を呼び出す関数を書きます。

```
async function pollTalks(update) {
  let tag = undefined;
  for (;;) {
    let response;

    try {
      response = await fetchOK("/talks", {
        headers: tag && {"If-None-Match": tag,
                         "Prefer": "wait=90"}
      });
    } catch (e) {
      console.log("Request failed: " + e);
      await new Promise(resolve => setTimeout(resolve, 500));
      continue;
    }
    if (response.status == 304) continue;
    tag = response.headers.get("ETag");
    update(await response.json());
  }
}
```

これは非同期関数なので、ループしてリクエストを待つのが簡単です。この関数は無限ループを実行し、繰り返すごとに話題のリストを取得します。通常のリクエストの場合と、最初のリクエストではない場合には、long polling リクエストとなるようにヘッダを含めて取得します。

リクエストが失敗すると、関数はしばらく待ってから再試行します。これにより、ネットワーク接続が一時的に切断され、その後戻ってきても、アプリケーションは回復して更新し続けることができます。setTimeout で解決した promise は、非同期関数を強制的に待たせるためのものです。

サーバが 304 レスポンスを返してきたら、それは long polling リクエストがタイムアウトしたことを意味するので、関数は直ちに次のリクエストを開始すればよいのです。レスポンスが通常の 200 レスポンスであれば、そのボディは JSON として読み込まれてコールバックに渡され、その ETag ヘッダー値は次の繰り返しのために保存されます。

アプリケーション

次のコンポーネントは、ユーザーインターフェイス全体を結びつけるものです。

```
class SkillShareApp {
  constructor(state, dispatch) {
    this.dispatch = dispatch;
    this.talkDOM = elt("div", {className: "talks"});
    this.dom = elt("div", null,
                   renderUserField(state.user, dispatch),
                   this.talkDOM,
                   renderTalkForm(dispatch));
    this.syncState(state);
  }

  syncState(state) {
    if (state.talks != this.talks) {
      this.talkDOM.textContent = "";
      for (let talk of state.talks) {
        this.talkDOM.appendChild(
          renderTalk(talk, this.dispatch));
      }
      this.talks = state.talks;
    }
  }
}
```

話題が変わると、このコンポーネントはすべての話題を再描画します。これは単純ですが、無駄も多いのです。この点については、練習問題で解説します。

以下のようにして、アプリケーションを起動できます。

```
function runApp() {
  let user = localStorage.getItem("userName") || "Anon";
  let state, app;
  function dispatch(action) {
    state = handleAction(state, action);
    app.syncState(state);
  }

  pollTalks(talks => {
    if (!app) {
```

```
      state = {user, talks};
      app = new SkillShareApp(state, dispatch);
      document.body.appendChild(app.dom);
    } else {
      dispatch({type: "setTalks", talks});
    }
  }).catch(reportError);
}

runApp();
```

サーバを起動し、http://localhost:8000、2つのブラウザウィンドウを隣り合わせに開くと、一方のウィンドウで行った操作が、もう一方のウィンドウですぐに表示されることがわかります。

練習問題

以下の練習問題では、本章で定義したシステムを変更します。これらの演習を行うには、まずコードをダウンロードし（https://eloquentjavascript.net/code/skillsharing.zip）、Node がインストールされていて（https://nodejs.org）、プロジェクトの dependencies が npm install でインストールされていることを確認してください。

ディスクの永続性

スキルシェアサーバは、データを純粋にメモリ内に保持します。つまり、クラッシュしたり、何らかの理由で再起動したりすると、すべての話題やコメントが失われます。

サーバを拡張して、話題データをディスクに保存し、再起動時に自動的にデータを再び読み込むようにしましょう。効率を気にせず、最もシンプルな方法で実行してください。

コメント欄のリセット

通常、DOM ノードと同一の代替ノードの違いを見分けられないため、話題の全面的な再描画はうまく機能します。しかし、例外もあります。あるブラウザのウィンドウで話題のコメントフィールドに何か入力し始め、別のウィンドウでその話題にコメントを追加すると、最初のウィンドウのフィールドが再描画され、content と focus の両方が削除されます。

複数の人が同時にコメントを付けるような熱い議論の場では、これは迷惑な話です。これを解決する方法を考えてみてください。

"大きな最適化は、個々のルーチンではなく、高レベルの設計を洗練させることで得られます"

— *スティーブ・マコーネル『コードコンプリート』*

Chapter
22 JavaScriptとパフォーマンス

コンピュータプログラムをマシン上で実行するには、プログラミング言語とマシン独自の命令形式とのギャップを埋める必要があります。この作業は、11章で説明したように、他のプログラムを解釈するプログラムを書くことでもできますが、通常はプログラムをマシン語にコンパイル（翻訳）することで行います。

C言語やRust言語のように、マシンが得意とすることをそのまま表現するように設計されている言語もあります。それなら、効率よくコンパイルできるでしょう。一方、JavaScriptはそれとはまったく異なり、シンプルで使いやすいことを重視して設計されています。その機能のほとんどは、マシンの機能に直接対応していません。そのため、JavaScriptをコンパイルするのは非常に難しいのです。

しかし、最近のJavaScriptエンジン（JavaScriptをコンパイルして実行するプログラム）は、なぜか驚くほどの速さでスクリプトを実行できます。JavaScriptのプログラムは、CやRustのプログラムと比較して、10パーセントほど速い速度で実行するように書けるのです。それでも大きな差に感じるかもしれませんが、古いJavaScriptエンジン（およびPythonやRubyといった似た設計の言語の現代的な実装）は、C言語の1パーセントに近い実行速度になりがちです。これらの言語と比較しても、現代のJavaScriptは非常に高速であり、パフォーマンスの問題で他の言語に切り替えなければならないことはほとんどないでしょう。

とはいえ、ときとして、JavaScriptの遅い部分を回避するためにコードを書き換えなくてはなりません。本章では、そうしたプロセスの例として、速度を必要とするプログラムを書き換えて高速化する方法を紹介します。その過程で、JavaScriptエンジンがプログラムをコンパイルする方法についても考えましょう。

段階的なコンパイル

まず理解していただきたいのは、JavaScriptのコンパイラは、従来のコンパイラのようにプログラムを一度コンパイルするだけではないということです。プログラム実行中に、必要に応じてコードのコンパイルと再コンパイルが行われているのです。

ほとんどの言語では、大きなプログラムのコンパイルには時間がかかります。プログラムは事前にコンパイルされ、コンパイルされた状態で配布されるので、通常はそれでも問題ありません。

しかし、JavaScriptの場合は事情が異なります。Webサイトには大量のコードが含まれていて、それらはテキスト形式で取得され、Webサイトを開くたびにコンパイルしなければなりません。それが5分もかかるようでは、ユーザーは納得しないでしょう。JavaScriptコンパイラは、大きなプログラムであっても、ほぼ瞬時に実行開始できなければならないのです。

そのため、JavaScriptコンパイラは複数のコンパイル戦略を持っています。Webサイトが開かれると、まずスクリプトが安価で超高品質な方法でコンパイルされます。この方法では、実行速度はそれほど速くなりませんが、スクリプトを素早く開始できます。関数は、最初に呼び出されるまでまったくコンパイルされないこともあります。

一般的なプログラムでは、ほとんどのコードは数回しか実行されません（あるいはまったく実行されないこともあります）。このようなプログラムの部分については、安価なコンパイル戦略で十分です（いずれにしてもそれほど時間はかかりませんが……）。しかし、頻繁に呼び出される関数や、多くの作業を行うループを含む関数については、別の扱いをしなければなりません。プログラムを実行している間、JavaScriptエンジンは各コードの実行頻度を観察し、重大な時間を消費しそうなコード（しばしばホットコードと呼ばれます）があると、そうしたコードは、進化した、しかし遅いコンパイラで再コンパイルされます。このコンパイラは、より高速なコードを生成するために、より多くの最適化を行います。2つ以上のコンパイル戦略があることもあり、非常にホットなコードには、より高価な最適化が適用されるのです。

コードの実行とコンパイルを交互に行うことで、賢いコンパイラがコードを扱い始める頃には、そのコードはすでに複数回実行されていることになります。これにより、実行中のコードを観察し、コードに関する情報を収集できます。この章の後半では、コンパイラがどのようにしてより効率的なコードを作っているかを見ていきましょう。

グラフのレイアウト

この章の例題では、再びグラフを取り上げます。グラフの絵は、道路システムやネットワーク、コンピュータプログラムの制御の流れなどを表現するのに役立ちます。次の図は、中東のいくつかの国を表すグラフで、国境を接している国の間には辺があります。

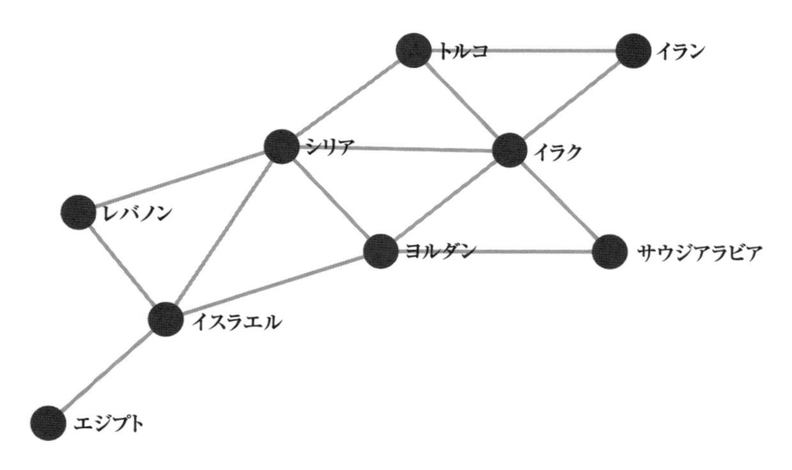

このようにグラフの定義から絵を導き出すことは、グラフレイアウト（graph layout）と呼ばれます。グラフレイアウトでは、接続されたノード同士が近くにあり、かつノード同士が密集しないように、各ノードに場所を割り当てます。同じグラフをランダムにレイアウトすると、その解釈は非常に難しくなります。

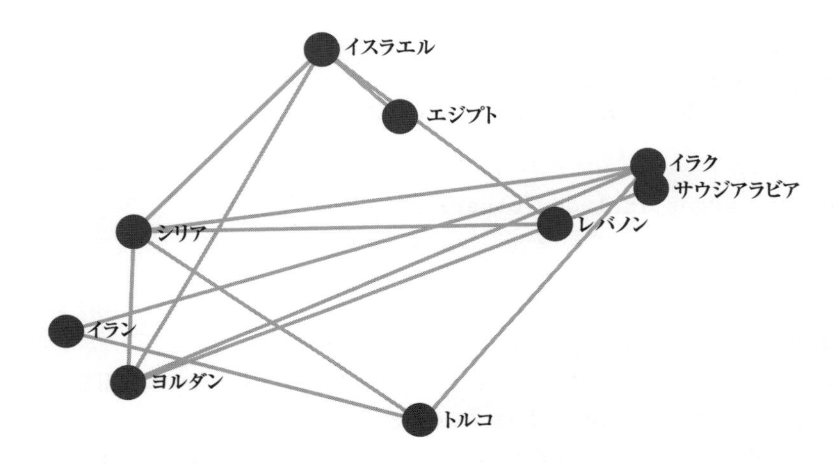

与えられたグラフの見栄えの良いレイアウトを見つけるのは、有名な難問です。任意のグラフに対して確実にレイアウトを行う解決策は知られていませんし、特に密に連結した大きなグラフのレイアウトは困難です。しかし、いくつかの特定のタイプのグラフ、たとえば平面グラフ（辺が交差しないように描けるグラフ）に対しては、効果的なアプローチが存在します。

小さなグラフ（たとえば、ノード数200まで）を絡み合わないようにレイアウトするには、「力学モデルによるグラフレイアウト（force-directed graph layout）」と呼ばれる手法が使われます。これは、グラフのノード上で単純化された物理シミュレーションを実行するもので、エッジをバネのように扱い、ノード自体は電荷を帯びているかのように反発し合います。

この章では、力学モデルによるグラフレイアウト・システムを実装し、その性能を観察します。各ノードに作用する力の計算と、その力に応じたノードの移動を繰り返すことで、このようなシミュレーションが可能です。こうしたプログラムでは、性能が重要です。なぜなら、見栄えのするレイアウトに到達するまでには多くの反復処理が必要であり、各反復処理では多くの力を計算するからです。

グラフの定義

グラフのレイアウトは、GraphNodeオブジェクトの配列で表現できます。各オブジェクトは、現在の位置と、エッジを持つノードの配列を持ちます。各ノードの開始位置はランダムに設定されています。

```
class GraphNode {
  constructor() {
    this.pos = new Vec(Math.random() * 1000,
                       Math.random() * 1000);
    this.edges = [];
  }
  connect(other) {
    this.edges.push(other);
    other.edges.push(this);
  }
  hasEdge(other) {
    return this.edges.includes(other);
  }
}
```

これまでの章でおなじみの Vec クラスを使って、位置と力を表現しています。

connect メソッドは、グラフを構築する際にノードと他のノードを接続するために使用されます。2 つのノードが接続されているかを調べるには、hasEdge メソッドを呼び出します。

プログラムをテストするためにグラフを構築するには、treeGraph という関数を使います。この関数は、木の深さと各分岐で作成する枝の数を指定する 2 つのパラメータを受け取り、指定された形状の木の形をしたグラフを再帰的に構築します。

```
function treeGraph(depth, branches) {
  let graph = [new GraphNode()];
  if (depth > 1) {
    for (let i = 0; i < branches; i++) {
      let subGraph = treeGraph(depth - 1, branches);
      graph[0].connect(subGraph[0]);
      graph = graph.concat(subGraph);
    }
  }
  return graph;
}
```

木の形をしたグラフはサイクルを含まないので、レイアウトが比較的簡単で、この章で作った地味なプログラムでも見栄えのする形を作ることができます。

treeGraph(3, 5) で作成されるグラフは、深さ 3 の木で、5 つの枝があります。

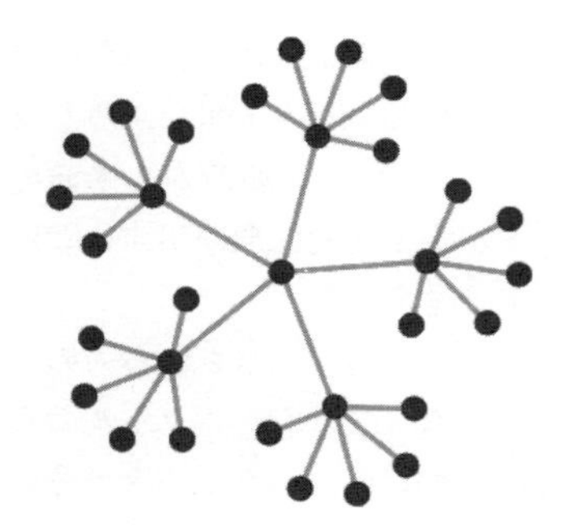

コードで作成したレイアウトを確認できるように、グラフをcanvasに描画するdrawGraph関数を定義しました。この関数はeloquentjavascript.net/code/draw_layout.jsのコードで定義されており、オンラインのサンドボックスにおいて利用できます。

力学モデルによるレイアウト

現在のノードに作用する力を計算し、それらの力の合計の方向にノードを直ちに移動させます。

（理想化された）スプリングにかかる力はフックの法則で近似でき、この力はスプリングの静止状態の長さと現在の長さの差に比例するとされます。バインディングのspringLengthは、端のスプリングの静止状態の長さを定義します。スプリングの剛性はspringStrengthで定義され、これに長さの差を掛けて、かかる力を決定します。

```
const springLength = 40;
const springStrength = 0.1;
```

ノード間の反発をモデル化するには、もう1つの物理公式であるクーロンの法則を使います。クーロンの法則とは、2つの電気を帯びた粒子間の反発は、粒子間の距離の2乗に反比例するというものです。2つのノードがほぼ重なり合っているときは、距離の2乗が小さく、その結果、巨大な力が発生します。ノードが離れていくと、距離の2乗が急激に大きくなり、反発する力が一気に弱まります。

ここで、実験的に決定された定数repulsionStrengthを再び掛け合わせます。

```
const repulsionStrength = 1500;
```

あるノードに作用する力は、他のすべてのノードをループして、それぞれのノードの反発力を適用することによって計算されます。他のノードが現在のノードとエッジを共有している場合、スプリングによる力も適用されます。

これらの力は、どちらも2つのノード間の距離に依存します。この関数は、ノードの各ペアについて、現在のノードから他のノードへのパスを表すapartという名前のベクトルを計算します。その上で、このベクトルの長さを取得して、実際の距離を求めるのです。距離が1未満の場合、ゼロや非常に小さい数字で割ってしまうと、NaN値やノードが宇宙空間に飛び出すほど巨大な力が発生してしまうため、それを防ぐために距離を1に設定します。

この距離を使えば、2つのノード間に働く力の大きさを計算できます。力の大きさから力のベクトルへの変換には、正規化されたベクトルを大きさに掛けなければなりません。ベクトルの正規化とは、方向が同じで長さが1のベクトルを作ることです。そのためには、ベクトルを自分の長さで割ることが必要になります。

```
function forceDirected_simple(graph) {
  for (let node of graph) {
    for (let other of graph) {
      if (other == node) continue;
      let apart = other.pos.minus(node.pos);
      let distance = Math.max(1, apart.length);
      let forceSize = -repulsionStrength / (distance * distance);
      if (node.hasEdge(other)) {
        forceSize += (distance - springLength) * springStrength;
      }
      let normalized = apart.times(1 / distance);
      node.pos = node.pos.plus(normalized.times(forceSize));
    }
  }
}
```

以下の関数を使って、グラフレイアウトシステムのある実装をテストしましょう。この関数はモデルを4,000ステップ実行し、その所要時間を記録します。コード実行中に確認できるように、100ステップごとにグラフの現在のレイアウトを描画します。

```
function runLayout(implementation, graph) {
  function run(steps, time) {
    let startTime = Date.now();
    for (let i = 0; i < 100; i++) {
      implementation(graph);
    }
    time += Date.now() - startTime;
    drawGraph(graph);
    if (steps == 0) console.log(time);
    else requestAnimationFrame(() => run(steps - 100, time));
```

```
  }
  run(4000, 0);
}
```

この最初の実装を実行して、どのくらいの時間がかかるかを確認できました。

```
<script>
  runLayout(forceDirected_simple, treeGraph(4, 4));
</script>
```

私のマシンでは、Firefox ブラウザのバージョン 58 を使用して、この 4,000 回の反復に 2 秒強かかりました。つまり、1 ミリ秒に 2 回の反復です。多いですね。もっとうまくできるか試してみましょう。

作業を避ける

何かをするための最速の方法は、それをしないようにすること、少なくともその一部をしないようにすることです。コードが何をしているかを考えることで、不必要な冗長性やより速くできる方法をしばしば発見できます。

今回のプロジェクトもまた、そのようにして作業を減らすことができそうです。すべてのノードのペアは、最初のノードを動かすときと、2 番目のノードを動かすときの 2 回、ノード間の力を計算します。ノード X がノード Y に及ぼす力は、Y が X に及ぼす力とはまさに逆なので、力を 2 回計算する必要はありません。

この関数の次のバージョンでは、内側のループを変更して、現在のノードの後に続くノードだけを処理するようにし、各ノードのペアがちょうど 1 回だけ処理されるようにしました。ペアのノード間の力を計算した後、この関数は両方のノードの位置を更新します。

```
function forceDirected_noRepeat(graph) {
  for (let i = 0; i < graph.length; i++) {
    let node = graph[i];
    for (let j = i + 1; j < graph.length; j++) {
      let other = graph[j];
      let apart = other.pos.minus(node.pos);
      let distance = Math.max(1, apart.length);
      let forceSize = -repulsionStrength / (distance * distance);
      if (node.hasEdge(other)) {
        forceSize += (distance - springLength) * springStrength;
      }
```

```
      let applied = apart.times(forceSize / distance);
      node.pos = node.pos.plus(applied);
      other.pos = other.pos.minus(applied);
    }
  }
}
```

このコードを測定すると、大幅なスピードアップが見られます。Firefox 58では2倍、Chrome 63では約30%、Edge 6では75%も高速化されています。

FirefoxとEdgeにおける大幅な高速化は、最適化による結果の一部に過ぎません。内側のループでは配列の一部だけを処理する必要があるため、新しい関数ではfor/ofループを通常のforループに置き換えています。Chromeではプログラムの速度に測定可能な影響はありませんが、Firefoxではイテレータを使用しないだけでコードが20%速くなり、Edgeでは50%の差が出ました。

このように、JavaScriptエンジンによって動作が異なるため、プログラムの実行速度も異なります。あるエンジンでコードを速く走らせるための変更を加えても、別のエンジンでは役に立たないかもしれませんし、同じエンジンの別のバージョンでも支障をきたすかもしれません。

興味深いことに、ChromeのエンジンはV8と呼ばれ、Node.jsが使用しているエンジンでもありますが、配列に対するfor/ofループを、インデックスに対するループと変わらない速度にまで最適化できます。イテレータのインターフェイスには、イテレータの各要素に対してオブジェクトを返すメソッドコールがあることを覚えておいてください。しかし、V8はそのほとんどを最適化できます。

console.logを呼び出してforceSizeを出力し、プログラムの動作をもう一度よく見てみると、ほとんどのノードペア間に発生する力は非常に小さく、レイアウトにはまったく影響を与えていないことがわかります。具体的には、ノードが接続されておらず、互いに離れている場合、ノード間に発生する力はそれほど大きくありません。にもかかわらず、ベクトルを計算して、ノードを少しずつ動かしています。もし、そうしなければどうなるでしょう。

次のバージョンでは、(つながっていない) ノードのペアがもはや力を計算したり適用したりしない距離を定義しました。この距離を175に設定すると、0.05以下の力は無視されます。

```
const skipDistance = 175;

function forceDirected_skip(graph) {
  for (let i = 0; i < graph.length; i++) {
    let node = graph[i];
    for (let j = i + 1; j < graph.length; j++) {
      let other = graph[j];
      let apart = other.pos.minus(node.pos);
      let distance = Math.max(1, apart.length);
```

```
        let hasEdge = node.hasEdge(other);
        if (!hasEdge && distance > skipDistance) continue;
        let forceSize = -repulsionStrength / (distance * distance);
        if (hasEdge) {
          forceSize += (distance - springLength) * springStrength;
        }
        let applied = apart.times(forceSize / distance);
        node.pos = node.pos.plus(applied);
        other.pos = other.pos.minus(applied);
      }
    }
  }
```

これにより、速度は50%向上し、レイアウトの劣化も見られません。私たちは手抜きをして、それをやってのけたのです。

プロファイリング

推論するだけで、プログラムをかなり高速化できました。しかし、マイクロ・オプティマイゼーション（物事を少しだけ変えて速くすること）に関しては、どの変更が有効で、どの変更が無効かを予測するのは難しいものです。ここではもはや推論に頼ることはできず、観察するしかありません。

runLayout関数は、現在のプログラムにかかる時間を測定します。これは良いスタートです。何かを改善するには、それを測定しなければなりません。測定しなければ、自分の変更が意図した通りの効果をもたらしているかがわからないのです。

最近のブラウザに搭載されている開発者ツールは、プログラムの速度を測定するためのより良い方法を提供しています。このツールはプロファイラと呼ばれます。このツールは、プログラムの実行中に、プログラムの様々な部分で使用される時間についての情報を収集します。

お使いのブラウザにプロファイラーが搭載されていれば、開発者ツールのインターフェイスのPerfomanceというタブから利用できます。Chromeのプロファイラは、現在のプログラムの4,000回繰り返しを記録すると、次のような表を出力します。

```
Self time            Total time           Function
816.6 ms 75.4 %      1030.4 ms 95.2 %     forceDirected_skip
194.1 ms 17.9 %       199.8 ms 18.5 %     includes
 32.0 ms  3.0 %        32.0 ms  3.0 %     Minor GC
  2.1 ms  0.2 %      1043.6 ms 96.4 %     run
```

膨大な時間を要した関数（またはその他のタスク）をリストアップするのです。各関数について、その関数の実行にかかった時間をミリ秒単位で、また総所要時間に対する割合で表示しています。1列目はcontrolが実際に関数内にあった時間のみを示し、2列目の時間にはその関数から呼び出された関数に費やされた時間が含まれています。

プロファイルに関しては、プログラムが多くの関数を持っていないので、非常にシンプルなものになっています。もっと複雑なプログラムでは、リストはもっともっと長くなります。しかし、最も時間のかかる機能が一番上に表示されるので、興味深い情報を見つけるのはたいてい簡単です。

この表を見ると、物理シミュレーション機能に最も多くの時間が費やされていることがわかります。これは予想外のことではありません。しかし、2行目からは、GraphNode.hasEdgeで使用されているinclude配列メソッドが、プログラムの約18%の時間を占めていることがわかります。

これは予想以上の成果ですね。85ノードのグラフ（treeGraph(4, 4)で得られます）では、3,570組のノードがあるので、これを大量に呼び出しています。つまり、4,000回の反復で、hasEdgeの呼び出しは1,400万回以上になるのです。

もっとうまくできるか見てみましょう。そこで、GraphNodeクラスにhasEdgeメソッドの別バージョンを追加し、シミュレーション関数にもhasEdgeの代わりにそれを呼び出す別バージョンを作成しました。

```
GraphNode.prototype.hasEdgeFast = function(other) {
  for (let i = 0; i < this.edges.length; i++) {
    if (this.edges[i] === other) return true;
  }
  return false;
};
```

Chromeでは、レイアウトの作成にかかる時間が約17%短縮されました。これは、プロファイルの読み込みにかかる時間のほとんどです。Edgeでは40%も速くなりました。しかし、Firefoxではわずかに（約3パーセント）遅くなりました。つまり、Firefoxのエンジン（SpiderMonkeyと呼ばれる）は、include呼び出しをより最適化していたのです。

プロファイルの「Minor GC」という行は、使われなくなったメモリの整理にかかった時間を示しています。私たちのプログラムが膨大な数のvectorオブジェクトを作成することを考えると、メモリの再利用にかかった時間が3%というのは驚くほど低い値です。JavaScriptエンジンには、非常に効果的なガベージコレクターが搭載されがちなのです。

関数のインライン化

vectorメソッド（timesなど）が多用されているにもかかわらず、今回見たプロファイルには表示されていません。これは、コンパイラがvectorメソッドをインライン化したためです。内側の関数のコードがベクトルを乗算するために実際のメソッドを呼び出すのではなく、ベクトル乗算のコードが直接関数内に置かれ、コンパイルされたコードの中では、実際のメソッド呼び出しが行われていないのです。

コードを高速化するためのインライン化には様々な方法があります。関数やメソッドは、マシンレベルでは、引数とリターンアドレス（関数が戻ってきたときに実行を継続する場所）を関数が見つけられる場所に置くプロトコルを使って呼び出されます。また、関数呼び出しがプログラムの別の部分に control を与える方法では、呼び出し側がまだ必要としているデータに干渉することなく、呼び出された関数がプロセッサを使用できるように、しばしばプロセッサの状態の一部を保存する必要があります。関数がインライン化されていれば、このようなことはすべて不要になるでしょう。

さらに、優れたコンパイラは、生成されるコードを単純化する方法を見つけようと最善を尽くします。もし、関数が何でもできるブラックボックスとして扱われていたら、コンパイラはあまり仕事をできないでしょう。逆に、関数の本体を見つけて、コンパイラ解析に含められれば、コードを最適化するための新たな機会を見つけられるかもしれません。

たとえば、JavaScript エンジンは、私たちのコードにおけるいくつかの vector オブジェクトの作成を完全に回避できます。以下の式では、メソッドを見通せれば、結果として得られるベクトルの座標は、normalized の座標と forceSize の結合の積に force の座標を加えたものであることが明らかになります。したがって、times メソッドで生成される中間オブジェクトを作成する必要はないのです。

```
pos.plus(normalized.times(forceSize))
```

しかし、JavaScript ではいつでもメソッドを置き換えられます。コンパイラは、この times メソッドが実際にどの関数であるかをどのように把握するのでしょう。また、Vec.prototype.times に格納されている値を後で誰かが変更したらどうなるでしょうか。その関数をインライン化したコードが次に実行されたとき、古い定義を使い続ける可能性があるかもしれません。そうなれば、プログラムの動作はプログラマの想定外のものとなってしまいます。

ここで、プログラムの実行とコンパイルにおけるインターリーブ（セグメント単位に分割した多重プログラムを効率よく実行する方式）が効いてきます。ホットな関数がコンパイルされるとき、その関数はすでに何度も実行されています。もし、その実行中にいつも同じ関数を呼び出していたら、その関数をインライン化するのが合理的です。

その関数をインライン化してみましょう。このコードは、将来、同じ関数がここで呼ばれることを想定して楽観的にコンパイルされています。

別の関数が呼び出されてしまうような悲観的なケースに対応するため、コンパイラは呼び出された関数とインライン化された関数を比較するテストを挿入します。この 2 つが一致しない場合、最適にコンパイルされたコードは間違っており、JavaScript エンジンは最適化を解除しなければなりません。つまり、最適化されていないバージョンのコードに切り替えるのです。

ゴミを減らす

私たちが作成している vector オブジェクトの一部は、JavaScript エンジンによっては完全に最適化されてしまうかもしれませんが、これらのオブジェクトをすべて作成するには、おそらくコストがかかっていると思われます。このコストの大きさを見積もるために、ローカルバインディングを使って、ベクトル計算を「手作業」で行うバージョンのコードを書いてみましょう。

```
function forceDirected_noVector(graph) {
  for (let i = 0; i < graph.length; i++) {
    let node = graph[i];
    for (let j = i + 1; j < graph.length; j++) {
      let other = graph[j];
      let apartX = other.pos.x - node.pos.x;
      let apartY = other.pos.y - node.pos.y;
      let distance = Math.max(1, Math.sqrt(apartX * apartX +
                                           apartY * apartY));
      let hasEdge = node.hasEdgeFast(other);
      if (!hasEdge && distance > skipDistance) continue;
      let forceSize = -repulsionStrength / (distance * distance);
      if (hasEdge) {
        forceSize += (distance - springLength) * springStrength;
      }
      let forceX = apartX * forceSize / distance;
      let forceY = apartY * forceSize / distance;
      node.pos.x += forceX; node.pos.y += forceY;
      other.pos.x -= forceX; other.pos.y -= forceY;
    }
  }
}
```

新しいコードは冗長で、繰り返しも多いのですが、計測してみると、パフォーマンスを重視するコードでは、このような手作業によるオブジェクトの平坦化（flattening）には、検討に値する大きさの改善が見られました。Firefox と Chrome の両方で、新バージョンは以前のバージョンよりも約 30%速くなり、Edge では約 60%も速くなったのです。

以上すべてのステップを総合すると、Chrome と Firefox では初期バージョンの約 5 倍、Edge では 20 倍以上の速度が出ることになります。これはかなりの改善です。しかし、このような作業が有効なのは、多くの時間を要するコードに限られることは覚えておいてください。すべてをすぐに最適化しようとすると、作業が遅くなり、不必要に複雑なコードを作ることになります。

ガベージコレクション

では、なぜオブジェクトの生成を避けたコードの方が速いのでしょう。理由はいくつかあります。JavaScript エンジンはオブジェクトを保存する場所を見つけなければなりませんし、オブジェクトが使われなくなったときにはそれを回収しなければなりませんし、オブジェクトのプロパティにアクセスするときにはそれらがメモリのどこに保存されているかを把握しなければなりません。JavaScript エンジンはこれらすべてに優れていますが、通常は自由自在というほどではありません。

メモリが長い長いビット列であると想像してみてください。プログラムが起動すると、空のメモリを受け取って、そこに自分が作ったオブジェクトを１つずつ入れていくのかもしれません。しかし、ある時点でスペースがいっぱいになり、そこにあったオブジェクトのうちいくつかは使われなくなってしまいます。JavaScript エンジンは、どのオブジェクトが使われていて、どのオブジェクトが使われていないのかを把握して、使われていないメモリを再利用する必要があります。

現在、プログラムのメモリ空間はちょっとした混乱状態にあり、空き領域の中に生きたオブジェクトが点在しています。新しいオブジェクトを作成するには、そのオブジェクトに十分な大きさの空き領域を探す必要がありますが、これには検索が必要かもしれません。新しいオブジェクトを作るのは簡単ですが、古いオブジェクトを移動させるのには手間がかかるのです。

原理的には、どのオブジェクトがまだ使われているかを把握するには、グローバルスコープと現在アクティブなローカルスコープを起点に、到達可能なすべてのオブジェクトをトレースする必要があります。これらのスコープから直接または間接的に参照されるオブジェクトはすべて生きています。プログラムがメモリ内に多くのデータを持っている場合、これはかなりの作業になります。

世代別ガベージコレクションと呼ばれる技術は、これらのコストを削減するのに役立ちます。この手法は、ほとんどのオブジェクトの寿命が短いという事実を利用しています。世代別ガベージコレクションでは、JavaScript プログラムが使用できるメモリを２つ以上の世代に分割します。新しいオブジェクトは、若い世代のために確保されたスペースに作成されます。このスペースが一杯になると、エンジンはそこにあるオブジェクトのうちどれがまだ生きているかを判断し、それらを次の世代に移します。このとき、若い世代のオブジェクトのごく一部しか生きていなければ、移動させるために必要な作業はほんのわずかです。

もちろん、どのオブジェクトが生きているかを把握するには、生きている世代のオブジェクトへのすべての参照を把握しなくてはなりません。ガベージコレクタは、若い世代が収集されるたびに、古い世代の全オブジェクトを調べるのは避けたいと考えています。そのため、古いオブジェクトから新しいオブジェクトへの参照が作成されると、この参照を記録して、次の収集の際に考慮できるようにしなければなりません。このため、古いオブジェクトへの書き込みには若干のコストがかかりますが、そのコストはガベージコレクションで節約できる時間で補えるのです。

動的型付け

オブジェクトからプロパティを取得するnode.posのようなJavaScriptの式は、コンパイルが簡単ではありません。多くの言語では、バインディングは型を持っています。そのため、バインディングが保持する値に対して操作を行う場合、コンパイラは必要な操作をすでに知っています。JavaScriptでは、値のみが型を持ち、バインディングは異なる型の値を持つことになります。

つまり、初期状態ではコンパイラはコードがアクセスしようとしているプロパティについてほとんど知らず、すべての可能な型を処理するコードを作成しなければならないのです。nodeが未定義の値を保持している場合、コードはエラーを出さなければなりません。文字列を保持している場合は、String.prototypeでposを探さなければなりません。オブジェクトを保持している場合は、オブジェクトの形状に応じてposプロパティの抽出方法が異なります。このような具合です。

幸いなことに、JavaScriptでは必須ではありませんが、ほとんどのプログラムではバインディングは単一の型を持っています。そして、コンパイラがこの型を知っていれば、その情報を使ってより効率的なコードを生成できるでしょう。nodeがこれまでずっとposプロパティとedgeプロパティを持つオブジェクトであった場合、最適化されたコンパイラコードは、そのようなオブジェクトの既知の位置からプロパティをfetchするコードを作成でき、それは単純で高速です。

しかし、過去に観測された事象は、未来に発生する事象について何も保証しません。まだ実行されていないコードの一部が、別の種類の値をこの関数に渡しているかもしれません。たとえば、idプロパティを持つ別の種類のノードオブジェクトなどです。

そのため、コンパイルされたコードは、その仮定が成り立つかをチェックし、成り立たない場合は適切に対処しなければなりません。JavaScriptエンジンは完全に最適化を解除して、最適化されていないバージョンの関数に切り替えることができます。また、新たに観測された型を処理する新しいバージョンの関数をコンパイルすることもできるでしょう。

以下の例のように、グラフレイアウト関数のinputオブジェクトの均一性を意図的に狂わせることで、object typeの予測の失敗による速度低下を観察できます。

```
let mangledGraph = treeGraph(4, 4);
for (let node of mangledGraph) {
  node[`p${Math.floor(Math.random() * 999)}`] = true;
}

runLayout(forceDirected_noVector, mangledGraph);
```

各ノードにはランダムな名前のプロパティが追加されます。このグラフに高速シミュレーションコードを実行すると、Chrome 63では5倍、Firefox 58では10倍（！）も遅くなります。object typeが変わったことで、コードはオブジェクトの形状について事前の知識がなくてもプロパティを調べなければならなくなり、そのためのコストが大幅に増加しています。

興味深いことに、このコードを実行した後、forceDirected_noVector は、通常の、ごちゃごちゃしていないグラフで実行しても遅くなりました。ある時点で、ブラウザはコンパイルされたコードを捨てて、最初から再コンパイルする傾向があるので、効果はなくなるのです。

同様の手法は、プロパティアクセス以外にも使われています。たとえば、+演算子は、適用される値の種類によって意味が変わります。賢いJavaScriptコンパイラは、これらの意味をすべて処理する完全なコードをつねに実行するのではなく、過去の観察結果を利用して、演算子が適用されるであろう型をある程度予想します。もし演算子が数字にしか適用されないのであれば、よりシンプルなマシン語のコードを生成して処理できます。しかし、繰り返しになりますが、このような仮定は、関数が実行されるたびにチェックしなければなりません。

この話の教訓は、コードの一部が高速である必要がある場合、一貫した型を与えることで支援できるということです。JavaScriptエンジンは、いくつかの異なる型が発生するケースを比較的うまく扱うことができます。これらの型をすべて処理し、新しい型が発生したときにのみ最適化を解除するコードを生成します。しかしその場合でも、生成されるコードは単一の型に対して得られるものよりも遅くなります。

まとめ

Webには莫大な資金が投入されており、また各ブラウザ間の競争もあって、JavaScriptコンパイラはコードを高速に実行するという点では優れています。

しかし、ときには彼らを少し助けて、より高価なJavaScriptの機能を避けるために内部ループを書き換えなければなりません。オブジェクト（や配列、文字列）の数を少なくすることも有効でしょう。

速くするためにコードをこねくり回す前に、コードの処理を減らす方法を考えましょう。最適化の最大のチャンスは、その方向にあることが多いのです。

JavaScriptエンジンは、ホットコードを複数回コンパイルし、前回の実行時に収集した情報を使用して、より効率的なコードをコンパイルします。バインディングに一貫した型を与えることは、その助けとなります。

練習問題

経路探索

7章で紹介した関数と同様に、グラフ上の2つのノード間の最短経路を求める関数、findPathを書きましょう。この関数は、2つのGraphNodeオブジェクト（本章で使用されています）を引数として取り、グラフ内のパスを表すノードの配列やパスが見つからないときは、nullを返します。この配列内で隣り合うノードは、間にエッジ（リンク）を持たなくてはなりません。

グラフのパスを見つけるための良い方法は次のようなものです。

1. 開始ノードのみを含む、単一パスを含むワークリストを作成する
2. ワークリストの最初のパスから始める
3. 現在のパスの終端にあるノードがゴールノードであれば、そのパスを返す
4. そうでなければ、パスの終端にあるノードの各隣人について、そのノードが以前に見られていない（ワークリストのどのパスの終端にも存在しない）場合、その隣人で現在のパスを拡張して新しいパスを作成し、ワークリストに追加する
5. ワークリストにまだパスがある場合は、次のパスに進み、ステップ3に進む
6. そうでなければ、パスはない

このアプローチでは、開始ノードからのパスを「拡散」させることで、「短い経路をすべて試した後に長い経路を検討するので、つねに最短の経路で他のノードに到達できる」ことを保証します。

このプログラムを実装し、いくつかの簡単な木のグラフでテストしてみましょう。たとえば、connect メソッドで木のグラフに辺を追加するなどして、周期性のあるグラフを構築し、複数の可能性があるときに、この関数が最短経路を見つけられるかを確認します。

タイミング

Date.now() を使って、findPath 関数がより複雑なグラフのパスを見つけるのにかかる時間を計測してみましょう。treeGraph はつねにグラフ配列の最初に root を置き、最後に leaf を置くので、次のようにすれば、関数に自明でないタスクを与えることができます。

```
let graph = treeGraph(6, 6);
console.log(findPath(graph[0], graph[graph.length - 1]).length);
// → 6
```

実行時間が約 0.5 秒のテストケースを作成します。グラフのサイズは指数関数的に増加するため、グラフが大きくなりすぎて、パスを見つけるのに膨大な時間とメモリが必要になる可能性があるからです。

最適化

測定されたテストケースができたので、findPath 関数をより速くする方法を見つけましょう。

マクロ的な最適化（より少ない作業を行う）とミクロ的な最適化（与えられた作業をより楽に行う）の両方を考えましょう。また、メモリの使用量を減らしたり、データ構造の割り当てを少なくしたり、小さくしたりする方法も考えてみましょう。

練習問題のヒント

以下のヒントは、この本の練習問題で行き詰まったときに役立つかもしれません。これらのヒントは、解答をすべて示すものではなく、あなた自身が解答を見つけられるようにするためのものです。

2章　プログラムの構造

三角形をループさせる

まずは、1から7までの数字を印刷するプログラムを考えてみましょう。これは、forループを紹介した2章の「whileとdoループ」の偶数印刷の例に少し手を加えることで導き出せます。

次に、数字とハッシュ文字の文字列の等価性について考えてみましょう。1を加えれば1から2になります（+= 1）。文字を追加すれば、"#"から"##"になります（+="#"）。このように、あなたの解答は、数字を印刷するプログラムに忠実に従うのです。

FizzBuzz

数字を調べるのは明らかにループ処理であり、何を印刷するかは条件付き実行です。ある数字が他の数字で割り切れるか（余りが0か）を調べるのに、剰余演算子（%）を使うというトリックを思い出してください。

最初のバージョンでは、すべての数字に対して3つの可能性があるので、if/else if/elseの連鎖を作らなければなりません。

第2バージョンのプログラムには、簡単な解決策と巧妙な解決策があります。簡単な解決策は、与えられた条件を正確にテストするために、別の条件の「分岐」を追加することです。賢い解決策は、出力したい単語を含む文字列を作り、この単語か、単語がなければ数字を表示することです。||演算子をうまく利用するとよいでしょう。

チェスボード

文字列を作成するには、空の文字列（""）から始めて、繰り返し文字を追加します。改行文字は"\n"と書きます。

2次元を扱うには、ループの中にループが必要です。ループの始まりと終わりがわかりやすいように、両方のループの本体を中括弧で囲みます。本体は適切にインデントしてください。ループの順序は、文字列を構築する順序（行ごと、左から右、上から下）に従わなければなりません。つまり、外側のループは行を処理し、内側のループは行の中の文字を処理するのです。

進捗状況を把握するには、2つのバインディングが必要です。ある位置にスペースとハッシュ記号のどちらを置くかを知るには、2つのカウンタの合計が偶数かをテストすればいいでしょう（% 2）。

改行文字を追加して行を終了させるのは、行が構築された後でなければならないので、内側のループの後に、外側のループ内で行います。

3章　関数

最小値

中括弧や括弧を適切な位置に配置して有効な関数定義を行うのが難しい場合は、本章の例題をコピーして修正することから始めましょう。

関数は複数の return ステートメントを含みます。

再帰

この関数は、3 章の再帰的な findSolution の例にあった find 関数にいくらか似ているかもしれません。if/else if/else の連鎖で、3 つのケースのどれが適用されるのかをテストします。最後の else は、3 つ目のケースに対応し、再帰呼び出しを行います。それぞれの分岐には return ステートメントを含めるか、何らかの方法で特定の値が返されるようにします。

負の数が与えられると、この関数は何度も何度も再帰し、さらに負の数を自分に渡して、結果を返すことからどんどん遠ざかっていきます。最終的にはスタックスペースを使い果たして終了するのです。

豆の数え方

この関数には、文字列のすべての文字を調べるループが必要です。

文字列の長さ以下の 0 から 1 までのインデックスを実行できます（< string.length)。現在の位置にある文字が、関数が探している文字と同じであれば、カウンタ変数に 1 を加えます。ループが終了すると、カウンタを戻せます。

関数内で使用されるすべてのバインディングは、let または const キーワードで適切に宣言することで、関数内でローカルになるように注意してください。

4章　データ構造：オブジェクトと配列

範囲の和

配列を構築するには、まずはバインディングを [] で初期化し（新鮮な空の配列)、その push メソッドを繰り返し呼び出して、値を追加していくのが最も簡単です。関数の最後に配列を返すのを忘れないでください。

終了境界（end boundary）は包含されるので、ループの終わりをチェックするには < ではなく <= 演算子を使う必要があります。

step パラメータはオプションのパラメータであり、デフォルト（= 演算子を使用）では 1 になります。

負のステップ値を理解できるようにするには、おそらく 2 つの別々のループ（1 つはカウントアップ用、もう１つはカウントダウン用です）を書くのが最適です。なぜなら、ループが終了したかをチェックする比較は、下向きにカウントするときには <= ではなく >= にする必要があるからです。

また、範囲の終点が始点よりも小さい場合には、別のデフォルトステップ、すなわち -1 を使用することにも価値があるかもしれません。そうすれば、range(5, 2) は、無限ループに陥ることなく、意味のある結果を返します。パラメータのデフォルト値として、以前のパラメータを参照できるのです。

配列を反転させる

reverseArray を実装するには２つの明白な方法があります。1つ目は、単純に入力配列を前から後ろに向かって走査し、新しい配列に unshift メソッドを使用して各要素をその先頭に挿入する方法です。２つ目は、入力配列を後ろから順にループさせ、push メソッドを使用する方法です。配列を逆方向にループさせるには、(let i = array.length - 1; i >= 0; i-) のような（やや不便な）for 指定が必要になります。

配列をその場で反転させるのはもっと大変です。後で必要になる要素を上書きしてしまわないように注意しなければならないからです。reverseArray を使ったり、配列全体をコピーしたり（array.slice(0) は配列をコピーするのに適した方法です）するとうまくいきますが、これではズルをしていることになります。

トリックは、最初と最後の要素を入れ替え、次に２番目と最後から２番目の要素を入れ替えるようにします。配列の半分の長さをループして、i の位置の要素を array.length -1-i の位置の要素と入れ替えることで実現できます。端数処理には math.floor を使用します。奇数の要素を持つ配列では、中央の要素に触れる必要はありません。ローカルバインディングを使って、片方の要素を一時的に保持すれば、その要素を鏡像で上書きできます。そして、鏡像があった場所に、ローカルバインディングの値を置くのです。

リスト

リストの構築は、後ろから前に向かって行う方が簡単です。arrayToList では、配列を逆方向に反復処理し（前の演習を参照）、各要素ごとにオブジェクトをリストに追加します。ローカルバインディングを使用して、これまでに構築されたリストの一部を保持し、list = {value: X, rest: list} のように代入して要素を追加します。

（listToArray や nth によって）リストの上を走るには、次のような for ループの仕様が使えます。

```
for (let node = list; node; node = node.rest) {}
```

これがどのように機能するか、わかりますか。ループの繰り返しごとに、node は現在のサブリストを指しており、body はその value プロパティを読んで現在の要素を得られます。反復の最後に、node は次のサブリストに移動します。それが null になると、リストの最後に到達したことになり、ループが終了します。

nth の再帰バージョンは、同様に、リストの「尻尾」のより小さな部分を見て、同時にインデックスがゼロになるまでカウントダウンし、その時点で、見ているノードの value プロパティを返すことができます。リストの 0 番目の要素を取得するには、単純にその先頭ノードの value プロパティを取ります。要素 N + 1 を取得するには、このリストの rest プロパティにあるリストの N 番目の要素を取ります。

厳格な等価性比較

本物のオブジェクトを扱っているかを調べるには、typeof x == "object" && x != null のようにします。プロパティの比較は、両方の引数がオブジェクトの場合にのみ、行うように注意してください。それ以外の場合は、=== を適用した結果をすぐに返すことができます。

Object.keys を使ってプロパティを調べてみましょう。両方のオブジェクトが同じプロパティ名を持ち、それらのプロパティが同じ値を持つかをテストする必要があります。そのためには、両方のオブジェクトが同じ数のプロパティを持っている（プロパティリストの長さが同じ）ことを確認するのが 1 つの方法です。そして、一方のオブジェクトのプロパティをループさせて比較するときには、必ず最初に、もう一方のオブジェクトが実際にその名前でプロパティを持っているかを確認します。同じ数のプロパティを持ち、一方のプロパティがすべて他方にも存在する場合、両者のプロパティ名は同じセットになります。

関数から正しい値を返すには、ミスマッチが見つかったときにすぐに false を返し、関数の最後に true を返すのが最も効果的です。

5章　高階関数

すべて

every メソッドは、&& 演算子と同様に、マッチしない要素を見つけたらすぐに評価を中止できます。そのため、ループベースのバージョンでは、述語関数が偽を返す要素に遭遇した時点で、break や return を使ってループから抜け出せます。ループが最後まで実行され、そのような要素が見つからなければ、すべての要素がマッチしたことになるので、true を返すでしょう。

「a&&b と !(!a || !b) は等しい」ことを示したデ・モルガンの法則を応用すれば、「some の上にある every」を構築できます。これは配列にも一般化でき、配列内に一致しない要素がなければ、配列内のすべての要素が一致します。

優位な書き込み方向

この解決策は、textScripts の例の前半部分とよく似ているかもしれません。この場合も、characterScript に基づく基準で文字数をカウントし、その結果から興味のない（script-less）文字を参照する部分をフィルタリングする必要があります。

最も文字数の多い方向を見つけることは、reduceで可能です。その方法がよくわからない場合は、この章の前の方でreduceを使って文字数の多いスクリプトを見つけた例を参照してください。

6章　オブジェクトの秘密の生活

ベクトルの型

クラス宣言がどのように見えるかわからない場合は、Rabbitクラスの例を思い出してください。

コンストラクタにgetterプロパティを追加するには、メソッド名の前にgetという単語を付けます。(0, 0)から(x, y)までの距離を計算するには、ピタゴラスの定理を使います。これは、求める距離の2乗は、x座標の2乗とy座標の2乗に等しいというものです。すなわち、$\sqrt{x^2 + y^2}$が求める数値であり、Math.sqrtはJavaScriptで平方根を計算する方法です。

group

最も簡単な方法は、groupメンバーの配列をインスタンスのプロパティに格納することです。includeメソッドやindexOfメソッドを使用して、指定した値が配列に含まれているかを確認できます。

クラスのコンストラクタでは、memberコレクションを空の配列に設定できます。addが呼び出されたときには、指定された値が配列にあるか、加えるかをチェックしなくてはなりません。加える場合はpushなどで追加します。

deleteで配列から要素を削除するのはあまり簡単ではありませんが、filterを使ってその値を含まない新たな配列を作成できます。メンバーを保持しているプロパティを、新しくフィルタリングされた配列で上書きすることを忘れないでください。

fromメソッドでは、for/ofループを使用してイテレート可能なオブジェクトから値を取り出し、addを呼び出して新しく作成したグループに値を入れられます。

イテレート可能なgroup

新しいクラスGroupIteratorを定義する価値があるでしょう。Iteratorのインスタンスは、グループ内の現在の位置を追跡するプロパティを持つ必要があります。nextが呼ばれるたびに、それが終わったかをチェックし、終わっていなければ現在の値を越えて移動し、それを返します。

groupクラス自体はSymbol.iteratorで名付けられたメソッドを取得し、それが呼ばれると、そのグループのiteratorクラスの新しいインスタンスを返します。

メソッドの借用

プレーンなオブジェクトに存在するメソッドは、Object .prototypeに由来することを覚えておいてください。

また、特定のthisバインディングを持つ関数を呼び出すには、そのcallメソッドを使用することを覚えておいてください。

7章　プロジェクト:ロボット

ロボットの測定

runRobot関数の変数を書いて、イベントをコンソールに記録する代わりに、ロボットがタスクを完了するまでに要したステップ数を返すようにします。

計測関数は、ループ内で新しい状態を生成し、それぞれのロボットが取ったステップ数をカウントします。関数が十分な計測値を生成すれば、console.logを使って各ロボットの平均値を出力できます。

ロボットの効率

goalOrientedRobotの主たる制限は、一度に1つの区画しか考慮しないことです。たとえ他の区画がもっと近くにあったとしても、たまたま見ていた区画が地図の反対側にあったために、しばしばロボットは村を何度も往復してしまいます。

これを解決するため、すべてのパッケージのルートを計算して、最短のルートを取るという方法があります。最短ルートが複数ある場合は、荷物を届けるのではなく、荷物を取りに行くルートを優先することで、さらに良い結果が得られます。

永続的なグループ

メンバーの値のセットを表現するのに最も便利な方法は、やはり配列です。

グループに値が追加されると、値が追加された元の配列のコピーで新しいグループを作成できます（たとえば、concatを使用)。値が削除されたときは、配列からフィルタリングします。

クラスのコンストラクタは、このような配列を引数として受け取り、インスタンスの（唯一の）プロパティとして格納できます。この配列は決して更新されません。

メソッドではないコンストラクタにプロパティ（empty）を追加するには、通常のプロパティとして、クラス定義の後にコンストラクタに追加する必要があります。

空のグループはすべて同じで、クラスのインスタンスは変更されないため、必要なemptyインスタンスは1つだけです。その1つの空のグループから、影響を与えずに多くの異なるグループを作ることができます。

8章　バグとエラー

再試行

primitiveMultiplyの呼び出しは、必ずtryブロック内で行われるべきです。対応するcatchブロックは、例外がMultiplicatorUnitFailureのインスタンスではない場合は、例外を再び投げ出し、例外が発生した場合は呼び出しを再試行するようにします。

再試行を行うには、呼び出しが成功したときにのみ停止するループを使用するか（8 章の「例外」における look 関数の例のように）、再帰を使用してスタックをオーバーフローさせるほど長い失敗の文字列が発生しないことを祈ることになります（これはかなり安全な賭けです）。

ロックされた箱

この課題では finally ブロックを使用します。関数はまず箱のロックを解除し、try ボディの中から引数の関数を呼び出します。その後の finally ブロックでは、箱を再びロックする必要があります。

ロックされていないときに箱をロックしないようにするために、関数の開始時にロックをチェックし、最初にロックされていたときだけ、ロックを解除してロックするようにします。

9章　正規表現

引用のスタイル

最もわかりやすい解決策は、引用符だけを少なくとも片側の非単語の文字に置き換えることです（/\ W'|'\ W/ のように）。しかし、行の最初と最後も考慮しなければなりません。

さらに、\W パターンでマッチした文字がドロップされないように、置換文字列にも含める必要があります。これは、文字を括弧で囲み、そのグループを置換文字列（$1, $2）に含めることで実現できます。マッチしなかったグループは何も置き換えられません。

再び数字について

まず、ピリオドの前のバックスラッシュを忘れてはいけません。

数字の前のオプション記号と指数の前のオプション記号のマッチングは、[+\-]? または (\+|-|)（プラス、マイナス、何もない）によって可能です。もっと複雑なのは、"5" と ".5" の両方にマッチして、"." にマッチしない問題です。この場合、| 演算子を使用して 2 つのケース（1 桁以上の数字の後に任意でドットと 0 桁以上の数字が続く場合と、ドットの後に 1 桁以上の数字が続く場合）を分けるのが良い解決策でしょう。

最後に e の大文字と小文字を区別しないようにするには、正規表現に i オプションを追加するか、[eE] を使用します。

10章　モジュール

モジュール型ロボット

私なら、次のようなアプローチを取るでしょう（ただし、モジュール設計に唯一の正しい方法はありません）。

ロードグラフを構築するためのコードは、graph モジュールに格納されています。私は独自の経路探索コードよりもNPMのdijkstrajsを使いたいので、dijkstajsが期待する種類のグラフデータを構築するようにします。このモジュールは、buildGraphという1つの関数をエクスポートします。buildGraphがハイフンを含む文字列ではなく、2要素の配列を受け入れるようにして、モジュールが入力フォーマットにあまり依存しないようにしたいと思います。

roadsモジュールには、生の道路データ（road配列）とroadGraphバインディングが含まれています。このモジュールは./graphに依存し、ロードグラフをエクスポートします。

VillageStateクラスは、stateモジュールにあります。これは、与えられた道路が存在することを確認できる必要があるため、./roadsモジュールに依存しています。また、randomPickも必要です。これは3行の関数なので、単純に内部のヘルパー関数としてstateモジュールに入れることができます。しかし、randomRobotもそれを必要とします。そのため、これを複製するか、独自のモジュールに入れなければなりません。この関数はNPMのrandom-itemパッケージにたまたま存在しているので、両方のモジュールがそれに依存するようにするのが良い解決策です。runRobot関数も同様にこのモジュールに追加できます。これは小さく、状態管理に密接に関連しているからです。このモジュールはVillageStateクラスとrunRobot関数の両方をエクスポートします。

最後に、ロボットはmailRouteなどの依存する値とともに、example-robotsモジュールに入ります。このモジュールは./roadsに依存し、robot関数をエクスポートします。goalOrientedRobotが経路探索を行えるようにするために、このモジュールはdijkstrajsにも依存しています。

いくつかの作業をNPMモジュールに任せることで、コードは少しだけ小さくなりました。個々のモジュールは、どちらかというと単純なことをしているので単体で読み込むことができます。また、コードをモジュールに分割することで、プログラムの設計をさらに改善できるでしょう。今回の場合、VillageStateとロボットが特定のロードグラフに依存しているのは、ちょっとおかしいと思います。これは、依存関係を減らし（これはつねに良いことです)、異なるマップでシミュレーションを実行できるようにします（これはさらに良いことです)。

自分たちで書けるようなことにNPMモジュールを使うのは良いアイデアでしょうか。原則的には、そうです。経路探索関数のような些細なものは、間違いを犯しやすく、自分で書いても時間の無駄になります。random-itemのような小さな関数であれば、自分で書くのは簡単です。しかし、必要なところに追加していくと、モジュールが乱雑になりがちです。

ただし、適切なNPMパッケージを見つける作業を過小評価してはいけません。また、NPMパッケージを見つけたとしても、うまく動作しないかもしれませんし、必要な機能が欠けているかもしれません。さらに、NPMパッケージに依存するということは、それらがインストールされていることを確認する必要があり、プログラムと一緒に配布しなければならず、定期的にアップグレードしなければならないかもしれません。

つまり、これはトレードオフの関係にあり、パッケージがどれだけあなたの助けになるかによって、決まります。

roads モジュール

これは CommonJS のモジュールなので、graph モジュールをインポートするには require を使わなければなりません。graph モジュールは、buildGraph 関数をエクスポートするとされています。そして buildGraph 関数は destructuring const 宣言を行うことで、その interface オブジェクトによって取り出せるのです。

roadGraph をエクスポートするには、exports オブジェクトにプロパティを追加します。buildGraph は道路と正確に一致しないデータ構造を取るので、道路の文字列の分割はあなたのモジュールで行う必要があるからです。

循環依存

このトリックは、require がモジュールの読み込みを開始する前に、そのキャッシュにモジュールを追加することです。そうすることで、実行中に行われた require コールがモジュールを読み込もうとしたとき、それはすでに知られており、もう一度モジュールを読み込み始めるのではなく（最終的にスタックをオーバーフローさせてしまいます）、現在のインターフェイスが返されるのです。

モジュールが module.exports の値を上書きしたら、読み込みが完了する前にインターフェイスの値を受け取った他のモジュールは、意図したインターフェイスの値ではなく、デフォルトの interface オブジェクト（空である可能性が高い）を手に入れたことになります。

11章　非同期プログラミング

(外科用) メスの追跡

これは、巣を検索して、現在の巣の名前と一致しない値を見つけたら次の巣に進み、一致する値を見つけたらその名前を返すという単一のループで実現できます。非同期関数では、通常の for ループや while ループを使うことができます。

普通の関数で同じことをするには、再帰関数を使ってループを構築する必要があります。最も簡単な方法は、ストレージの値を取得した promise を呼び出して、その関数が promise を返すようにすることです。その値が現在の巣の名前と一致するかに応じて、ハンドラはその値を返すか、ループ関数を再度呼び出して作成した別の promise を返します。

メイン関数から再帰関数を一度呼び出してループを開始することを忘れないでください。

非同期関数では、拒否された promise は await によって例外に変換されます。非同期関数が例外を投げると、その promise は拒否されます。これで動くわけです。

先に説明したように非同期関数でない関数を実装した場合、then の動作方法も自動的に失敗が返された promise に反映されます。リクエストが失敗した場合、then に渡されたハンドラは呼び出されず、then が返す promise も同じ理由で拒否されます。

Promise.all の実装

Promise コンストラクタに渡された関数は、与えられた配列の各 promise に対して then を呼び出す必要があります。そのうちの1つが成功すると、2つのことが起こる必要があるでしょう。まず、結果の値を result 配列の正しい位置に格納する必要があります。また、これが最後に保留された promise であるかをチェックし、そうであれば自分の promise を終了させる必要があります。

後者は、input 配列の長さで初期化され、promise が成功するたびに1を差し引く counter で行うことができます。この counter が0になると、処理は終了します。input 配列が空の場合（したがって、どの promise も解決しない場合）も考慮に入れてください。

失敗の処理には若干の検討が必要ですが、結果的には非常に簡単です。ただ、配列内の各 promise に、catch ハンドラとして、あるいは第2引数として、wrapper promise の reject 関数を渡しましょう。そして、そのうちの1つで失敗した場合には、wrapper promise 全体が拒否されることになります。

12章　プロジェクト：プログラミング言語

配列

最も簡単な方法は、Egg の配列を JavaScript の配列で表現することです。トップスコープに追加される値は関数でなければなりません。残りの引数（3点鎖線の表記）を使うことで、配列の定義は非常に簡単になります。

クロージャ

ここでも JavaScript の仕組みを利用して、Egg による同等の機能を実現しています。特殊なフォームは、評価されるローカルスコープが渡され、そのスコープ内でサブフォームを評価できるようになっています。fun が返す関数は、それを取り囲む関数に与えられた scope 引数にアクセスし、それを使って関数が呼ばれたときのローカルスコープを作ります。

つまり、ローカルスコープのプロトタイプは、その関数が生成されたスコープになり、そのスコープのバインディングに関数からアクセスできるようになります。クロージャの実装はこれだけです（ただし、実際に効率的な方法でコンパイルするには、もう少し作業が必要になります）。

コメント

複数のコメントが連続して表示され、それらの間や後に空白がある場合に、ソリューションがそれを処理できるかを確認してください。

これを解決するには、正規表現を使うのが一番簡単でしょう。「ホワイトスペースまたはコメント、0回以上」にマッチするものを書きます。exec メソッドまたは match メソッドを使用し、返された配列の最初の要素（マッチ全体）の長さを見て、何文字を切り落とすかを調べます。

スコープの修正

Object.getPrototypeOf を使って次の外側のスコープに行くために、一度に1つのスコープをループする必要があります。各スコープでは、hasOwnProperty を使って、設定する最初の引数の name プロパティで示されるバインディングが、そのスコープに存在するかを調べます。存在していれば、set の第2引数の評価結果に設定して、その値を返します。

一番外側のスコープに到達して（Object.getPrototypeOf が null を返します）、まだバインディングが見つからない場合は、バインディングは存在しないので、エラーを投げる必要があります。

14章　ドキュメントオブジェクトモデル

表の作成

新しい要素ノードを作成するには document.createElement、テキストノードを作成するには document.createTextNode、ノードを他のノードの中に入れるには appendChild メソッドを使用します。

最上段を埋めるためにキー名を1回ループさせ、データ行を構築するために配列内の各オブジェクトに対して再度ループさせることになります。最初のオブジェクトからキー名の配列を取得するには、Object.keys が便利です。

正しい親ノードにテーブルを追加するには、document .getElementById または document.querySelector を使用すれば、適切な id 属性を持つノードを見つけられます。

タグ名による要素の取得

この解決策は、この章の前半で定義された talksAbout 関数のような再帰関数で最も簡単に表現できます。

byTagname 自身を再帰的に呼び出し、結果の配列を連結して出力を得ることができます。あるいは、自分自身を再帰的に呼び出し、外側の関数で定義された array バインディングにアクセスできる内側の関数を作成し、そこに見つけたマッチする要素を追加することもできます。処理を開始するために、外側の関数から内側の関数を一度呼び出すことを忘れないでください。

再帰関数では、ノードの型をチェックする必要があります。ここでは、ノードタイプ1（Node.ELEMENT_NODE）にのみ関心があります。このようなノードでは、その子をループし、各子について、その子がクエリにマッチするかを確認するとともに、その子を再帰的に呼び出して自分の子を検査する必要があります。

猫の帽子

Math.cos と Math.sin はラジアン単位で角度を測定します（完全な円は2 π）。ある角度に対して、この半分を加えることで反対側の角度が得られます。これが Math.PI です。これは、軌道の反対側に帽子を置くときに便利でしょう。

15章　イベント処理

風船

keydown イベントのハンドラを登録し、event.key を見て、上矢印キーが押されたのか、下矢印キーが押されたのかを確認します。

現在のサイズをバインディングで保持しておけば、それに基づいて新しいサイズを設定できます。サイズを更新する関数を定義しておけば、バインディングと DOM 内の風船のスタイルの両方を更新できます。

バルーンを爆発させるには、テキストノードを別のノードに置き換えるか（replaceChild を使用)、親ノードの textContent プロパティに新しい文字列を設定します。

マウスの軌跡

要素の作成はループで行うのが最適です。要素をドキュメントに追加して表示させましょう。後でアクセスして位置を変更できるように、要素を配列で保存しておきます。

要素を循環させるには、カウンター変数を用意して、mousemove イベントが発生するたびに 1 を加算します。剰余演算子（% elements.length）を使えば、イベント中に配置したい要素を選ぶための有効な配列インデックスが得られます。

また、簡単な物理システムをモデル化することで、面白い効果が得られるでしょう。マウスの位置を追跡するバインディングのペアを更新するために、mousemove イベントを使いましょう。次に requestAnimationFrame を使って、後続の要素がマウスポインタの位置に引き寄せられる様子をシミュレートします。アニメーションのステップごとに、ポインタとの相対的な位置関係に基づいて要素の位置を更新するのです（必要に応じて、各要素に保存されている速度も更新します)。良い方法を見つけられるかはあなた次第です。

タブ

陥りがちな 1 つの落とし穴に、ノードの childNodes プロパティをタブノードのコレクションとして直接使用できないことがあります。まず、ボタンを追加すると、ボタンも子ノードになり、データ構造のためにこのオブジェクト内に入ります。また、ノード間のホワイトスペースのために作成されたテキストノードも childNodes 内にありますが、独自のタブを取得してはいけません。テキストノードを無視するには、childNodes の代わりに children を使うことはできます。

まず、タブの配列を構築して、簡単にアクセスできるようにします。ボタンのスタイルを指定するには、タブパネルとそのボタンの両方を含むオブジェクトを用意できるでしょう。

タブの変更については、別の関数を書くことをお勧めします。前に選択されたタブを保存し、それを隠して新しいタブを表示するため、必要なスタイルだけを変更するか、新しいタブが選択されるたびにすべてのタブのスタイルを更新するかのいずれかです。

最初のタブが表示された状態でインターフェイスを開始するため、この関数をすぐに呼び出すこともできるでしょう。

16章　プロジェクト:プラットフォームゲーム

ゲームの一時停止

runAnimationに与えられた関数がfalseを返すことでアニメーションを中断でき、再度、runAnimationを呼び出すことでアニメーションを続けられるでしょう。

runAnimationに与えられた関数には、ゲームを一時停止しているという事実を伝える必要があります。そのために、イベントハンドラとその関数の両方がアクセスできるバインディングを使うのです。

trackKeysで登録されたハンドラを解除する際、ハンドラの解除を成功させるには、addEventListenerに渡されたものとまったく同じ関数値をremoveEventListenerに渡さなければならないことを覚えておいてください。したがって、trackKeysで作成されたhandler関数値は、ハンドラの登録を解除するコードで利用できる必要があります。

trackKeysから返されたオブジェクトにプロパティを追加すれば、その関数値または登録解除を直接処理するメソッドのいずれかを含めることができます。

モンスター

跳ね返りのようなステートフルな動きを実装する場合、必要な状態をactorオブジェクトに保存し、コンストラクタの引数に含めたり、プロパティとして追加したりしてください。

updateは古いオブジェクトを変更するのではなく、新しいオブジェクトを返すことを覚えておいてください。

衝突を処理する際には、state.actorsでプレイヤーを見つけ、その位置とモンスターの位置を比較します。プレイヤーの底面を得るには、その垂直方向のサイズを垂直方向の位置に加える必要があります。更新された状態の作成は、プレイヤーの位置に応じて、Coinのcollideメソッド（アクターを削除）またはLavaのcollideメソッド（状態を"lost"に変更）に似ているでしょう。

17章　canvasによる描画

図形

台形(1)はパスを使って描くのが一番簡単です。適当な中心座標を選び、その周りに4つの角をそれぞれ加えていきます。

菱形(2)は、パスを使って簡単に描くこともできますし、回転変換を使って面白く描くこともできます。回転を使用するには、flipHorizontally関数で行ったのと同じようなトリックを適用する必要があります。点(0,0)の周りではなく、四角形の中心の周りで回転させたいので、まずそこまで平行移動し、次に回転させ、そしてまた平行移動しなければなりません。

変換を行う図形を描いた後は、必ず変換をリセットしてください。

ジグザグ (3) の場合、線分ごとに新たに lineTo を呼び出すのは現実的ではありません。代わりに、ループを使うべきです。この場合、ループインデックスの偶数性（% 2）を使用して、左に行くか右に行くかを決定する必要があります。

また、スパイラル用のループ（4）も必要です。一連の点を描き、それぞれの点がスパイラルの真ん中を中心とする円に沿ってさらに移動すると、円ができます。ループの途中で、現在の点を置く円の半径を変化させて、2 回以上回ると、スパイラルになります。

星 (5) は、2 次曲線 To の線で作られていて、直線で描くこともできます。円を 8 分割すると、8 つの点を持つ星になりますが、いくつでも構いません。これらの点の間に線を引き、星の中心に向かって曲線を描きます。quadraticCurveTo では、中心を制御点として使うことができます。

円グラフ

fillText を呼び出し、コンテキストの textAlign プロパティと textBaseline プロパティを設定して、テキストが好きな場所に配置されるようにしなくてはなりません。

ラベルは、パイの中心からスライスの中央を通る線上に配置するのが賢明です。テキストをパイの側面に直接当てるのではなく、所定のピクセル数だけパイの側面に移動させます。

この線の角度は currentAngle + 0.5 * sliceAngle です。次のコードでは、この線の中心から 120 ピクセルの位置を見つけます。

```
let middleAngle = currentAngle + 0.5 * sliceAngle;
let textX = Math.cos(middleAngle) * 120 + centerX;
let textY = Math.sin(middleAngle) * 120 + centerY;
```

textBaseline には "middle" を指定するのが適切でしょう。textAlign に何を使用するかは、円のどちら側にいるかによって異なります。左側では "right"、右側では "left " とし、パイから離れた位置にテキストが配置されるようにします。

ある角度が円のどの辺にあるのかを調べる方法がわからない場合は、14 章の「位置決めとアニメーション」にある Math.cos の説明を参照してください。角度の余弦は、その角度がどの x 座標に対応するかを示し、その結果、円のどの辺にいるかを正確に教えてくれます。

ボールの跳ね返り

箱は strokeRect で簡単に描くことができます。ボックスのサイズを保持するバインディングを定義するか、あるいはボックスの幅と高さが異なる場合は 2 つのバインディングを定義しましょう。丸いボールを作成するには、パスを開始して arc(x, y, radius, 0, 7) を呼び出し、ゼロから円以上の弧を作成します。その後、パスを埋めていきます。

ボールの位置と速度をモデル化するには、16 章の「アクター」にある Vec クラスが使用できるでしょう。開始時の速度を指定し、フレームごとにその速度に経過時間をかけます。開始速度は、垂直または水平でない速度が望ましいでしょう。ボールが垂直な壁に近づきすぎたら、速度のX成分を反転させます。同様に、ボールが水平な壁に当たったら、Y成分を反転させます。

ボールの新しい位置と速度がわかったら、clearRectを使ってシーンを削除し、新しい位置を使って再描画します。

事前に計算されたミラーリング

この問題を解決する鍵は、drawImageを使用する際にcanvas要素をソース画像として使用できるという事実です。ドキュメントに追加することなく、余分な<canvas>要素を作成し、そこに反転したスプライトを一度だけ描画することができるのです。実際のフレームを描くときには、すでに反転されたスプライトをmain canvasにコピーするだけです。

画像はすぐには読み込まれないので、多少の注意が必要です。反転描画は一度しか行わないので、画像が読み込まれる前に行うと何も描画されません。画像のloadハンドラを使えば、反転した画像を追加のcanvasに描画できます。このcanvasはすぐに描画ソースとして使えます(キャラクターを描画するまでは単に空白になっています)。

18章　HTTPとフォーム

コンテントネゴシエーション

18章の「fetch」にあるfetchの例を参考にしてください。

偽のメディアタイプを要求すると、コード406の"Not acceptable"という応答が返されます。これは、サーバがAcceptヘッダーを満たすことができない場合に返すべきコードです。

JavaScriptの作業台

document.querySelectorやdocument.getElementByIdを使えば、HTMLで定義された要素にアクセスできます。ボタンの"click"イベントまたは"mousedown"イベントのイベントハンドラは、テキストフィールドのvalueプロパティを取得し、それに対してFunctionを呼び出せます。

このとき、Functionの呼び出しとその結果の呼び出しの両方をtryブロックでラップするようにして、例外をキャッチできるようにします。この場合、どのような例外を探しているのかわからないので、すべてをキャッチします。

output要素のtextContentプロパティを使えば、文字列のメッセージを入力できます。また、古いコンテンツを残しておきたい場合は、document.createTextNodeを使って新しいテキストノードを作成し、それを要素に追加します。すべての出力が1行に表示されないように、最後に改行文字を追加することを忘れないでください。

ライフゲーム

概念的には変化が同時に起こるという問題を解決するために、世代の計算を純粋な関数として捉えてみましょう。あるグリッドを受け取り、次のターンを表す新しいグリッドを生成します。

マトリックスを表現するには、6章の「イテレータのインターフェイス」で示した方法で行うことができます。生きている隣人をカウントするには、2つのネストしたループで、両次元の隣接する座標をループします。フィールドの外側のセルをカウントしたり、中央のセルを無視して隣人をカウントしたりしないように注意してください。

チェックボックスの変更が次の世代にも反映されるようにするには、2つの方法があります。イベントハンドラがチェックボックスの変更を検知して現在のグリッドを更新する方法と、次のターンを計算する前にチェックボックスの値から新しいグリッドを生成する方法です。

イベントハンドラを使用する場合は、各チェックボックスが対応する位置を示す属性を付けて、どのセルを変更すればよいかを簡単に見つけられるようにするとよいでしょう。

チェックボックスのグリッドを描画するには、<table> 要素（14章　練習問題の「テーブルの作成」を参照）を使用するか、単純にすべてのチェックボックスを同じ要素に配置し、行の間に
（改行）要素を配置します。

19章　プロジェクト：ピクセル・アート・エディター

keyboad バインディング

文字キーのイベントの key プロパティは、SHIFT が押されていない場合、小文字の文字そのものになります。ここでは SHIFT を使った key イベントには興味がありません。

keydown ハンドラは、その event オブジェクトを検査して、どのショートカットにもマッチするかを確認できます。tool オブジェクトから最初の文字のリストを自動的に取得できるので、それらを書き出す必要はありません。

key イベントがショートカットにマッチしたら、preventDefault を呼び出して、適切なアクションをディスパッチします。

効率的な描画

この課題は、不変のデータ構造がいかにコードを高速化するかを示す良い例です。古い画像と新しい画像があるので、それらを比較して、色が変わったピクセルだけを再描画することで、ほとんどの場合、描画作業の99%以上を節約できます。

新しい関数 updatePicture を書くか、drawPicture に追加の引数を取らせるかのどちらかです。この関数は、各ピクセルについて、その位置に同じ色の前の絵が渡されているかをチェックし、そうであればそのピクセルをスキップします。

canvas はサイズを変更するとクリアされるので、古い画像と新しい画像のサイズが同じ場合は、width プロパティと height プロパティを触らないようにする必要があります。新しい画像が読み込まれたときのように、古い画像と新しい画像のサイズが異なる場合は、canvas のサイズを変更した後、古い画像を保持しているバインディングを null に設定できます。

circle

rectangle ツールを参考にしてみましょう。rectangle ツールのように、ポインタが移動しても、現在の絵ではなく、始点の絵を描き続けるようにしましょう。

どのピクセルに色をつけるかを考えるには、ピタゴラスの法則を使うとよいでしょう。まず、現在のポインタの位置と開始位置の間の距離を、x 座標の差の 2 乗（Math.pow(x, 2)）と y 座標の差の 2 乗の和の平方根（Math.sqrt）を取ることで求めます。次に、開始位置を中心に、半径の 2 倍以上の辺を持つ正方形のピクセルをループさせて、円の半径内にあるピクセルに色を付け、再びピタゴラスの公式を使って中心からの距離を計算します。

このとき、画面の外にあるピクセルに色をつけようとしないように注意してください。

適切な線

ピクセル単位の線を描く問題は、似ているようで微妙に異なる 4 つの問題から成り立っています。左から右への水平線を描くのは簡単で、x 座標をループさせて、各ステップでピクセルを着色します。直線にわずかな傾斜（45 度または 1/4 π ラジアン以下）がある場合は、傾斜に沿って y 座標を補間できます。この場合でも、x 方向に 1 ピクセル必要で、y 方向のピクセルは傾きによって決まります。

しかし、傾きが 45 度を超えた時点で、座標の扱い方を変える必要があります。線が左に行くよりも上に行く方が多いので、1 つの y 位置に 1 つのピクセルが必要になります。そして、135 度を超えると、再び x 座標を右から左へとループさせる必要があります。

実際には、4 つのループを書く必要はありません。A から B へ線を引くことは B から A への線を引くことと同じなので、右から左へ向かう線の始点と終点を入れ替えて、左から右へ向かう線として扱うことができます。

つまり、2 つの異なるループが必要なのです。線を引く関数が最初にすべきことは、x 座標の差が y 座標の差よりも大きいかをチェックすることです。大きければ水平方向の線で、そうでなければ垂直方向の線になります。

x と y の差の絶対値を比較することを忘れないでください。

どの軸に沿ってループするかがわかったら、始点が終点よりもその軸に沿って高い座標を持っているかをチェックし、必要ならばそれらを入れ替えることができます。JavaScript で 2 つのバインディングの値を入れ替える簡潔な方法は、次のようなデストラクションによる代入です。

```
[start, end] = [end, start];
```

そして、直線の傾きを計算します。これは、主軸に沿って一歩進むごとに、他の軸の座標がどのくらい変化するかを決定します。これで、主軸に沿ったループを実行しながら、他の軸上の対応する位置を追跡でき、繰り返しごとにピクセルを描画できます。主軸以外の座標は小数になる可能性があり、draw メソッドは小数の座標にはうまく対応できないので、必ず数字を丸めてください。

20章　Node.js

検索ツール

コマンドラインの最初の引数である正規表現は、process.argv[2] で確認できます。入力ファイルはその後に続きます。RegExp コンストラクタを使用すると、文字列から正規表現オブジェクトに変換できます。

これを同期的に行うには、readFileSync を使用した方が簡単ですが、fs.proms を再度使用して、promise を返す関数を取得し、非同期関数を記述すると、コードは似たようなものになります。

ディレクトリであるかを把握するには、再び stat（または statSync）と stats オブジェクトの isDirectory メソッドを使用します。

ディレクトリの探索は枝分かれしたプロセスです。再帰的な関数を使用するか、ワーク（まだ探索が必要なファイル）の配列を保持することで行うことができます。ディレクトリ内のファイルを検索するには、readdir や readdirSync を使用します。奇妙な大文字 -Node のファイルシステム関数名は、readdir のような標準的な Unix 関数がすべて小文字であることに大まかに基づいていますが、さらに Sync を大文字で追加しています。

readdir で読んだファイル名をフルパス名にするには、ディレクトリ名と組み合わせて、スラッシュ文字（/）を入れなければなりません。

ディレクトリの作成

DELETE メソッドを実装した関数を、MKCOL メソッドの設計図として使うことができます。ファイルが見つからないときは、mkdir でディレクトリを作成してみます。そのパスにディレクトリが存在する場合は、204 レスポンスを返すことで、ディレクトリ作成リクエストが冪等（同じ操作を何度繰り返しても、同じ結果が得られること）になるようにします。もし、ここにディレクトリではないファイルが存在する場合は、エラーコードを返します。コード 400（"bad request"）が適切でしょう。

Web 上のパブリックスペース

編集中のファイルの内容を保持するために、<textarea> 要素を作成できます。fetch を使った GET リクエストでは、ファイルの現在の内容を取得できます。実行中のスクリプトと同じサーバ上のファイルを参照するために、http://localhost:8000/index.html の代わりに index.html のような相対 URL を使用できるでしょう。

次に、ユーザーがボタンをクリックすると（<form> 要素と "submit" イベントを使用できます）、<textarea> の内容を request ボディとして、同じ URL に PUT リクエストを行い、ファイルを保存します。

次に、URL / への GET リクエストで返された行を含む <option> 要素を追加して、サーバのトップディレクトリにあるすべてのファイルを含む <select> 要素を作成します。ユーザーが別のファイルを選択すると（フィールドの "change" イベント）、スクリプトはそのファイルを取得して表示する必要があります。ファイルを保存するときは、現在選択されているファイル名を使用します。

21章　プロジェクト：スキルシェアサイト

ディスクの永続性

私が思いつく最も単純な解決策は、talk オブジェクト全体を JSON としてエンコードし、writeFile でファイルにダンプすることです。サーバのデータが変更（更新）されるたびに呼び出されるメソッドがすでにあります。これを拡張して、新しいデータをディスクに書き込むことができるでしょう。

./talks.json のようにファイル名を指定します。サーバの起動時に、readFile でそのファイルを読もうとし、成功すれば、サーバはそのファイルの内容を開始データとして使用することができます。

しかし、注意が必要です。talks オブジェクトは、in 演算子を確実に使用できるように、プロトタイプのないオブジェクトとして開始されました。JSON.parse は、Object.prototype をプロトタイプとする通常のオブジェクトを返します。ファイルフォーマットとして JSON を使用している場合、JSON.parse が返すオブジェクトのプロパティを、プロトタイプのない新しいオブジェクトにコピーする必要があります。

コメント欄のリセット

これを行う最も良い方法は、syncState メソッドを持つ talk コンポーネントオブジェクトを作成して、talk の修正版を表示するように更新することです。通常の運用では、talk を変更するにはコメントを追加するしかないので、syncState メソッドは比較的シンプルなものになります。

難しいのは、変更された talk リストが送られてきたときに、既存の DOM コンポーネントのリストと新しいリストの talk とを調整しなければならないことです。

そのためには、talk コンポーネントを talk タイトルの下に格納するデータ構造を用意しておくと、ある talk にコンポーネントが存在するかを簡単に把握できます。その後、talk の新しい配列をループして、それぞれの talk に対して既存のコンポーネントを同期させたり、新しいコンポーネントを作成したりできます。削除された talk コンポーネントを削除するには、コンポーネントをループして、対応する talk がまだ存在するかを確認する必要があるでしょう。

22章　JavaScriptとパフォーマンス

経路探索

ワークリストは配列にすることができ、push メソッドでパスを追加することができるようになっています。配列を使ってパスを表現する場合は、path.concat([node]) のように concat メソッドによってパスを拡張することで、古い値をそのまま残すことができます。

あるノードがすでに見られているかを調べるには、既存のワークリストをループするか、some メソッドを使用します。

最適化

マクロ最適化の主な機会は、ノードがすでに見られているかを判断する内部ループを取り除くことです。これをマップで調べると、ワークリストを繰り返してノードを探すよりもはるかに速くなります。キーが node オブジェクトであるため、到達したノードのセットを格納するには、プレーンなオブジェクトではなく、Set インスタンスまたは Map インスタンスを使用する必要があります。

もう 1 つの改善点は、パスの格納方法を変更することです。既存の配列に変更を加えずに新しい要素で配列を拡張するには、配列全体をコピーする必要があります。4 章のリストのようなデータ構造では、この問題はありません。リストを複数拡張すれば、共通のデータを共有できるでしょう。

このとき at はパスの最後のノード、via は null またはパスの残りの部分を保持する別のオブジェクトとなります。このようにすれば、パスを拡張する際には、配列全体をコピーするのではなく、2 つのプロパティを持つオブジェクトを作成するだけで済みます。このリストを返す前に、必ず実際の配列に変換してください。

■ブックデザイン　　坂本 真一郎（クオルデザイン）
■DTP　　　　　　　SeaGrape

流麗なJavaScript　第3版

2021年 10月 3日　初版第1刷発行

著　者　マリン・ハーバーベーク
訳　者　イノウ
発行人　片柳 秀夫
発行所　ソシム株式会社
https://www.socym.co.jp/
〒101-0064 東京都千代田区神田猿楽町 1-5-15　猿楽町SSビル 3F
TEL　03-5217-2400（代表）
FAX　03-5217-2420
印刷・製本 音羽印刷株式会社

定価はカバーに表示してあります。
落丁・乱丁は弊社編集部までお送りください。送料弊社負担にてお取り替えいたします。
ISBN 978-4-8026-1337-8